宫殿简史

A Brief History of Chinese Palace

徐永清◎著

商务印书馆

创于1897 The Commercial Press

目录

Contents

引言 宅兹中国

南宋马和之《周颂清庙之什图》

宫殿，帝王朝会和居住之所。中国古代建筑中，宫殿是最高级、最豪华的一种类型，大都气势恢宏，形象壮丽，格局严谨，彰显皇家气派。

宫殿是国家、阶级、贵族、王权出现以后的产物，是皇权、国都的象征，是王朝都城最重要的组成部分。一个王朝的国家和都城，可以没有城堡，但不可能没有宫殿。

建筑是文明成果的凝聚，是历史长路的里程碑，是人类社会发展的立体展示。西方古代，最辉煌、最伟大的建筑是宗教建筑。中国古代，皇权体制延续数千年，轻于宗教、重视礼制，这让宫殿成为古代中国最突出的建筑和十分重要的文明、文化载体。

从建筑的角度来看，在世界六大古老文明中，古埃及、古印度、爱琴海、中美洲是石构建筑的文明，西亚是土石建筑的文明，唯独中国是以木构建筑为主的文明。并且，这种建筑文明由中国影响到整个东亚、东南亚，包括朝鲜半岛、日本以及东南亚各国，均以木构建筑为特色。因此，在人类文明史上，以中国为代表的木构建筑，作为一种重要的建筑体系，在世界古代建筑之林中独树一帜，成为东方建筑文明的代表。[1]中国宫殿，也是以木构建筑为主的建筑文化。

每一个时代的建筑布局与形制技术设计，都强烈地反映了当时政治、经济、科技、社会、建筑工程技术的特点。建筑的兴衰，始终和社会的兴衰保持高度一致性。宫殿建筑是中国古代社会制度、思想文化的集中体现，在许多方面都几乎代表了当时传统建筑艺术与技术的最高水平。中国古代历代帝王们都不惜动用举国的劳力、钱财与物资，在都城用数年到数十年时间来建造规模宏大、金碧辉煌、巍峨壮丽的宫殿，以此突出皇权至上和严密的等级观念，满足帝王统治的政治要求和皇族生活的物质享受，放射统治阶级威严、崇高、尊贵的精神光焰。

1925 年，日本著名建筑史学家伊东忠太出版《东洋建筑之研究》（上卷），其中第一篇“中国建筑史”，是建筑史上第一部较全面、系统地论述

[1] 柳肃：《营建的文明——中国传统文化与传统建筑》，清华大学出版社，2014 年，第 4 页。

中国建筑历史的著作。在此书“中国建筑的特征”一节中，伊东忠太论述了中国建筑七个最显著的特征，其中第一个就是“宫室本位”：“考证各国建筑发生、发展的顺序，无论在哪个国家，都是宗教建筑首先发达进而影响整个建筑界。……然而在中国，首先重视的对象是宫室住宅建筑，宗教建筑方面几乎未见经营”，“外国建筑中最壮观最美丽的是宗教建筑。……然而在中国，现在最大最雄伟的是北京宫城里的太和殿”。[1]

宫殿的产生，经过漫长岁月的洗礼。于倬云先生认为，《易·系辞》说：“上古穴居而野处，后世圣人易之以宫室，上栋下宇，以待风雨。”由此看来，最早出现的宫室，并非专指帝王的宫室，而是从袋穴发展为复穴与浅穴而形成的“吕”字形双穴。其上罩草顶，初具前堂后室的雏形，从而使居住条件又提高一步，故根据其平面形状和屋盖情况，做出“宫”字的象形文字。而“殿”字用在宫中的年代较晚，据《史记》载：秦始皇三十五年（公元前 212），秦始皇要把大朝的场所从庭院中改在大殿中，以避免风雨的干扰。“乃营作朝宫渭南上林苑中。先作前殿阿房，东西五百步，南北五十丈，上可以坐万人，下可以建五丈旗。周驰为阁道，自殿下直抵南山。表南山之颠以为阙。为复道，自阿房渡渭，属之咸阳。”前殿阿房这座大殿的出现，是宫殿建筑史上的转折点，开古代大型建筑——殿的先河。[2]“殿”即“臀”，处于人体下部，所以有居尾之意，同时又有坐镇的意思。高大的房子一般地基都较高，如同坐在上面，所以也叫“殿”。

1963 年，在陕西省宝鸡县贾村出土了西周早期青铜器何尊，即一名何姓贵族的祭器，该尊长颈，腹微鼓，高圈足，高 38.8 厘米，口径 28.8 厘米，重 14.6 千克，圆口棱方体，腹足有精美的高浮雕兽面纹，角端突出于器表，体侧并有四道扉棱。

何尊内底，铸有铭文 12 行、122 字，记述了西周第二位君主周成王继承武王遗志，营建东都成周之事，铭曰：

---

[1]〔日〕伊东忠太：《中国建筑史》，廖伊庄译，中国画报出版社，2017 年，第 21 页。

[2] 于倬云：《故宫三大殿形制探源》，《故宫博物院院刊》，1993 年第 3 期。

何尊

> 唯王初壅，宅于成周。复禀（逄）王礼福，自（躬亲）天。在四月丙戌，王诰宗小子于京室，曰：昔在尔考公氏，克逨文王，肆文王受兹命。唯武王既克大邑商，则廷告于天，曰：余其宅兹中国，自兹乂民。呜呼！尔有虽小子无识，视于公氏，有勋于天，彻命。敬享哉！唯王恭德裕天，训我不敏。王咸诰。何赐贝卅朋，用作庾公宝尊彝。唯王五祀。[1]

铭文大意，为周成王在洛邑成周营建新都，对其父周武王举行丰福之祭。四月丙戌这一天，成王在京室对宗小子进行训诫，其内容讲的是，宗小子的先父公氏跟随文王，文王受到了上天所授予的统治天下的大命。武王在消灭大邑商之后，则告祭于天说：我要建此都城宫殿为天下四方的中

[1] 田立敏：《西周不同时期金文风格比较——由何尊铭文谈起》，《中国书法报》，2020年2月25日第6版。

何尊铭文

心——“中国”，来统治人民。

2019 年 10 月 26 日，笔者来到清华园中的清华艺术博物馆，参观“周秦汉唐文化与艺术特展”，著名的何尊也是此次展览的展品。驻足何尊之前，青铜时代的气息扑面而来。笔者注意到，何尊铭文“宅兹中国”几个字中那个金文“宅”字，是房屋的象形，俨然一个活脱脱的二里头宫殿复原图简化版。何尊说明，到西周时期，中国宫殿已从原始社会的集首领居住、聚会、祭祀多功能为一体，发展到与祭祀功能分化，专用于君王后妃朝会与居住。

何尊铭文中的“宅兹中国”，意味着“中国”字样首次出现。“中国”，意为洛邑居天下四方的中心，说明周公受武王之命，居九鼎，营洛邑，把洛邑成周作为统治天下四方的政治中心，也说明早在西周，洛邑就修筑有宫殿。

宫殿也称宫室。著录于《汉书·艺文志》的《尔雅·释宫》载："宫谓之室，室谓之宫。"宫和室是同义词。秦汉以来，宫殿之名成为统治者的专属称号，普通的建筑物不能使用这个名称。"宫室"也成了宫城与宫殿的复合词。

宫殿常是一国之中最宏大、最豪华的建筑群，也称为宫城，宫城内包括礼仪行政部分和皇帝居住部分，称前朝后寝或外朝内廷，此外还有仓库和生活服务设施。

别宫，正式寝宫以外的宫室称呼。

离宫，在国都之外为皇帝修建的永久性居住的宫殿，皇帝一般都要在固定的时间去居住，也称为行宫，泛指皇帝出巡时的住所。

宫苑，秦汉以来在囿的基础上发展起来的、建有宫室的一种园林。

古代宫室中宽大的"室"亦称"堂"，或"大堂"。1977 年出土的西汉初期阜阳竹简《苍颉篇》，称"大堂"为"殿"。

宫殿一般指代表王权、皇权统治者的建筑物，但一些反映神权的礼仪、祭祀或宗教性建筑也有以"宫"或"殿"命名的。[1]比如，建于雍正七年（1729）的山东曲阜孔庙的主殿大成殿，也是一座宫殿，采用前朝后殿形式，重檐歇山，面阔九间，用黄色琉璃瓦，殿前檐柱用十龙柱十根，高浮雕盘龙及行云缠柱。

中国传统宫殿的形式、结构，显示皇家的尊严和富丽堂皇的气派，从而区别于其他类型的建筑。几千年来，中国历代王朝都非常重视修建象征皇权威仪的皇宫，形成了完整的宫殿建筑体系。

宫殿作为中国古代建筑的结晶，无疑浓缩、积淀了中华传统建筑文化、科技、艺术方面的精华。梁思成先生指出："中国建筑之个性乃即我民族之性格，即我艺术及思想特殊之一部，非但在其结构本身之材质方法而已。"[2]

---

[1] 刘庆柱:《关于中国古代宫殿遗址考古的思考》,《考古与文物》，1999 年第 6 期。

[2] 梁思成:《中国建筑史》，百花文艺出版社，2007 年，第 11—13 页。

王城与宫殿

宫殿依托城市而存在，有王城才有皇宫，王城与宫殿相互依存，共荣共亡。中国都城中宫殿素来是古代国家主要政治活动舞台的重要物化形式，一座城邑，如果没有代表国家权力的物化载体宫殿建筑，就难以确认其文明社会的形成和国家的出现。设置中轴对称、规整谨严的城市格局，突出宫殿在都城中的地位。中国古代文明社会与国家的形成，最重要的是出现了构筑以宫殿建筑为中心的城邑，城邑早期形制一般都有高大城墙，修筑代表文明社会区域中心的政治性建筑——大型宫殿建筑遗址。[1]

战国文献《考工记·匠人》提到，古代构成一座王城的要素，包括门、道路、宗庙、社稷、宫殿及市、明堂、城墙等。城为方形；每面三门，四面共十二座门；以宫城为核心，宫城南北中轴线亦是王城的中轴线。宫城内按前朝后寝之制规划，朝、寝各有九室；南门、朝、寝、市都

1984 年陶寺遗址发掘现场

[1] 刘庆柱:《关于中国古代宫殿遗址考古的思考》,《考古与文物》, 1999 年第 6 期。

由南至北布置在中轴线上。宫城前面为外朝，后面为市。宗庙、社稷对称设置在宫城前方的左右两侧；道路分经涂、环涂、野涂。城内有网格化的道路系统，环绕宫城沿中轴线对称布置。围绕宫城设置比较规整的闾里。

良渚古城是长江下游地区首次发现的新石器时代城址。在良渚古城内，规模宏大的莫角山遗址总面积约 30 万平方米。经发掘证实，这是一座公元前 3300—公元前 2300 年远古时期的大型宫殿。

双槐树遗址位于河南省巩义市河洛镇双槐树村，是一处 5300 年前仰韶文化中晚期面积巨大、遗存丰富的核心聚落，其大型中心居址和大型建筑群初具中国早期宫室建筑的特征。

位于陕西省神木市石峁村的新石器时代晚期石峁遗址，距今约 4000 年，由皇城台、内城、外城三座基本完整并相对独立的石构城址组成。调查发现，石峁石城分为外城和内城，内城面积约 235 万平方米，外城面积约 425 万平方米。皇城台是以大型宫殿及高等级建筑基址为核心的宫城区，多达九级的堑山而砌的护坡石墙环裹着状若金字塔的台体。

公元前 2300—公元前 1900 年的陶寺遗址，位于山西省襄汾县陶寺村。陶寺殿堂建筑遗迹仅残留柱网结构，面积为 286.7 平方米。

20 世纪 90 年代，考古工作者在黄淮流域发现了城子崖古城、边线王古城、后岗古城、平粮台古城、王城岗古城等 5 座龙山文化时期的古城堡，说明在龙山文化晚期，即古史中的三皇五帝时代，已经产生了防御设施——城堡。[1]

河南偃师二里头遗址距今 3800 年至 3500 年，其第一、二号宫殿遗址，各自围成一组院落，每组院落均由围墙、廊房、庭院、殿堂和大门组成，大门居南，殿堂位北，二里头遗址有数座这样的“宫城”，面积均在 1 万平方米左右。

商代前期、中期的湖北黄陂盘龙城宫殿遗址群，3 座宫殿南北排列，属于朝堂性质的宫殿居南，属于寝室性质的宫殿位北，是“前朝后寝”的

[1] 李锋：《中国古代宫城概说》，《中原文物》，1994 年第 2 期。

布局。商代宫城由一座宫殿为中心形成的一座院落，变成宫城之内包括多座以一座宫殿为主体建筑的院落。每座宫殿院落，由原来的只构筑一座宫殿，发展为营建两座或两座以上宫殿。[1]

周代，由两座宫殿遗址组成的“前朝后寝”或“前堂后室”之宫殿布局形制已相当普遍，如陕西长安的西周镐京遗址中的四、五号建筑，周原凤雏甲组宫殿遗址，凤翔马家庄三号宫殿建筑遗址，河北赵邯郸王城宫殿遗址等，它们均由前后排列的朝堂与寝室两部分组成。秦汉以后，重要的宫殿院落承袭其制，宫城中包括多座（或多组）这种宫殿院落，组成庞大的宫殿建筑群。

中国古代城市习用方形平面、网格式的布局。那时建筑基本上是夯筑而成，在夯打时直线要比圆弧容易得多，而且在外形上容易控制，建造的城垣也更加规整、美观，可以更好地体现君王高贵的身份和威严的气度。将宫殿区放置在城的中心，外围以网格状道路，与其他功能分区隔离，以诸道路作为一条条安全警戒线，便于对宫殿区或宫城实施有效的安全保卫。

古代宫殿，是国家主要政治活动舞台的重要物化形式。一座城邑，如果没有代表国家权力的物化载体宫殿建筑，就难以确认其文明社会的形成和国家的出现。中国古代文明社会与国家的形成，最重要的是出现了构筑有以宫殿建筑为中心的城邑，早期形制一般都有高大城墙，关键是有无代表文明社会的区域中心政治性建筑——大型宫殿建筑遗址。[2]

远古时代的宫殿，一般都建筑在城内地势较高的地方，便于防御。宫殿大都由一个或若干个自成单元的殿堂群体所组成，单元与单元之间有左右并列，也有前后对称，显示了当时建筑具有一定的规划。每个单元的四周基本上都有围墙，而就整个宫城而言则不一定都有城墙。有的宫殿四周筑有城墙，有的宫城四周挖掘有壕沟，也有的宫城四周既无城墙，也无

[1] 刘庆柱：《关于中国古代宫殿遗址考古的思考》，《考古与文物》，1999 年第 6 期。
[2] 同上。

壕沟，而仅由几组宫殿组成。宫殿建筑布局，基本都属堂寝合一的建筑形式，以正殿为主体，周围配有廊庑。一般先筑夯土台基，再挖基槽埋柱础，主要殿堂以“四重阿屋”式建筑为主。殿堂均坐落在夯土台基之上，坚固、防水，象征王权。[1]

自春秋至唐代，宫城大多在都城中，宫城的一边或两边靠近城墙；有的则在都城外，附着一边城墙或一个城角；甚至有分建两城的。这方面的实例有临淄齐城、郑韩故城、邯郸赵城、西汉长安城、东汉和北魏洛阳城、曹魏邺城、隋唐长安城和洛阳城等宫城和宫殿区。从北宋起，北宋开封城、金中都、元大都城、明中都、明清北京城，宫城处在都城之中，四面为城区所包围。自春秋至汉代，都城内多不止一座宫殿，宫殿之间为居民区。自曹魏邺城起，宫殿集中于都城北部，坐北朝南，同居民区隔开，宫前干道两侧布置衙署，形成都城的南北轴线。至唐长安城发展成宫城在全城中轴线上，后来宋汴梁城、元大都城、明清北京城继承了这种格局。

观念与形制

若论中国历史上最著名、最重要、最宏伟的建筑，皇家宫殿当为典范。以木构为特点的中国古代宫殿，在数千年的历史发展中，贯穿特有的宫殿建筑观念和大一统帝国形成后呈现出来的具体形制。

皇家宫殿是一个时代的文化凝聚。咸阳宫象征秦朝，大明宫象征唐朝，北京紫禁城象征明朝和清朝。古代各朝代建设都城宫殿，都要考证和依照前朝历代修造皇宫的制度和做法。中国古代由政府颁布执行的建筑规范，留下的有《考工记》《营造法式》《工程做法则例》。

皇家宫殿是整座皇城的中心建筑，最为高大宏伟，处在皇城建筑群的中心位置。在皇宫建筑群中，一定是以皇帝上朝的殿堂为中心，其他建筑围绕在周边。

---

[1] 李锋：《中国古代宫城概说》，《中原文物》，1994 年第 2 期。

皇家宫殿总体处在主轴线上。历朝历代，确定了皇城主轴线，也就确定了宫殿的基本位置。或许在不同的朝代，皇宫在轴线上的位置有所不同，但基本都处在中轴线上。例如，唐长安皇宫处在中轴线北端，元大都（北京）皇宫在中轴线南端，明清北京皇宫处在中轴线中央。明清北京紫禁城的中轴线布局，更是达到了登峰造极的地步。

皇家宫殿“前朝后寝”。即把宫殿分为前后两个区域，前面的区域称为“朝”，是皇帝朝会群臣处理政务的场所；后面的区域即“后宫”，称为“寝”，是皇室及宫女太监等宫中人员居住生活的场所。一般情况下，皇后是不能去前朝的。特殊情况下要“垂帘听政”，女性统治者也要象征性地挂一道帘幕，表示没有直接到前朝去。

皇家宫殿“三朝五门”。古代宫殿制度规定皇宫前面要有连续五座门，《礼记·明堂位》曰：“天子五门，皋、库、雉、应、路。”即分别为皋门、库门、雉门、应门、路门。皇帝的朝堂要有三座，分别为外朝、治朝、燕朝。比如，在北京故宫，相应的五门就是前门、天安门、端门、午门、太和门。三朝即故宫中的三大殿——太和殿（相当于“外朝”，皇帝朝会文武百官和举行重大典礼的场所）、中和殿（相当于“治朝”，皇帝举行重大典礼之前临时休息的地方）、保和殿（相当于“燕朝”，皇帝会见个别朝臣、处理日常朝政的场所）。[1]

皇家宫殿“左祖右社”。皇宫的左边，是祭祀祖宗的祖庙，把祭祖宗的祖庙建在皇宫旁边最重要的地方。皇宫的右边，是祭祀社稷的社稷坛，“社”是土地之神，“稷”是五谷之神，在古代农耕社会，皇帝必须在专置的坛上隆重祭祀社神和稷神。

皇家宫殿平面布局。中国宫殿建筑注重平面布局，强调社会性即共性，罕见多、高层建筑。这与西方建筑注重单体建筑立面造型（如柱子、墙面、屋顶的雕刻装饰等）、强调个性，迥然不同。

---

[1] 柳肃：《营建的文明——中国传统文化与传统建筑》，清华大学出版社，2014 年，第 10—12 页。

皇家宫殿群体组合。中国古代宫殿建筑的重要特点之一，是几栋建筑围合成一个庭院，若干个庭院组成一个建筑群。中国宫殿除了宫苑有一些孤立的亭台楼阁作为风景点缀以外，其他的建筑基本上没有一栋是独立的，均为庭院组合的建筑群。宫殿按照建筑的文化要求和使用功能组合建筑，布置庭院前的大庭院，处理宫殿的宽阔空间和庄严宏大的仪式场面。

宫殿的历程

根据考古发现，在新石器时代，中国就有宫殿。自商迄清，历代宫殿或有文献记载，或有遗址，或有实物留存，其形制和沿革关系大致可考。

在公元前3300—公元前2000年的良渚文化遗址，发现了宫殿的留痕。莫角山是一个依托西部姜家山而构建的巨型人工台地，呈长方形高耸；顶面的东北、西北和西南部，各有一个同步规划和堆建的小土台。小土台上有成排的大型建筑基址；小土台之间及南侧，有面积达7万平方米的夯筑沙土广场。沙土广场有矗立大型柱子的礼仪性建筑；沙土广场外侧，也有大面积的房屋垫土和铺石基槽等建筑遗迹。这种特殊布局和高低错落、成群分布的建筑遗迹，无疑是良渚王国最高权力的象征。1992年，莫角山遗址中心发现一个面积达30万平方米的人工营造土高台，有约3万平方米的夯土建筑基址、大片夯土层和夯窝等建筑遗迹，以及成排的柱洞，说明上面曾经有大型建筑，另外还有6个供祭祀时用的大土坑。莫角山这处良渚文化建筑群遗址，从其位置、布局和构造来看，不少人认为良渚时期的中心就在这里，上有宫殿、中心祭坛和中心神庙，生活着王和贵族。2014年2月至2015年12月，大莫角山上共发现7个面积约300—900平方米的土台式建筑基址，呈南北两排分布。2015年下半年和2016年上半年，小莫角山上也发现4座房屋建筑遗迹。

河南省巩义市双槐树遗址的大型中心居址和大型建筑群，初具中国早期宫室建筑的特征，为探索三代宫室制度的源头提供了重要素材。大型院落建立在大型版筑夯土地基之上，充分具备了高台建筑的基本特征。

陕西神木石峁城址，通过碳十四测年法及相关考古学证据显示，拥有4300年的历史。经调查与勘探，考古人员发现，石峁遗址是以皇城台为中心，套合着内城和外城。皇城台是大型宫殿及高等级建筑基址的核心分布区，8万平方米的台顶分布着成组的宫殿、池苑等建筑。其周边堑山砌筑着坚固雄厚的护坡石墙，自下而上斜收趋势明显，在垂直达70米的方向上具有层阶结构，犹如巍峨的阶梯式金字塔。皇城台具备了早期“宫城”性质，是目前东亚地区保存最好、规模最大的早期宫城建筑。

公元前2300—公元前1900年的陶寺遗址，位于山西省襄汾县陶寺村南，面积280多万平方米，是中原地区龙山文化遗址中规模较大的一处。经过近40年的努力，考古工作者初步揭示出陶寺遗址是中国史前功能区划完备的都城，由王宫、外郭城、下层贵族居住区、仓储区、王族墓地（王陵）、观象祭祀台、工官管理的手工业作坊区、庶民居住区构成。兴建与使用的时代为距今4300—4000年。在发掘过程中，考古工作者在陶寺遗址发现了规模空前的城址、与之相匹配的王墓、世界最早的观象台、气势恢宏的宫殿、独立的仓储区、官方管理下的手工业区等。有专家学者提出，陶寺遗址就是帝尧都城所在。2017年的春季发掘，基本确认了陶寺遗址宫城的存在。

相当于夏王朝纪年的河南偃师二里头文化遗址，已发现宫殿建筑群，目前发掘了多座宫殿基址。二里头宫殿遗址的时代，属二里头文化第三期。它们的发现，证实了夏王朝时期都城文化的存在和国家组织机构的诞生，并表明二里头文化遗址很可能是夏王朝的重要都城遗址。由于没有发现相关的文字记载，二里头遗址是否为夏都还存在争议。

商代的宫殿遗址，建筑规模宏大，均具王者居的气质，代表了商代王都宫殿修筑的基本形式和发展演变潮流。河南洹北商城宫殿区建于中轴线南。河南郑州商城已发掘的宫殿遗址中，最大的一处东西长65米，南北宽13.6米，有九室重檐屋顶并带回廊。河南偃师商城发掘的宫殿遗址，四号宫殿址坐北朝南，是一座四合院式的宫殿建筑。五号宫殿包括上下两层，上层由正殿和东南西三面廊庑组成，中有庭院，正殿四周有柱洞和础

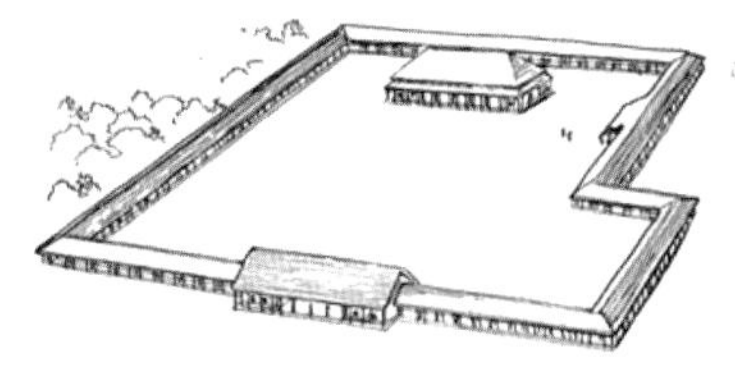

二里头一号宫殿基址的复原图

石，东西两侧有廊庑。下层平面呈方框形，中间为庭院。河南安阳殷墟宫殿区，位于小屯村北，现已发现 50 多座建筑基址。湖北黄陂盘龙城商代城址内亦发掘了 4 座宫殿建筑。其中一号宫殿高出地面约 20 厘米，坐北朝南，平面呈长方形，四周外沿各有一排大檐柱，柱底垫有大础石，整个建筑为“四阿重屋”式殿堂，中心部位是 4 间东西并列的居室，在四室与檐柱之间，形成一周外廊。

西周时期的政治中心周原区域内，发现陕西扶风凤雏建筑基址和召陈建筑基址，基本代表和反映了西周时期宫殿建筑的形式和风格。凤雏建筑基址是一座四合院式的建筑群，坐落在夯土台基上，坐北朝南，建筑的布局由南往北，中心部位先是影壁，然后是中央门道和东西门房，门房后是中院，中院后是前堂（殿堂），前堂后是东、西小院，小院后是后室，在中心建筑物的两侧，是连成一体的东、西厢房，每一部分建筑与院落之间，均以台阶式走道相通，东、西厢房和后室前檐均有廊庑。殿堂面阔 6 间，进深 6 米，四周有回廊。召陈发现的建筑基址，已发掘 15 座，其中三号是一高台建筑，系“四阿屋顶”式结构，屋顶铺瓦，从遗址中出土的大量板瓦、筒瓦可知，瓦顶房子的修筑习俗在西周时期已开始流行。

春秋战国时期，各地诸侯割据，列国林立，著名的城址有齐都临淄、鲁都曲阜、赵都邯郸、燕都下都、晋都侯马、楚都纪南和郑、韩之都新郑等，这些都城中宫殿林立。临淄，由大、小两城组成，小城是宫城，城内北部分布有大片夯土基址，是主要宫殿区。其中心建筑为一高 14 米、南北长 86 米、平面呈椭圆形的夯土台基，今称“桓公台”。曲阜宫城，东、西、北三面发现有城墙，城内发现大型夯土台基址 9 处，东西绵延约 1 千米。其东北部的汉鲁灵光殿遗址下面，发现有东周时期的宫殿基址，前面有大道直通南城墙东侧的“樱门”，形成一条贯穿南北的中轴线。燕下都宫城，中间有一道东西向的横隔墙和一条自西垣外引入的分为南北两支的古河道。古河道南支以北有众多的宫殿基址，其主要建筑以紧贴在横隔墙中段南侧的武阳台为中心，在此台以北 1400 米的中轴线上，依次分布有望景台、张公台、老姆台等大型夯土基址。其中武阳台最大，东西长 140 米，南北宽 110 米，高约 11 米。在武阳台东北、东南、西南钻探出 3 个宫殿建筑群，每个建筑群均由 1 个大型主体建筑和若干较小建筑基址组成。邯郸赵王城，宫城内中部偏南处，有一座战国时期最大的夯土台基——龙台。城内北半部还发现夯土台基 5 座，最大的 2 个与龙台在一条中轴线上。东城内近西垣处有 2 座大型夯土台基，称南、北将军台，其南还有 1 处夯土台基和 4 处夯土基址。北城西垣内外有两大台基对峙。侯马晋国都城，由 6 座小城组成，在牛村、平望两城内部发现有建筑台基，推测是当时的宫殿区。楚国郢都纪南城宫城，城内发现比较密集的夯土台基，已发掘的宫殿基址有成排的柱洞、隔墙，并有散水、下水道等。郑韩故城，中部和北部是主要宫殿区，发现有较密集的夯土基址。其西的梳妆台，底部南北长 135 米，东西宽 80 米，高约 8 米，是地面上仅存的一座夯土台基。

春秋战国时期的宫殿，通常是在高七八米至 10 余米的阶梯形夯土台上，逐层构筑木构架殿宇，形成建筑群，外有围墙和门。这种高台建筑既有利于防卫和观察周围动静，又可显示权力的威严。河北易县燕下都、邯郸赵城、山东临淄齐城等，都有这种宫殿遗址。其中邯郸赵国宫殿遗址，有一条明显的南北轴线。陕西咸阳市东郊曾发掘出秦都咸阳的一座宫殿遗址，它位于渭水北岸高地上，即史书所说的“咸阳北阪”上。这一带宫殿遗址密集，沿临水高地向东延伸。已发掘的一处夯土台基残高约 6 米，面积为 45 米 ×60 米，推测原是一座依夯土墩台而建的高台建筑，其中包括殿堂、过厅、回廊、居室、浴室、仓库等。室内还有火炕、壁炉和供保藏食物用的地窖，台面有较完善的排水设施。

秦汉时代，是中国历史上开疆拓土的强盛时代，建筑风格呈威猛之态。秦汉宫殿气势雄伟，体量宏大。

秦统一中国后，建造了大批宫殿。据《史记》所载，共计关（指函谷关）内300处，关外400处。关中平原和咸阳周围，有咸阳旧宫、渭水北阪上仿六国宫室等一连串殿宇。骊山北麓，为太后所居的甘泉宫，咸阳旧宫北面“北陵”上新建的北宫等。渭水南，营建宏伟的朝宫，别称阿房宫，作为主要朝会之所，但工程未完而秦亡。

西汉长安城的宫殿，最重要的是长乐宫和未央宫。长乐宫，又称东宫，位于城的东南部，面积约6平方千米。城内殿堂林立，据文献记载有前殿、临华殿、长信宫、长秋殿、永寿殿、神仙殿、永昌殿和钟室等。未央宫，在城的西南部，又称西宫，常为皇帝朝会之处，面积约5平方千米，城内主要有前殿、宣室殿、清凉殿、麒麟殿等10多个殿堂，前殿是宫内主殿。在长乐宫、未央宫的北部，分别建有明光宫、北宫和桂宫。

东汉王朝的都城洛阳，在西汉洛阳城的基础上扩建而成，城内主要有南宫、北宫和永安宫。南宫，位于大城南部，是汉明帝以前的朝会场所。北宫位于大城北部略偏西，是东汉明帝及以后皇帝的朝会场所，其东北部有永安宫。

魏晋南北朝时，宫殿集中于一区，与城市区分明确。曹魏的邺城、孙吴的建康城，宫殿都集中于城北，宫前道路两侧布置官署。邺城，基本布局主要因袭汉代，宫殿区位于大城北部正中，主要殿堂分布在城市中轴线上。两晋、南北朝宫殿大体相沿，其前殿受汉代东西厢建筑的影响，以主殿太极殿为大朝会之用，两侧建东西堂，处理日常政务。北魏洛阳城，正殿为太极殿，位于宫城前部。宫城东门到西门的大道从太极殿北面穿过，把宫城分为南北两部分，南部为朝会之地，北部为宫寝所在。从南朝建康起，各代宫城基本呈南北长的矩形，有中轴线，南面开三门。

隋唐宫殿雍容大度，气势磅礴，造型舒展。唐朝宫殿的造型特征，是屋顶坡度比较平缓，屋檐下斗拱硕大，出挑深远的檐口、粗壮的柱子等，无不表现出一种宏大的气魄。从唐朝传入日本的佛教建筑，可展现唐朝的建筑风格——较缓的坡屋顶，青灰色的陶瓦覆盖屋面，檐下斗拱出挑深远。隋代营大兴城，于宫城前创建皇城，集中官署于内。宫内前朝一反汉至南北朝正殿与东西堂并列，即大朝与常朝横列的布置，追绍《周礼》古意，比附三朝五门南北纵列的布置方式，在中轴线上，于宫南正门内建太极、两仪两组宫殿。唐承隋制，唐长安宫城正门承天门内中轴线上建太极、两仪两组宫殿。唐高宗时在长安城东北外侧御苑内建大明宫。前部中轴线上建三组宫殿，以含元殿为大朝，宣政殿为日朝，紫宸殿为常朝。大明宫含元殿体量宏大，现存遗址面积是今北京故宫太和殿的 3 倍。隋、唐两代，离宫也很兴盛，重要的有麟游仁寿宫（唐改为九成宫）、终南山太和宫（唐改为翠微宫）、唐时的华清宫等。在赴离宫的沿途又建有大量行宫。

两宋宫殿建筑的特点，虽没有宏伟的气势，但十分精美。北宋汴京宫殿是在原汴州府治的基础上改建而成。官府衙署大部分在宫城外同居民住宅杂处，苑囿也散布城外。宫廷前朝部分仍有三朝。其宫城正门为宣德门，门内为主殿大庆殿，供朝会大典使用。其后稍偏西为紫宸殿，是日朝。大庆殿之西有文德殿，称“正衙”。其后有垂拱殿，是常朝。宫城正门宣德楼，下部砖石甃砌，开有五门，金钉朱漆，雕刻龙凤飞云，上列门楼，左右有朵楼和阙，都覆以琉璃瓦，北宋宫殿气局虽小，但绚丽华美超过唐代。南宋临安宫殿，是在绍兴二年（1132）决定以杭州为“行在”以后，在原有北宋杭州州治基础上扩建而成的，称为大内。其位置在临安城南端，范围从凤凰山东麓至万松岭以南，东至中河南段，南至五代梵天寺以北的地段。南宋大内共有殿三十，堂三十三，斋四，楼七，阁二十，轩一，台六，观一，亭九十。此外，还建有太子宫东宫和高宗、孝宗禅位退居的宫殿德寿宫。

金中都宫殿，位于明北京城西南，因袭北宋规制，但中轴线上建筑分皇帝正位和皇后正位两大组，由于广泛使用青绿琉璃瓦和汉白玉石，建筑风采绚丽。

元大都宫殿，在都城南部，大内宫城是朝廷所在，在全城中轴线上。宫城之西有太后所居的隆福宫和太子所居的兴圣宫，宫城以北是御苑。宫内继承金中都宫殿，在中轴线上建大明殿、延春阁两组，为皇帝、皇后正位。

明代，在南京、中都临濠和北京三处建造皇宫。南京宫殿始建于元至正二十六年（1366），宫城在旧城外东北侧钟山西趾的南麓下，填燕雀湖而建，地势有前高后低之弊。但北依钟山，南邻平野，形势显敞，且与旧城区分明确。皇城正门称洪武门，门内御道两侧为中央各部和五军都督府，御道北端有外五龙桥，过桥经承天门、端门，到达宫城正门午门。宫内中轴线上前后建有两组宫殿，前为奉天、华盖、谨身三殿，是外朝主殿；后为乾清、坤宁两宫，是内廷主殿，左右有东西六宫。

明北京宫殿，永乐四年（1406）开始建设，以南京故宫为蓝本营建，到永乐十八年（1420）建成，是一座长方形城池，四面围有城墙，城外有护城河。紫禁城内的建筑，分为外朝和内廷两部分。外朝的中心为太和殿、中和殿、保和殿，统称三大殿，是国家举行大典礼的地方。内廷的中心是乾清宫、交泰殿、坤宁宫，统称后三宫，是皇帝和皇后居住的正宫。

清军入关前，于1636年在今沈阳市区建宫殿，规模较小，分三路建筑。1644年，李自成军攻陷北京，明朝灭亡。但李自成很快被清军在山海关击败，向陕西撤退前焚毁紫禁城，仅武英殿、建极殿、英华殿、南薰殿、四周角楼和皇极门未焚，其余建筑全部被毁。清王朝正式定都北京后，历时14年，将紫禁城中路建筑基本修复。顺治帝和康熙帝都将乾清宫作为居住和处理朝政的主要场所。雍正帝继位之后，开始移居养心殿。从此，养心殿开始成为皇帝居住和处理朝政的主要地方，加上此后的乾隆、嘉庆、道光、咸丰、同治、光绪、宣统，前后共8位皇帝都在此居住。

清军入关后，虽沿用明北京宫殿，但清帝大部分时间生活在圆明园、承德避暑山庄等别宫、离宫处，苑囿即成为清帝的主要居住场所，建有大量殿宇。

殿堂楼台

殿堂，中国古代建筑群中的主体建筑，包括殿和堂两类建筑形式。殿为宫室、礼制和宗教建筑所专用。

商王朝时期，以土木材料为主的王室宫殿建筑，称为“茅茨土阶”“四阿重屋”。当时已有宫殿区规划的初步理念，并掌握了夯土、版筑、木架结构、日影定向、以水测平和以茅草盖屋等技术。殷墟出土的妇好偶方彝器，其整体的造型特征和商朝宫殿建筑风格极为相似。器盖呈四面斜坡状，斜脊线及坡面中线上均铸出扉棱，极似商代宫殿之“四阿”式屋顶，有正脊与垂脊。器口前后各有 7 个方形和尖形槽，颇像房子的屋椽出梁头 7 枚，反映出当时的屋檐多探出梁头硬挑，前沿所出梁头为大半圆形，后檐所出者为尖形，类似后世斗拱的雏形，通体以云雷纹做衬地，以浮雕技

殷墟出土的妇好偶方彝器

法表现了兽面、鸱鸮、夔龙、大象等动物形象。器底铭“妇好”二字，表明此器为商王武丁的配偶妇好所作。

堂、殿之称均出现于周代。“堂”字出现较早，原意是相对内室而言，指建筑物前部对外敞开的部分。堂的左右有序、有夹，室的两旁有房、有厢。这样的一组建筑又统称为堂，泛指天子、诸侯、大夫、士的居处建筑。自汉代以后，堂一般是指衙署和第宅中的主要建筑，但宫殿、寺观中的次要建筑也可称为堂，如南北朝宫殿中的“东西堂”、佛寺中的讲堂、斋堂等。“殿”字出现较晚，原意是后部高起的物貌。用于建筑物，表示其形体高大、地位显著。

因受古代等级制度的制约，殿和堂在形式、构造上都有区别。殿和堂都分为台阶、屋身、屋顶三个基本部分。其中台阶和屋顶形成了中国建筑最明显的外观特征。殿和堂在台阶做法上的区别出现较早：堂只有阶；殿不仅有阶，还有陛，即除了本身的台基之外，下面还有一个高大的台子作为底座，由长长的陛级联系上下。

殿，一般位于宫室、庙宇、皇家园林等建筑群的中心或主要轴线上，其平面多为矩形，也有方形、圆形、“工”字形等，空间和构件的尺度往往较大，装修做法比较讲究。

堂，一般作为府邸、衙署、宅院、园林中的主体建筑，其平面形式多样，体量比较适中，结构做法和装饰材料等也比较简洁，且往往表现出更多的地方特征。

楼阁，中国古代建筑中的多层建筑物。楼与阁在早期是有区别的。楼是指重屋，阁是指下部架空、底层高悬的建筑。阁一般平面近方形，两层，有平坐，在建筑组群中可居主要位置，如佛寺中有以阁为主体的，独乐寺观音阁即为一例。楼则多狭而修曲，在建筑组群中常居于次要位置，如佛寺中的藏经楼，王府中的后楼、厢楼等，处于建筑组群的最后一列或左右厢位置。楼阁二字后来互通，无严格区分。

古代楼阁有多种建筑形式和用途。城楼在战国时期即已出现。汉代城楼已高达3层。阙楼、市楼、望楼等都是汉代应用较多的楼阁形式。

汉代皇帝崇信神仙方术之说，认为建造高峻楼阁可以会仙人。佛教传入中国后，大量修建的佛塔建筑也是一种楼阁。北魏洛阳永宁寺木塔，高“四十余丈”，百里之外，即可遥见。建于辽代的山西应县佛宫寺释迦塔高 67.31 米，是中国现存最高的古代木构建筑。可以登高望远的风景游览建筑往往也以楼阁为名，如黄鹤楼、滕王阁等。中国古代楼阁多为木结构，有多种构架形式。以方木相交叠垒成井栏形状所构成的高楼，称井干式。将单层建筑逐层重叠而构成整座建筑的，称重屋式。唐宋以来，在层间增设平台结构层，其内檐形成暗层和楼面，其外檐挑出成为挑台，这种形式在宋代时称为平坐式。这种构架形式各层上下柱之间不相通，构造交接方式较复杂。明清以来的楼阁构架，将各层木柱相续成为通长的柱材，与梁枋交搭成为整体框架，称为通柱式。此外，尚有其他变异的楼阁构架形式。

台榭，中国古代将地面上的夯土高墩称为台，台上的木构房屋称为榭，两者合称为台榭。早期的台榭也是宫殿中的一种表现形式。最早的台榭只是在夯土台上建造的有柱无壁、规模不大的敞厅，供眺望、宴饮、行射之用，有时具有防潮和防御的功能。台榭的遗址颇多，著名的有春秋晋都新田遗址以及战国燕下都遗址、邯郸赵国故城遗址、秦咸阳宫遗址等，这些遗址都保留了巨大的阶梯状夯土台。榭还指四面敞开的较大的房屋。唐以后，又将临水的或建在水中的建筑物称为水榭，但已是完全不同于台榭的另一类型建筑。

皇宫特色

宫殿建筑是传统礼制的象征和标志。与一般建筑相比，宫殿建筑的特色体现了中央集权的政治制度，森严的等级观念，贯穿了阴阳五行、天人合一的思想以及对宗法理念的信仰。

前朝后寝。前朝，是帝王上朝理政、举行大典的地方，因位于整个建筑群的前部，故称“前朝”。后寝是帝王、妃子及其子女生活起居的地方，因位于建筑群的后部，故称“后寝”。从历代皇宫建筑群可以看到，帝王处理朝政的殿堂总是建在宫殿的前面，生活起居以及娱乐部分总是建在后面，合乎实际功能的需要。

三朝五门。在宫室的大门前面有宫阙，是观察防御、揭示政令、纳取臣子建议的地方，其后有五重宫门，再后有大朝、内朝和外朝三朝，自古就确立了三种朝事活动的殿堂，根据帝王朝事活动内容的不同，分别在不同规模的殿堂内举行，即所谓“三朝制”。“五门制”，是在举行大型朝事活动的宫殿庭院前，沿中轴线以五道门及辅助建筑构成四座庭院，作为大朝宫殿前的前导空间，这五道门由内向外依次为朝门、宫门、宫城前导门、皇城门、皇城前导门。

中轴对称。中轴线上的建筑高大华丽，轴线两侧的建筑低小简单。中轴线纵长深远，显示了帝王宫殿的尊严华贵。重要建筑从南至北依次排

明清故宫的宫殿

开，布局严谨，秩序井然。明清紫禁城的前朝三大殿、后三宫以及重要宫门均分布在中轴线上，附属建筑位于两侧。

左祖右社。宗庙的空间位置应当在整个王城的东或东南部，社稷坛的空间位置则在西或西南部。所谓“左祖”，是指在宫殿左前方设祖庙，因为是天子的祖庙，故称太庙；所谓“右社”，是指在宫殿右前方设社稷坛，是帝王祭祀土地神、粮食神的地方。

皇权至上。宫殿除了具有最基本的皇家居住、办公、游乐功能之外，还象征着至高无上的皇权。《史记·秦始皇本纪》记载：“秦每破诸侯，写放其宫室，作之咸阳北阪上，南临渭，自雍门以东至泾、渭，殿屋复道周阁相属。”这种撷取、融合各国宫殿样式的做法，体现的正是“大一统”的文化气象。汉承秦制，主要建筑沿袭秦的“宏大”，更讲究“壮丽”的“大美”。汉初建未央宫时，汉高祖刘邦“见宫阙壮甚”，而责问负责建造的丞相萧何，萧何答：“夫天子以四海为家，非壮丽无以重威，且无令后世有以加也。”秦汉时建筑的高台、楼阁和庭院，其建筑空间形态以高大为主要特征。在高台建筑之间修筑“复道”“甬道”，以畅通建筑组群之间的联系，通过空间的连续性以实现建筑空间的整体性，最终形成宏阔巨大的空间形态。

等级鲜明。宫殿建筑装饰，反映了鲜明的等级观念。明清紫禁城屋脊上的琉璃小兽装饰，最高等级的用 9 个。紫禁城前三殿中的太和殿和保和殿屋顶上用的是 9 个，后三宫中的乾清宫、坤宁宫用的也是 9 个；交泰殿、中和殿地位稍低，用的是 7 个，太和门地位比较重要，用的也是 7 个；地位再稍低的乾清门用的是 5 个；御花园的亭阁上只用 3 个。明代规定，皇宫建筑的大门用红门金钉，官吏根据级别大小分别用绿门、黑门，用铜钉、铁钉。

阴阳五行。中国古代阴阳五行说，对宫殿的规划布局和建造风格产生了重要影响。根据外朝为阳、内寝为阴的原则，形成了“前朝后寝”的布局。明清紫禁城宫殿营造所坚守的中轴线，是“天人合一，象天设都”理念的表达方式，过景运门、乾清门、隆宗门的一条东西中轴线，将宫城分为前后阴阳两区，外朝为阳，内廷为阴。外朝前三殿为阳区，内廷宫寝为阴区。紫禁城宫墙、柱等属喜庆之物用红色，在五行体系中，红属火，属光明正大。屋顶用黄色，黄色属土，皇帝必居中。皇宫东部屋顶用绿色，属东方木绿。天安门至端门不栽树，意为南方属火，不宜加木。

第一章 远古殿址

石峁皇城台遗址

在远古的中华大地，随着王朝的建立，“都”与“邑”的出现，宫殿也开始修筑。

新石器时代晚期的中国，随着“邦国”的形成，“城”作为政治中心出现了。据文献记载，“国”要比“邦”的规模小，并且“国”与“城”是同一意思。

在约公元前3077—公元前2029年的“五帝时代”，当时的社会组织形态已经存在“聚”“邑”“都”三级。“聚”即村落，“邑”与“都”均为“城”。据《左传·庄公二十八年》记载：“凡邑，有宗庙先君之主曰都，无曰邑。”

中国古代建筑中，地面上保存的城墙、宫殿、宗庙、寺院等建筑，主要为明清时期的遗存。明清以前的地面建筑寥寥无几。中国古代建筑一般为土木建筑，随着时间的流逝，原来的地面建筑大多已不复存在，都城遗址与宫殿、礼制建筑遗址等保存下来的，也只是其部分残存建筑物的夯土基址及其相关遗物等。所以，对古代都城、宫殿遗址的考古发现，成为开展这方面研究的基础和前提。[1]

考古成果证明，早在5000多年前的新石器时代，中国的南方与北方都有兴建大型都城和宫殿。

2019年7月6日，中国“良渚古城遗址”在世界遗产大会上获准列入《世界遗产名录》。

2007年起，在良渚遗址发现了占地约3平方千米的良渚古城（公元前3300—公元前2300年，位于浙江省杭州市余杭区瓶窑镇），是长江下游地区首次发现的新石器时代城址。在良渚古城内，规模宏大的莫角山遗址总面积约30万平方米。1993年经浙江省文物考古研究所发掘证实，这是一处人工堆筑厚度可达10余米的超巨型礼制性建筑基址，一座远古时期的大型宫殿。

[1] 刘庆柱：《中国古代都城遗址布局形制的考古发现所反映的社会形态变化研究》，《考古学报》，2006年第3期。

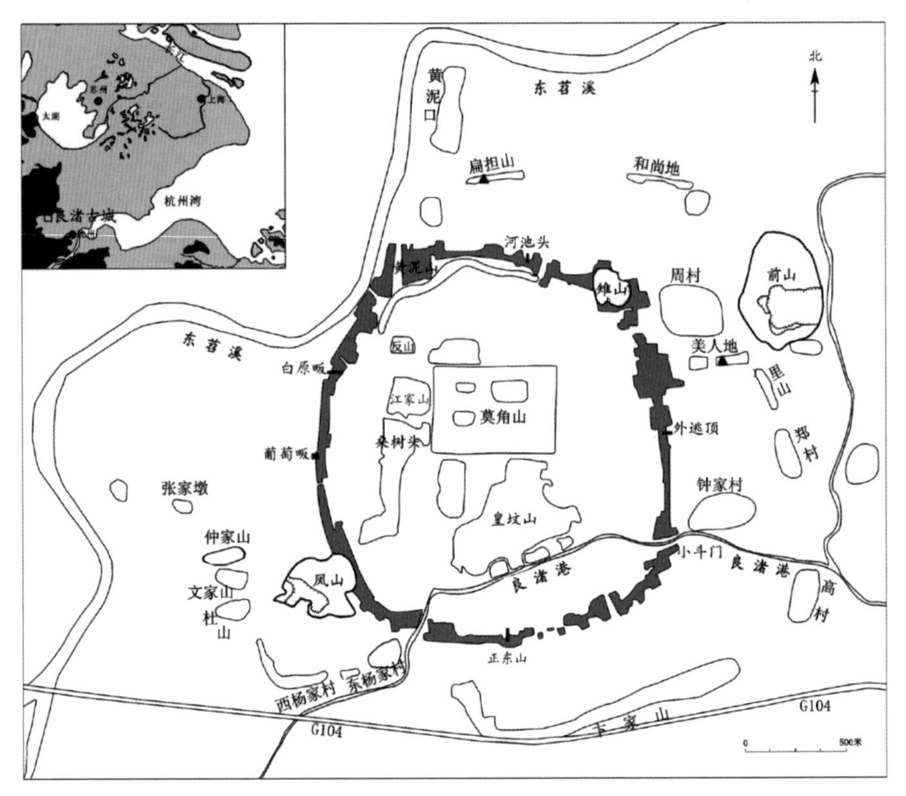

良渚古城示意图（引自刘斌、王宁远《2006—2013 年良渚古城考古的主要收获》,《东南文化》2014 年第 2 期）

位于河南省巩义市河洛镇双槐树村之南的高台地上的双槐树遗址，是一处仰韶文化中晚期的核心聚落，面积巨大、遗存丰富。距今 5300 年左右，其大型中心居址和大型建筑群初具中国早期宫室建筑的特征，为探索三代宫室制度的源头提供了重要素材。

在黄河西岸沉睡了 4000 年的陕西神木石峁遗址，也被考古学家们唤醒，那里的皇城台宫殿基址，或许是人们今天还能亲眼看到的最早的宫殿遗迹之一。

陶寺遗址年代在公元前 2300—公元前 1900 年之间，是新石器时代规模空前的城址，呈现秩序井然的分区、气势恢宏的宫殿、中国最早的观象台、等级分明的墓葬，以及内涵丰富的文物。

1960 年，考古学家在距今 3800—3500 年的二里头遗址，发现了一处规模宏大的宫殿基址。此后他们对二里头遗址进行持续不断的发掘，又发现了多处大型宫殿基址。二里头遗址和二里头文化的主体为历史上的夏朝时期遗存的观点，逐渐为多数学者所接受，部分专家倾向于认为二里头遗址是夏王朝中晚期的都城之所在，而宫殿区则是二里头遗址的核心区域。

莫角山

余杭良渚遗址群，位于杭州市北郊，地跨余杭区的良渚、瓶窑、安溪三镇，1994 年经计算机测算实际面积为 33.8 平方千米。1936 年，施昕更先生最先调查和发掘良渚遗址 12 处，其中 9 处在他的家乡良渚镇。1959 年，夏鼐先生命名了良渚文化。1981 年年底至 1982 年年初，浙江省文物考古研究所在良渚遗址群周围地区发现史前遗址 20 余处。1986 年发掘反山遗址，面积约 660 平方米，并清理良渚文化显贵大墓 11 座，出土玉、石、陶、象牙、嵌玉漆器等珍贵文物 1200 余件（组）。占随葬品多数的玉器种类丰富，制作精良，雕琢大量神人兽面纹。反山墓地是迄今为止等级最高的良渚文化显贵墓地，堪称“王陵”。

1987 年开始发掘瑶山遗址，发现良渚文化高等级祭坛 1 座，祭坛依托自然山体人工堆筑，方形呈梯级状向上收缩，顶面以灰土围沟分成内外三重。祭坛顶面南部清理良渚文化显贵墓葬 12 座，其墓葬规模、随葬品种类和精致程度接近反山墓地。1991 年发掘汇观山遗址，揭露面积逾 1600 平方米，发现良渚时期覆斗状方形祭坛 1 座，其结构和规模与瑶山相似，祭坛西南部清理残存的良渚显贵墓葬 4 座，其中 M4 墓坑超大，棺椁齐备，玉器器种较全，石钺达 48 件。1998 年 4 月至 1999 年 1 月，再次对良渚遗址群进行普查，新增遗址一倍，遗址群内的遗址数量达到 100 多处。根据最新的调查资料，遗址数量又有增加，遗址群的范围有所扩大。比较重要的遗址有吴家埠、反山、瑶山、汇观山、莫角山、庙前等。[1] 2006—2007年，发现、确认了良渚古城，开启良渚文化都邑考古的新阶段。2009—2015年，确认了岗公岭、鲤鱼山等10条水坝遗址，与塘山遗址一起构成中国最早的水利系统。良渚遗址范围由此扩大到100平方千米。

经过多年不间断的考古勘探、调查和发掘，对良渚古城的结构布局和格局演变得出一个基本认识：良渚古城的核心区可分三重，最中心为莫角山宫殿区，其外分别为内城和外城，堆筑高度由内而外逐次降低，显示出明显的等级差异。

2006年发现的良渚古城，位于瓶窑镇的东面，即今东苕溪的东南岸。古城的南面和北面都是天目山脉的支脉，西面是以瓶窑窑山为主的一组小山。后陆续对良渚古城内外约10平方千米的范围进行了详细的考古钻探，初步明确了古城内外的遗址布局、水系环境以及城墙的分布情况。

良渚古城略呈圆角长方形，正南北方向，南北长约1910米、东西宽约1770米，总面积达300多万平方米。古城城墙充分利用自然地势夯筑而成。在城墙设计选址时，有意将凤山和雉山两座自然石山作为城墙的西南角和东北角，北城墙西端也利用了原来的黄泥山作为墙体的一部分，进行裁弯取直。城墙宽20—145米。保存最好的北城墙部分地段高约4米；其他地段多呈断续台地状态保存，一般残高2米多；西墙北段由于靠近东苕溪，早年修筑大堤时被取土挖掉，残高约0.3米。城墙内外均有护城河，水路为主要交通方式。

良渚古城共有8座水城门，每面城墙各2座；在南城墙的中部还发现1座陆路城门。城墙由主体和内外马面以及护坡组成，共发现内马面25处，外马面27处。墙体主体底部普遍铺垫石块，大部分马面底部也同样铺垫石块。经勘探和发掘，北城墙、东城墙、南城墙、西城墙形制相同，墙体均由取自山上的黄色黏土分层夯筑而成，城墙内外均发现有良渚文化

[1] 赵晔：《余杭良渚遗址群聚落形态的初步考察》，《东南文化》，2002年第3期。朱叶菲：《良渚古城：实证中华5000年文明的圣地》，《中国自然资源报》，2019年7月11日。

晚期地层堆积。

城内中心区域为莫角山宫殿基址，占据了古城 1/10 的面积。江家山、皇坟山、桑树头（双池头）等人工堆筑的高台为城内重要的建筑基址。位于莫角山遗址西北部的反山遗址为王和贵族的墓地。[1]

莫角山遗址位于古城中心，整体由古尚顶（当地人称莫角山为古尚顶）土台和上面的三个小土台大莫角山、小莫角山和乌龟山组成。古尚顶土台整体呈长方形覆斗状，台体底面东西长约 630 米、南北宽约 450 米，顶面东西长约 590 米、南北宽约 415 米，顶面积约 28 万平方米。莫角山是具有宫殿等级建筑的基础。在良渚古城所有遗址中，莫角山以其超大的规模、庞大的体量成为最瞩目的中心遗址。莫角山遗址于 1987 年被确认，并于 1987 年大面积揭露，发现数万平方米考究的人工夯筑基址，并清理出数排大型柱洞，表明遗址上曾有极高规格的建筑群矗立过，是遗址群内的中心遗址。2010—2013 年，考古工作者对莫角山遗址进行了基础性钻探，对遗址的堆筑过程和堆筑范围有了基本的了解。现在地面上可以看到的东西长约 670 米、南北宽约 450 米、高约 10 米的形态规范的莫角山遗址，当初它的西半部是利用了一座自然的小山，这使人们更精确地认识这一大型遗址营建时的工程量。莫角山堆筑时，底部用青淤泥，上半部用黄色黏土，中部则有大面积的沙层。宫殿的基础高台应该是在短时期内堆建起来的，因为十几米的高台中土层之间并没有间歇的现象。

对良渚古城城内宫殿区的钻探和解剖发掘显示，良渚人在规划修筑城墙的同时，对城内也进行了统一的规划和建设。靠近城内的西侧与南侧原来有几座断续相连的小山丘，即现在的江家山、桑树头、皇坟山。江家山的北面原来有一片水面和浅滩，与西北面的内城河相连，形成一个小小的港湾；江家山的南面也有一块低洼地通向西面的内城河；江家山东面的山坡下连着一片湿地，向东一直延伸出 800 多米，然后是一条连通南北的小河。这片位于城中心的平地正是修建宫殿区的理想位置，且江家山南北的

[1] 刘斌、王宁远：《2006—2013 年良渚古城考古的主要收获》，《东南文化》，2014 年第 2 期。

水系还可以作为运输的码头。

1987 年在遗址东南部揭露出大型坑状烧土遗存的西半部，大量的人工烧土残块夹杂于烧土灰烬之中，斜势向内层层积淀，考古人员推测这是一次进行大型政治性或宗教性活动后留下的遗存。1993 年又在遗址北部两个发掘区揭露出 1000 多平方米的夯土建筑基址，这一基址由细腻的黏土和经过筛选的沙土相间夯成，夯窝明显，夯层多达 13 层，最厚处达 0.5 米。根据调查钻探资料，这一建筑基址的总面积超过 3 万平方米。基址还发现 3 排大型柱洞，表明在这片基址上有过大型建筑。如果确认遗址平台上的 3 处土丘是良渚时期的遗存，那么它们应该是这一建筑群的主体建筑。经过多次调查和钻探，进一步发现遗址边缘有夯筑的迹象，一些学者认为这就是台城的佐证。莫角山如此丰富的内涵中透露着独一无二和至高无上的权威，称作“王城”并不为过，它无疑是良渚时期金字塔型社会结构中最高权力的物化形态。

在良渚古城内，规模宏大的莫角山遗址东西长约 670 米，南北宽约 450 米，总面积约 30 万平方米。1993 年经浙江省文物考古研究所发掘证实，这是一处人工堆筑厚度可达 10 余米的超巨型礼制性建筑基址，面积约 30 万平方米。在莫角山遗址上，还有 3 个人工堆筑的土墩，呈三足鼎立之势。南为乌龟山，面积约 300 平方米，高 5 米；北名小莫角山，面积约 1500 平方米，高 4.5 米；东谓大莫角山，面积约 1200 平方米，高 4 米。考古推断为宫殿（或宗庙性质的大型礼制性建筑）基址。

双槐树

双槐树遗址，位于河南省巩义市河洛镇，距离黄河南岸以南 2 千米、伊洛河东 4 千米，处于河洛文化中心区。是距今约 5300 年的仰韶文化中晚期巨型聚落遗址。双槐树遗址面积达 117 万平方米，发现有仰韶文化中晚期三重大型环壕、封闭式排状布局的大型中心居址、采用版筑法夯筑而成的大型连片块状夯土遗迹、3 处经过严格规划的大型公共墓地、3 处夯土祭祀台遗迹等，并出土了一大批仰韶文化时期丰富的文化遗物。

2020 年 5 月，经多位知名考古学家现场实地考察和研讨论证，认为双槐树遗址为距今约 5300 年古国时代的一处都邑遗址，因其位于河洛中心区域，专家建议命名为“河洛古国”。2021 年 1 月，郑州市文物考古院发布双槐树遗址发掘最新情况。双槐树新发现的宫室建筑位于一处面积达 4300 平方米的大型夯土高台上，高台上建筑基址密布，全部采用版筑法夯筑而成，目前一、二号院落布局揭露得较为清晰。一号院位于高台西半部，平面呈长方形，面积达 1300 余平方米，院落南墙外发现面积近 880 平方米的大型广场，呈现出“前朝后寝”式的宫城布局。二号院落位于高台东半部，面积达 1500 余平方米，该院落发现门道三处，其中一号门在南墙偏东位置，门道为“一门三道”。考古专家表示，此次发现将中国宫室制度提前了约 1000 年。

双槐树遗址的大型中心居址区位于内环壕的北部正中，似为贵族居住的区域，在居址南部修建有两道围墙，主体长 370 多米，与北部内壕合围形成封闭的半月形结构，面积达 18000 多平方米，目前发掘了 3000 平方米。两道墙体在中心居址的东南端呈拐直角相连接，在拐弯处和东端 35 米距离范围内各发现门道 1 处，两处门道位置明显错位，形成较为典型的瓮城建筑结构。瓮城是古代城市的主要防御设施之一，通常是在城门外或内侧修建的半圆形或方形的护门小城。河洛古国的中心居址区已有典型的瓮城建筑结构。

在中心居址前面，有一处面积巨大且曾被多次使用的大型夯土基址。这个基址上最早的建筑基础面积，是目前国内同一时期规模最大的单座建筑基础，在它之后修建的面阔 15 开间的大型建筑则已初步具备了大型宫殿建筑的特征。目前发现 4 排带有巷道的大型房址，房址之间建有通道。房址前均分布有 2 排间距、直径基本一致的柱洞，应为房屋前的廊柱遗存。特别是第二排中间的房址 F12，面积达 220 平方米，在房子的前面发现了以 9 个陶罐摆放的北斗九星图案遗迹，在建筑中心发现一头首向南并朝着门道的完整麋鹿，位置在北斗九星上端，北极附近。

双槐树遗址发掘现场

遗址内发现 3 处墓葬区，含 1700 多座仰韶文化时期墓葬，这些墓葬分布在遗址西北部、内环壕内侧、外壕与中壕之间 3 个区域，均呈排状分布。墓葬为东西向，墓主人仰身直肢，头向西。这批墓葬是目前已知黄河流域仰韶文化中晚期规模最大、布局结构最为完整、最具规划性的墓葬区。墓葬区内发现夯土祭台遗迹 3 处，特别是第二区祭坛，是该遗址 3 座祭坛中面积最大的。其位于整个遗址的中轴线，该遗址中目前发现的规模较大的墓葬均位于这一夯土祭台附近，从土台上有 2 个柱础等现象判断，祭坛上原来可能埋藏有 2 个高大木柱。

还有一处特殊遗迹位于大型居住中心基址前面，现存多排，已发现 100 多米，采用了当时中国最为先进的土木工艺法式——版筑法，类似现代铺地板砖，而且使用跨度很长，可能是一处公共场所，这种布局颇有“前殿后寝”的样子。

皇城台

石峁城址，位于今陕西省神木市高家堡镇石峁村附近山梁上，是龙山晚期至夏代早期中国北方地区的核心聚落，距今4000多年前的都邑性城址。考古发掘和研究表明，石峁城址距今约4300—3800年。考古勘探确认，石峁遗址由“皇城台”、内城、外城3座基本完整并相对独立的石构城址组成。石峁石城分为外城和内城，内城墙体残长2000米，面积约235万平方米；外城墙体残长2.84千米，面积约425万平方米，是已知中国史前最大的城址。

皇城台是当地百姓对石峁城址内一处石砌台地的称呼。皇城台位于石城址内城偏西居中部，是一处相对独立的山峁，顶部平坦开阔，南、北、西三面临沟，南北两侧坡陡沟深，西侧坡地平缓，仅东部偏南经山体马鞍部与外相接。地势明显低于包括外城东门址在内的外城北部城墙所在的山脊，站在皇城台台顶，可遥望外城北部城墙、外城东门址和外城二号门址。皇城台底大顶小，顶部面积约8万平方米，底部面积约24万平方米，四围筑有护坡石墙，石墙自下而上逐阶内收，阶阶相叠，形成台阶覆斗状之势。马鞍部至台顶高约20米，石墙砌护的总高超过70米，高大巍峨，气势恢宏。皇城台是以大型宫殿及高等级建筑基址为核心的宫城区，多达九级的堑山而砌的护坡石墙环裹着状若“金字塔”般的台体，面积宏大，已知遗迹包括了大型宫室、池苑、护墙、门道。

皇城台，是中国目前可以见到的最久远的宫殿之一。根据清理出的年代特征明显的陶器和玉器，并结合地层关系及出土遗物，专家初步认定皇城台修于龙山中期或略晚（距今约4300年），兴盛于龙山晚期，夏（距今4000年）时期毁弃，属于中国北方地区一个超大

皇城台大台基南护墙

型中心聚落。这个石城的寿命超过300年，是一个大型宫殿基址的核心分布区，套合着内城和外城，台顶分布着成组的宫殿、池苑等建筑。周边堑山砌筑着坚固雄厚的护坡石墙，自下而上斜收趋势明显，在垂直达70米的方向上，由错落有致的一个个护坡构成，有一个至少九级的成叠状的护坡护墙，将皇城台紧紧包围起来。皇城台、内城、外城依势布列，宫殿、居址、墓葬、城墙、城防设施等龙山遗迹星罗棋布。

台顶有成组分布的宫殿建筑皇城台，为一座底大顶小、四面包砌层阶状石墙的台城，顶部面积8万余平方米。内城，将皇城台包围其中，面积达210万平方米。外城，利用内城东南部墙体向东南方向再行扩筑的一道弧形石墙形成的封闭空间，面积约190万平方米。内、外城以石城垣为周界，绵延长达10千米，宽约2.5米。考古人员在皇城台门址发掘了内瓮城和主门道。内瓮城里还发现一座“石包土”的平整墩台，主门道是一处封闭空间，墩台与主门道之间设有门塾。专家认为，主门道是通往皇城台台顶的最后“关卡”。同时，还在墩台、门塾、主门道之间形成的“重点防控区域”下端发现有几处刻画符号，图案繁复，琢刻在向上攀爬的石铺路面上。

皇城台门址，是目前皇城台确认的唯一的城门遗址，位于皇城台东侧坡下偏南，扼守在皇城台与石窑屹台地点相连的马鞍部西端。地势西高东低，南北两端凸起，中间下凹，呈东向敞开的簸箕状。皇城台门址规模宏大、结构复杂、保存良好，自外而内的主要组成部分包括广场、外瓮城、墩台、内瓮城等。

经发掘，皇城台门址各部分的地层堆积一致，可分四层。第一层为耕土层，黄色沙土，土质疏松，内含大量植物根系和一些石块、陶片、碎骨及少量瓷片等。第二层为棕黑色沙土，土质疏松，内含较多石块、一些陶片和碎骨。第三层为浅黄色土，土质较硬，内含很多石块、草拌泥块、夯土块、一些陶片和少量碎骨。值得注意的是，该层内的部分石块虽已斜置或竖置，但排列整齐，仍以草拌泥粘接，初步判断为皇城台门址的倒塌堆积。第四层为黄灰色土，土质疏松，内含少量小石块、一些碎小陶片和细

皇城台门道

碎骨片。该层断续分布，在墙体底部附近堆积较厚，初步判断是皇城台门址使用最后阶段或废弃最早阶段的堆积。

第四层以下，即为广场地面和门道内的铺石路面。广场面积超过 2100 平方米，平面呈南北向长方形，向东外敞，由南、北基本平行的两道东西向石墙及南、北墩台东壁一线围成。下面分为中部广场、广场南墙、广场北墙三部分。广场整体以黄褐色沙土铺垫，夹杂较多碎石粒和小陶片，局部有踩踏迹象。广场地面中央发现一座石砌房址。从坍塌的石块来看，南、北两墙外立面应有石雕装饰，主要是浅浮雕和阴刻的波浪状绦索纹和阴刻人面像。

外瓮城是一座土石结构的单体建筑，位于广场通往铺石路面进而登上台顶的中央处，是扼守门道入口的重要建筑。平面呈“凹”字形，两角垂直方正。

东墙位置在广场西端中部。南北向，外为广场、内接铺石路面，两侧砌石内包硬土筑成。墙体由平整石块错缝平砌，石块间夹杂草拌泥，外壁齐整平直，长 15.37 米，高 0.95—1.4 米。西侧仅残留零星平砌石块，由两侧砌石可知东墙残宽 4.12 米，其中硬土内芯宽约 3.8 米。内芯硬土为土黄色沙土，土质纯净，质地坚实。

门道，是外瓮城两侧通向皇城台台顶的道路，周边以南北墩台和挡墙围隔而成，有南、北两个曲尺形门道，外接广场，伸至挡墙处再向内稍折通向皇城台顶。两门道尺寸相当，主体部分长 13.9 米，宽 4.3—4.4 米。门道内地面西高东低，呈缓坡状，遍铺平整砂岩石板，以北门道保存较好，石板自墩台东墙一线开始铺砌，大部分石板上有长期踩踏形成的清晰摩擦痕迹。墩台共 2 座，南北对峙，位于门道两侧，分别与广场南墙和北墙相接，又与外瓮城和挡墙共同围隔形成通向皇城台台顶的门道。南北墩台均为石砌外框包夯土内芯的建筑结构，体量南小北大。

护墙，即围砌台地的石墙。皇城台四周皆有台阶状护墙，2012—2014 年调查发现了自上而下的 7—9 阶护墙，2015 年在东护墙北段确认了自上而下不少于 11 阶的石砌墙体。2016 年的试掘地点就位于皇城台东护墙北段上部，此地名曰“灌子畔”，发掘之前即可见高大的石砌墙体，气势恢宏。

作为 4000 年前中国北方地区早期国家的都城，石峁遗址出土数量众多的象征早期王权的牙璋。石峁“藏玉于石”，玉器在城墙修建过程中被有意嵌入墙体或植埋于墙根。

石峁遗址出土的双面人面石柱

目前发掘资料表明，石峁城址内部不同区域及其与周边遗址的等级差别非常明显。皇城台自身相对独立，被内、外两重城垣严密拱卫，居民等级地位较高。与内、外城其他居址出土遗物相比，皇城台日用陶器、骨器和玉器的数量和质量明显高得多。铜

皇城台修复示意图

制品及铸铜石范、数以万计的骨器及制作骨器的相关遗物，说明皇城台上可能存在铜器和骨器制作作坊。皇城台附近，集中出土100余片卜骨，发现10余件陶鹰和镶嵌在石墙上的石雕眼睛，蕴含了皇城台文化、宗教内涵。

史学界对石峁遗址的归属族属和性质进行了探讨。有专家认为这座古城是传说中黄帝部族的居邑。[1]有专家认为石峁遗址很可能是黄帝部落联盟都城昆仑所在地，或者是黄帝部落联盟重要的城池之一。[2]还有专家认为，石峁城由尧世之民营造，是尧世的聚落。石峁城是尧帝的陪都幽都。[3]也有专家认为，石峁即是神话传说中的不周山，这个强大部落的都邑只能是共工的不周山。它建在高高的石崖山上，应与当时黄河沿岸滔天大水泛滥相关。[4]主持石峁遗址发掘的孙周勇等专家认为，在没有获得充分内证性材料支持的情况下，一般不倾向于探讨考古学文化或某一遗址背

[1] 沈长云:《石峁古城是黄帝部族居邑》,《光明日报》, 2013年3月25日第15版。
[2] 王红旗:《神木石峁古城遗址当即黄帝都城昆仑》,《百色学院学报》, 2014年第5期。
[3] 朱鸿:《石峁遗址的城与玉——中华文明探源视野中的文化思考》,《光明日报》, 2013年8月14日第5版。
[4] 胡义成、曾文芳、赵东:《陕北神木石峁遗址即"不周山"——对石峁遗址的若干考古文化学探想》,《西安财经学院学报》, 2015年第4期。

后的族群，或者与上古历史人物对照匹配。[1]

陕西省的考古专家认为，皇城台门址及东护墙北段上部出土的陶鬲、罐、瓮、豆、盆等，在石峁遗址附近的一些遗址也见到相似遗物，其相对年代处在龙山时代晚期至夏代早期。这些典型陶器说明皇城台的最晚使用年代为公元前2100年，废弃年代约在公元前1800年。皇城台门址的修建年代可能要早至公元前2300年前后。石峁城址三重城垣存在修建年代上的先后关系，皇城台最早，内城次之，外城最晚。另外，从皇城台门址和外城东门址的比较来看，两座门址均以内外瓮城和南北墩台为主要组成部分，表明外城东门址的设计建造理念当承袭于皇城台门址。广场类设施则可能是皇城台在整个石峁石城址内特殊地位的体现。

皇城台发现的铜器和石范，大多出土于门址第二层堆积，个别见于门址第四层，年代不晚于公元前1800年，器型包括刀、链、锥等。石峁遗址处于北方地区沿黄河南下进入中原地区的中介地带，皇城台铜器和石范的发现，为冶金术自北方传入中原的观点提供了关键性的证据，并为探索早期冶金术在中国的传播路线提供了关键的连接点。[2]

陶寺

陶寺遗址，1978年发现于山西省临汾市襄汾县陶寺村，东西长约2000米，南北宽约1500米，面积280万平方米。经过多项科技考古手段包括碳十四测年技术在内的年代学探讨，判断陶寺文化的绝对年代，为公元前2300—公元前1900年。在陶寺遗址，发现了新石器时代规模空前的城址、秩序井然的分区、气势恢宏的宫殿、中国最早的观象台、等级分明的墓葬等。

经过40多年的考古发掘，清理出宫城、宫殿区、下层贵族居住区、

[1] 孙周勇、邵晶：《石峁是座什么城？》，《光明日报》，2015年10月12日第16版。
[2] 陕西省考古研究院、榆林市文物考古勘探工作队、神木县石峁遗址管理处：《陕西神木县石峁城址皇城台地点》，《考古》，2017年第7期。

王陵区、祭天祭地礼制建筑区、仓储区、手工业作坊区、普通居民区等功能区域，发掘墓葬千余座，发现和发掘出了早、中、晚期，大、中、小不等的夯土城址、大型宫殿基址、观象台址、仓储区、手工业区，还出土了陶鼓、石磬、铜铃、彩绘龙盘、玉琮、圭尺等礼仪用器。

1978—1987年，中国社会科学院考古研究所山西队与临汾行署文化局合作，揭露了居住区和墓葬区，发掘墓葬1000余座，其中大贵族墓葬9座。

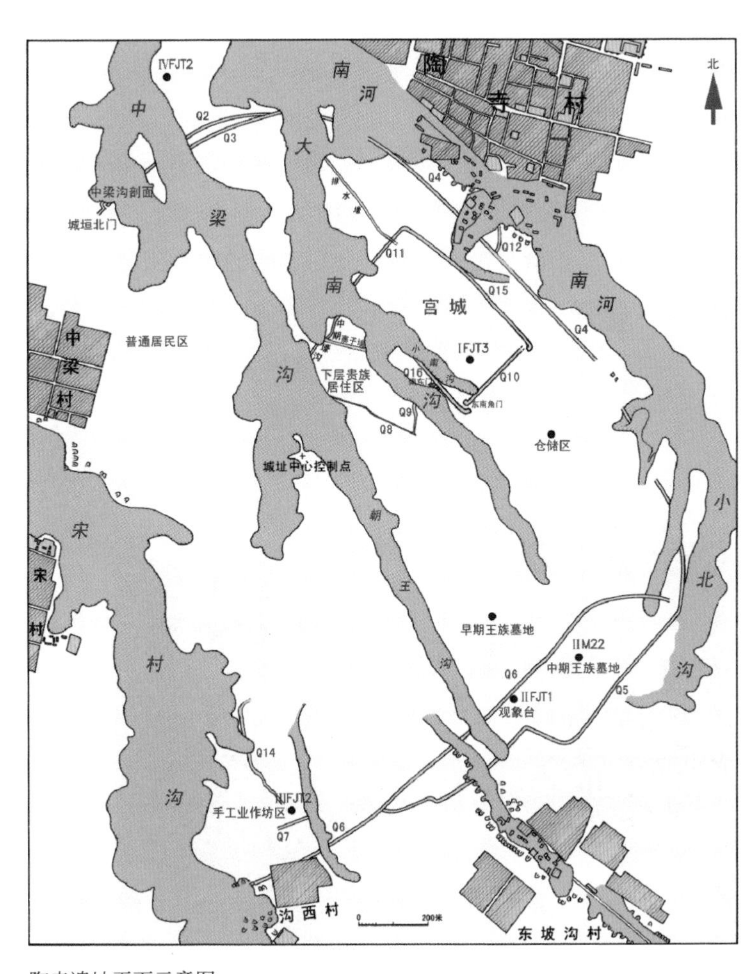

陶寺遗址平面示意图

1999—2001 年，确定了陶寺文化中期城址，城址呈圆角长方形，东西长 1800 米，南北宽 1500 米，总面积 280 万平方米。

2002 年春季开始，在陶寺城址共发掘 4000 平方米，确定了面积为 56 万平方米的陶寺早期小城、下层贵族居住区、宫殿区、东部大型仓储区、中期小城内王族墓地以及祭祀区内的观天象祭祀台基址。

2003 年，发掘出陶寺古观象台，由 13 根夯土柱组成，呈半圆形，半径 10.5 米，弧长 19.5 米。从观测点通过土柱狭缝观测塔尔山日出方位，确定季节、节气，安排农耕。台基直径约 40 米，总面积约 1001 平方米。在现存的陶寺晚期的台基破坏界面上，发现了一道弧形夯土墙基础，人为挖出 10 道浅槽缝，形成 11 个夯土柱基础，用于观测的柱缝系列共计 13 个柱子 12 道缝。

2016 年在考古发掘中发现了东南门址和东南拐角处的侧门。

在 2017 年春季发掘中，基本确认了陶寺遗址宫城的存在。在规模宏大的陶寺城邑之中，东北部是宫城和宫殿群所在的核心区，宫城西南近处为下层贵族居住区，宫城南部近处是仓储区，城址南部偏东是早期墓地所在。早期墓地东南单独围出一个小城作为特殊的宗教祭祀区，内发现有“观象台”遗迹和中期墓地。城址西南部为手工业作坊区，西北为普通居

复原的陶寺古观象台

民居住区。

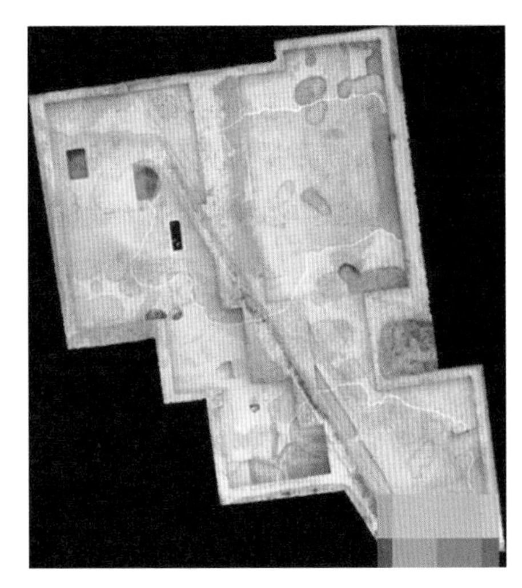
陶寺宫城东南角门

经过多年发掘，基本明确了陶寺宫城位于陶寺遗址东北部，呈长方形，东西长约 470 米，南北宽约 270 米，面积近 13 万平方米。与陶寺大城方向基本一致，由北墙、东墙、南墙、西墙组成。城垣地上部分已不存在，仅剩余地下基础部分。南墙西段及西南拐角被大南沟破坏掉。这座规模宏大、形制规整、城邑外环绕着一圈高大的夯土城墙，周长达 7 千米。黄土高原盛产直立性和吸湿性强的黄土，使得“版筑（在夹板中填入泥土夯实）”的建筑方法成为可能。陶寺遗址可分为早、中、晚三期，宫城始建于早期，至中期继续沿用，中期又新建大城和小城，至晚期宫城重新修建直至废弃。中期大城平面大体呈圆角长方形，面积约 280 万平方米。陶寺遗址规格高、遗存丰富，既有规模庞大的郭城，又有平面规整的宫城，宫城内发现 10 余座大型夯筑基址。城址范围内发现有王族墓地，存在观象授时和祭祀的观象台，城内东南部是从事石器和陶器制造的手工业区，出土鼍鼓、特磬、彩绘盘龙陶盘、漆木器、玉石器等精美器物。

考古发掘发现，宫城城墙东墙与南墙之间存在缺口，缺口宽 10 余米，位于宫城东南角，应该是出入宫城的侧门。更为重要的是，缺口处靠东墙内侧接出一夯土基址，长约 10 米，宽约 11 米，很可能是侧门东墙上“内墩台”基础。而南墙在此拐角处又继续向外（东）延伸出约 15 米收回，整体形成短“L”形。另外，在南墙基槽外侧发现有一处与基槽同期的礤墩类柱础。经过对南墙和东墙的进一步解剖，确认二者均存在陶寺文化早期与晚期两个时期的墙基槽，而内墩台为陶寺文化晚期。可见陶寺文化早期开始挖基槽夯筑城墙，中期继续使用，至陶寺文化晚期时，在早期墙基之上略微错位挖出较浅的晚期墙基槽夯筑城墙，形成类似“阙楼式”的门址。

考古队通过解剖确认了东墙的存在。东墙整体宽 13.6 米，实际上包含陶寺文化早期和晚期两个时期的墙基槽，二者略有错位，早期墙基槽偏东，墙基槽残宽约 10 米；晚期墙基槽偏西，并打破了陶寺文化早期墙基，残宽近 4 米，基础较深，约 4 米以上。陶寺文化早期东墙墙基夯筑质量较好，平剖面夯筑板块非常明显。

陶寺Ⅰ区的大型建筑区始建于陶寺文化早期，使用于陶寺文化早期和中期，废弃于陶寺文化晚期。目前发现的早期大型建筑基址较少，范围较小；中期的大型建筑基址即 IFJT3 范围较大，并且发掘者根据已探明的情况分析还有其他的配套建筑，整体规模有所扩大；晚期时该区域大部分建筑被毁弃。根据该区域的遗迹现象以及出土器物判断，该处所居住人的等级较高，应是陶寺遗址统治者的居住所在，即宫殿区。

陶寺遗址宫殿区是最为核心的功能区。2018—2019 年宫城内发现大小夯土基址 10 余处，其中经过发掘的一座大型夯土基址面积达 8000 平方米，为宫城内面积最大的宫殿建筑 IFJT3。该建筑基址之上有 2 座主殿、东侧附属建筑、中部庭院、东部疑似廊庑等，其结构复杂，布局规整，史前罕见，当为中国古代宫室形态的源头。该建筑基址延续使用时间长，显示出特殊的功用，或为“殿堂”一类建筑。

IFJT3 位于宫殿区中部，其上发掘了 3 排柱网结构的大型宫室建筑（编号 D1），该主体殿堂遗迹仅残留柱网结构，大致位于 IFJT3 之上中部偏东位置，与 IFJT3 的整体方向一致。殿堂柱洞有三排，总计发现 18 个柱洞，其中南排保留 7 个，中排残留 3 个，北排保留 8 个。绝大部分柱洞外有柱坑，一般残深约 0.3—0.4 米。柱洞底部均有柱础石，用卵石拼凑而成，有些柱洞除有柱础石外，还在洞壁周围填塞一些石块以加固柱子。柱洞内填土多为红烧土，多无陶片，仅有一个在填土内有大量木炭块。此外，唯有一个柱洞里出土陶片的时代为陶寺文化晚期偏晚，大约暗示着该主体殿堂建筑最终被彻底摧毁的时代可能是陶寺文化晚期偏晚。

陶寺宫殿夯土建筑基址 IFJT3

值得注意的是，2005 年发掘时，在该主体殿堂柱网遗迹北侧约 16 米处的探方里，还发现 2 个柱坑以及柱础石，可以肯定与本次完整揭露出的殿堂柱网不属于同一个系统。这些情况预示着 IFJT3 之上可能不只一个殿堂建筑单元，也许应有成组的建筑。

陶寺城址内大型夯土基址 IFJT3 及其上主体殿堂柱网遗迹的发现，以其 1 万余平方米宏大的台基、直径达 0.5 米的粗大柱洞（柱础石直径为 0.03 米），确证了陶寺城址宫殿区以及宫殿建筑的存在。[1]

宫室建筑 D1 以东近 2 米处发现一座大型房址，编号 F37。F37 平面为长方形，东西长 10.85 米，南北露出长度 9.65 米。房址为地面建筑，带有围墙，墙宽 0.65—1 米，挖有深约 0.3 米的基槽，墙体残高 0.08—0.12 米，黄花土，较纯净。南墙中间开门，门道宽约 1.6 米。房址地面为烧烤

[1] 中国社会科学院考古研究所山西队、山西省考古研究所、临汾市文物局：《山西襄汾县陶寺城址发现陶寺文化中期大型夯土建筑基址》，《考古》，2008 年第 3 期。

地面，较为坚硬，并非常见的白灰皮地面。房址建筑于 IFJT3 夯土基址之上，位于大型宫室建筑 D1 之东，并与之同时，年代不晚于陶寺文化晚期，推测为陶寺文化中期始建，延续使用至陶寺文化晚期偏早阶段。其性质或功用特殊，可能为宫室建筑 D1 的附属建筑。

在 F37 的东南，新发现一座小型房址，编号 F39。平面为圆角方形，长约 7.2 米，宽 7 米，墙宽 1—1.2 米。门址朝西。室内为白灰皮地面，中间位置建有方形灶面。房址西北角放置有 7 块牛肢骨。F39 地面之上发现一件铜器残片，器型难以判断。F39 与 F37 大体同时，F37 室内面积小，墙却较厚；门向西，似乎有意朝向 F37。此外，室内发现集中摆放的牛腿骨。推测其性质或功用特殊，可能也是宫室建筑 D1 的附属建筑，类似储藏室。

在 F39 以东，新发现 4 个排列有序的柱洞，且与 D1 南排柱洞在同一条东西线上，具体不明，但线索重大，有待发掘。

苏秉琦先生曾说，在中国文明起源的历程中，作为帝尧陶唐氏文化遗存的陶寺文化，构成一个伟大的历史丰碑。北京大学考古文博学院教授李伯谦认为，陶寺遗址是黄河流域中游的中原地区最早出现的一个科学意义上的国家——王国的都城所在地。[1] 2015 年 6 月 18 日，中国社会科学院考古研究所所长王巍在国务院新闻办举行的“山西·陶寺遗址发掘成果新闻发布会”上，介绍了对陶寺遗址考古的重大成果。他认为山西省临汾市襄汾县陶寺遗址，就是尧的都城，是最早的“中国”；没有哪一个遗址能够像陶寺遗址这样全面拥有文明起源形成的要素和标志，陶寺遗址已经进入文明阶段。

二里头

距今 3800 年前的大都城二里头，坐落于河南古伊洛河北岸的高地，

---

[1] 李伯谦：《略论陶寺遗址在中国古代文明演进中的地位》，《华夏考古》，2015 年第 4 期。

中心区是坐南朝北、中轴对称的宫殿建筑群，由宫城城墙围起，四周是“井”字形大路。

二里头遗址，位于洛阳盆地东部的偃师市境内，遗址上最为丰富的文化遗存属二里头文化，其年代约已有3800—3500年，相当于古代文献中的夏、商王朝时期。该遗址南邻古伊洛河、北依邙山、背靠黄河，范围包括二里头、圪垱头和四角楼等3个自然村，面积不少于3平方千米。

1959年夏，中国著名考古学家徐旭生先生率队在豫西进行“夏墟”调查时，发现了二里头遗址。二里头遗址范围东西长约2千米，南北宽1.5千米。包含的文化遗存上至距今5000年左右的仰韶文化和龙山文化，下至东周、东汉时期。此遗址的兴盛时期的年代为公元前21世纪至公元前16世纪这一时期。1977年，夏鼐先生根据考古成果，将这些文化遗存命名为“二里头文化”。

学界公认，二里头遗址是中国古代文明与早期国家形成期的大型都邑遗存。自1959年遗址发现以来，累计发掘面积达4万余平方米，发现了大面积的夯土建筑基址群、宫城和作坊区的围垣，以及纵横交错的道路遗迹。发掘了大型宫殿建筑基址数座、大型青铜冶铸作坊遗址1处、与制陶、制骨、制绿松石器作坊有关的遗迹若干处，与宗教祭祀有关的建筑遗迹若干处，以及中小型墓葬400余座，包括出土成组青铜礼器和玉器的墓葬。二里头发掘的宫室建筑和都邑整体布局，表现出了前无古人的因素，即二里头文化的王朝气象。[1]

在二里头遗址宫殿区内，发现了中国最早的中轴线布局的大型四合院式宫室建筑群，以及中国最早的多进院落宫室建筑群，规模宏大、形制规整、排列有序，昭示着政治和宗教权力的高度集中。中心区北部发现了中国最早的国家级祭祀遗迹和祭祀区域，有长方形半地下式和类似于后世“坛”之类圆形地上式的遗迹及祭祀的墓葬。中心区南部发现了中国最早的大型围墙官营作坊区，其内已发现有专为贵族服务的、中国最早的青铜

[1] 赵海涛、许宏:《二里头的王朝气象》,《光明日报》, 2018年11月24日。

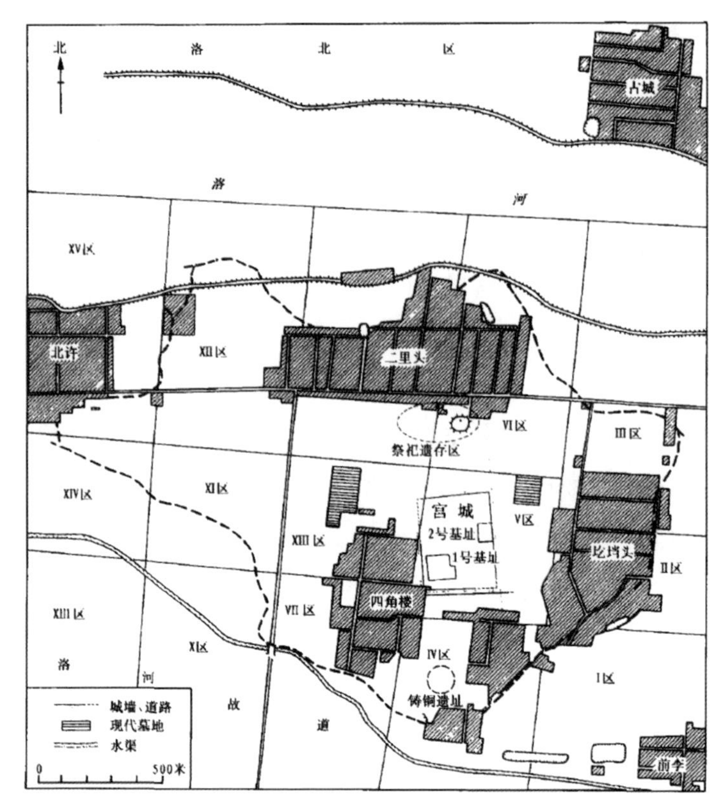

二里头遗址平面图（引自许宏、陈国梁、赵海涛《二里头遗址聚落形态的初步考察》,《考古》2004 年第 11 期）

器制造作坊和绿松石器制造作坊。

在中心区发现的中国最早的“井”字形主干道路系统尤为引人注目。这种道路网络，不仅连接交通，而且分割出不同的功能区，形成“九宫格”的宏大格局。祭祀区、宫殿区和官营作坊区这三个最重要的区域恰好在“九宫格”的中路，宫殿区位居中心。宫殿区外围、道路内侧是中国最早的“紫禁城”——宫城的城墙。宫殿区的周边，还有贵族的居址及墓葬。祭祀区、贵族聚居和墓葬区、制造贵族奢侈品的官营手工业作坊区，都拱卫在宫殿区的周围。

二里头遗址的建筑规模，在当时的东亚大陆独一无二，显示出王都所特有的气派。二里头遗址是迄今可以确认的中国乃至东亚地区最早的具有明确规划的都邑。宫室建筑的空间规划和都邑的总体布局，开中国古代都城规划制度的先河。[1]

21 世纪以来的钻探与发掘结果表明，二里头遗址沿古伊洛河北岸呈西北—东南向分布，东西最长约 2400 米，南北最宽约 1900 米，现存面积约 300 万平方米，估计原聚落面积应在 400 万平方米左右。这座 3800 年前的大型都邑，由宫殿区、围垣作坊区、祭祀活动区和若干贵族聚居区组成。史前时期大型聚落的人口一般不超过 5000 人，与二里头同时期的普通聚落的人口一般不超过 1000 人，而二里头遗址当时的人口约在 2 万人，这在东亚地区尚属首见。

二里头遗址在都邑兴盛期可分为中心区和一般居住活动区。中心区位于遗址东南部的微高地，分布着宫殿区和宫城（晚期）、祭祀区、围垣作坊区和若干贵族聚居区等重要遗存。

二里头都邑的中心区，分布着宫城和大型宫殿建筑群，其外围有主干道网连接交通，同时分割出不同的功能区。制造贵族奢侈品的官营手工作坊区，位于宫殿区的近旁。祭祀区、贵族聚居区拱卫在宫殿区周围。

二里头遗址已发现 4 条大路，垂直相交，略呈“井”字形，显现出方正规矩的布局，组成都邑的主干道网，走向与宫城围墙及其内的建筑基址一致，由二里头文化早期延续使用至晚期。保存最好的宫殿区东侧大路已知长度近 800 米。大路一般宽 10 余米，最宽处达 20 米。这是迄今所知中国最早的城市道路网。在早期大路上发现了平行的车辙痕迹，辙距 1 米，这表明至少当时中原地区的人们已开始使用轮式车辆。

二里头遗址的中部，发现有 30 多座夯土建筑基址，是迄今为止中国发现的最早的宫殿建筑基址群。二里头遗址的宫殿建筑，虽时代较早，但其形制和结构都已经比较完善，其建筑格局被后世所沿用，开创了中国古代宫殿建筑的先河。

---

[1] 许宏:《二里头：中国早期国家形成中的一个关键点》,《中原文化研究》, 2015 年第 4 期。

二里头宫殿区的面积不小于 12 万平方米，大型宫殿建筑基址仅见于这一区域。至少自二里头文化二期晚段始，宫殿区外围垂直相交的大路已全面使用。此后不久，在大路的内侧建起了宫城围墙。宫城略呈纵长方形，面积达 10.8 万平方米。在二里头文化的兴盛阶段，其延续使用达 200 年以上。

二里头一号宫殿遗址使用时间基本和宫城相始终，这是一座建立于大型夯土台基之上的复合建筑，规模宏大，结构复杂，平面略呈正方形，东西长 108 米，南北宽 100 米，高 0.8 米，面积达 1 万多平方米，夯土台基高出当时的地面约 0.8 米，四周边缘形成缓坡，建筑主体是一座殿堂，堂前有一庭院，殿堂和庭院被一道围墙圈起，围墙前有一圈廊庑，南面开一大门。整个建筑的布局，由堂、庑、门、庭四部分组成。殿堂坐北朝南，为长方形，东、西面阔 8 间，南北进深 4 间。在殿堂基址上，发现一些木柱痕迹和草拌泥块，推测殿堂建筑结构是以木架为骨、草泥为皮，堂顶为四面坡形，周围有小挑檐柱，支撑屋顶的出檐。根据出土的遗迹现象，可以将一号宫殿建筑基址的主殿复原成一个“四阿重屋”式的殿堂，殿前有数百平方米的广庭。基址四周有回廊，大门位于南墙的中部，其间有 3 条通道。有学者推测，一号宫殿遗址夯土的土方总量达 2 万立方米以上，如果每人每天夯筑 0.1 立方米，也需要 20 万个劳动日，再加上设计、测量、取土、运土、垫石、筑墙、盖房等多种工序和后勤、管理等环节，所需“劳动日”以数十万至百万计。

二号宫殿基址则由廊庑、大门、中心殿堂、大墓等系列建筑遗迹组成。中心殿堂现存一个长方形夯土台基，北边长 32.75 米，南边长 32.6 米，东边宽 12.4 米，西边宽 12.75 米。宫殿的东、西、北三面均有大型夯筑的墙，宫殿内发现陶水管等地下水道设施，中心殿堂与北墙之间还发现一座与宫殿同时代的大墓。

2004 年，考古人员在二号宫殿基址下面发掘出三号建筑基址，是一座（或一组）带有多进院落的组合式建筑。发掘区内长约 150 米，宽约 50 米。东西并列的大型复合式建筑址三号基址和五号基址，基址之间以

二里头宫殿复原模型

宽约 3 米的通道相隔，通道的路土下发现有木结构排水暗渠，东亚地区最早的多进院落宫室建筑，而这种建筑形式习见于后世的古代中国。

考古人员连续数年对二里头遗址内保存最完整、年代最早的五号基址进行考古发掘，五号宫殿是已知的中国历史上最早的多进院落宫室建筑，就已发掘的结果看，它至少是四进的院落。晚期的二号宫殿堆积在它的上面，破坏得比较严重，而且有些部分很可能是人为的故意破坏，后人把前期的夯土层、上头的东西统统挖掉、填平了。中国社会科学院考古研究所二里头工作队副队长赵海涛说："五号基址至少由四进院落组成，这是我国后世多院落宫室建筑的源头，将'多进院落'建筑模式的源头上溯到 3700 年前。"五号基址总面积超过 2700 平方米，是迄今所知保存最好的二里头文化早期大型宫室建筑。[1]

自二里头五号基址开始，此后 3000 多年历史长河中，多进院落成为古代宫室建筑主流建筑模式。进入二里头文化第三期，二里头都邑在宫殿区筑起了宫城围墙，宫城内新建了多处宫室建筑。两组中轴线布局的建筑群分别以一号、二号大型四合院式建筑为核心，建于宫城的西南部和东

[1] 许宏:《二里头：中国早期国家形成中的一个关键点》,《中原文化研究》, 2015 年第 4 期。

部，显现出明晰的中轴对称的建筑理念。其中东部建筑群的二号、四号、六号基址，压占于原三号大型建筑之上，建筑结构由一体化的多进院落演变为相互独立但又以中轴相串连的四合院式建筑组群。西南建筑群中的七号基址则跨建于宫城南墙上，应为大型门塾式建筑，是宫城最重要的门址。宫室布局的调整，暗寓着宫殿区内的若干建筑基址的功能和性质，乃至宫殿区内的功能分区发生了变化。

一号、二号、四号基址主殿和七号基址 4 座大型建筑台基，拥有大致相近的长宽比例，表明当时的宫室建筑已存在明确的营造规制。在宫室建筑群以北，还发现了平面呈圆角长方形、总面积达 2200 平方米的巨型坑，坑内发现有大片陶片铺垫的活动面、以幼猪为祭品的祭祀遗迹等。

宫殿区以南，发现绿松石器制造作坊和铸铜作坊。铸铜作坊遗址面积逾 1 万平方米，绿松石器制造作坊，范围不小于 1000 平方米。

祭祀活动区位于宫殿区以北和西北一带，这里集中分布圆形的地面建筑和长方形的半地穴建筑及附属于这些建筑的墓葬。目前已经掌握的范围东西连绵约两三百米。

中国社科院考古研究所研究员许宏说，如果做一个整体定位，二里头遗址是东亚地区青铜时代最早的大型都邑遗址。二里头时代的二里头都邑，就是当时的“中央之邦”。二里头文化所处的洛阳盆地乃至中原地区，就是最早的“中国”。中国是一个从无到有、从小到大的概念。我们说二里头是最早的中国，和说中国有五千年文明史，两者并不矛盾。如果把“中国”看成一个婴儿，二里头就是他呱呱坠地之所，而此前的文明就像父母的相遇与胎儿的受孕，都是婴儿诞生的前提。二里头文化与二里头都邑的出现，表明当时的社会由若干相互竞争的政治实体并存的局面，进入广域王权国家阶段。黄河和长江流域这一东亚文明的腹心地区，开始由多元化的邦国文明，走向一体化的王朝文明。在众多酋邦或原初国家中，二里头广域王权国家脱颖而出，构成了当时复杂而又迥异的聚落与社会景观。

自从发现了沉睡已久的“故都”二里头之后，二里头究竟“姓夏”

还是“姓商”，多年来争论不断。在没有“实证”的情况下，我们无法肯定二里头是“夏都”还是“商都”，只能确认这是一个广域王权国家的遗存。

1959 年至今，二里头遗址累计发掘面积 4 万多平方米，而二里头都邑的现存面积共有 300 万平方米，几代人的发掘面积也就超过 1%，考古探索远没有结束。

第二章 茅茨重檐

殷墟宫殿区的仿殷大殿

商时宫殿，王宫明堂，重檐之屋，神秘莫测。

殷商时代，从蒙昧走进文明，文化意识中还带着蒙昧时代的特征，其宫殿建筑，从出土的多处遗址来看，同样如此。战国文献《考工记》载：“殷人重屋，堂修七寻，堂崇三尺，四阿重屋。”[1]郑玄注：“重屋者，王宫正堂若大寝也。”孔颖达疏：“谓对燕寝侧室非正，故以此为正堂大寝也。”考古发现的偃师商城、郑州商城、洹北商城、盘龙城和安阳殷墟，这几座宫殿建筑基址，展现了商王朝在不同历史时期、不同地域宫殿建筑的特征，也是商代政治制度和社会文化重要的物质体现。

商代都城宫殿区，大体处在都城的核心位置，且宫城外围均筑有宫墙。宫殿建筑不仅以夯土高台作为其主要建筑形态，而且每座宫殿都具备相当的建筑规模，另外各宫殿建筑在一定范围内呈现出有规划的布局。

偃师商城、洹北商城等商代都城遗址内所发掘的宫殿建筑基址证实，商代的宫殿建筑单体多呈较为封闭的四合院落式结构，主殿居北，东西有厢房建筑，南部有门塾或门道，且规模较大，有的宫殿周围还建有附属建筑，这些宫殿建筑组群与普通的民居建筑有着显著的区别。

河南偃师商城遗址，证实了殷商宫殿的模样。那是一组廊庑环绕的院落式建筑，有人推测它是早商宫殿。在郑州商城内，也发掘有几处较大的建筑遗址，有人认为是商代中期的宫殿遗址。河南安阳殷墟，被公认为商代后期的宫殿遗址。这些宫殿都是在夯土基中埋木柱，屋顶未用瓦，可见终商之世，宫殿仍未脱离“茅茨土阶”的状态。商代宫殿建筑规划的一个特点即是同一建筑性质的宫殿建筑是处于同一南北轴线上的，从而形成南北多进院落的宫殿组合形式。

郑州商城遗址在郑州市，平面为长方形，面积约 3 平方千米。城墙有 11 个缺口，城内东北部有宫殿区，发现宫殿基址多处，其中心有用石板砌筑的人工蓄水设施。城中还有小型房址和水井遗址。城外有居民区、墓

[1] 武廷海：《〈考工记〉成书年代研究——兼论考工记匠人知识体系》，《装饰》，2019 年第 10 期。

地、铸铜遗址及制陶制骨作坊遗址等。

湖北武汉黄陂考古发现的盘龙城遗址，多数专家认为是商代前期建筑。城内的东北角，先后发现4座大型宫殿基址。这些宫殿遗址的发掘，证明在商代中原建筑文化已经布设长江流域。

河南省安阳市西北郊小屯的殷墟宫殿宗庙遗址，是中国考古学的诞生地、甲骨文发祥地。殷墟宫殿区驰名中外，为世界文明古国中最著名的古典城邦之一。50余座建筑遗址分“宫殿、宗庙、祭坛（甲、乙、丙）”三组，宏伟壮观，还发现铸铜遗址等。宫殿区出土大量的甲骨文、青铜器、玉器、宝石器等珍贵文物。

周武王伐纣取得成功之后，于公元前1046年建立周王朝。2年之后，武王疾殁，武王之子成王继位。接着，周公奉旨东征平叛，营建洛邑。学界就周公营建洛邑有两种不同看法，一种认为周公营建洛邑有王城和成周城2个；另一种认为洛邑即成周，成周即指王城。

与中原殷商同期、远在巴蜀的三星堆遗址，也发现了多段大型都城城墙，在位于鸭子河南岸的台地上的青关山，发掘大型红烧土房屋基址一座，呈长方形，西北—东南走向，如此规模的房屋基址，在三星堆遗址中是从未遇到的，极有可能是宫殿性质的建筑。

偃师商城

偃师商城遗址，是古代保留下来的一处未遭破坏的商代早期都城遗址，位于河南省偃师市区西南隅，城址平面呈北宽南窄的菜刀形，总面积约200万平方米。自1983年发现城址至今，经过考古工作者的努力，现已探明偃师商城整体由大城、小城和宫城三重城垣构成，其间分布有多座宫殿建筑基址，以及房屋、墓葬、手工业作坊遗址。

偃师商城自发现以来，引起了国内外学术界的普遍关注，被联合国教科文组织列为1983年世界十七大发现之一。

1996年起，偃师商城宫城开始新一轮大规模发掘，发掘重点是位于

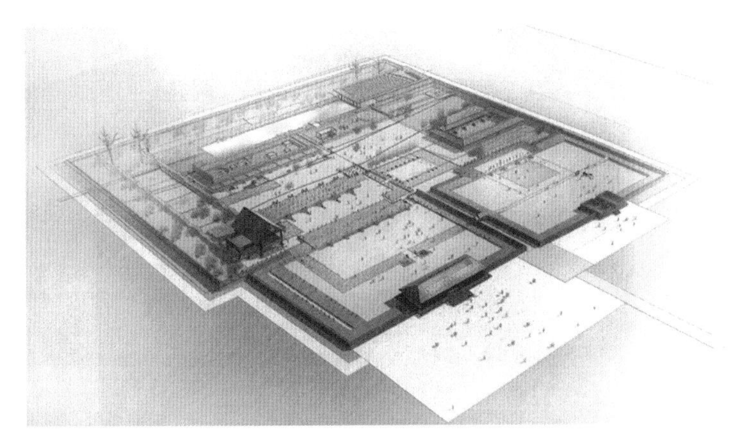

偃师商城复原图

宫城西部的宫殿建筑群，基本廓清了宫城建筑群基址的布局和变迁。

偃师商城的商文化遗存，考古工作者根据地层关系和陶器群组合的演变序列，建立起偃师商城商文化的编年序列，共划分为三期，其中第一期、第二期又可各分为早、晚两段，第三期分为早、中、晚三段，合计七段。

偃师商城宫城位于小城中部略偏南，平面略呈方形。宫城北墙长约 200 米，东墙长约 180 米，南墙长约 190 米，西墙长约 185 米，墙体宽 1.95—2.15 米。宫城有一门位于南墙中部，门道宽约 2 米。

宫殿建筑基址集中分布在宫城的南半部，按布局位置和各建筑基址的关系，大体可以宫城南门及向北延伸的道路为中轴线，分成东西两组。东组包括四号、五号和六号宫殿基址，西组包括一号、二号、三号、七号、八号、九号和十号宫殿基址。

东组的四号宫殿建筑基址，位于宫城东部，平面为长方形，东西全长约 51 米，南北宽约 32 米，北部的正殿朝南，是偃师商城最早建成的一座宫殿。基址整体由夯土筑成，由北部正殿、东庑、西庑、南庑和庭院组成一个相对封闭的四合院落。正殿是一座建立在夯土台基之上四周有回廊环绕，基址前檐有一排擎檐柱的四面坡式屋顶的宫殿建筑，南面有 4 个夯土台阶可供进出。正殿基址上部高出当时地面约25.4米。台基平面呈长方形，东西长约36.5米，南北宽约11.8米，表面四边有一周圆形或椭圆形的夯土墩。东庑南北长25.2米，北部宽5.1米，南部宽5.4米，其上由夯土墙分割为南北排列的五室。西庑基址南北长24.9米，东西宽约5.5米。南庑全长51米，宽约5.6米，台基上共有九道南北向夯土墙，将南庑分为九室。庭院位于宫殿基址的中部，北高南低，四周由正殿和东、西、南三面庑围绕，呈一长方形的露天场地，南北长14.1—14.4米，东西宽40.1—40.7米，整个庭院内铺满淡黄色净土。[1]

五号宫殿平面均呈长方形，由北面正殿、四面庑址和中部庭院组成的相对独立的四合院落式建筑格局。规模远远大于四号宫殿，主殿东西两侧较四号宫殿多出了东、西耳庑，在南庑中部出现了门塾建筑。正殿长54米，宽14.6米，四边各有一排柱础石或柱洞。西庑南北长70.5米，东西宽约6米，基址内侧分布有南北成列的柱础。在庑址上发掘出36道短墙，长约1米，宽约0.5米，均排列在夯土墙里侧并与之垂直相交。南庑基址全长107米，南北宽6.2米，中部有一长方形台基，东西长约22米，南北宽约14米。

六号宫殿基址叠压在五号宫殿基址的下面，平面呈“口”字形，北面基址较宽，其余三面较窄。北面基址全部被五号宫殿的正殿基址所叠压，东西长约38米，南北宽约8.5米。东庑的建筑形制与四号宫殿的西庑相近，外侧为木骨泥墙，内侧是廊柱及由廊柱支撑的屋檐，各室之间以夯土墙相隔。南庑基址外长约39米，内长约25米，宽7.5米。四面庑址共同合成一个封闭的方形院落。庭院南北长26米，东西宽25米，地势北高南低。院落中部有两口水井、100多个小柱基槽和21个灰坑。

西组宫殿建筑基址由从南至北位置基本平行的三大主要殿堂及东西两侧的附属建筑组成三进院落，是在不同时期由不同的宫殿基址组合而成。多座

[1] 中国社会科学院考古研究所河南第二工作队：《1984年春偃师尸乡沟商城宫殿遗址发掘简报》，《考古》，1985年第4期。

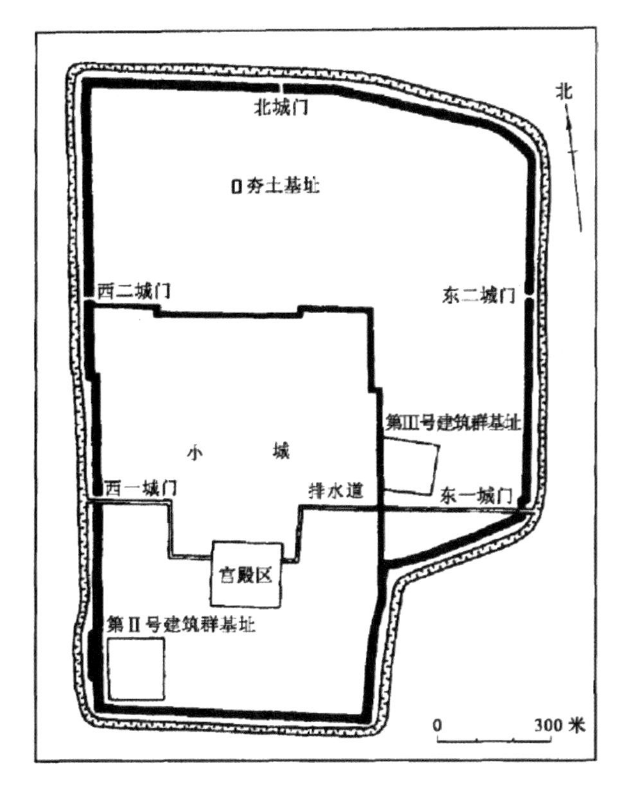

偃师商城平面示意图（引自中国社会科学院考古研究所河南第二工作队《河南偃师商城 IV 区 1999 年发掘报告》,《考古》2006 年第 6 期）

不同的宫殿基址之间相互连通，布局紧密，形成一个有机组合的建筑整体。

二号宫殿基址的主殿，长逾 90 米，宽达 11 米，南北两侧有夯土台阶。西厢建筑有纵横成排、密集而粗大的柱洞，显非通常所见的商代宫殿建筑。二号宫殿曾经扩建。

三号宫殿位于二号宫殿主殿之南，其规模与二号宫殿主殿相若。

八号宫殿基址位于西组宫殿建筑群的最北部，坐落在一长方形夯土台基之上，坐北朝南，东西长 71 米，南北宽约 7.7 米。整体结构为一东西向单体长排建筑，建筑主体由木骨泥墙构成，内部又有七道木骨泥墙，将整座建筑分割成东西排列的 8 间彼此独立的房间，进深均在 4.5—

4.7 米。

十号宫殿建筑基址在八号宫殿基址南约 6 米处，破坏较为严重，现已仅存部分基槽。该基址平面亦呈长方形，东西残长约 57 米，最宽约 8 米，南北方向大体与八号宫殿建筑平行，建筑四周未发现柱洞遗迹。

宫殿建筑面积大约占据了偃师宫城的 2/3。祭祀遗址最初发现于 1984 年，分布在宫殿建筑的北面。池苑主体是一座经人工挖掘、用石块垒砌成的长方形水池，水池东西长约 130 米，南北宽约 20 米，深约 1.5 米。池岸距离宫城的东、西、北墙均 20 多米。

偃师商城内的排水设施完备，排水沟、大渠、支渠一应俱全。在大城的北部，发现有制陶作坊、青铜器铸造作坊、小型平房和地穴式建筑，当时的偃师商城应为“前朝后市”的布局结构。

偃师商城宫殿前朝后寝、内外有别。西区的三号、七号宫殿和中部的二号、九号宫殿是“朝”，北部先后建造的八号和十号宫殿则是“寝”。“朝”的殿堂建筑中，又有外朝与内朝之分。大体上，七号和三号宫殿是先后建造的“外朝”，而九号和二号宫殿则为“内朝”的早期建筑和晚期建筑。外朝与内朝规模不同，结构有别，一前一后，连为一体。

偃师商城宫殿单元封闭，坐北朝南，中轴对称。多数宫殿都是一个相对独立的建筑单元，而这种建筑单元都是由四座单体建筑组成“回”字形建筑群，或者是由三座单体建筑组成的“凹”字形建筑群，“凹”字形建筑群均位于“回”字形建筑群后面，以“回”字形建筑群之主体建筑为前屏，实际上也形成“回”字形建筑群。因此，几乎每个建筑单元都是四面封闭的“四合院”。除一号、六号宫殿以外，所有宫殿建筑都是坐北朝南，主体建筑在北部居中，坐北面

偃师商城遗址

南，其两厢建筑东西对称。每个建筑单元都遵守纵轴对称原则，每个建筑单体也尽量做到中轴对称。

偃师商城宫殿庖厨独立。宫城内庖厨已经与宫室、庙堂分离，形成独立的建筑单元。[1]

郑州商城

郑州商城，商代早中期的都城遗址，坐落在今河南省郑州市区偏东部的郑县旧城及北关一带。郑州商城的外城墙，总面积达 25 平方千米，是先周时期仅次于殷墟的庞大都城遗址。

据中国考古学院的最新碳十四数据显示，郑州商城外城墙的始建年代为公元前 1500 年左右，可以推算内城和宫城的始建年代不晚于公元前 1500 年。根据文献记载与考证，大部分学者认为是“汤始居亳”的亳都，属商代早中期，不过也有很多学者认为是商代中期“仲丁迁隞”的隞都，属商代中期。

1950 年秋，郑州市小学教师韩维周在郑州二里岗一带发现并采集一些商代陶片和石器，经文物专家鉴定属商代器物。郑州商代遗址就此发现。1954 年春，中国科学院考古研究所河南省调查团在郑州二里岗进行调查，确定郑州二里岗是殷代文化遗址。1955 年秋，发现郑州商城城垣近 7 平方千米。到 1979 年，考古队在郑州商城内相继发现宫殿基址 20 多处，遗址东北部就是商代二里岗时期王室贵族的宫殿区。

1986 年 6 月，文物考古部门发现了一段南北走向的夯土墙，并验证了外城墙的存在。在郑州商城内城和外城之间，还发现了多处商代青铜冶炼、骨器制作、陶器制作的作坊遗址，并有大量的墓葬区。城池内外，还发现了青铜窖藏和祭祀场地。截至目前，商代遗址出土的文物数以万计。

郑州商城距今约 3600 年，商城近似长方形，北城墙长约 1690 米，西

[1] 王学荣、谷飞:《偃师商城宫城布局与变迁研究》,《中国历史文物》，2006 年第 6 期。

郑州商城宫殿区

墙长约 1870 米，南墙和东墙长度均为 1700 米，城墙周长 6960 米，有 11 个缺口，其中有的可能是城门。城墙底宽 20 米左右，顶宽 5 米多，其高度复原后约 10 米。城墙采用分段版筑法逐段夯筑而成，每段长 3.8 米左右，夯层较薄，夯窝密集，相当坚固。在城墙内侧或内外两侧往往发现夯土结构的护城坡。

郑州商城城内东北部的宫殿区，发现宫殿基址多处，其中心有用石板砌筑的人工蓄水设施。城内中部偏东和东北部一带，约占郑州商城 1/6 的范围内，遗存有各类高低不平的夯土台基，台基排列不甚规整。其中城内东北部近 40 万平方米的较高地带，先后发现了 20 多处商代夯土建筑基址，有大、中型夯土台基建筑遗存，有的夯土基面上还保存着柱子洞、柱基槽和石柱础，表明这里是商代贵族居住的宫殿区。

宫殿基址均用红土与黄土夯筑而成，大的达 2000 余平方米，小的也有 100 余平方米。台基平面多呈长方形，表面排列有整齐的柱穴，间距在 2 米左右，柱穴底部往往有柱础石。有的台基表面还有坚硬的“白灰面”

或黄泥地坪。在已发掘的3处宫殿中，最大的一座东西长约65米，南北宽13.6米，房基用黄土夯筑，现存厚度为1—1.5米，房基面上存在两排长方形柱础槽，大体可以复原为一座九室重檐顶并带有回廊的大型寝殿。其余两处较小，破坏严重。

在这些宫殿基址的附近，曾出土青铜簪、玉簪和玉片等其他地方少见的遗物。在宫殿区内，还发现有一条南北向的壕沟，可能与祭祀活动有关。此外，遗址内还发现有小型的方形或长方形地面建筑和半地穴式居址，显然是地位低下的人所居之处。

2000年，考古工作者在郑州商城的宫殿区发现几块距今3500多年的灰陶板瓦。这些板瓦的制作方法较为原始，正面装饰着绳纹，反面为麻点纹，采用了泥坯切割的制作技术，泥条盘筑的痕迹十分清晰。它们被摆放在宫殿柱础的四周，对木柱根部起到了围护、防潮作用。板瓦当时也已应用到了宫殿的屋顶上。考古工作者此前在郑州商城宫殿区东南部的一个灰坑里发现过一批年代稍晚的板瓦残块，这些残块与商代生活用具共存，初步推断是宫殿建筑附近的废弃堆积，从形制特征看，两批板瓦除个体大小稍有区别外，制作工艺方面具有相同的特点。

在郑州商城内出土数以万计的文物。在郑州商城周围，发现有与商城同时的铸铜、制陶、制骨等作坊遗址4处、铜器窖藏2处，以及100多座中、小型墓葬。

盘龙城

1954年，江城武汉遭受了一场特大暴雨的袭击。在防汛取土时，不断有发现古墓的消息传来。雨停后，在武汉市文物管理委员会工作的蓝蔚先生查找地图和翻阅资料时，找到一张1932年的军用地图，上面标有“盘龙城”和城墙的标志符号。初冬的一个早晨，蓝蔚与从事田野考古工作的游绍奇结伴骑车前往勘察，盘龙城就这样被发现了。

1974年，北京大学考古专业的俞伟超先生带领学生到达盘龙城，发现、揭露盘龙城一号宫殿基址和李家嘴 3 座大型墓葬。1976 年，李伯谦先生带领北京大学考古专业学生到盘龙城发掘，全面揭露了二号宫殿基址，并对三号宫殿的基址进行局部发掘。20 世纪 80 年代，盘龙城出土了各类青铜器接近 200 件，无论是数量还是精美程度，都不亚于同时期的都城郑州商城。进入 21 世纪，发现了四号宫殿。

盘龙城遗址，位于长江北岸武汉北郊黄陂区盘龙湖畔，盘龙湖将其三面环抱，仅西面有陆路相通。盘龙城建于水滨的高丘上，南北长 290 米，东西宽 260 米，周长 1100 米，面积约 75400 平方米。原以为中心区面积约 1.1 平方千米，但因发现面积 2.5 平方千米的外城，遗址面积应更为广大。城内有宫殿区，城外北为平民居住区，南为手工作坊区，东西为墓葬区。遗址的年代一说为商代前期，一说为夏代，距今约 3800 年。盘龙城聚落的布局既与中原地区早、中商时期地区性城市的一般规划近似，又因聚落的兴衰变迁、地理位置与环境等形成一些地域性特征，说明其应为中原王朝二级中心城市。

盘龙城内城坐落在整个遗址的东南部，平面略呈方形，城内发现大型宫殿基址。内城外散见居民区和酿酒、制陶、冶铜等手工作坊及墓地。经过考古发掘，盘龙城遗址出土了数百件青铜器、陶器、玉器、石器和骨器等遗物，还出土了数以万计的陶片。专家们认为，鼎盛时期的盘龙城应该控制了长江中游甚至更加广阔的地区。西至今天的荆州，东南到江西九江，大批早商时期聚落都与盘龙城保持密切关联。这样广大的地区结束了漫长的新石器时代，和盘龙城一样一并进入青铜文明的发展时期。盘龙城带动长江流域文化发展，加速了这一地区的历史进程。

盘龙城宫殿区位于城址内东北部高地上，F1 到 F3 等 3 座宫殿建筑沿西北—东南方向分布。在二号宫殿东南部还发现 5 个大柱础穴和础石遗迹，应该属于另一组建筑。显然，当时的宫殿区并非只有 3 座，而是布局较为复杂的建筑群。[1] 一些专家认为，盘龙城建于公元前 15 世纪前后，

[1] 湖北省文物考古研究所：《盘龙城：1963—1994 年考古发掘报告》，文物出版社，2001 年。

是商王朝南征的据点，是商王朝控制南方的战略资源的中转站，其城墙外陡内缓，易守难攻，军事目的较为明显，后来不断发展成为商王朝在南方的军事、政治中心。

1974 年发掘盘龙城时发现，古城东北部形成高地，并不全是由于自然地形。当营建上层建筑群时，便在这片地段填洼去高，筑起高数十厘米或 1 米以上的巨型黄色或棕褐色的夯土台基，作为整个宫殿群的基础，然后再在大台基上挖坑筑基，修起一座座宫殿。这个巨型夯土台基，北端距北城垣约 10 米，南端尚未找到，其南北长度在 100 米左右，东西宽度在 60 米以上。已发现的上层宫殿基址有 3 座，方向同城垣一致。

一号宫殿先往地下挖坑打夯筑基，再在上面立柱建屋。整个殿基坑是在建筑物四周立大檐柱处挖深 1 米左右，中间则只挖深数十厘米，坑内夯土打到与坑口齐平时，又用红色土筑成高出周围地面 0.2 米以上的台基。台基南北长 12.3 米，东西宽 3.98 米，其地面虽已统统被破坏，大部分柱穴及墙基的残迹犹存，据而判断上面的建筑物是四周有回廊、中为四室的大型寝殿。整个建筑物以回廊外沿大檐柱的柱中为计，总面宽 3.82 米，进深 11 米。这种墙基也见于河南偃师二里头商代早期大型宫殿基址中的“廊庑”部分。当时大约还在木柱间再密植小细柱，然后填充苇束等物，外涂草筋泥，做成一种木骨泥墙。

一号宫殿为四室，中间二室较大，面宽各为 9.4 米，两端二室略窄，面宽都是 7.55 米，进深则同为 6—6.4 米。各室都在南壁中间开一门，各

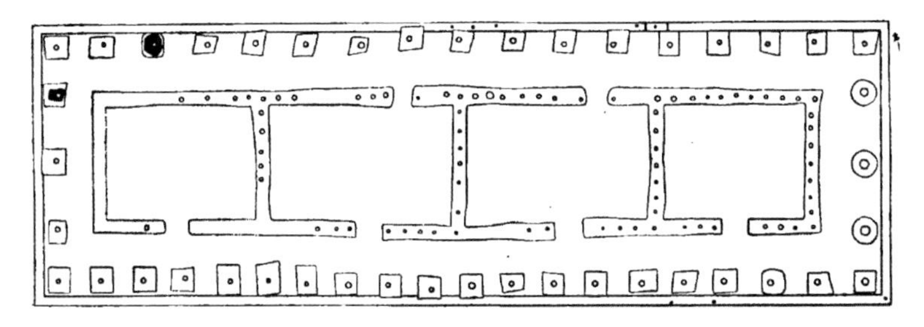

盘龙城一号宫殿平面图

盘龙城宫殿复原图

宽 1.2 米，中间二室又在北壁偏东处多一后门，宽为 0.9 米、0.95 米。四室之外是一周回廊，宽 2 米多。回廊外沿围绕着 43 个大檐柱，柱穴底皆有巨大的石础，都是先在台基上挖出方形、长方形或圈形的埋柱坑，底置石础，然后立柱、填土、夯实。石础表面打得比较平整而四周很粗糙，因当时做柱取材是用斧子从四周来砍断树木，木柱底部都是越收越细，形成的柱穴皆口大底小。

在檐柱穴外约 0.7—0.8 米处红土台基外的台下部位，还清理出几个直径 0.1—0.14 米的挑檐柱穴。它们同二里头早商宫殿基址一样，也都是在每个檐前面的两旁，各分立一个挑檐柱。挑檐柱比檐柱密，所以其埋柱坑是通在一起挖成长沟。挑檐柱的荷重轻，故埋得很浅。

二号宫殿基址位于一号基址之南约 13 米，平面长方形，东西长 27.5 米，南北宽约 10.5 米，基址四边有前后左右对称的大檐柱穴 27 个。西侧台基下有一排陶质水管道。二号基址中间未见隔墙，可复原为一座大空间的厅堂，与一号宫殿基址形成“前朝后寝”的格局。一号宫殿有四室，可能为嫔妃起居室，而二号宫殿中间没有间隔，应该就是臣僚们参政议事的地方，当然也不能排除是举行庆功、赏罚、婚丧、祭祀的场所。根据一号宫殿在后、二号宫殿在前以及结构来看，这可能是“前朝后寝”或称“前堂后室”的布局。文献《考工记》追述周代宫廷是“内有九室、九嫔居之，外有九室、九卿朝焉”，而盘龙城这种“前朝后寝”以及廊庑、城垣环绕的格局，便成了此后 3000 多年中国古代宫廷建筑的基本形式。

杨家湾是盘龙城内最大的岗地，也是最大的遗址，商代遗迹和墓地遍布整个岗地。杨家湾丰富的文化堆积多集中在盘龙城偏晚阶段。2006 年，在杨家湾发现了一处大型建筑基址，简称 F4，即盘龙城四号宫殿，随后对其进行了大规模发掘。

2013 年的考古发掘继续围绕杨家湾南坡此前发现的大型基址 F4 进行。鉴于 F4 柱础石已经出露或被破坏，该建筑的结构及准确的规模实际上已经无法获知，因此发掘重点放在以 F4 柱础石分布为线索探知其范围与相关遗存、以周围堆积叠压关系观察其年代等方向上。通过发掘与分析，估算 F4 东西长约 40 米、南北进深约 10 米，年代属于盘龙城第六至第七期，规模与城垣一号宫殿相当。F4 宫殿以西分布有较为集中的墓葬，其中 M17 出土有青铜爵、斝和形制特殊的觚，以及金片与绿松石组合镶嵌的兽面纹饰件。这说明 M17 应为当时盘龙城最高等级墓葬。总的来看，杨家湾在盘龙城晚段遗存丰富，高规格房址、墓葬等体现出较高的社会等级，应该与当时盘龙城最高统治阶级相关。

目前 F4 残存柱坑可见 20 个，只发现石块、怀疑为柱础石者 10 处。另有 8 处柱坑，柱坑一般为平面近圆形，直径多为 0.8—1 米，残深 0.1—0.65 米。在已解剖的柱坑内均未发现夯打迹象。在已解剖或残存的柱坑内均发现有柱础石。多个柱坑和柱础石在较小范围内密集排列，暗示其不应全为同时间建造，这批柱坑可能属于不同建筑，亦或是 F4 在使用过程中多次修葺的结果。

盘龙城四号宫殿遗址的柱础石

F4 由于晚期破坏严重，目前仅残存部分柱坑，整体略呈西北—东南方向的长方形。其中，F4 南部的 K6 西侧至 K16 东侧长 33 米，F4 西部的 K3 北侧至 K6 南侧宽 9 米，柱坑所在范围的面积约为 297 平方米。此外，据 2008 年发掘负责人之一郑远华在发掘总日记中描述，在柱坑外侧 1 米左右的位置发现有小型柱坑，怀疑是擎檐柱。而在柱坑 K13 以南还发现有疑似柱础石的迹象。以上遗迹现象的分布范围东西长约 34 米，南北宽约 12 米，建筑范围最大可能至 408 平方米。

F4 上部破坏严重，其相关的开间、分室与门道等建筑结构情况不明。然而从房屋西侧的 7 个柱坑观察，进深可能为 3 间，每间宽约 1.5—1.7 米，开间宽度可能在 1.2—1.95 米不等。F4 未发现明显的门道迹象，但其所在的杨家湾岗地，地势为北高南低，现海拔高程落差近 3 米，南可俯视盘龙湖，北侧即为岗脊。因此推测有可能顺沿地势门朝南而略偏西。F4 周边未发现与其相关的廊庑、配殿等其他附属建筑。但在西南方约 19 米处曾发现一个柱坑遗迹，柱坑填土纯净，内有一近方形柱础石，结构和大小与 F4 残存的柱坑相近，因此不排除 F4 之南还存在相关的建筑遗迹。

盘龙城遗址大体经历了二里头文化晚期到殷墟文化第一期这样很长的时段，即在绝对年代上从公元前 16 世纪到公元前 13 世纪，绵延发展 300 多年。盘龙城聚落的发展，划分为初始、兴盛、衰退三个不同阶段，在兴盛的第四、第五期出现城垣，并在其东北分布有一、二号宫殿，宫殿区之东约 150 米有李家嘴墓地，李家嘴 M1、M2 的墓主无疑应该是当时盘龙城最高首领，可知其时的核心区就在宫殿区到李家嘴一带。盘龙城最晚阶段的核心区在杨家湾南坡，那里分布有大型墓葬和大型宫殿基址 F4。

有专家认为，盘龙城大约经历了约 15 位首领的统治。目前大体可以确认 12 个遗存单位原来属于最高首领。纵向观察盘龙城各阶段高等级墓葬，其青铜礼器器型、器类与组合，其埋葬习俗都一直与中原地区政治中心保持基本的一致性，而未出现地方化的倾向。这说明，盘龙城的最高首领一直都应该是由中央政府任命，而不应该是在当地世袭。盘龙城应该是纳入中原王朝政治系统控制之下，而非政治独立的地方方国。盘龙城城市从初起、兴盛到衰落的不同变化，应该是中原王朝对长江流域不同经营策略的反映。

殷墟

殷纣身死，国都为墟。殷墟指商代后期都城遗址，在今河南安阳小屯村及其周围。商代从盘庚到帝辛（纣），在此建都达273年，是中国历史上可以肯定确切位置的最早的都城。

3300年前，殷商先民在甲骨卜辞中，对他们的都城王宫的称呼为"兹邑""大邑商"。史册称"殷邑"。殷墟考古发掘出的宫殿夯土基址，是埋在古老夯土里的王宫，规模宏伟壮观。商代王室宫殿宗庙区的建筑材料以土木为主，史册称"茅茨土阶""四阿重屋"式宫殿建筑风格。当时的先民已有择吉居住的环境意识和宫殿居住区规划的初步理念，并掌握了夯土、版筑、木架结构、日影定向、以水测平和以茅草盖屋等技术，其中夯土术、木架结构等技术传承至今。

殷墟，中国商代晚期都城遗址，是中国历史上第一个有文献可考并为考古学和甲骨文所证实的都城遗址，距今已有3300年的历史。它位于河南安阳市殷都区小屯村周围，横跨洹河两岸，殷墟王陵遗址与殷墟宫殿宗庙遗址、洹北商城遗址等共同组成了规模宏大、气势恢宏的殷墟遗址。殷墟商代建筑以宫殿宗庙建筑和王陵大墓为代表，造型庄重肃穆、质朴典雅，反映出中国远古时代建筑的均衡感、秩序感和审美意趣，集中体现了殷商时期的宫殿建设格局、建筑艺术、建筑方法、建筑技术，代表了中国古代早期宫殿建筑的先进水平。殷墟的洹北商城，具有高大的城墙、威严的宫殿，特别是严格的"中轴线"布局，成为数千年来中国历代城市的特征。

20世纪初，因盗掘甲骨而发现殷墟，1928年正式开始考古发掘，出土了大量都城建筑遗址和以甲骨文、青铜器为代表的丰富的文化遗存。1961年，殷墟成为全国重点文物保护单位。2006年7月13日，在第30届世界遗产大会上被列入《世界遗产名录》。

殷墟宫室基址

殷墟宫殿宗庙遗址位于洹河南岸的小屯村、花园庄一带，南北长1000米，东西宽650米，总面积0.715平方千米，是商王处理政务和居住的场所，也是殷墟最重要的遗址和组成部分，包括宫殿、宗庙等建筑基址80余座。在宫殿宗庙遗址的西、南两面，有一条人工挖掘而成的防御壕沟，将宫殿宗庙环抱其中，起到类似宫城的作用。

从1928年算起，殷墟的考古发掘和研究已历经90余年，20世纪30年代在小屯村东北部揭露出53处夯土建筑基址，是殷墟最重要的考古成果之一。这些基址，被认为是都邑的宫殿和宗庙遗迹，考古学家石璋如将它们划分为甲、乙、丙三组，其中甲组基址15座，乙组基址21座，丙组基址17座。

这些基址分为宫室、宗庙、祭坛、铸铜作坊等。已揭露的遗址，其上部都已毁坏无存。遗存下来的夯土基址，现可辨识形状的有长方形、近正方形、凸形、凹形、条形、圆墩形等7种。基址的大小不等，其中规模最大的乙八基址，南北长约85米，东西宽约14.5米；中等的基址南北长约46.7米，东西宽约10.7米；丙组基址较小，最小的只有2.3米×1.85米。这些建筑的朝向多面向南，也有面向东或西的。宫殿和宗庙分布地带的范围被界定在35万平方米左右。这一范围后来习称为殷墟宫殿宗庙区。

宫殿宗庙区还有商王武丁的配偶妇好墓，这是迄今为止发现的唯一保存完整的商王室成员墓葬，也是唯一能与甲骨文联系并断定年代、墓主人及其身份的商代王室成员墓葬。

小屯村东北地，是殷墟宫殿宗庙区内大型夯土建筑基址分布最密集的区域。宫殿区的核心建筑组群，现今发现四组宫殿建筑基址。1994 年，《殷墟的发现与研究》一书载，殷墟宫殿区甲组建筑基址共发现 15 座，是宫殿宗庙区内建设时间最早、使用时间最长的建筑，被认为是商王室的宫室、寝居之所。

甲组基址位于宫殿区四组建筑基址的最北端，其东西长约 150 米，南北宽约 145 米，包括抗战前发掘的 15 座基址和新近探出的 13 块夯土基址，其中 1 块与先前发掘的甲十四、甲十五重合，共计 27 个建筑基址。

根据平面布局情况，中国社科院考古研究所研究员杜金鹏先生把甲组基址分为南、北两群。南群以甲十一、甲十二、甲十三和新近发现的与甲十一对应的基址为核心，北群以甲四、甲六基址为核心。

北群建筑的核心甲四基址，平面呈南北向长方形，总长 28.4 米，可分为南北两段，南段长 20 米、宽 8 米，北段长 8.4 米、宽 7.3 米。基址上有南北向三排柱础，共计 31 个。从位于基址中部的脊柱础石的分布来看，甲四室内的格局可分为 4 个单元，应是一座内分四室、屋顶为悬山两面坡式顶、朝向东面的建筑。

在甲四基址西侧，相距约 10 米处为甲六基址，平面呈“凹”字形，南北通长 27.9 米，中间以长条形夯土由东面连接南北两块小方形夯土台基。专家推测甲六基址应是一座中间为干栏式建筑，南北两侧为方形露天平台。

甲十一基址是甲组基址中规模最大的一座建筑基址，应是一座带耳房的悬山两面坡式屋顶的建筑。从该基址的建筑规模，以及出土有相当数量的铜础的情况来看，应属于一座高等级的建筑。

甲十二基址位于甲十一基址以西约 2 米处，平面为长方形，南北长 21 米，东西宽 8.2 米。应是一座悬山两面坡式屋顶、半明柱木骨泥墙的建筑。

甲十三基址位于甲十二基址以西约 7.5 米处，建筑规模与形制与甲十二基址几乎相同，平面亦呈南北长方形，南北长约 20.7 米，东西宽约 8 米。

从甲四、甲十一、甲十二、甲十三等基址的规模、间数等方面考察，可能是“寝殿”和享宴之所；甲一、甲三、甲五、甲十五等基址的形制较小，基面上无础石，可能是“寝殿”的附属建筑，有些可能是侍者的住处，有些可能是储藏室。

乙组建筑基址，位于甲组基址之南，基址范围南北长约 200 米，东西宽约 100 米，共发现 21 座，多数基址为东西向排列，呈横长方形，门向南，少数基址为南北向排列，呈竖长方形，门向东或向西。基址结构繁复，面积巨大，互相连属。

乙组基址的东边为洹河河岸，多数基址面貌不全，李济先生在 2000 年出版的《安阳》一书中指出，基址的大部分已被河水浸蚀而且早被河水淹没，推测乙组基址属于东西对称的布局形态，并依据这一推论对乙组基址的范围进行了复原。李济先生设想，通过对乙十一、乙十二、乙十三基址的复原，形成一个完整的四合院落式结构。中国社会科学院考古研究所安阳工作队在 2004—2005 年对殷墟宫殿区的钻探中，在乙十八、乙十九、乙二十基址的南部和东部也发现有夯土基址，与乙十八、乙十九、乙二十基址正好围合成一个四合院落式宫殿格局，这也进一步验证了李济和杜金鹏先生的推测。

乙组基址的平面布局，大致可分为四组建筑组群：最北部以乙五基址为核心的长方形基址，向南是由乙七、乙八、乙九组成的建筑组群，再向南是由乙十一、乙十二、乙十三组合成的一组四合院式建筑的西半部，最南部是由乙十八、乙十九、乙二十和钻探新发现的夯土基址构成的另一组四合院式宫殿。

殷墟时期，在营造宫室宗庙等建筑时，要举行一系列非常血腥的祭祀仪式，借以除妖避邪，镇宅安居。殷墟发现的大量的人祭和人殉的遗迹，为商代晚期大规模的人祭、人殉现象提供了直接的证据。

规模宏大的乙七基址，为商代宗庙建筑遗址，在地基夯成后举行奠基仪式，在基址挖坑埋狗，重要的建筑兼埋儿童。在夯实的地基上放柱础石，起到加固柱子和防止腐烂的作用，埋入牛、羊、狗三牲，有时也加用人牲，然后填土夯实。这是置础仪式。在门槛前后左右挖方坑，分别埋置看门的侍卫 1—3 人，皆跪仆相向，手执铜戈、盾牌，这是安门仪式。整个建筑完成后，要举行隆重的落成仪式，这时的用牲种类多，规模大，有时要杀掉上百人，连同牲畜、车辆，整整齐齐地埋在建筑物旁。在乙七基址之南曾发现成行的密集小葬坑和车马坑遗迹，有北、中、南三组，仅在中组 80 座祭祀坑中，就发现人牲 390 余人。由此看来，中国古代早期大量地使用“人祭”与“人殉”的野蛮残酷的祭祀和殉葬方式，在殷墟时期达到了极致。

以乙二十基址为主殿的宫殿基址，与以乙十一基址为主殿的宫殿基址南北紧密相连，两组宫殿基址的建筑形制，均为商代宫殿建筑典型的四合院落式，以乙二十基址为主殿的宫殿基址较之以乙十一基址为主殿的宫殿基址规模更大，庭院也更为宽敞。专家推断，这两组四合院落式结构的宫殿基址，属于朝堂类建筑。

通过近年的钻探，得知丙组基址位于乙组最南端的乙二十组四合院落式宫殿基址以西，两组基址之间有夯土相连。这一布局表明，丙组基址可能属于乙二十组四合院落式宫殿基址的一个组成部分。丙组基址的范围南北长约 50 米，东西宽约 35 米，由 17 座夯土基址组成。其中丙二、丙三、丙四基址叠压在丙一基址之上，平面多呈方形或长方形。丙组基址的布局以丙一为核心，在其南面，诸基址呈东、西对称状分布；在其北面，丙五、丙六基址分列左右。著名考古学家石璋如先生 1959 年在《殷墟建筑遗存》一文中指出：“丙一、丙二、丙三、丙四、丙七、丙八、丙十一等基址的一带，为祭祀区域。”“南段的丙十六、丙十七两基址，窄而长，可能为路或廊。”

目前，在宫殿宗庙区已发现大型夯土建筑基址 80 余座。这些建筑基址形制阔大、气势恢宏、布局严整，按照中国古代宫殿建筑“前朝后寝、左祖右社”的格局，依次排列，分布在以宫殿区为中心的范围内。

1989—1996 年，在乙组基址东南 80 米处，发掘了殷代大型宫殿建筑基址群，也称54号凹形遗址。这些房基构成半封闭状的建筑群，面积达5000平方米，包括北、南、西三排夯土建筑基址，其中北排房基长60余米、宽7.5米，南排长75米、宽7.5米，西排长50米、宽7.5米。三排建筑基址的整体呈“凹”字形，缺口向东，濒临洹水西岸，构成半封闭状的建筑群。三排建筑中，北排是主要建筑，基址之南有五个门和台阶，东北还有一角门。基址上发现了许多柱洞或柱础石，还发现有祭祀坑等建筑遗存。

在“凹”字形基址内出土铜盉一件，鋬下有“武父乙”三字铭文。此铭文当指殷代国王武丁之父小乙。据此推定，这一殷代大型宫殿建筑的年代不晚于武丁早期。此宫殿遗址既是武丁祭祀其父小乙的宗庙之地，也是其任用奴隶出身的傅说为宰相的办公场所。《史记·殷本纪》记载了武丁任傅说的故事。

学者认为，此基址是中国的四合院建筑在商代皇城的早期形态。“凹”字形基址南、北、西存三排夯土基址，东边缺失，有学者推测，可能在20世纪30年代以前，因当地农民起土或被洹水冲刷毁掉。

1987年，安阳殷墟博物苑对外开放时，经过国家文物保护专家、考古和古建专家论证，在保护原遗址的前提下，兴建了乙二十仿殷大殿，东西长51米，由于东侧的20米地下尚未发掘，所以只复原了西侧的31米。仿殷大殿以黄土、木料作为主要建筑材料，坐落于厚实高大的夯土台基上，房基置柱础，房架用木柱支撑，墙用夯土版筑，屋顶覆以茅草，具有《周礼·考工记》中记载的“茅茨土阶、四阿重屋”式的建筑风格。

甲骨文，是中国目前已知最早的成系统的文字形式，具备象形、指事、会意、形声、转注、假借等造字方法。殷墟甲骨文是殷王朝占卜的记录。殷墟时期商王和贵族几乎每事必卜，占卜涉及内容包括祭祀、天象、年成、征伐、王事等，甚至商王游猎、疾病、做梦、生子等。自19世纪末甲骨文发现以来，殷墟出土大约15万片甲骨，4500多个单字。殷墟宫殿宗庙区还分布着为数众多的甲骨窖穴。最著名的有YH127甲骨窖穴、小屯南地甲骨窖穴、花园庄东地H3甲骨窖穴。YH127甲骨窖穴发现于1936年，位于宫殿宗庙区中部偏西，共出土刻辞甲骨17000余片。这些

殷墟宫殿区 54 号凹形遗址

甲骨的内容极为丰富，包括祭祀、田猎、农业、天文、军事等，涉及商代社会生活的方方面面。为甲骨文和商代历史研究提供了极其宝贵的资料，被称为中国古代最早的“档案库”。

1953 年，殷墟首次成功清理出商代车子的残迹，弄清车子大体结构及部分构件的尺寸。殷墟发现并清理的多座车马坑以及道路遗存，展示了我国古代道路交通的基本雏形，展示了上古畜力车制的文明程度。

作为商代晚期的都城遗址，殷墟至今没有发现城垣建筑，属于王族生活核心区的宫殿宗庙区，也没有发现宫城城墙的建筑遗迹。在殷墟遗址范围内，呈现出聚族而居和聚族而葬的布局特征。20 世纪 50 年代发现的大灰沟，可能是作为宫殿区的防御性壕沟而存在的。多数学者认为，由这条大灰沟和洹河自然形成的大转弯共同围合成的区域，应是殷墟宫殿宗庙区的范围。

位于小屯宫殿建筑基址西侧的池苑遗迹，其东部连通建筑基址下的水沟，北部与洹河相通。在池苑遗迹的东侧与东南角，均发现有大型夯土建筑基址，这些建筑似为临水的宫殿。殷墟的宫殿区呈片状区域分布，核心是分布密集的大型宫殿建筑基址，但没有完整的宫城城墙。尽管殷墟宫殿区内的建筑基址，在修筑年代上存在前后差异，各时期的宫殿格局也不尽

殷墟出土的建筑装饰石门臼

相同，但殷墟宫殿区内的建筑布局，始终遵从着“前朝后寝”的特点。属寝殿类建筑的甲组基址居北，属于朝堂建筑的乙组基址居南，乙组基址并呈现出在一条南北轴线上有多座四合院落式宫殿相连接的情况，这都属于商代宫室建筑的特点。

殷墟出土的建筑装饰石门臼，底长 36.1 厘米，宽 35.6 厘米，厚 17.1 厘米，门臼的顶端斜面和四周雕刻精细的纹饰。除此之外，殷墟还出土过几件怪兽和鸟的建筑装饰，从这些残留下的少数精美的石雕建筑装饰物，可以窥见当时殷代的宫殿宗庙建筑的华丽风彩。

洹北商城

1999 年 1 月，中国社科院考古研究所安阳工作队在河南安阳殷墟遗址东北部地下约 2 米深处，发现一座规模巨大的商代城址。这一城址的发现彻底改变了传统的“殷墟”没有城墙的概念。城址平面略呈方形，南北长 2200 米，东西宽 2150 米，总面积约 4.7 平方千米，方向北偏东 13 度。城址的南北中轴线南段，已确认分布有宫殿宗庙建筑群。地下文物表明，这座城址的年代略早于作为商王朝晚期都邑的传统概念上的“殷墟”，分布上与旧的“殷墟”范围略有重叠，但整体在洹河北岸。根据这座古城址的主要发现者唐际根博士的提议，学术界将其命名为“洹北商城”。洹北商城最终解开了殷墟就是盘庚都城的疑团。

洹北商城，是商王朝中期的都城遗址，位于河南省安阳市洹河北岸花园庄，其西南就是传统意义上的殷墟遗址，二者略有重叠。城址大体呈方形，南北长 2.2 千米，东西宽 2.15 千米，总面积约 4.7 平方千米。四周有夯筑的城墙基槽。

洹北商城的宫殿区位于城址南北中轴线南段，显示出我国城市布局的早期特征，是城内核心部分。其南北长500米以上，东西宽远超200米。宫殿区内现已发现大型夯土基址30余处。其中规模最大的一处基址总面积达1.6万平方米，即著名的一号宫殿基址，是迄今发现的面积最大的商代单体建筑基址。城址北部（宫殿区以北）近200万平方米的范围内，分布有密集的居民点。房址、墓葬、灰坑、水井密布其间。根据目前的考古发现，洹北商城遗址的年代略晚于洛阳偃师商城及郑州商城的早商文化，早于传统意义上殷墟的晚商文化，因而这处商城很可能是商代中后期的一处都邑遗址。

2001年夏季，考古队员们在洹北商城遗址发现了宫殿区，在洹北商城中轴线南段发现一处面积近1.6万平方米的巨大“回”字形基址（即一号基址），并在安阳航校机场西部铲出基址的基槽剖面，随后又在北部不远处发现更多的夯土基址断面。这里共发现夯土基址27处，除一号基址及其附近的一处基址外，其他基址均未探明形制。

宫殿区内几乎所有的基址周围，都倒塌有大量红烧土堆积，这为探究宫殿区毁灭的原因提供了极为重要的线索。据安阳考古队解释，这些烧土是基址倒塌的墙体和屋顶的残块，大部分呈红色，但接近于地面的烧土则呈黑

洹北商城复原图

洹北商城宫殿基址

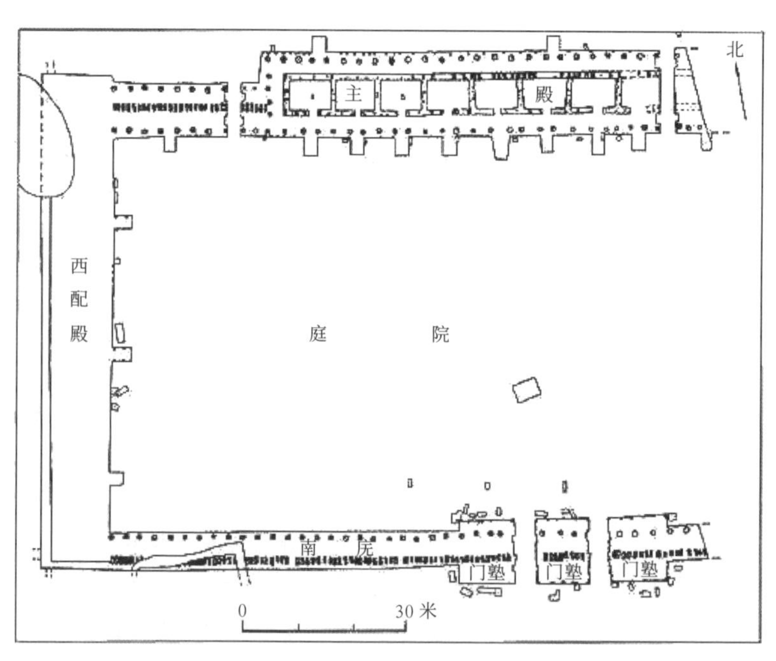

洹北商城一号宫殿遗址平面图

色，这是土在受热过程中含铁的成分氧化和还原的不同结果，表明墙体和屋顶倒塌后仍在燃烧。也就是说，洹北商城极有可能毁于一场大火之中。

洹北商城一号宫殿基址位于宫殿区东南，南北中轴线南段，东西长173米，南北宽约90米，面积达1.6万平方米，整体结构呈“回”字形，很像今天的“四合院”，朝向与城的方向一致。整个基址的建筑物部分，由门塾（包括两个门道）、主殿、主殿两旁的廊庑、西配殿、门塾两旁的长廊组成。预计尚未发掘的基址东部还应有东配殿。廊庑和门塾位于宫殿南部。门塾居中，两侧是廊庑。两条宽约4米的门道穿过门塾，直达宫殿的庭院。庭院南北宽68米、东西长140余米，是商王召集大臣等人开大会的地方。史书曾记载，“商王聚众庭院，多时可达万人”。

穿过庭院是北部的正殿，正殿上是清晰的柱网结构。保存下来的殿基高于当时地面约0.6米，从考古发掘情况看，主殿南北宽约14.4米，东西总长度在90米以上。现揭露的只是正殿的西部，已清理出的9间房屋，每间宽约8米，进深5米许。正殿的每间房屋的前面都对应有台阶，这些台阶通常长3米左右，底部竖2根直径约0.2米的木头，再用3—4根横木固定，形成木质踏步、土木混合结构。无论是清晰的柱网结构还是木质踏步的台阶，在商代建筑遗迹中都是首次发现。台阶下还有祭祀坑。从祭祀坑里骨肢的形状来看，可以肯定是人骨。主殿西侧是一条总长度达30米的双面廊庑，宽3米左右，为东西走向，被一条南北走向的通道分为东西两部分，该通道宽4米，南北纵深9米。西配殿南北长85.6米，东西宽13.6米，共设有3个台阶，台阶前均发现残碎的猪、羊骨头。与主殿及其廊庑不同的是，西配殿平面上没有发现柱洞。但从该殿周围倒塌的大量土坯残块看，该殿原来可能建有土坯墙，在后期曾遭受较大破坏。与西配殿南端相接的是南庑，宽也是3米左右，西配殿与正殿西侧廊庑不同，南庑为单廊庑。门塾在南庑的中段，分为西塾、东塾、中塾三部分。门道是门塾内保存最好的部分。它由两侧的墙体、方形壁柱、墙体内圆柱、门槛、台阶、夹板等构成。门塾内外两侧现已发现20余处祭祀坑。

考证发现，这座宫殿建筑结构严谨，使用的建筑材料也十分讲究。比如精细的夯土、多种规格的土坯、精心加工的方形和圆形廊柱，以及用苇束为骨的抹泥屋顶等。还发现大量用草和泥混合制成的土坯，这种类似早期砖的建筑材料，在殷墟一带考古发掘中也是首次发现。中国社会科学院考古研究所研究员唐际根说，这座宫殿表面清晰的柱网结构，超过以前发现的任何商代建筑，加上保存下来的台阶、门道，特别是周围倒塌着丰富的墙体和屋顶残块，可以最大限度地复原出一座规模宏大的商代宫殿。

三星堆

三星堆遗址，是公元前16世纪至公元前14世纪中国西南地区最大的都城遗址，位于四川省广汉市西北的鸭子河南岸，分布面积12平方千米，距今已有5000至3000年历史。

三星堆遗址群规模巨大，范围广阔，遗存大多分布在鸭子河南岸的马牧河南北两岸的高台地上，遗址群平面呈南宽北窄的不规则梯形，沿河一带东西长5—6千米，南北宽2—3千米，总面积约12平方千米。已确定的古文化遗存分布点达30多个。

2016年，四川考古研究院发布了三星堆遗址的考古成果，经过5年的连续挖掘探索，继东、西、南城墙和月亮湾内城墙之后，找到了三星堆古城的北城墙，确定了古城范围，并找到极可能属于古蜀国宫城的区域。四川考古研究院从2011年起开始在三星堆遗址展开考古工作，这次新发现的是青关山土台和3座大型红烧土建筑。四川考古研究院副研究员、三星堆工作站站长雷雨表示，将青关山土台和月亮湾台地包围在内的月亮湾小城，很有可能就是三星堆遗址的宫城所在。

西城墙位于三星堆遗址西北部鸭子河与马牧河之间的高台地上，呈东北—西南走向，地面现存部分总长约600米，顶宽10—30米，底宽35—50米，高3—6米。在城墙的中部和北部各有一宽约20米的缺口，将西城墙分为北、中、南三段，其中中段南端在缺口处向东拐折延伸约40米，与中段北段略成垂直相接。根据局部试掘情况，结合从北端鸭子河和南

三星堆北城墙建筑遗址

端马牧河冲刷暴露出的城墙剖面及夯土内包含物分析，西城墙的结构、体量、夯筑方法和年代与南城墙及东城墙相近。

月亮湾城墙位于三星堆遗址中北部的月亮湾台地东缘，按走向可分南北两段，北段为东北—西南走向，南段略向东折，基本上呈正南北走向，整条城墙与西城墙北段基本平行。城墙地面现存部分总长约 650 米，顶宽约 20 米，高 2.4—5 米。北段底宽 30—45 米，中段有拐折，夹角为 148 度，北段为 32 度，南段成正南北走向。城墙南段较高，被农耕平整较甚，宽度达 80 米。城墙东（外）侧有壕沟，宽 40—55 米。在发掘的断面处，壕沟距地表深 3.5 米，壕沟沟口距沟底深 2.95 米。

根据城墙基础可知，三星堆城墙长度为 260 米，基础宽度为 42 米。城墙南侧有壕沟，宽 30—35 米，壕沟距地表深 2.84 米，壕沟深 2.4 米。城墙上开有两个缺口，形成“三堆”，缺口的年代不会早于明代。因此，三星堆是一条内城墙。一些学者将三星堆说成祭坛，或直接将三星堆说成土坛，应予纠正。城墙位于三星堆遗址南部，呈西北—东南走向，西北段地面现存部分长约 40 米，东南段临马牧河岸仅存少许夯土边缘，原城墙分布情况基本依稀可见。根据解剖及调查资料，三星堆城墙残存部分高约6米，顶宽5—7米，底宽40—45米。结构、筑法、体量及城墙内的包含物与东、西、南城墙基本一致，唯顶部宽度不及其他城墙。

2013年7月，四川广汉真武村二组，一个高约1米的土埂子横亘在农田中，几个月前，雷雨和同事们发现仓包包原来是截城墙，并进行了解剖，确认其残长约400米，宽20—30米，修筑于商代。毗邻鸭子河的北城墙随后也被发现，残长210米，宽15米。如果将北城墙向东西两端延伸，便与此前发现的东城墙、西城墙相接。东城墙长1100米，现存狮子闹、陈家梁子、燕家梁子、真武梁子和马屁股五截。

两段城墙的确认，使得三星堆的城墙数目已从之前的5段增加到7段，轮廓与布局也更加清晰：古城南北长2000米，东西距离从1800米（北部）到2100米（南部），总面积3.6平方千米。雷雨表示，三星堆古城穿越4000年时空后，首次以一个完整的形态出现在世人面前。

青关山，位于三星堆遗址西北部，北濒鸭子河，南邻马牧河古河道，系人工夯筑而成的土台。现存面积约16000平方米，其中第二级土台现存面积约4000平方米，土台顶部高出周围地面3米以上，是三星堆遗址的最高处。2015年，四川省文物考古研究院对三星堆遗址再次进行了勘探和发掘，新发现了包括青关山大型建筑群、青关山城墙、李家院子城墙和马屁股城墙拐角的一批重要文化遗存，三星堆城址的布局与遗址的内涵得到进一步的厘清和认识。

三星堆内的青关山土台，位于月亮湾小城的西北角，这个5500平方米的土台，由夯土、红烧土和文化层相间叠压堆积形成，其年代从新石器时代晚期一直延续至西周时期。土台附近一个20米的凹地内填充的多为西周至春秋时期生活堆积，同时发现出土有大量西周时期完整陶器乃至玉璋、绿松石和金箔片等高等级文物的灰坑、灰沟和房址等，这表明三星堆遗址在西周时期，至少在西周早期仍比较繁荣，并未极速衰落。

雷雨介绍，在土台上相继发现3座大型红烧土建筑，编号为F1—F3。F1面积超过1000平方米，东西两侧似有门道，大约由6—8间正室组成，分为两排，沿中间廊道对称分布，正室面阔 6—8 米、进深约 3 米，中间廊道宽 5 米左右。考古专家根据地层叠压关系、墙基内包含物以及建筑形制判断，F1 的使用年代大约为三星堆遗址三期（约相当于二里岗至殷墟时期），废弃年代大约与一、二号祭祀坑同时。这是三星堆遗址迄今为止所发现的建筑面积最大的商代单体建筑基址，即便放在全国范围内比较，也应属最大的商代单体建筑之一。F1 可能为干栏——楼阁式建筑，由多间“正室”以及相对应的“U”字形“楼梯间”组成，所有房间分为两排，沿中间的“穿堂过道”对称分布，廊道两侧各有 3 排柱洞，南、北、西墙墙基外侧有一排密集排列的“凸”字形“檐柱”遗迹，其内侧有一列平行的“柱础”。室内夯土中有掩埋玉璧、石璧和象牙，“墙基”、“檐柱”及内侧“柱础”均由红烧土块垒砌，并夹杂有大量的卵石，红烧土块大多成形似砖，应为异地预制。种种迹象表明，这里属于遗址核心地带，应该是当时高等级人群活动区域，很有可能是三星堆城址的宫城。

杜金鹏先生介绍，在疑似宫殿的 F1 建筑基址内，考古人员发现了在土墙内侧有 6 排木柱和 4 个楼梯设施，因此可以推定，这处建筑属于上下两层建筑，下层是立柱和走廊，而上层则是通透开阔的“豪宅”，其建筑形式与韩国景福宫现存的会庆楼相似。杜金鹏认为，F1 建筑体量宏大，结构复杂，彰显了很高的建筑水平，体现了使用者的尊贵身份。而建筑内部无分隔设施，空间通透，加之门道开在山墙上。这些都是中原宫殿建筑从未见过的现象。

据四川省文物考古研究院研究员陈德安先生说，在 F1 的 4 个楼梯间的内侧均发现了炭灰，因此可以推测，当时的蜀人在楼梯间的内侧还贴了一层精美的木板作为修饰，这在当时应该是最高规格的装饰。除了贴在楼梯间内的木板外，在疑似宫殿遗址的北侧外墙同样也有精美的装饰。北墙外侧的夯土基址上出现多处内凹，因此可以推测，当年的这些内凹中可能有圆柱或者是更为费工费料的方柱，甚至还有可能是类似故宫博物院的半圆柱，这些可谓不计工本的装饰手法，都是宫殿级别的建筑才能使用。

第三章 宫室台榭

洛阳周公庙周公营建洛邑壁画

周武王灭商后，提出在天下的中心建都的设想，曾考察过伊、洛二水一带，准备在那里建设新都，但未能全面实行便驾崩。周公二次克殷后，秉承武王遗志，辅佐成王建洛邑都城和宫殿。

西周时期，统治者的专用建筑物“宫”“宫室”之名出现，已是宗庙、府库及居室等多种建筑的泛称。宫室和宗庙成为都城之中最重要的建筑。西周天子的宫殿，只有文献记载，遗址迄未发现。据《考工记》记述，周代宫殿分前朝、后寝两部分。前部有外朝、内朝、燕朝三朝（又称大朝、日朝、常朝）和皋门、应门、路门三门。外朝在宫城正门应门前，门外有阙。内朝在宫内应门、路门之间，路门内为寝，分王寝和后寝。王的正寝即路寝，前面的庭即燕朝。

今陕西扶风、岐山一带的周原，是周文化的发祥地和灭商之前周人的聚居地。公元前 12 世纪末至公元前 11 世纪初，周人的首领古公亶父率领族人迁至此地，开始营建城郭，作为都邑之用。公元前 11 世纪后半叶，周文王迁都丰都后，周原仍是周人的重要政治中心。从 1976 年开始的大规模考古发掘查明，周原宫殿建筑的遗址，分布在岐山凤雏和扶风召陈两处。

春秋之际，由于铁器的使用，手工业和商业也相应发展，建筑技术也有了巨大发展，特别是铁质工具斧、锯、锥、凿的应用，促使木架建筑施工质量和结构技术大为提高。“当时盛行游猎之风，故喜园囿。其中最常见之建筑物厥为台。台多方形，以土筑垒，其上或有亭榭之类，可以登临远眺”[1]。诸侯宫室台榭式建筑，以阶梯形夯土台为核心，倚台逐层建木构房屋，借助土台，以聚合在一起的单层房屋，形成类似多层大型建筑的外观。一般是在城内夯筑高数米至 10 多米的土台若干座，上面建殿堂屋宇。如山西侯马晋故都新田遗址中的夯土台，面积 75 米 ×75 米，高 7 米多。筒瓦和板瓦在宫殿建筑上广泛使用，并有在瓦上涂上朱色的做法。装修用的砖也出现了。考古发掘春秋时期地下所筑墓室表明，已使用长约 1

[1] 梁思成:《中国建筑史》，百花文艺出版社，2007 年，第 38 页。

米、宽 0.3—0.4 米的大块空心砖做墓壁和墓底。山西侯马晋故都、河南洛阳东周故城、陕西凤翔秦雍城遗址中，还出土了青灰色 36 厘米 ×14 厘米 ×6 厘米的砖以及质地坚硬、表面有花纹的青灰色空心砖。诸侯宫室装饰和色彩日益追求华丽，如《论语》中描述的“山节藻棁”，即斗上画山，梁上短柱画藻文。《左传》中记载的鲁庄公“丹楹”（即红柱）“刻桷”（即刻椽）。

战国时期，出现了更多的城邑、宫室。战国都城，一般都有大小二城，大城又称郭，是居民区，其内为封闭的闾里和集中的市。小城是宫城，建有大量的台榭。诸侯均已“高台榭、美宫室”。[1]“台”，指以土、木、石为材料，在平原、高地或山坡上，用人工构筑供登高远眺和游观之用的高台。高出地面数丈或数十丈不等，面积有数十平方米或数百平方米不等。“榭”，指建在台上，供人们休憩和歇息的敞屋。史籍记载，楚庄王建有匏居台，楚灵王建有章华台。公元前 504 年，吴王阖闾伐楚归来，在都城西南郊姑苏山上建姑苏台。越王勾践建游台、斋台、驾台、离台和中指台，其中游台高达 46 丈（约 153.3 米）。齐国景公建有路寝台。战国后期，赵国武灵王在今邯郸城内建有丛台，高 13.5 米，建在平地上，一直保留至今。战国时期修筑的邯郸赵王城，是当时赵国的宫城，遗址上现存的“龙台”，是当时宫殿主体建筑基址。以“龙台”为主的南北中轴线上和两侧，形成一组规模宏伟的殿宇建筑群。

洛邑

公元前 770 年，周平王东迁洛邑，定都于王城。

洛邑，西周和东周时期的国都，也称成周。考古专家认为，周公营建洛邑，修两座城，王城是诸侯朝见国王和西周贵族居住的地方。成周城是驻防军队、安置殷民的地方。王城之地，即为周公所卜兆的涧河以东、瀍

[1] 梁思成：《中国建筑史》，百花文艺出版社，2007 年，第 38 页。

河以西，在今洛阳市老城区和西工区东半部一带。成周之地，即为周公所卜兆瀍河以东的地方，位于今洛阳市白马寺西和西北一带。

姬旦即周公旦，姬姓，名旦，为周文王的第四子，他帮助周武王推翻商朝，平定兄弟叛乱，建立了分封制的政治制度，井田制的经济制度和以礼乐为中心的文化制度，为周王朝长达700多年的统治奠定了基础。

周人自古公父居岐邑，周文王迁丰，至周武王又迁镐京，即宗周。公元前1046年，周武王牧野之战伐纣灭商之后，回师途中在“管”停留，然后向西至“洛”，计划在伊水、洛水一带建设新邑，以加强偏处西方以丰镐为中心的周人对东方殷人残余势力的控制。但未及实现，武王就病逝。继位的成王年幼，随即便发生了三监之乱，监控殷朝顽军的三监以清君侧之名义起事，故未能将这一计划付诸实施。

据何尊铭文载，周武王灭商后，由于镐京偏西，不能控制殷商旧族广泛分布的东方地区，就提出过在天下的中心建都的设想，武王还曾为此夜不能寐，对周公叹曰：“我未定天保，何暇寐！”为巩固新政权，周武王曾考察过伊 、洛二水一带的“有夏之居”，准备在此建设新的都邑，但未能全面实行便驾崩。周公二次克殷后，随着对东方辽阔疆域的开拓，迫切要求统治重心东移。周公秉承武王遗志，建洛邑，在东征平叛以后，这件事更具有紧迫性，召公先去相地卜宅，“周公复卜申视，卒营筑，居九鼎焉。曰：此天下之中，四方入贡道里均”。

洛邑位于伊水和洛水流经的伊洛盆地中心，地势平坦，土壤肥沃，南望龙门山，北依邙山，群山环抱，地势险要。伊、洛、瀍、涧四水汇流其间。据东西交通的咽喉要道。顺大河而下，可达殷人故地。顺洛水，可达齐、鲁。南有汝、颍二水，可达徐夷、淮夷。伊、洛盆地确实是建都的好地方。

周公执政的第五年，正式开始大规模营建成周洛邑。三月初五，召公先来到洛邑，经过占卜，把城址确定在涧水和洛水的交汇处，并进而规划城郭、宗庙、朝、市的具体位置，五月十一日规划完成。第二天，周公来到洛邑，全面视察了新邑规划，重新占卜，卜兆表明瀍水西和涧水东，洛水之滨营建新都大吉。

对于周公营建洛邑的过程，《尚书》中也有简明扼要的描写。据《尚书·召诰》载：公元前1039年二月，周成王派遣太保召公前往洛邑，勘察建都基地，名曰“相宅”。三月五日，召公到达洛邑，经“卜宅”得到吉兆后便正式奠基动工。同年三月十二日，周公来到洛邑。二十一日，在举行了盛大的祭祀仪式后，他向殷商贵族和各诸侯国的首领发布了营建洛邑的命令。自此，揭开了大规模营建“大邑周”的序幕。

由周公主持营建的洛邑被称为“成周”或“新邑”等，是一座规模宏大的都城，据《逸周书·作雒解》记述：“堀方千七百二丈，郛方七七里。以为天下之大凑”，“设丘兆于南郊，建大社于国中”。城内的主要建筑有太庙、宗庙（文王庙）、考宫（武王庙）、路寝、明堂等“五宫”。这些宫殿、宗庙的建筑结构均为“四阿、反坫、重亢、重郎、常累、复格、藻棁、设移、旅楹、画旅”等式样，城内还有“内阶、玄阶、堤唐、应门、库台、玄阃”等不同的通道。经过一年左右的时间建成。因此地原有鄏邑，北有郏山，故又称“郏鄏”。新都为周王所居，又叫“王城”。新邑东郊，瀍水以东殷民住地叫“成周”。宋代学者聂崇义的《三礼图集注》二十卷，参互考订多种古代《三礼图》辑纂，收图三百八十余幅，其中有周王城图布局图。

据《尚书·洛诰》载，当年十二月，洛邑初步落成。周王朝举行了盛大的庆功大典。周公带领百官，使他们在旧都熟悉礼仪之后，再跟从王前往新邑。周成王在新邑开始用殷礼接见诸侯，在新都洛邑祭祀文王。

周公旦主持营造洛邑都城，任用一个叫弥牟的建造师，弥牟的任务是“计丈数，揣高卑，度厚薄……”，周公是洛邑城的设计师，弥牟是工程师。周公营建洛邑，目的有两个：一是由于洛邑居“天下之中，四方入贡道里均”[1]，为此要把新邑建成全国的政治和经济中心；二是周王朝接受三监和武庚叛乱的教训，决定迁殷顽民于洛，并屯兵“八（师）”，以加强对

[1]［汉］司马迁：《史记》，中华书局，1959年，第133页。

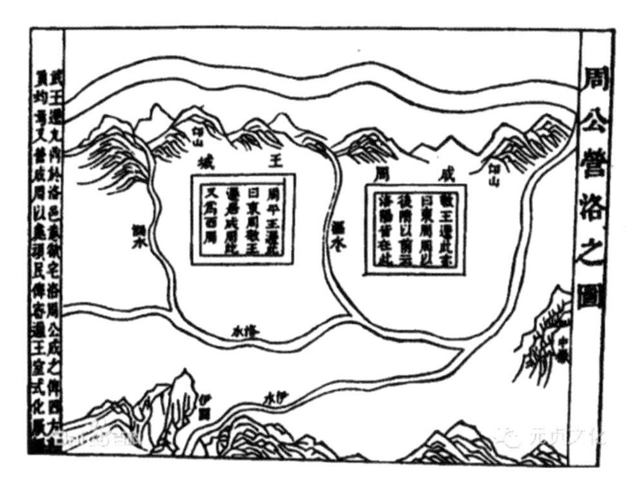

周公营洛之图（引自四库全书《河南通志》卷二）

殷民的统一监督管理和统治。

关于周公营建洛邑一事，学界有两种不同看法：一是周公营建洛邑有两个，一个是王城，一个是成周城；二是洛邑即成周，成周即指王城。

公元前 770 年，周平王迫于犬戎族的侵扰，迁都到洛邑，周最高统治者自此始以成周为活动中心，直至灭亡，大约在洛邑活动了近 500 年。周敬王继位后，因王城内王子朝势大，迁居到过去殷民居处之地。后因王子朝之乱，晋国率诸侯为周敬王于公元前 510 年修筑新都，位于今洛阳白马寺以东。新城沿用“成周”之名，俗称“东周”；旧城称为“王城”，俗称“西周”。从此成周与王城分为两地，但都在今日洛阳市附近。到周赧王时，又迁回王城旧都。

1954 年以来，中国科学院考古研究所洛阳工作队对于东周王城遗址和成周城遗址进行了钻探和发掘。东周时期经过重修的王城遗址，西有涧河，南有洛河，涧河穿越城西部，但在总体布局上仍不失为周公所定王城之概貌。

夏、商、周三代，洛阳是人口比较集中的地区，公元前 770 年，周平王迁都洛邑，人口渐增。至公元前 650 年，东周襄王时，国都洛阳居住人口达 11.7 万人，是世界第二大城市。

1964—1972 年，洛阳市文物工作队在瀍河北窑村发掘了近 500 座西周贵族墓葬，该处带有墓道的大型墓地，应是西周都城遗址——洛邑王城的主要遗存之一。1975—1979 年，在洛阳市瀍河北窑村发现并发掘了一处西周早期的大型铸铜作坊，该手工作坊遗址地处瀍水西岸，当谓洛邑王城东北郊。

1984 年，由中国社会科学院考古研究所洛阳汉魏故城队，在汉魏故城中北部发现了一座西周城，该城距瀍河以东约 14 千米，应是成周城。且又在瀍河以东至塔湾一带发现 100 多座殷遗民的墓葬，与文献记载武王克商后曾迁殷顽民于洛邑的史实相符。

2009 年 2—12 月，洛阳市文物工作队发现了一处西周时期的祭祀遗址，该遗址西距瀍河约 1 千米，西北距北窑西周墓地及西周铸铜遗址约 4 千米。工地总发掘面积为 945 平方米。地层共分为六层，其中第一层为近现代层，第二、三层为唐代层，第四、五、六层为西周层。工地共发现西周灰坑 59 座、沟 1 条、墓葬 14 座和唐代灰坑 42 座。这些灰坑中有 31 座为西周祭祀坑，其中 23 座内均有较为完整的兽骨，3 座内有疑似非正常死亡的人骨，另有 5 座内有成堆摆放的碎兽骨。

东周时期，随着平王迁都洛邑，现今的洛阳一带成为名副其实的王室所在地。文献记载，从平王东迁洛阳以后到景王，历 12 世，周敬王时曾迁都成周，至周赧王又迁回王城，近 300 年皆以王城为都。现已探明，洛阳市涧河以东的王城公园一带，是东周时期王城的所在地。

东周王城平面近于方形，南北长约 3700 米，东西宽约 2890 米。除东南部因地势低洼未发现城墙遗迹以外，其余部分基本保存完好，城外有护城壕。西城墙从东干沟东北的土冢向南，至东干沟村附近，沿涧河东岸在王城公园跨过涧河向西，在七里河村折向南，南段城墙稍向外弧，至兴隆寨。南城墙从兴隆寨西拐角处向东跨涧河经瞿家屯村北。北城墙从东干沟村北土冢处沿干渠东行，至唐城西墙北 200 米处。西汉时期在周王城内建有河南县城，但城址的范围已缩小。

东周王城遗址

在东周王城内，最重要的考古发现，是在城内西南部发现了两组面积较大的夯土建筑基址。基址的周围出土有大量的东周时期的筒瓦、板瓦和瓦当等，根据《国语·周语》“谷、洛斗，将毁王宫”的记载，推测这里很可能是王城的宫殿区。[1]

城址的东北部是王城内的一处重要墓葬区。发现的墓葬中不仅随葬青铜礼器和铜剑的比例比较大，而且多出带墓道的战国大墓。如 1957 年在王城中的小屯东北发现 4 座相毗连的“甲”字形大墓，其中一号墓虽被严重盗扰，但在墓道两壁、墓室四壁尚存有彩绘痕迹，为红、黑、黄、白四种颜色组成的图案；出土的随葬品中，有一件白色玉圭片，上有墨书“天子”二字。考古工作者又在位于洛阳市中心的河洛文化广场施工现场，即东周王城东城墙以内，紧挨东城墙陆续发现了 279 座东周墓葬和 18 座车马陪葬坑。更令人叹为观止的是，发现了由 6 匹马驾驭的“天子之乘”。

[1] 中国社会科学院考古研究所编著:《新中国的考古发现与研究》，文物出版社，1984 年，第 271 页。

除王城内的重要发现外，在东周王城以东、以西也发现有大批的东周墓。尤其是在位于洛阳市以东 10 千米的汉魏故城东北隅的金村，发现有 9 座特大型的东周墓葬，其中Ⅳ号墓出土的一件石圭置放于铜盘内，口沿上有“国君”二字。这些墓葬早在民国年间就已被盗，曾出土大批的青铜器、漆木器、玉器、金银器等。但从已知资料推测，这里很可能是战国时期的东周王室墓地。

1981 年在西工区八一路战国墓出土鼎、豆、壶等青铜礼器 15 件，乐器铜甬钟一套 16 件，铅跪俑 4 件，石磬 6 件，其中的 4 件铜壶颈腹部均以红铜嵌成狩猎纹图案。1982 年在中州路战国陪葬坑中出土青铜器达 147 件之多，另有石编磬一套 23 件和部分精致的玉石器。这些出土的文物，足可以显示天子之都的风度和气派。

通过考古发掘，可知洛邑的王城南邻洛河，西跨涧河（古称瀍水），呈不规则的方形。城墙系用夯土筑成，厚约 10 米。城内布局，因遭严重破坏，目前尚未探明，北城墙保存较完好，全长 2890 米，城外有深约 5 米的壕沟，西墙和南墙只发现一部分，但两墙交接的东南城角很清楚，虽然未掘得东墙，全城的大致范围比较明确，因为城的四角已有三角比较明确。在王城中发现了汉代洛阳城遗址，面积约 1485 米 ×1410 米。

东周王城相当于汉代洛阳城的 4 倍多。《逸周书・卷五・作雒解》载：“俘殷献民，迁于九毕。俾康帅宇于殷，俾中旄父宇于东。周公敬念于后，曰：予畏同室克追，俾中天下。及将致政，乃作大邑成周于中土。城方千七百二十丈，郛方七十里。南系于洛水，北因于郏山，以为天下之大凑。”与今天的考古发掘是相吻合的。

周原

在陕西岐山与扶风两县之间的周原，是周朝的发祥地和早期都城遗址。周人自古迁至周原，此处一直是早周都邑。武王灭商后，将周原分封给周、召二公作采邑。在贺家村北，包括董家、凤雏村、朱家在内有一座周城遗址，云塘村亦有四方周城一座。

周原已发掘周代建筑基址岐山凤雏和扶风召陈二处。对这两处建筑基址的年代和性质，一种意见认为它们应始建于周初，毁于犬戎战火，是周人的宫殿或宗庙建筑；另一种意见认为都属于西周中晚期，很可能是当时贵族的住宅。

1976 年 2 月，陕西岐山县京当公社贺家大队凤雏村生产队社员在平整土地时发现了大量红烧土、墙皮。经陕西周原考古队发掘，这里是一座大型的宫殿建筑基址，位于东西长约 100 米、南北宽约 100 米的遗址中间的东半部分。

凤雏宫殿分前后两进院落，沿中轴线自南而北布置了广场、照壁、门道及其左右的塾、前院、向南敞开的堂、南北向的中廊和分为数间的室（又称寝）。中廊左右各有一个小院，室的左右各设后门。三列房屋的东、西各有南北的分间厢房，其南端突出塾外，在堂的前后，东西厢和室的向内一面有廊可以走通，整体平面呈“日”字形。此处建筑的墙用黄土夯筑

周原遗址

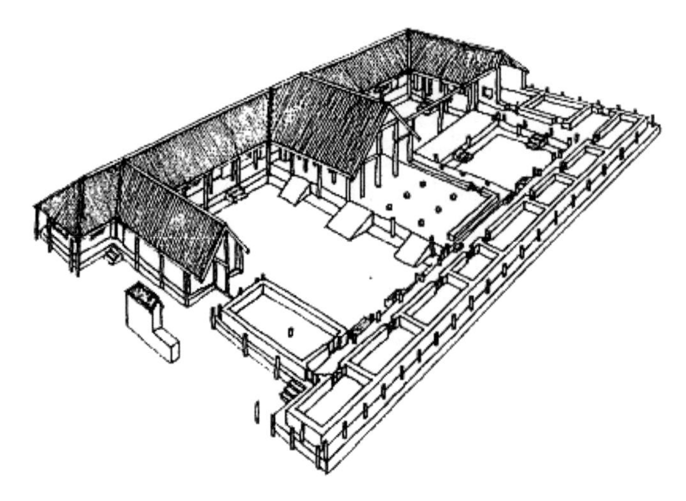

岐山凤雏宫殿基址复原图

而成，一般厚 0.58—0.75 米。墙表与屋内地面均抹有由细沙、白灰、黄土混合而成的“三合土”。墙皮厚 0.1 厘米，表面坚硬，光滑平整。从基址上的堆积物推测，屋顶结构可能是采用立柱和横梁组成的框架，在横梁上承檩列椽，然后覆盖以芦苇把，再抹上几层草秸泥，厚 7—8 厘米，形成屋面，屋脊及天沟用瓦覆盖。此外这组建筑还附有排水设施。

凤雏宫殿建筑基址有 2 组。甲组建筑基址，是一处由庭堂、室、塾、厢房和回廊组成的台式建筑遗存。基址位于岐山县凤雏村南，1976 年 2 月由陕西省周原考古队进行发掘。基址南北长 43.2 米，东西宽 32.5 米，面积 1469 平方米。正门（朝南）之前横筑一长 4.8 米的门屏，门的两边是东西塾，各有 3 间。入门即为庭，面积约 222 平方米。中庭后即为主体建筑殿堂，共 6 间，各宽 3 米，进深 6 米，四周回廊环绕。殿堂后面是后庭，分为东西两个小庭，各为 63 平方米，有过廊和前后建筑相连。基址最里为 5 间后室，面宽 23 米，进深 3 米。后檐墙与东西厢房的后墙相连，使整个建筑通为一体，厢房筑于东西两边，对称排列，各 8 间，通长 42 米，进深 6 米。基址坐北朝南，整个建筑由庭、堂、室、塾、厢房、回廊组成，属高台建筑。乙组基址位于甲组西侧，坐北朝南，墙内发现有柱础石，建造结构与甲组宫殿相同。

凤雏宫殿是中国已知最早最完整的四合院，已有相当成熟的布局水平。堂是构图主体，为最大，进深达6米，堂前院落也大，其他房屋进深一般只达到它的一半或稍多，院落也小，室内和院落一般都有合宜的平面关系和比例。室内外空间通过廊作为过渡联系起来。各空间和体量有较成熟的大小、虚实、开敞与封闭及方位的对比关系。这种四合院式的建筑形式，规整对称，中轴线上的主体建筑具有统率全局的作用，使全体具有明显的有机整体性，体现一种庄重严谨的风格。院落又给人以安定平和的感受；这种把不大的木结构建筑单体组合成大小不同的群体的布局，是中国古代建筑最重要的群体构图方式，得到长久的继承。

1976年，周原考古队先后8次在陕西省扶风县法门镇召陈村北发掘了一处西周宫殿建筑群基址，召陈遗址已发掘6375平方米，共发现西周建筑基址15处，编号为Fl—F15。其中有下层基址2处（F7、F8），上层基址13处（F1—F6、P8、F10—F15）。

召陈的西周上层建筑群规模巨大，目前已发掘的13处房屋基址仅是其中很小一部分。这些基址分布在甲乙两个区域内，甲区在前，乙区在后稍偏东。

甲区基址10处，东西分为3排，间距8米左右，属于三组大型宫室建筑。其中F5组居中稍前突，F3和F2组分别居于左右稍退后。F3的夯土台基残高0.75米，东西长24米，南北宽15米。基址东西间排列着7排柱础，中间3排间距5.5米，西侧两排间距3米。中间3排由南到北排列着5个柱础，两侧2排各有6个柱础。F8的夯土台基残留0.76米，东西长22.5米，南北宽10.4米。其四周有卵石铺成的散水。基址上每间隔

召陈宫殿建筑遗址

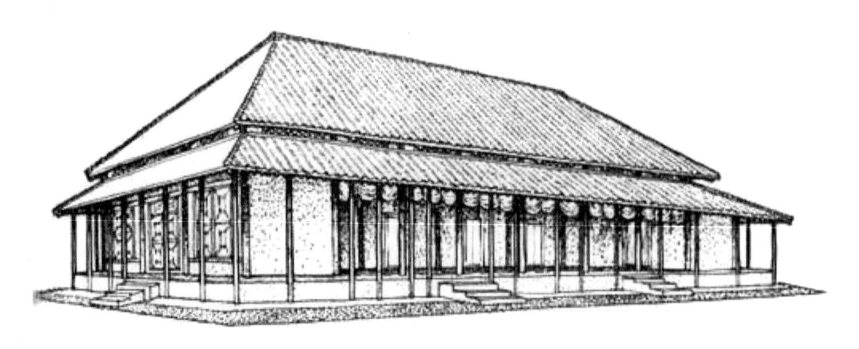

召陈宫殿复原图

3 米从南到北有 4 排柱础，由东到西有 8 排柱础，两道夯土墙将基址分为三部分。F5 南半部已遭破坏，仅存北半部分，东西长 28 米，南北残宽 8 米，东西排列 9 个柱洞，南北排列 4 个柱洞。

乙区基址 3 处（F12、F4、F14）。其中 F12 居前，是门。F4、F14 在同一条东西中轴线上，居于 F12 之后。[1]

召陈遗址建筑基址群，其中 F8、F11、F15 基本是“品”字形布列方式，与 F10、F13、F6、F12 应是同一个建筑单元，只是缺少门塾，也许整个建筑群共用一个门塾，应在更南面的地方。F5 体量大于 F8 且与 F8 不在同一条纵轴上，应属另外一个建筑单元。F3、F2 也应各属不同建筑单元。F2、F3、F5 显然是主体建筑，但因附近遗址破坏严重，有无附属建筑不得而知，故其建筑布列形式尚不清楚。

周原的这两处西周建筑基址中出土了大批建筑材料，数量最多的是板瓦、筒瓦，另有一些半瓦当。瓦和瓦当有大、中、小型之分。板瓦饰绳纹，部分带瓦钉，用于固定；筒瓦饰三角纹或雷纹；瓦当均为半圆形，其中有部分回纹。

2014 年 8 月到 2015 年 1 月，周原考古队对位于凤雏基址南侧钻探发现的夯土建筑、车马坑、墓葬遗存进行了发掘。发掘的夯土基址与凤雏基

[1] 陕西周原考古队：《扶风召陈西周建筑群基址发掘简报》，《文物》，1981 年第 3 期。

址相距仅数十米，为两座独立的夯土建筑基址。其中，一座平面呈“回”字形，东西长约 56 米，南北宽约 47 米，总面积约 2600 平方米，是规模最大的西周时期单体建筑；中部有一座长方形院落，东西长 27.6 米，南北宽 25.7 米，也是规模最大的西周单体院落。尤为重要的是，在院落中部发现了社祭遗存，其主体部分是一巨型社主石，截面呈“亚”字形，上部已残仅存基座，埋入地下部分达 1.68 米。社主石的正南方是一方形石坛，南北长 4.6 米，东西宽 4.2 米，系用自然石块垒砌而成。在社主石和石坛的东侧则发现多座祭祀坑。另一座呈长方形，位于前者的东南侧。初步判断，两建筑从西周早期沿用到西周中期。

章华宫

宋代文学家欧阳修在《蝶恋花》词中吟道：“玉勒雕鞍游冶处，楼高不见章台路。”章台路即离宫章华宫（主体为章华台）的路径，这一典故在古诗词中不胜枚举。

《左传·昭公七年》记载：“（楚灵王）及即位，为章华之宫，纳亡人以实之。”楚灵王继位之年，即为鲁昭公二年（公元前 540）。《左传》同年又记载：“楚子（灵王）成章华之台，愿以诸侯落之。”章华台落成是鲁昭公七年（公元前 535）。西晋杜预注：“宫室始成，祭之为落。台今在华容城内。”看来章华台应在章华宫之内。《史记·楚世家》也记载：“（楚灵王）七年，就章华台，下令内亡人实之。”明代学者董说《七国考·楚宫室》“章华台”条下云：“楚华容城内，又有章华台，盖宫以台名也。”说明后人所说的章华台，实际上已包括章华宫在内，台与宫二者合而为一。[1]

春秋时期，楚灵王继位的当年，大兴土木，“尽土木之技，殚珍府之宝”，建造了豪华、壮丽的离宫章华宫，“举国营之，数年乃成”，整个工

[1] 方酉生：《试论湖北潜江龙湾发现的东周楚国大型宫殿遗址》，《孝感学院学报》，2003 年第 1 期。

章华宫图

程历时 5 年，于公元前 535 年宣告落成。据说，章华宫落成之后，楚灵王邀请天下诸侯前来游乐，可是只有鲁昭公一人应邀而来。

先秦古籍载，章华台“台高 10 丈，基广 15 丈”，处于偏远北方的狄国使者访问楚国时，也在章华宫受到了楚灵王的热情款待。这位使者在登临章华台时，曲栏拾级而上，中途休息了 3 次才到达顶点，因此，人们又称章华台为“三休台”。由此可见，章华宫的确是高耸入云。

《墨子 · 兼爱》云：“昔者，楚灵王好士细腰。故灵王之臣，皆以一饭为节，胁息然后带，扶墙然后起。比期年，朝有黧黑之色。”[1] 离宫建成之后，楚灵王搜罗天下的细腰美女藏于宫内轻歌曼舞，不少宫女为求媚于王，少食忍饿，以求细腰，故亦称“细腰宫”。

章华台的位置，至今有五种说法，即潜江说、亳州说、商水说、沙市说、监利说。其中潜江说比较可信，得到考古发掘的有力证明。

[1]《墨子》，中华书局，2007 年，第 62 页。

1984年，在潜江市龙湾镇境内发掘出一地下遗址，著名学者谭其骧先生考证，这一遗址即楚章华宫遗址。

湖北潜江市龙湾镇章华宫遗址，平面呈长方形，东西长2000米，南北宽1000米。东南部发现有10余座宫殿基址。其中以放鹰台为最大，长约300米，宽约100米，高约5米，由4个相连的夯土台基组成。其中一号台基为双层台基，下层是夯土的，上层是砖坯的，基址上部分布着东西侧门、贝壳路、砖坯墙等遗迹，出土有瓦当、板瓦、铜门环等遗物。

1987年，经国家文物局同意，一批考古学家云集潜江，对章华宫遗址进行局部试探性发掘。这次发掘，在遗址中发现了一条长约10米、宽约2.4米以紫贝缀砌的径道，穿门而过，横到了宫柱基之前。

屈原在《九歌》中写道："鱼鳞屋兮龙堂，紫贝阙兮朱宫。"贝壳路在章华宫遗址的出现，证明了这是一座非同凡响的楚王宫建筑遗址。

1999—2001年，考古人员对遗址进行了三次大规模的调查发掘，发掘面积3500平方米，勘探出夯土台基22处，古河道1条，各类文物数十万件，确定了整个占地100余平方千米遗址群落的整体布局。

根据已显露的建筑遗迹和四次大规模勘探提供的情况，考古工作者初步推测龙湾楚宫殿基址群一号宫殿基址的建筑总体布局是：台基东部为3层台建筑，台北为亭廊环绕的园林式建筑，台周曲廊环绕，台内曲廊穿梭于一、二、三层之间，台东有大河，台西有湖水。在4平方千米的范围内，探明分布有19座大型夯土台基，总面积达21余万平方米。

湖北潜江章华宫遗址

在考察中，章华宫遗址的概貌也逐渐清晰。章华宫是一座以台为主体的园林化宫殿，主体工程章华台高23米，宽35米，相当于一座近 10 层的高楼。章华宫作为离宫，有层台、殿堂、寝室、府库、武器库、作坊、码头等，周边有千余间房屋，可住万人，曾修人工河道。宫殿毁于大火，建筑遗迹清晰可见。

春秋时期三层台的宫殿基址，具有贝壳路、土木结合的榫卯结构大型柱洞、土木结构夯土台基、完整的地下排水管道。建筑风格东西高低错落，北高南低，贝壳路及长廊环绕，回廊、庭院交错。

一层台基的东侧有一条贝壳路，已显露部分贝口朝下，背向上，互相扣接，砌在路基的细泥中，贝壳排列紧密整齐，呈横“人”字形。城台建筑的南面和西面均有 1 米宽的贝壳路，贝壳大部分被火烧毁。高台建筑的南面有东西两个大台阶，大小一样，台阶为土木结构建筑，台阶的四周均用方木垒砌，中间填土。

二层台高约 1 米，面积约 60 多平方米，南侧也有长廊式建筑，台上分布有 2 排柱洞。长廊式建筑的西边有地下排水设施，3 条陶质的排水管道通向水坑。排水管的东面有一条南北向的墙及台阶通向回廊，“回”字形回廊上面 2 排柱洞排列井然。北面与回廊之间有一堵墙，墙的中部安有双合门，墙的北侧为立柱和台阶，南侧是为门框安门的门斗。

三层台呈“曲”字形，台周边分布有 30 个半明暗的大型台柱洞，每个柱洞的宽度有 1.5 米左右。台内埋设有纵横交错的埋地梁的地沟和柱洞，地梁均为固定周边台柱和方木墙带而设置，柱洞为锁住地梁和台上建筑而埋设。

在章华台基址三层台的东、南、西三侧都有贝壳路

龙湾遗址是中国迄今发现的保存最为完整、时代最早的楚国离宫别院遗址群落，章华台以其建筑规模之大、规格之高，开创了中国帝王园林化宫殿建筑之先河，也是庞大的人工自然园

林的鼻祖，东周时期即被诸侯列国称为“天下第一台”。2000 年，楚章华宫被列为“全国十大考古新发现”之一，为全国重点文物保护单位。

姑苏台

公元前 504 年，吴王阖闾伐楚归来，在都城西南郊姑苏山上建姑苏台。《史记·吴太伯世家》集解引《越绝书》云：“阖闾起姑苏台……。”唐代陆广微《吴地记》载：“阖闾十一年（前 504 年），起台于姑苏山……”[1]

据《吴越春秋·阖闾内传》载：阖闾立夫差为太子后，使太子屯兵守楚，自己开始醉心于宫观台榭的兴建，“自治宫室，立射台于安里，华池在平昌，南城宫在长乐。阖闾出入游卧，秋冬治于城中，春夏治于城外，治姑苏之台。旦食山，昼游苏台。射于鸥陂，驰于游台。兴乐石城，走犬长洲”。

姑苏台筑在横山西北麓姑苏山上，因山为名，又名姑胥台。横山位于吴都西南 7.5 千米，是吴中群山中山体最大的一座山，由数支山脉组成，绵延于木渎、横泾、越溪和横塘 4 个乡镇。据现代实测，长约 6500 米，最宽处约 4500 米，面积约 25 平方千米，主峰海拔 294.8 米。姑苏山是横山西北麓近木渎处的一座小山，又名紫石山、姑胥山、姑余山，今人也称胥台山。《吴郡志》云：“古台在其上。”《越绝书·吴地传》：“胥门外有九曲路，阖闾造以游姑胥之台，以望太湖，中窥百姓……”《吴郡志》引《吴地记》佚文说：姑苏台“高三百丈，望见三百里”。先秦时一丈折合现代公制约 2.27 米，三百丈当为 681 米。台上估计建有宫室，其高度和能见度是当时吴国最高大、最宏伟的台榭建筑。

公元前 492 年，吴王夫差战胜越国之后，在国内大兴土木，建造宫室、亭台楼阁，以供享乐。越王勾践便投其所好，运用辅国大夫文种的“伐吴计谋”，用重金财物献给吴国君王与臣下，送去美女消磨吴王的意志，还送去

[1] 吴奈夫：《吴国姑苏台考》，《苏州大学学报》（哲学社会科学版），2010 年第 5 期。

姑苏台消夏宫图

能工巧匠、建筑良材，让吴国大造宫殿、高台，耗尽其资财，疲乏其民力。

一次，越王勾践命木工三千入山伐木，一年不归，伐得大批上等木材。其中有一对巨木粗二十围，高四十丈，一棵是有斑纹的梓树，另一棵是楩楠树，木质硬朗而挺拔。匠人们精工雕刻成盘龙花纹大柱，抹上丹青，又镶嵌白玉，错彩镂金，金光闪闪。在将所有采伐的良材进行加工后，派大夫文种献于吴王夫差，供建造富丽堂皇的宫殿与高台。夫差不听伍子胥的劝阻，照单全收了这批良材。当时这批来自会稽的粗大木材，把山下所有的河道、沟渠塞满，“木渎”因而得名。史载：“为修造姑苏台，材料历经三年才积聚，五年方造成。”吴王阖闾在世时曾在山上筑烽火高台，以观察、预防外来之敌，而其子夫差却饰以铜钩玉槛，改建成规模宏大的馆娃宫殿、响屐廊、玩花池、琴台、山顶凿吴王井等。

姑苏台遗址即今灵岩山。姑苏台高三百丈，宽八十四丈，由九曲路拾级而上，登上巍巍高台，可饱览方圆二百里范围内湖光山色和田园风光。高台四周还栽上四季之花，八节之果，横亘五里，还建了灵馆、挖天池、开河、造龙舟、围猎物，供吴王逍遥享乐。

公元前 482 年，吴国再次北上伐齐，会诸侯于黄地（今河南封丘县南）。是年夏六月，越王勾践乘虚进攻吴国，据《国语·吴语》载："越王勾践乃命范蠡、后庸率师沿海溯淮，以绝吴路。败王子友于姑熊夷。越王勾践乃率中军，溯江以袭吴，入其郛，焚其姑苏，徙其大舟。"姑苏台经过越军焚烧破坏后，还保存了部分宫室和馆阁，并未全都焚毁。

经过 200 余年的风雨变迁，秦统一六国，姑苏台上的建筑已剩颓垣断壁。据《越绝书》记载，公元前 210 年，秦始皇东游会稽郡，在返回途中，"奏（通走）诸暨、钱塘，因奏吴，上姑苏台"。隋唐时期，当地村民拆卸姑苏台木料，用来建造夫差庙和民房。姑苏台上的建筑经人为破坏而无存，但台基尚在。宋代，当地村民拆卸台基的石料和木料，姑苏台的遗迹逐渐消失。

赵王城

战国时期，邯郸是赵国首都。史载，赵国都城原在晋阳，公元前 425 年迁都中牟（今属河南鹤壁）。赵敬侯元年（公元前 386），赵国迁都邯郸，历经八代君王，到公元前 228 年秦破邯郸灭赵。公元前 209 年，秦将章邯攻赵王歇，下令"夷其城郭"，一代名都从此毁坏，逐渐变为废墟。

三国时期的文学家刘邵是邯郸人，他所作的《赵都赋》《许都赋》《洛都赋》，史称"三都赋"，名传后世。在《赵都赋》中，刘邵赞颂赵王城的宫殿："百里周回，九衢交错，三门旁开，层楼疏阁，连栋结阶。峙华爵以表甍，若翔凤之将飞，正殿俨其造天，朱棂赫以舒光。盘虬螭之蜿蜒，承雄虹之飞梁。结云阁于南宇，立丛台于少阳。"

赵国都城邯郸城，由郭城"大北城"和宫城群"赵王城"组成。

"大北城"位于赵王城东北部，二者间距 60 米。"大北城"南北长 4880 米，东西宽 3240 米，城墙周长 15314 米，其西北部有战国时和汉代的"铸箭炉""皇姑庙""梳妆楼""插箭岭"等遗址，"丛台"在郭城东北

赵王城遗址一角

赵王城遗址

部，为战国时建筑。

位于河北邯郸市区南约 4 千米处的赵王城遗址，又称“赵都宫城遗址”，总面积 512 万平方米，是中国目前保存最为完好的战国古都城遗址。考古发现证实，赵王城即都城邯郸城的“宫城”，建于公元前 386 年赵国迁都邯郸前后。经考古探查，赵王城遗址的地表下，只有薄薄的战国文化层，没有战国以前和以后的文化层叠压现象。但到处可见战国时期的遗物，如筒瓦、板瓦、素面瓦当、变形卷云纹瓦当、钉稳和生活用具的陶器残片，并出土过甘丹、白人、安阳等古币和铜、镞、铁铲、斧、锛等。从遗址内的文化层及遗物来分析。赵王城应是战国时期赵国王宫所在地。

赵王城由彼此相互连接的 3 座城组成，平面呈“品”字形，赵王城总面积 505 万平方米，城址地势西南部高、东北部低，二者高相差约 34 米。其南部东西并列着东城与西城，北城在东城和西城的北部。东城、西城和北城属于统一规划、基本同一时期施工修建的工程。

赵王城遗址的周围保留着残高 3—8 米蜿蜒起伏的夯土城墙，内部有布局严整、星罗棋布的建筑基台，地下有面积较大的十几处夯土基址，四周有城门遗迹多处。赵王城由东城、西城、北城 3 个小城组成，平面似“品”字形。

赵王城的西城平面近似方形，每边长约 1400 米，面积 188.2 万平方米。四面城墙保存完整，残高 3—8 米，墙基宽 20—50 米，有“凹”字形门址 2 处。西城共有城门 8 座，遗址内有大小夯土台 5 个，地下基址 7 处，古道路 1 条，古井 1 口。

其中，被称为一号夯土台的是王城内规模最大的土台，位于西城中部偏南，俗称“龙台”。“龙台”现存地面台基近似正方形，南北长 285 米，东西宽 265 米，高 16 米，四面为梯田状，顶部平坦。现存“龙台”基址，是国内同时期规模最大的王宫基址。“龙台”与以北的二号、三号夯土台，形成南北一条中轴线，西侧有 2 处地下夯土基址，紧靠主体建筑，形成大面积的建筑基址。在这条中轴线的东侧以被称为五号的夯土台为中心，与它南北 2 处夯土基址构成东部的南北一条中轴线，西侧有 2 处地下夯土基址，形成西城东部的一组建筑群。以“龙台”为中心的一组规模宏伟的殿宇建筑群基址充分说明，西城应是王宫所在地。

赵王城的东城与西城仅一墙之隔，东城西垣即西城的东垣，东城面积略小于西城，平面不及西城规整，南北最长处 1442 米，东西最宽处 926 米，面积约 129.9 万平方米。四面城墙除东墙北段、北墙东段外，其余地面夯土墙比较完整，宽 20—40 米，残高 3—6 米。遗址内共有夯土台 3 个，地下遗迹 2 处，地下夯土基址 3 处，古道路 1 条。3 个夯土台中有 2 个较大的，俗称“北将台”与“南将台”。东城布局以“北将台”和“南将台”为主体，与“北将台”以北的一处遗址，形成南北一条中轴线的大型建筑群。有专家认为，东城可能是赵王阅兵或远征出兵时点将之地。

赵王城的北城位于东西两城的北面，平面为不规则长方形。其南墙即东西城北墙的一部分，东墙由南向北不规则弯曲，南北长 1520 米，东西最宽处 1410 米，面积约 186.5 万平方米。城墙西墙南段保存有 800 余米长的地面墙，宽 30 米左右，残高 2—7 米，其余只有地下墙址。目前城内发现夯土台 1 个，面积仅次于“龙台”。据推测，北城内以夯土台为中心，可能也有一组大型殿宇建筑群基址。

赵王城的西城、东城和北城之内均有宫室一类建筑的大型夯台基址，在西城南北部排列的 3 座夯台基址、东城南北部排列的 2 座夯台基址、北城西南部的夯台基址，均属战国时代流行的高台宫室建筑基址。

刘庆柱先生认为，赵王城西城的南北排列的 3 座大型夯台，应为 3 座大型高台建筑宫殿建筑基址。这是目前所知中国古代都城之中、宫城之内南北排列最早的“三大殿”，其对后代都城之宫城的大朝正殿建设影响深远。汉长安城未央宫前殿的“三大殿”，唐长安城宫城中的太极殿、两仪殿、甘露殿，唐长安城大明宫的含元殿、宣政殿、紫宸殿，明北京城宫城的奉天殿、华盖殿、谨身殿与清故宫的太和殿、中和殿、保和殿等布局，可能受到赵王城西城“三大殿”的影响。根据目前考古发现的资料，西城四面均辟宫门，秦汉至明清时代都城的宫城四面置宫门成为定制，赵王城应该是开启了这一宫城城门配置制度的先河。

赵王城“龙台”复原图

西城的“龙台”是宫城之中规模最大、等级最高、地势最高的宫殿建筑。西城的 3 座大型夯土基址均在南北向的中轴线上，体现出“龙台”“居中”的特点。“龙台”又在西城中轴线的主要建筑的南端，反映出“居前”的特色。赵王城是邯郸城中地势最高的地方，西城又是赵王城中地势最高的地方，“龙台”则是西城之中地势最高的地方。“龙台”的“居中”“居前”“居高”，突出反映了王权至高无上的思想，它对以后历代“大朝正殿”的布局形制设计，影响深远。如汉长安城未央宫的前殿、北魏洛阳城宫城的太极殿、隋唐洛阳城宫城的乾元殿、唐长安城宫城的太极殿和大明宫的含元殿、北宋东京城宫城的大庆殿、元大都宫城的大明殿、明清北京城故宫的奉天殿和太和殿等，在其各自都城之宫城中均处于“居中”“居前”“居高”位置。[1]

[1] 刘庆柱:《关于赵王城在中国古代宫城发展史上的地位》,《邯郸学院学报》, 2009 年第 1 期。

第四章 秦宫崔巍

咸阳一号宫殿复原图

建立在黄土高原上的秦国和秦始皇建立的大一统秦朝，经历了公元前770—公元前221年的历史时期。千百年来留传至今的丰富的文献资料和考古发掘出来的汉简，为人们勾勒出一幅幅壮丽的秦宫殿建筑画卷。

秦宫殿建筑作为当时建筑的最高成就，不仅见证了政权的兴衰，且荟萃了当时最高的文明成果，对于了解古代宫殿建筑的演变过程具有承上启下的作用。

公元前350年，秦孝公把都城从临潼的栎阳迁到了山之南、水之北的咸阳。秦王定都咸阳后，就开始筑冀阙，修宫室，由此拉开了营建秦代咸阳宫的序幕。迁雍大郑宫后，秦穆公英明才略，使秦国成为春秋时期的强国、大国。

据《史记》载，秦孝公在咸阳首先建起了冀阙。秦惠文王、秦昭襄王对咸阳宫殿进行了大规模扩建。秦昭襄王时有了咸阳宫的名称，那时咸阳的宫廷建筑，宫殿成群，夯筑高台，密集排布，雨道相连，依山傍水而布，以天象布局，成天人合一之境界，气势磅礴，极为壮观。

雍城是秦东进关中后建立的永久性都城，都城的建筑规模宏大，布局整齐，形制齐全，宫廷建筑有了重大突破。其都城基本按照《周礼・考工记》建制，左祖右社，面朝后市，九经九纬，方正严整，宫殿坐北朝南，居中央中轴线一侧，而宗庙立于另一侧，视宫殿与宗庙于同等地位。雍城宫殿建筑规模宏大，壮观华丽，西戎来人参观后感叹“使鬼为之，则劳神也；使人为之，亦苦民也”。[1]

秦始皇统一六国后大兴宫室，《史记・秦始皇本纪》载：“每破诸候，写放其宫室，作之咸阳北坂上。”集合六国建筑风格于秦地。秦始皇时期的咸阳宫殿，大型夯土建筑群落密布，飞阁复道相连，与山川、河水、星宿浑然一体，“左祖右社”，以正殿为中心，“大朝正殿”成为宫城的主体建筑，宗庙移出宫城。咸阳宫、仿六国宫、章台宫、兴乐宫、阿房宫等建在渭北咸阳原与渭南的龙首原畔，规模空前宏大。

---

[1]［汉］司马迁:《史记・秦本纪》，中华书局，1982年，第192页。

公元前 212 年，秦始皇开始阿房宫的雄伟规划，以及阿房宫前殿的建设。然而，仅仅 14 年时间，空前宏伟的帝国灭亡，宫殿建筑虽在咸阳旧宫的基础上扩张，但同秦朝发展一样历时很短。而据近年来的考古发掘，阿房宫并未全部建成。

秦时期的宫殿建筑，距今太过久远，地面无保留建筑。但近几十年来，这方面的考古工作成果可观，除了文献资料外，考古成果成为对秦宫殿研究的最重要的资料来源。

雍城宫殿

雍城是春秋时期的秦国国都，位于今陕西省宝鸡市凤翔县境内，雍水以北。

雍城在西周时为周原的一部分，属西周王畿属地之一。西周末，秦襄公因护送平王东迁有功，始封诸侯，并赐岐西之地，雍地属之。

秦人经过 5 次迁都，控制了西北的大片土地。然而过去的都城虽然易守难攻，却不具备向东发展的条件。

公元前 350 年，秦孝公将秦国的都城从栎阳迁到咸阳。商鞅在此变法，秦惠文王并巴蜀，秦昭王、襄王远交近攻，秦国国力因此倍增，成为超级强国。咸阳四面环山，处于关中四通八达的交通枢纽，最重要的是咸阳所在的关中地区雄居黄河中游，地势西高东低，可以形成对黄河下游各个诸侯国居高临下之势。秦人到达雍水，眼前终于出现了辽阔的原野。这里地势高敞，有向东俯冲之势，又是西周故地，交通和经济发达。秦国建都雍城后，真正站稳脚跟，揭开了称霸的序幕。

秦德公元年（公元前 677），秦国徙都于雍（今陕西凤翔），居雍城大郑宫。从那时到秦献公二年（公元前 383）的 290 余年间，雍城历经 19 位国君苦心经营，一直是秦国政治、军事、文化、经济的中心，为秦国定都时间最久的城市。作为国都，雍城筑起了规模巨大的城垣，修建了壮丽宏伟的宫殿。秦献公东迁后，雍城虽然失去了政治中心的地位，但作为故都，秦人列祖列宗的陵寝及宗庙仍在此地，许多重要祀典还在雍城举行。秦人因此仍不断对这里的宫殿建筑加以修葺。

秦在雍城建都的近300年间，正值春秋战国时期，诸侯争相享用周天子的礼仪。秦国的国力处于由弱而强的上升期，都城的建设规划体现了秦国的蓬勃朝气，同时超过周王室礼仪的建筑更是无处不在，以规模宏大为主要特征。尤其在春秋五霸之一的秦穆公执政时期，王室宫殿的建造规模比各诸侯国甚至周天子时期更加辉煌，以至西戎使节到秦国访问，看到宫室和宗庙的宏大，惊叹不已。

雍城是一座经过精心规划的都城，依雍水而建，由城垣、宫室、宗庙、王陵区、平民墓地以及郊外的离宫别馆组成。雍城平面呈长方形，四周有夯土城墙，总面积达1100万平方米，约相当于现代1500多个标准的足球场。西周都城丰镐的总面积为1000万平方米，东周都城洛阳的总面积为924万平方米。而雍城的规模比之更加宏大。雍城的主体宫殿分布在城的西部，在城外还分布离宫别馆。

雍城遗址位于关中西部渭河北岸的黄土台原，即今陕西省凤翔县城南郊。1952年起进行调查发掘。1988年被列为全国重点文物保护单位。

从20世纪50年代后期开始，考古工作者们在雍城进行了大量的调查和发掘工作，根据勘探可知，雍城城址平面略似正方形，城四周有城墙，其中西城垣保存较好，东墙和北墙保存较差。城内有8条干道，东西、南北各4条，纵横交错，呈棋盘状。城内有三大宫殿区，即姚家岗宫殿建筑区、马家庄宗庙建筑区和铁沟、高王寺宫殿建筑区。城外还发现了多处手工业作坊遗址。[1]从现有遗存上看，姚家岗应属春秋秦早期宫寝，马家庄为春秋中期建造、直至晚期还使用的建筑，铁沟、高王寺应属战国秦早期宫寝。

1973—1986年，陕西省考古研究所对雍城遗址进行了大规模的调查、钻探和发掘，初步摸清了雍城的位置、形制规模，以及城内的三大宫殿区

[1] 陕西省雍城考古队:《秦都雍城钻探试掘简报》,《考古与文物》，1985年第2期。

和城郊宫殿等建筑遗址，城南发现规模宏大的秦公陵园和小型墓葬区。在雍城近郊和相距 10 多千米的远郊，发现一些离宫别馆。

据《史记·秦始皇本纪》载："德公享国二年（公元前 677—公元前 676），居雍大郑宫。"大郑宫是秦德公徙都后居住的第一座宫殿，此后历代秦公都有所增修。秦宣公"居阳宫"，秦成公"居雍之宫"，秦康公、共公、景公"居雍高寝"，秦桓公"居雍太寝"，秦躁公"居雍受寝"，这些均为继大郑宫之后的秦国新宫。

大郑宫为秦德公初徙都雍城所居宫殿，在德公元年（公元前 677）前已经兴建。正义引《括地志》："岐州雍县南七里故雍城，秦德公大郑宫城也。"也就是说，大郑宫也可能泛指宫城。

关于大郑宫在雍城的具体位置，考古工作者于 1973 年冬至 1974 年 1 月，在城区西北的豆腐村姚家岗发现一处大型宫殿建筑遗址，出土 3 批共 64 件精美绝伦的青铜建筑构件。这些建筑构件被发现时，有的里面还残存着朽木，有的类似"薄绢"的垫层，可能是宫殿门楣、壁柱、壁带等木构件上的附件，能加固木架，又具装饰作用。除此之外，在遗址中还发现了明显的夯土台基和半瓦当、筒瓦、板瓦、散水等建筑遗存，在遗址内堆积中发现不少镂刻精美的玉璜、玉块、玉璧、石圭等。1977 年，陕西省雍城考古队又在此地发掘了一座保存完整的用以藏冰的冰库——凌阴，从中出土有细绳板瓦、筒瓦、同心圆细绳半瓦当以及玉璧、玉圭、玉块等，反映了此处的建筑物豪华宏伟，级别很高。将这些出土文物与雍城其他遗址的进行比较，玉璧所饰之花纹为勾连云纹，金釭（古代宫殿壁间横木上的饰物）为很多小蛇相互缠绕的蟠螭纹，都是秦国在春秋前期通行的纹饰，其他出土文物也具有春秋前期的特征，是雍城内时代最早的遗址。这与大郑宫为秦德公初居之处相吻合，因此姚家岗遗址当是《史记·秦本纪》所载大郑宫的所在地。

春秋晚期，秦悼公"城雍"，似对大郑宫有所修葺。至战国初期，秦献公迁都咸阳后，大郑宫变为离宫。秦始皇时，太后与嫪毐私通，怀孕后恐人知晓，诈称占卜当避时，即避居于雍县大郑宫。其后废弃年代不详。

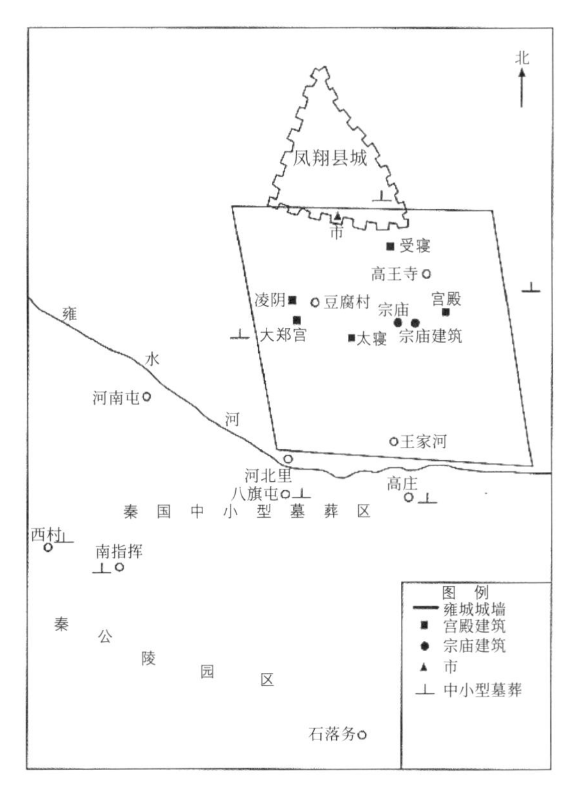

雍城城内宫庙建筑平面布局示意图

多数学者认为，姚家岗一带的春秋宫殿区，很可能是《史记》中所说的秦康公、秦共公、秦景公居住的宫殿，其建筑年代应该在秦康公元年（公元前620）之前。“雍高寝”位于城内中部偏西，距西垣500米处，为一凸起台地，当地人称此地为“殿台”。由于破坏严重，该宫殿遗址仅存20余平方米的残基。宫殿遗址西南部分，发现残存夯土基东西长8.9米，南北宽2.8米，厚1—1.2米，西高东低，上有夯土墙，残高0.8—0.96米。夯土基的西、南两侧都有直径为0.04米的白色河卵石铺砌的散水（指房屋外墙外侧，用不透水材料做出一定宽度，带有向外倾斜的带状保护带，其外沿必须高于建筑外地坪。其作用是不让墙根处积水），南侧的散水长8.6米，宽1.6米，厚0.4米。两条散水厚度均在0.4米左右，多用白色河卵石，铺设极密。在基址旁还发现了 3 窖 64 件精美绝伦的用于宫殿的青铜建筑构件。

1976 年以来，考古工作者在凤翔马家庄北部西北及东北先后发现 4 座建筑遗址。马家庄大型建筑群遗迹长 326.5 米，宽 59.5—86 米，四周有围墙，是一组五进院落、五门三朝的建筑。1981 年 3 月至 1984 年清理了一、二号建筑群遗址，详细钻探了三、四号建筑群遗址，三号遗址为宫殿建筑。

通过对马家庄三号建筑遗址的发掘，识别了马家庄宫殿区的布局及部分建筑的形制和用途。马家庄宫殿遗址三号遗址，其年代为春秋中晚期，这同秦桓公居“雍太寝”的时间相近，由此推断，马家庄宫殿区可能就是“雍太寝”所在。

1983 年冬至 1984 年夏发现马家庄三号建筑遗址，东距宗庙遗址约 500 米，西距姚家岗春秋宫殿遗址约 600 米，面积约 21849 平方米。保存基本完好，平面布局规整，四周建有围墙。从南至北可分为 5 座院落、5 个门庭。

第一院落长 52 米，宽 59.5 米，面积 3068 平方米。东、西、南围墙宽 1.5—2 米。南墙正中设有一门，宽 8 米。门南正前方 25 米处有夯土墙一段。东墙正中有一门，宽 2 米。

第二院落长 49.5 米，北端宽 60.5 米，南端宽 50.5 米，东、西围墙均宽 1.5 米。西墙正中有一门，宽 2.8 米。南墙宽 2 米，正中设一门，门宽 6 米，与第一院落相通。院内中部偏北两侧分别有 1 座建筑。

第三院落长 82.5 米，北端宽 62.5 米，南端宽 60.5 米，东、西围墙的北段各有一门，宽 4 米。东西墙南段亦各有一门，宽约 2.5 米。南墙正中有一门，宽 4 米，与第二院落相通。院落中心有 1 座建筑。

第四院落南北长 51 米，东西宽 70 米。东、西围墙由第三院落围墙相接处各外扩 3 米后向北延伸，中部各有一门，宽 6 米。南墙有一门，宽 10 米，与第三院落相通。

第五院落是五院落中最大的一处。南北长 65 米，东西宽 86 米。东、西围墙由第四院落东、西围墙相接处各外扩 8 米后向北延伸。东围墙正中有一门，宽 2.8 米。院内正中及前方两侧，各有 1 座建筑，呈“品”字形分布，大小相等，均长 22 米，宽 17 米。院内南部还有 2 座建筑，其间有路与第四院落相通。

马家庄三号建筑群位于宗庙以东，且时代相近，规模较大，韩伟先生考证：三号建筑遗址，系春秋秦公的寝宫。其 5 座院落即所谓的五重曲城，5 个门庭即所谓的皋、库、雉、应、路五门。从而说明，秦公已僭越先秦时期的“天子五门”制度。有了外朝、治朝、燕朝之设。[1] 这里是秦桓公居住和会见大臣、办理朝政的地方，国君大量日常事务要在这里处理。

位于雍城北部的铁沟、高王寺建筑群，面积约 4 万平方米，在此采集到战国早、中期的“奔兽逐雁”、鹿纹、双鹿纹、罐纹、双罐纹、龙纹、云纹、葵纹等图案的瓦当、半瓦当，以及绳纹板瓦、筒瓦等。1977 年 9 月，在凤尾村遗址南约 600 米的高王寺发现一处铜器窖藏，距地面 2 米左右，窖内发现春秋晚期与战国早期 12 件铜器，其中一鼎内底铸“吴王孙无土之脰鼎”铭文，对应到秦国就是秦悼公、秦厉公共执政期间，说明这些可能是战国中期以前秦国宫室的遗物。除此之外，还发现多处战国时秦的建筑遗址。秦躁公“居受寝”的时间，同铁沟、高王寺宫殿遗址的上限相近，故这里很可能就是“雍受寝”。雍受寝现残存 4 万平方米宫殿区遗址，出土瓦当上刻“奔兽逐雁”，筒瓦、板瓦也很有讲究，建筑基址牢固，构件非凡，反映出宫殿建筑的豪华。

阳宫是秦雍城又一宫殿名称，秦宣公元年（公元前 675）至十二年（公元前 664）居此宫。该宫应建于秦宣公元年（公元前 675）之前。

雍城郊外修建大批离宫别馆，这种情况在春秋战国时期各国中少有。离宫别馆有的在近郊，有的在远郊。在雍城郊区，已经发现了“蕲年宫”“橐泉宫”“棫阳宫”“年宫”“来谷宫”“凹里宫”等宫殿遗址，大多

---

[1] 韩伟:《秦公朝寝钻探图考释》,《考古与文物》, 1985 年第 2 期。

为秦宫汉葺。蕲年宫是秦代著名的宫殿，秦王政曾行加冕礼于此，出土有“蕲年宫当”和汉代文字瓦当。推测其建造年代为战国中晚期，直到西汉仍沿用。在雍城附近还建有弦圃、中囿、北园、具囿等苑囿。

雍城建筑规模庞大，城内、城郊建筑宫殿林立，砖、瓦、瓦当、木料等建筑材料用量极大，需要有大规模的陶制建材生产作坊。目前在雍城发现的豆腐村战国中期制陶作坊遗址、铁丰村战国晚期陶窑遗址和雍城城内东南角秦至西汉时期陶窑遗址，出土大量战国时期的板瓦、筒瓦、瓦当、空心砖及残瓦片，显示了当时手工业生产的专业化程度已经达到一定的水平。

豆腐村战国中期制陶作坊烧制的陶建筑构件出窑后，正品被运抵宫殿及其他建设场所，废品及窑灰被倾倒于附近的废弃坑内。发掘出土的2000多件遗物，有方砖、槽形板瓦、弧形板瓦、筒瓦、瓦当、贴面墙砖、陶鸽、捏塑陶俑、动物纹瓦当、文字瓦当及制作和烧制时所需的各类工具，此外还发现尚未焙烧的泥坯。作坊遗址发掘出的大多数种类瓦当，与以前雍城城内及郊外宫殿建筑遗址发掘采集的瓦当完全相同，说明雍城宫殿使用的建筑材料来自这个作坊。

豆腐村遗址首次出土秦早期方砖，这种砖厚重、不规则，没有足够的承重力，且多数在烧制过程中出现变形和开裂，显现出秦砖的原始雏形。半圆形贴面砖、捏塑陶俑、陶鸽和陶兽的发现，为判断当时建筑墙面及屋顶装饰提供了重要的实物资料。除了建筑物品和装饰材料外，这里还出土了秦人早期的宫殿饰件模型，宫殿屋顶呈几何状，外设楼梯。专家说这座“宫殿”可能是现在看到的2500年前最早的秦代房屋建筑式样。

雍城整个宫殿建筑的地盘微微抬起，高于周围地面；大小不同的庭院形成不同的空间，按照一定的序列，形成大型的宫殿建筑；每个庭院南门都处于中轴线上，且宽于其他门道，并由南向北与文献所记的周朝宫廷一致，分别为皋门、库门、雉门、应门、路门，形成“五门制”；第五院落中已经出现“品”形布局，是三堂式的雏形；杨鸿勋先生在《宫殿考古通论》中对马家庄三号宫殿建筑遗址进行了研究与复原，他在第四庭院中复原了“治朝”，在第三、第四、第五庭院中便形成了外朝、治朝、燕朝

“三朝制”。

雍城的城市布局，符合《周礼·考工记》“左祖右社，前朝后市”的城市规划思想，从宗庙、宫殿建筑遗址和市的遗址所在位置来看，主要宫殿区都集中在城中部偏北，分布于主干道左右两侧。一般居民区大体集中于南部，各类手工业作坊则分散于城内外各处。雍城城内出现棋盘式的格局，是中国城市“里坊”格局的最初形式。雍城的宫殿和宗庙等大型建筑，也开始以对称的形式出现，说明当时人们的规划意识中，已经有中轴线的概念。南北向干道，很可能为雍城城区的中轴线。

秦都雍城，初期以宗庙为主，姚家岗宫殿建筑遗址的大郑宫，就是一座以宗庙为主的建筑。其后约经过 100 多年，在姚家岗宫殿区之东的马家庄宗庙宫殿建筑遗址，宗庙和宫殿已经分成两个独立的建筑，分别位于雍城中部南北中轴线的两侧。中国古代都城建设，由此迈出重要一步。雍城的宫室和宗庙开始同等重要，宫室的地位进一步上升。到了秦都咸阳，宗庙的地位已经降居次要，宫室建筑处于主要的地位。

咸阳宫

秦孝公十三年（公元前 349），秦国迁都到位于关中平原中部的咸阳，直至秦亡。咸阳作为秦都，历 8 君共 144 年，经历了 129 年的诸侯国都城时期和 15 年的帝国都城时期。

咸阳位于九嵕山之南，渭水之北。公元前 350 年，秦孝公命商鞅征调士卒，在渭北“作为筑冀阙、宫廷于咸阳”[1]。“冀阙”是君命或政令发布的构筑物。自秦国统治者迁都咸阳后，它一直为秦的历代国君的大朝之地，作为王宫或皇宫使用的“宫廷”之名应即“咸阳宫”。秦王或秦皇接见各诸侯国使臣、贵宾，为皇帝祝寿举行盛大国宴，与群臣决定国家大事等，都在咸阳宫中进行。《三辅黄图》称咸阳宫“以则紫宫，象帝居”。

[1] ［汉］司马迁:《史记·商君列传》，中华书局，1982 年，第 2232 页。

秦惠文王、武王、昭襄王、孝文王、庄襄王等数代君主在咸阳宫基础之上不断有新的营建，惠文王（公元前 337—公元前 311 在位）大兴宫室，“取岐雍巨材，新作宫室，南临渭，北逾泾，至于离宫三百”[1]。并初起阿房，营建章台，逐步向渭南发展。秦昭襄王（公元前 306—公元前 251 在位）时，进一步建设渭南，营建兴乐宫，并修造横桥沟通南北，作为诸侯国都城的咸阳，已经是一个横跨渭河两岸、宫殿楼阁星罗棋布的繁华都市。

秦都咸阳是开放性的城市，据一些专家研究，咸阳无城郭，北依九宗山，南有秦岭，依渭水而布，以天象布局，形成天人合一境界，构成庞大的都城。在广阔的八百里秦川，秦先后建设了大小宫殿、宗庙 400 余座，大型夯土建筑群密布，飞阁复道相连，与山川、河水、星宿浑然一体，宫殿建筑群布局极为壮丽。

咸阳宫殿建筑毁于战火烟尘，当年之景象已不可见。仅可从发掘的遗址，领略当时宫殿设计和建筑的风格。咸阳见于典籍而大致位置可考的宫苑有 10 余个，其中通过文献记载与考古挖掘的互证，位置基本可达成共识的有阿房宫、兰池宫、兴乐宫、宜春宫。

咸阳宫是秦孝公至始皇时期处理政务、举行典礼的主要宫室，“听事，群臣受决事，悉于咸阳宫”[2]。刘庆柱认为咸阳宫位于今咸阳渭城区牛羊村附近现已发掘的宫殿遗址处。王学理认为一号宫殿遗址就是冀阙宫廷的主体建筑。冀阙宫廷也是咸阳宫的宫殿之一，此外咸阳宫还应包含六英之宫、斋宫、曲台之宫等宫殿。

自 20 世纪 50 年代以来，考古人员在秦都咸阳取得了一系列的重要发现，重点发掘了 3 座宫殿基址和一些手工业遗址。

考古发现，咸阳城的范围东自柏家嘴村，西至长陵车站附近，北起成国渠故道，南到汉长安城以北约 3275 米范围内。推断秦咸阳城的规模为

---

[1] 梁云:《秦汉都城和陵墓建制的继承与变异》,《陕西师范大学学报》(哲学社会科学版), 1999 年第 3 期。

[2] [汉] 司马迁:《史记·秦始皇本纪》, 中华书局, 1982 年, 第 257 页。

东西长约 7200 米，南北宽约 6700 米。

咸阳宫为多功能台榭建筑，修建时首先是用黄土层层夯打垒起一个 6 米高的夯土台，夯台的最高点是处理政务的主体殿堂，殿堂东西长 60 米，南北宽 45 米，周围有回廊环绕。殿堂西侧有平台，借以远眺。南邻露台，可俯瞰全城。北隔甬道与上层相连。上下两层是屋宇，屋宇内有取暖的壁炉和盥洗用的地漏，墙壁上装饰有用黑、赭、红等矿物质绘制的壁画。地面结实坚硬，用鹅卵石打磨光滑后，再涂一层朱砂。夯台四周有排水池以利于宫殿排水，并配置有使肉类食物不易腐烂的冷藏窖。咸阳宫与其他宫殿之间又有复道、楼阁相连，既能处理朝政，又能就寝、沐浴，并在通风、采光、排水等方面做了合理的安排。

在秦咸阳城址北部阶地上，至今遗存有许多突出于地面的战国时期列国盛行的高台宫观遗址。其间多有狭长的夯土基址连接，并有许多是与跨越上原的谷道相接。在北部阶地上，约当秦咸阳城中轴线附近的一组高台宫观遗址，应是战国时期秦咸阳宫旧有的建筑遗存。它坐落在秦时就存在的一条上原谷道（今名“牛羊沟”）的东西两侧，分为跨沟对峙的两部分，西侧为一号遗址，东侧为二号遗址。三号宫殿遗址，在一号遗址的西南方，其间有夯土互相连接。已发掘的西阁道长 32.4 米，宽 5 米，左右两残壁满饰壁画，题材为秦王出行车马仪仗之属，其中有车马、人物、花木、建筑等形象。

1974 年 3 月至 1975 年 11 月，考古工作者对秦都咸阳一号宫殿建筑遗址进行了发掘，该遗址在咸阳市东 15 千米，位于咸阳市窑店公社窑店大队牛羊村北源上，揭露面积 3100 平方米，殿基高出地面 6 米，夯土台面与四周分布着用途不同的屋子，是当时盛行的高台建筑。这是一座规模宏伟、保存较完好的王室、皇室之高台宫观建筑遗址。根据遗址所出动物纹、葵纹瓦当、只见圆形不见五角形水管道等说明，它营建于战国。大量各式云纹瓦当和兼有篆隶书体的戳印陶文的出土，证明宫殿建成后，有秦一代尤其是秦始皇统一中国前后曾进行过多次大规模的修缮。

咸阳一号宫殿建筑遗址台基全为夯筑。现存台面东西长 31.1 米、南北宽 5.8—13.3 米。地基也是夯筑，截面似锅底形，深约 5 米。这是一座战国以来盛行的高台建筑。宫室分布于夯台台面及其四周，各种不同用途的空间紧密地联合在一起。夯土台的顶部是主体殿堂，出殿堂东门过厅以南，有一居室。殿堂以西为斜坡道，可上西侧高起的平台。台以西又有南北二室或三室。下部台基北侧有两大室。台基南侧由东向西似为盥洗沐浴用房和居室。台基下部的南、西、北三面都有回廊及散水遗迹。此外，出殿堂北门有走廊，北廊间有过道。台基上下分别发现了 4 个排水池和 7 个窖穴。[1]

考古工作者判断，咸阳一号宫殿建筑遗址是咸阳宫主要宫殿之一。根据遗址复原，这是一组东西对称的高台宫观，由跨越谷道的飞阁连成一体，是富有艺术魅力的台榭复合体。一号遗址东西长 60 米，南北宽 45 米，一层台高 6 米，平面略呈“L”形，南北内含若干室。南部西段一列五室，西边四室为卧室，出土有壁画残片，伴出陶纺轮，当年可能是宫嫔居住的地方；最东一室内有取暖的壁炉及大型陶质地漏及排水管，可知是浴室。浴室的一角有贮存食物的窖穴。大台周围有回廊环绕，它既是联系各房间的通道，又起到保护土台的作用。大台的中央有版筑厚墙围护的主体宫室，东西长 13.4 米，南北宽 12 米。南北墙各开二门，东墙居中一门（门道有壁画痕迹）。中央有直径 0.6 米的都柱遗迹；地表为朱红色，即当时的“丹地”。它表明这里是最高统治者所使用的厅堂。厅堂东侧接连卧室，内有壁炉设备。厅堂西侧有慢道通至厅的楼层。大台的西侧还有大卧室、大浴室和贮藏室，也应是妃嫔、宫女居住使用的。朝北有宽敞的厅堂，朝南有宽阔的大露台，由此可以俯瞰全城，并可远眺渭河与南山风景。

2014 年，在咸阳宫遗址以西的胡家沟遗址发现各类遗迹现象 252 个，尤以 8 组建筑基址和 2 处墙址遗迹最为重要。2 处墙址呈东西向分布，分别长 325 米和 467 米，宽约 2—3 米，乃是建筑基址的外围墙。胡家沟一

---

[1] 秦都咸阳考古工作站（刘庆柱、陈国英执笔）：《秦都咸阳第一号宫殿建筑遗址简报》，《文物》，1976 年第 11 期。

带也应是一处宫城区，并“宫自为城”。咸阳是否存在外郭城，学术界存在诸多争议，刘庆柱认为咸阳城具有大城城墙，战国时的王都都有城墙，并且秦二世还有要漆城的想法，所以咸阳是有外城（大城）城墙的。王学理认为秦咸阳实际是个有宫城而无郭城的城市。在布局上呈散点分布的交错性，政治中枢随时间转移，中心建筑也未定型。

咸阳为都 100 多年间，范围和规模不断扩大，各个宫殿相距较远，在没有修筑外城城墙的情况下，各个宫殿以甬道、复道和阁道连接起来，“宫自为城”是其最好的选择。宫城之外是广大的外郭区。从文献记载和近年来出土的陶文可以看出咸阳市内的手工业作坊区就有 33 处之多。

秦昭王时，咸阳的范围不断扩大，由于渭北地形所限，咸阳的建设有向渭水南岸转移的趋势，渭水南岸已经有章台、兴乐宫、甘泉宫、诸庙和上林苑等诸多建筑。

章台，最迟兴建于秦昭襄王时期，“完璧归赵”的故事就发生在章台。秦王曾在章台设九宾大典宴请蔺相如。可见章台具有朝宫的性质，苏秦曾说：“今乃欲西面而事秦，则诸侯莫不北面而朝于章台之下矣。”[1]徐卫民在《秦都城研究》中认为章台在汉长安城内的未央宫前殿，未央宫前殿就是在其基础上建造的。

兴乐宫，最迟兴建于秦昭襄王时期，秦昭襄王修造横桥，连通渭北的咸阳宫和渭南的兴乐宫，两宫隔横桥南北对峙。秦始皇时对其大规模扩建，成为宫苑结合的宫殿区，西汉的长乐宫也是在兴乐宫的基础上建造的。

秦都咸阳宫殿建筑布局以城市中心为圆心，在半径约 30 千米的范围的都城中心区，宫殿建筑分布密集，沿南北轴线，由北向南，渭北有望夷宫、咸阳宫，渭南有兴乐宫、阿房宫；沿东西轴线，自西向东，渭北有居住区、仿六国宫、咸阳宫、兰池宫，渭南有章台宫、武库、极庙（即信宫，后改称极庙）、阿房宫。在半径约 150 千米的大范围，宫殿建筑依渭

[1]［汉］司马迁：《史记·苏秦列传》，中华书局，1982 年，第 2259 页。

水而布，自西向东有羽阳宫、虢宫、橐泉宫、长杨宫、梁山宫、甘泉宫、芷阳宫、步高宫、步寿宫、平阳宫、林光宫、池阳宫等。不同时期的众多宫殿，基本呈现出一个中心、两条轴线的布局，一个中心就是围绕咸阳宫、阿房宫展开的宫殿密集区，一条轴线是以咸阳宫等宫殿建筑形成的南北向轴线，另一条轴线是渭水为轴，宫殿建筑南北依渭水分布。秦始皇统一六国后，开始对咸阳进行全面的改造，范围和规模空前扩大，咸阳从诸侯国都转变为帝都。

望夷宫，顾名思义，是为了防范匈奴，保卫国都的安全，是一处军事色彩浓厚的宫殿，赵高“指鹿为马”和秦二世被杀均发生在这里，据《三辅黄图》载：“望夷宫在泾阳县界”，望夷宫应该在今泾阳县。

秦始皇二十七年（公元前220），在渭南修筑信宫。信宫一开始营建是要代替咸阳宫成为新的朝宫，但信宫落成后便改为以象天极的“极庙”，这表明极庙的作用和性质发生了变化，随着秦始皇求仙长生的愿望破灭，极庙又成为秦始皇生前为自己所建的生祠，表明秦始皇面临生死两难的境地。秦二世继位后，令群臣议论始皇庙，极庙又被赋予了新的含义。群臣皆认为极庙可以直接作为始皇庙，没有另立的必要。同时还将极庙作为秦帝国的祖庙，与之前的秦国宗庙区分开来。可见极庙是秦国统一六国后进行都城建设的中心，也标志着咸阳的中心最终转移到渭南。

碣石宫

1982年，在辽宁省绥中县万家镇南部沿海地区发现了规模宏大的秦汉时期建筑群，依据该遗址群的规模、结构及其文化内涵，考古专家认定它应是一处宫殿遗址，与秦始皇东巡有关。该建筑群址的主体建筑位于岸边高台地上，其中石碑地遗址面积最大，位置居中。其前方海中高耸矗立着3块自然礁石，俗称“姜女坟”“姜女石”。由此，一些学者依据历史文献认定“姜女石”就是“碣石”，石碑地遗址就是秦始皇的碣石宫。[1]

碣石宫遗址

碣石宫位于葫芦岛市绥中县万家镇的止锚湾海滨，西距山海关 15 千米。此遗址群范围南北长 4 千米，东西沿海岸 3.5 千米，面积达 14 平方千米，包括 6 处大型宫殿遗址，分布在石碑地、黑山头、金丝屯、瓦子地、红石砬子和周家南山等处。1988 年被列为全国重点文物保护单位。

止锚湾东侧距岸边 200 余米的海面之中，耸立着 3 块巨大礁石，高出海面约 20 余米。民间传说此为孟姜女投海葬身之处，故称“姜女坟”（又称“姜女石”）。在姜女坟的东西两侧海岸，各有一峭壁伸向海面，东侧叫红石砬子，西侧叫黑石砬子（又称黑山头）。近年来，经过考古发现证明，姜女坟就是当年秦始皇、汉武帝、魏武帝“东临碣石，以观沧海”的碣石，红石砬子、黑石砬子和碣石正对的石碑地都发现了秦汉皇帝巨大的行宫遗址。

从词义上看，高耸孤立于海旁的碑状石块均可称作“碣石”。东汉许慎《说文解字》说：“碣，特立之石也，东海有碣石山。”《尔雅·释名》：“碣石者，碣然而立于海旁也。”

按地质学界对大陆向海底延伸幅度的推算，2000 年前的“姜女石”一带山体较今天的海平面高 2—4 米，恰立于海旁。由西汉末年大地震所造成的海侵，使其过早地进入海中，所以郦道元说此山已沉沦于海，但还

[1] 华玉冰：《试论秦始皇东巡的“碣石”与“碣石宫”》，《考古》，1997 年第 10 期。

“往往而见”。现山顶部环“姜女石”周围，有白色砾石呈环状分布，“状若人造”，但郦道元说“要非人力所就”，确实如此。而东西向礁石带长度不明，是否可达“数十里”尚不可知。但“姜女石”及其山体与“碣石”极相似，由此专家推断“姜女石”就是“碣石”。

秦时秦始皇东巡至“碣石”一带海域，希望寻到长生不老药和所谓的海上三神山，所以在红石砬子、姜女坟、龙门礁建筑庞大的“碣石宫”宫殿建筑群。“碣石宫”在秦始皇统治全国后的短短几年内建成并投入使用，如此规模的建筑在历史文献中却极少言及。

207年，曹操北征乌桓，消灭了袁绍残留部队班师途中，登临碣石山，写下“东临碣石，以观沧海”的名句。毛泽东在1954年写的《浪淘沙·北戴河》一词中，有“东临碣石有遗篇”之句。

碣石宫前邻渤海和碣石，后靠燕山，以墙子里宫殿为主体建筑，止锚湾为左翼阙楼，黑山头为右翼阙楼，衬以瓦子地、周家、金丝屯等众多的附属建筑，形成一处完整壮观的行宫建筑群体。

碣石宫建筑群址由6处遗址点组成，占地达9平方千米，规模宏大。面海的3处遗址以石碑地遗址为中心，黑山头、止锚湾为两翼，恰似“一宫两阙”。利用海湾地势似张开的臂膀伸向大海，每个遗址点前海中均矗立有自然礁石，由它们构成建筑群的主体，总体呈“丫”字形。其后的瓦子地遗址与石碑地遗址只有一村之隔，周家南山为一组规模较小的单体建筑，大金丝屯遗址则极可能是窑址。可见该建筑群址以海边的3处遗址为主体，尤以石碑地遗址布局最具特色。

碣石宫遗址为6处遗址中最大的一处，经考证为当年秦始皇东临碣石的驻跸之地，是整个遗址群的主体建筑。其总体布局为长方形，南北长500米，东西宽300米，占地面积15万平方米。四周构筑夯土墙，墙基宽2.8米，内外壁陡直。碣石宫殿建在石碑地高大的夯土台基上，遗址的立体建筑靠近海岸线，遗留下来的夯土台高达8米，地基边长40米，有一半沉入地下，是一座规模宏伟的高台多级建筑。立体建筑的两翼有角楼，后面有成批的建筑群。碣石宫中的大小居室、排水系统、储备食物的窨井等，均清晰可见。出土的建筑上使用的当头筒瓦，当头为大半圆形，当面为高浮变纹，直径 0.54 米，瓦高 0.37 米，通长 0.68 米，堪称“瓦当王”，是秦代皇家建筑的专用材料。

石碑地遗址的秦代建筑轮廓呈“曲尺形”，南北长 496 米，东西宽 170—256 米不等。以其南部的大夯土台为中心，城内形成“三步阶梯状”的建筑台面。该宫殿址有非常周密的总体设计和完备的排水系统。宫城内亭、台、廊、阁林立，疏密有致，从其夯基分布看形成 10 个相对独立的建筑区域，主体建筑群又分布在 1—6 区的“小曲尺范围内”。城内东南角发现有 12 个直径为 2.5 米的等距离圆坑，坑建于基岩上，挖完后填土至半，上部又留有一小坑，在旁边有与坑相通的沟槽。这些坑构成一个长方形区域，应与祭祀有关。3 区南部发现一组类似“沐浴间”的建筑设施，它由地面砖铺砌而成，呈“漏斗”状，下有排水管道与邻屋的渗水井相连。该遗址的建筑构件有夔纹大瓦当、云纹瓦当及大型空心砖踏步等。以其规模及出土物分析，当属皇家级建筑，与祭祀有关。它与“姜女石”以石甬道相通，既建于秦代的“碣石”区域内，又在宫前利用了“特立之石”碣石，应即是“表碣石为阅”，名为“碣石宫”确有道理。

西部的黑山头遗址建于一海岸台地上，总体呈方形。主体建筑建于前面临海处，面对龙门礁；中部一组建筑内有陶井与窨井，极似“冰井台”，曹魏邺城亦有此类设施。

止锚湾遗址位于石碑地遗址的东部，其地势与黑山头遗址相似，均伸入海中。所以考古学家苏秉琦称其为秦“国门”，而《史记》中也确有“刻碣石门”的记载。

至汉代，该建筑群多已废弃不用。目前只在石碑地遗址的南部 1 区内发现有环大夯土台而建的曲尺形建筑群，其所使用的均为“千秋万岁”瓦当。石碑地遗址的汉代建筑多是利用秦代基础，而规模较小，用料也不是很讲究，同时使用时间可能也不是很长。

阿房宫

阿房宫，既是遗存至今的秦代宫殿建筑，也是一个梦幻氤氲的传奇。

阿房宫是秦朝的宫殿建筑群，遗址在今陕西省西安市西郊 15 千米开外的阿房村一带。公元前 212 年，秦始皇下令修阿房宫。今天仍可看到巨型的夯土台基以及建筑遗迹零散分布于遗址范围内。

825 年，23 岁的唐朝诗人杜牧作《阿房宫赋》:“六王毕，四海一，蜀山兀，阿房出。覆压三百余里，隔离天日。骊山北构而西折，直走咸阳。二川溶溶，流入宫墙。五步一楼，十步一阁。廊腰缦回，檐牙高啄。各抱地势，钩心斗角。盘盘焉，囷囷焉，蜂房水涡，矗不知其几千万落。长桥卧波，未云何龙？复道行空，不霁何虹？高低冥迷，不知西东。歌台暖响，春光融融。舞殿冷袖，风雨凄凄……”一文既出传千载，阿房宫殿天下知。

2002 年，阿房宫考古工作队对阿房宫遗址进行的考古发掘显示，阿房宫只建成了前殿，三百里阿房只是想象；项羽也没有烧阿房宫，“楚人一炬，可怜焦土”竟为臆造。

公元前 212 年，秦始皇认为都城咸阳人太多，而先王的皇宫又小，下令在故周都城丰、镐之间，渭河以南的皇家园林上林苑中，仿集天下的建筑之精英灵秀，营造一座新朝宫。这座朝宫便是后来被称为阿房宫的著名宫殿。由于工程浩大，秦始皇在位时只建了一座前殿。《史记·秦始皇本纪》载:“前殿阿房东西五百步，南北五十丈，上可以坐万人，下可以建五丈旗，周驰为阁道，自殿下直抵南山，表南山之巅以为阙，为复道，自阿房渡渭，属之咸阳。”工程未完成秦始皇便死了，秦二世胡亥调修建阿房宫工匠去修建秦始皇陵，后继续修建阿房宫，但秦王朝很快就垮台了。

根据考古调查、勘探和发掘，阿房宫遗址在渭河以南，终南山以北，西安市郊阿房村一带，北起新军寨、后围寨，南至王寺村—和平村，东以皂河为界，西到小苏村—纪阳村，占地约 15 平方千米，史书上记载的气势磅礴的阿房宫只是建筑前的构想而已，阿房宫没有竣工，但已初具规模。

清代画家袁耀于清乾隆四十五年（1780）作《阿房宫图》，现藏南京博物院

为了确定秦阿房宫遗址的具体范围和形制结构，2002—2007年，中国社科院考古所和西安市文保考古所组成了阿房宫考古工作队，在阿房宫遗址范围内进行了大量的考古工作，取得了很多重要的新资料。令人意外的是，这次的发掘报告显示阿房宫根本没有建成，遗址保护区内只

阿房宫前殿遗址

有前殿夯土台基属于阿房宫，其他遗址都是战国时期的建筑，跟秦阿房宫没有任何关系，此外，在前殿遗址上也没有发现红烧土，所以得出的结论是项羽根本就没有烧阿房宫，这一系列的新成果可以说完全推翻了两千年来人们对阿房宫的传统看法。与此同时，史学界也有一些反对新结论的声音。

秦始皇三十五年（公元前 212），秦始皇开始修筑阿房宫。《三辅黄图》载："规恢三百余里。离宫别馆，弥山跨谷，辇道相属，阁道通骊山八十余里，表南山之巅以为阙，络樊川以为池。"这是阿房宫整体的规划，实际上只营建了前殿，前殿是阿房宫的主殿，其规模据《史记·秦始皇本纪》的记载："东西五百步，南北五十丈"，这与考古发现的前殿遗址东西长 1320 米、南北宽约 420 米、夯土台基高出地面约 8 米基本吻合。

《史记·秦始皇本纪》记载，公元前 212 年，秦始皇开始在渭南上林苑动工修建阿房宫，征调受过宫刑的刑徒和其他罪犯 70 多万人，分别修建阿房宫与骊山陵，并明确说明秦始皇时阿房宫没有建成，等建成后再另外选个好名字来命名。公元前 210 年七月，秦始皇在东巡途中病死，九月被葬于骊山陵。秦始皇去世时，阿房宫未修成，工程被迫停了下来，工地的刑徒都被调到骊山陵去填土。

秦二世元年（公元前 209）四月，秦始皇陵主体工程基本完工，而此时的阿房宫工程已停工了 7 个月，秦二世从陵墓工程中调出部分人力继续修筑阿房宫。七月，陈胜、吴广起义爆发。公元前 208 年冬，陈胜部将周章等拥兵数十万打到戏水，秦二世将骊山刑徒全部武装起来前去抵抗，骊山陵墓的封土工程也被迫停工。这时，阿房宫工程也不可能按部就班地施工下去了。秦统治集团内部在阿房宫是否继续修建这个问题上产生了严重分歧。右丞相冯去疾、左丞相李斯、将军冯劫劝阻秦二世停止修建阿房宫，触怒秦二世，三人因此丢了性命。公元前 207 年八月，赵高将秦二世劫持在望夷宫，逼迫其自杀。秦二世既死，阿房宫便成了“半拉子”工程。

秦朝两度修建阿房宫未果，首先是工程规模庞大，必须分期完成。一期工程先修造的前殿阿房，是未来整座朝宫的主体建筑，其规模东西宽 500 步，约合今 700 米，南北长 50 丈，约合今 115 米，占地面积约 8 万平方米。殿上可以容纳 1 万人就坐，殿下可以立约 17 米高的旗帜。阿房宫的二期工程，是在前殿及其附属建筑竣工后，在周围架设天桥阁道，并从殿前直达终南山，还在山顶修建宫阙。又规划在殿后修建复道，由阿房宫北渡渭水，连接咸阳宫殿。

从 2002 年 10 月到 2004 年 11 月，阿房宫考古队对阿房宫前殿遗址进行了全方位的考古发掘，得出的结论是阿房宫前殿没有建成；并确定了未修建完工的秦阿房宫的范围与现存的阿房宫前殿遗址的范围是一致的，即阿房宫前殿遗址就是人们所说的阿房宫遗址。

阿房宫为什么成了“半拉子”工程？

首先，规划的建筑规模空前巨大，超出国力负载。考古发掘表明，阿房宫前殿遗址的范围，比司马迁描述的前殿阿房的规模还要大一些，夯土台基东西长 1270 米，南北宽 426 米，台基北部边缘的现存最高处高出秦代地面 12 米以上。整个遗址的占地面积达 54 万平方米，比占地 69 万平方米的北京故宫只小 1/5 左右，比天安门广场还大，其工程规模之大可想而知。据考古队测量，将该遗址 54 万平方米的台基地面，用黄土一层层地夯筑到 12 米高，所需黄土要达到 650 万立方米。而且为了使这些夯土坚硬、密实、不怕风化，夯筑之前，黄土都要经过筛子筛，然后倒入锅里炒熟，才能进行夯筑。根据文献，阿房宫从开工修建到秦灭亡，前后延续最多只有 4 年的时间，除去中间一度停工的 7 个月外，实际施工时间还要少得多。在当时落后的施工条件下完成如此巨大的夯筑地基工程就已有很大的难度，要想完成整个阿房宫工程是根本不可能的。

其次，施工人力严重不足，致使工程一再拖延。阿房宫与骊山陵墓在秦代是并驾齐驱的两大建筑工程，骊山陵墓工程动工在前，阿房宫工程开工在后。秦未统一六国之前，秦始皇刚刚登上王位的时候，就已下令在骊山挖掘洞穴为自己修建骊山陵墓了。统一全国后，他又征发全国刑徒 70 多万人继续修造。到公元前 212 年阿房宫工程开工时，70 万刑徒就被分为两部分，分别修建骊山陵墓与阿房宫两大建筑工程。阿房宫的兴建，自始至终存在着人力不足的问题。自公元前 212 年开工时起至公元前 210 年秦始皇突然病死这一年多的修建工期内，阿房宫的施工总人数不会超过 20 万，或者会更少些。公元前 210 年七月，秦始皇病死在沙丘平台，九月葬于骊山陵墓。为了尽快埋葬秦始皇和集中人力对骊山陵墓进行封土，秦二世将阿房宫工地的刑徒全部调到了骊山陵工地。到公元前 209 年四月，埋葬秦始皇的骊山陵墓主体工程基本完工，秦二世又从陵墓工程中抽出部分人力继续修筑阿房宫，这部分人力究竟有多少，司马迁在《史记・秦始皇本纪》中写道："（公元前 208）冬，陈涉所遣周章等将西至戏，兵数十万。二世大惊，与群臣谋曰：'奈何？'少府章邯曰：'盗已至，众彊，今发近县不及矣。骊山徒多，请赦之，授兵以击之。'"从这段记载中可看出，当时骊山陵墓的施工人数一定是大大超过了阿房宫的施工人数，才使其成为被秦临时武装起来前去抵抗农民军的首选对象。而从"三十五年（公元前 212），先作前殿阿房……发北山石椁，乃写蜀、荆地材皆至"可知，为了解决建筑材料问题，秦始皇曾驱使一部分阿房宫工地的刑徒们或去北山开凿石料，或到蜀、楚等地去砍伐木材。在当时运输条件极为落后的条件下，去千里之外的四川、湖北的深山里采集木材，没有数年时间是完成不了的。这样，阿房宫工地的刑徒，一部分去四川、湖北采集木材，一部分去北山开凿石料，一部分外出取土，故留在工地施工的人数明显不足。

再次，修建时间太短，难以完成预期目标。阿房宫从开始修建到最后停工，前后延续最多只有 4 年时间，除去中间停工 7 个月外，实际施工时间仅有 3 年左右。在当时工程技术水平低下、施工几乎全靠人力的年代，建设工期实在是太短了。[1]

2002 年 10 月，阿房宫考古工作队开展了阿房宫遗址的田野考古工作，相继调查、勘探、试掘和发掘了阿房宫前殿遗址及传说中的阿房宫“秦始皇上天台”遗址、“烽火台”遗址、“磁石门”遗址等。阿房宫考古工作队领队李毓芳介绍说，考古工作队首先对阿房宫的核心建筑——前殿遗址进行了考古工作。自 2002 年 10 月至 2003 年 12 月，考古队在前殿遗址密集勘探面积 20 多万平方米（每平方米以梅花点的形式布探孔 5 个），试掘及发掘面积 1000 平方米。此外，在前殿遗址未密集勘探的部分均进行了摸底式的勘探，基本搞清了阿房宫前殿遗址的范围和局部布局及结构。根据勘探和试掘的资料，阿房宫前殿遗址夯土台基东西长 1270 米，南北宽 426 米，现存最大高度（从台基北部边缘秦代地面算起）12 米。遗址东部长 400 米，宽 426 米和西部长 70 米，宽 426 米，被现代村庄所压。

在前殿夯土台基北部边缘的发掘表明，该墙南侧有大量建筑倒塌堆积，以板瓦、筒瓦残片为主。该堆积物应为墙顶建筑倒塌堆积，从出土的碎瓦片中还发现有少量的汉代筒瓦。故铺瓦遗迹所用板瓦和筒瓦以秦瓦为主，也有少量汉瓦，即该铺瓦遗迹的时代应为秦代至汉代初期。该铺瓦遗迹是阿房宫遗址考古的重大发现，也是秦代考古史上的重要发现。

李毓芳发现有以下几种现象值得注意：其一，考古发掘中，到目前为止，发现一般地层自上而下为耕土层、扰土层、汉代堆积层、夯土台基夯土或为耕土层、扰土层、晚期堆积层、夯土台基夯土。其二，考古发掘中，汉代堆积层内出土了不少秦代板瓦片、筒瓦片，但是目前还未发现秦代宫殿建筑中最常见的也是必不可少的建筑材料瓦当及其残块。其三，考古勘探和发掘中未发现阿房宫前殿被大火焚烧的痕迹。

根据考古勘探、试掘资料，阿房宫前殿夯土基址东西长 1270 米，南北宽 426 米，从秦代地面算起，现存前殿遗址夯土台基最高 12 米。考古调查了解到，在前殿基址东西两边，原来有夯筑土墙，在土墙附近亦有瓦

[1]　项福库：《秦代两度修建阿房宫未成原因新探》，《贵州文史丛刊》，2009 年第 3 期。

片堆积，现在这些地方已被现代村庄建筑所覆盖或破坏。推测上述前殿基址东西两边的墙迹有可能是文献记载中的“阿城”东墙和西墙，连同已经考古发现的前殿基址北墙，恰为《长安志》中所记载的“阿城”三面之城墙。对前殿遗址的考古勘探、发掘证实，在前殿遗址的表土层之下为扰土层，其下为汉代至宋代的堆积层，再下即为前殿基址。前殿基址面上没有发现秦汉宫殿建筑遗址经常出现的砖瓦、瓦当等建筑构件遗物堆积，也未发现与宫殿建筑相关的墙体、壁柱、础石、散水、地面、窖穴、给排水设施等遗迹。据此，可推断秦阿房宫前殿没有完工，仅仅建设了前殿的夯土基址工程。在阿房宫前殿遗址的考古勘探、试掘、发掘中，在汉文化层之下与前殿夯土基址之间，也未发现“火烧”痕迹。

在过去曾划定的秦阿房宫遗址中，还有“秦始皇上天台”遗址、“阿房宫磁石门”遗址、“阿房宫烽火台”遗址等，近年来对此也进行了考古勘探。

“秦始皇上天台”遗址位于秦阿房宫前殿遗址以东 500 米，遗址之上现存高大夯筑土台，高 15.2 米，上下分为三层。夯筑高台所处遗址东西长 111 米，南北宽 74 米，在该遗址北 30 米，有一与高台及其遗址时代相同的大型建筑遗址，其范围东西长 240 米，南北宽 118—148 米。从“秦始皇上天台”及其北部建筑遗址出土遗物判定，它们的时代应建于战国中晚期，沿用至西汉。

阿房宫前殿遗址东北 2000 米的“阿房宫磁石门”遗址，经过考古勘探、试掘发现，这是一座高台建筑遗址，现存夯筑基址南北长 57.5 米，东西宽 48.3 米，夯土厚 3.7 米。在该建筑遗址没有发现门道及与门址相关的遗迹，显然它不是一座“门址”。遗址之内出土了战国至西汉时期的板瓦、筒瓦和瓦当等建筑材料遗物，其时代属于战国中晚期，据此推断该遗址的始建年代要早于秦代末年的阿房宫前殿基址，从遗址时代与建筑形制两方面来说，将其认定为阿房宫北宫门建筑都是不能成立的。

关于“阿房宫磁石门”，《三辅黄图》载：“磁石门，乃阿房北阙门也。门在阿房前，悉以磁石为之，故专其目，令四夷朝者，有隐甲怀刃，入门而胁止，以示神，亦曰却胡门。"《水经注》亦有相同的记载。其实，秦代铁兵器是极少的，磁石只能对铁兵器发挥作用，"阿房宫磁石门"的修筑在当时显然不太可能。

今传阿房宫前殿遗址西南1200米的"阿房宫烽火台"遗址，经考古勘探、试掘，这也是一座高台建筑遗址，现存台基东西长73.5米，南北宽48.7米，夯土厚3.6米。遗址之中发现一些回廊、柱础石等遗迹，出土了战国秦汉时期的砖瓦建筑材料等遗物，据此判断该遗址建于战国中晚期，使用至西汉时代。将该遗址说成"秦阿房宫"的"烽火台"遗址，显然是不能成立的。

上述所谓"秦始皇上天台""阿房宫磁石门""阿房宫烽火台"建筑遗址，其营建时代均为战国中晚期，早于秦代末年修建的阿房宫前殿，不属于阿房宫的附属建筑，应为战国秦汉时流行的高台建筑遗址。

阿房宫遗址考古工作说明，当年的阿房宫前殿建筑只构筑了规模庞大的建筑基址，地面之上的主体建筑并未实施。也正因为当年阿房宫前殿仅仅营筑了基址，所以"火烧阿房宫"也就无从谈起。因此，通过在秦阿房宫前殿遗址秦代文化层中所取土样进行植硅石分析，根本没有发现土样中有炭粒遗存。

中国社会科学院学部委员刘庆柱认为，司马迁在《史记》中明确指出："阿房宫未成，成，欲更择令名名之。"班固《汉书·五行志》载秦二世，"复起阿房，未成而亡"。在秦帝国覆灭前夕，秦二世想要恢复因修建秦始皇陵而停工的阿房宫前殿工程，在秦王朝最高统治集团内部存在着严重分歧，丞相李斯和将军冯劫因主张停建阿房宫前殿工程，或丧命或成为阶下囚。阿房宫前殿工程虽然恢复了，但是秦帝国很快就灭亡了，因此阿房宫前殿也就成为一个没有完成的工程。[1]

---

[1] 刘庆柱:《秦阿房宫遗址的考古发现与研究——兼谈历史资料的科学性与真实性》,《徐州师范大学学报》(哲学社会科学版), 2008年第2期。

第五章 汉宫壮丽

汉未央宫模拟图

公元前 206 年十二月，项羽破函谷关，秦朝二世而亡，“项羽遂西，屠烧咸阳秦宫室，所过无不残破。秦人大失望”[1]。史载，这场大火在咸阳三月不息，秦朝的宫室也被焚毁殆尽。公元前 202 年，汉高祖刘邦称帝建立汉朝。公元前 200 年，丞相萧何主持在秦兴乐宫废墟上建长乐宫，同年在长乐宫西侧建未央宫。

《史记》载：“萧丞相营作未央宫，立东阙、北阙、前殿、武库、太仓。高祖还，见宫阙壮甚，怒，谓萧何曰：天下匈匈苦战数岁，成败未可知，是何治宫室过度也？萧何曰：天下方未定，故可因遂就宫室。且夫天子四海为家，非壮丽无以重威，且无令后世有以加也。高祖乃说。”[2]在刘邦认可之后，萧何提出的“壮丽重威”，就成为汉代宫殿建设的主题。“汉高帝七年，萧相国营未央宫，因龙首山制前殿，建北阙。未央宫周回二十二里九十五步五尺，街道周回七十里。台殿四十三，其三十二在外，其十一在后宫。池十三，山六，池一、山一亦在后宫，门闼凡九十五。武帝作昆明池，欲伐昆明夷，教习水战。因而于上戏养鱼。鱼给诸陵庙祭祀，余付长安市卖之。池周回四十里”。这一段关于未央宫的故事出自《西京杂记》，新旧《唐书》著录《西京杂记》作者为东晋葛洪，葛洪在跋文中说作者是西汉刘歆。不管怎样，这是靠近汉代的记载，一些情节与正史中的记载相同，应该是较为可靠的。

西汉长安的宫殿，致力于建筑艺术形象的改进，班固《西都赋》中有“上反宇以盖载，激日景而纳光”之说。反宇，即屋檐上仰起的瓦头，在西汉时高级建筑如宫殿流行宇（檐）部上反的折，杨鸿勋先生称之为“反宇杰作——凹曲屋盖的先声”。[3]

西汉定都长安，时间长达 200 余年。长安，曾与古罗马并列为古代东西方两大都会，面积达 36 平方千米，是古代面积最大的都城之一，也是迄今保存最完整的古代都城遗址。据考古发现，西汉时期，出自统一规划

[1]［汉］司马迁：《史记·高祖本纪》，中华书局，1982 年，第 365 页。
[2] 同上注，第 385—386 页。
[3] 杨鸿勋：《宫殿考古通论》，紫禁城出版社，2009 年，第 229 页。

汉代墓室石刻中的殿堂

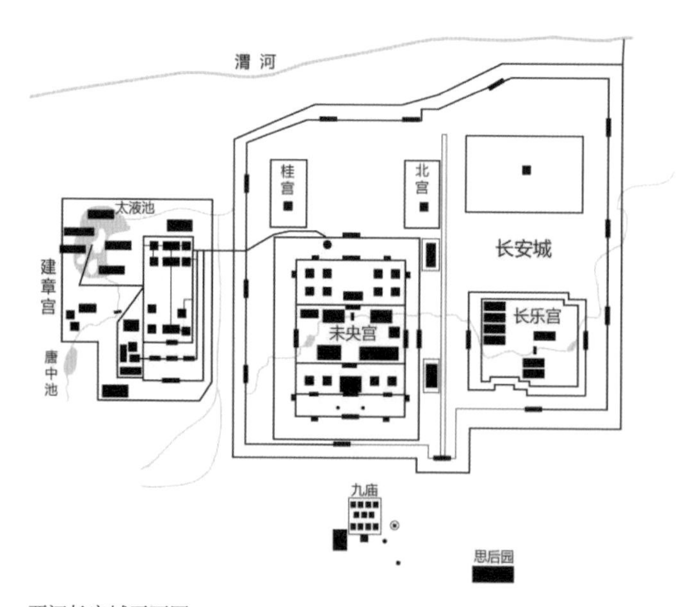

西汉长安城平面图

的汉长安城，平面布局可概括为五宫、十二城门、八街九陌、东西九市、一百六十闾里。宫城内人口约有 24 万，加上周边卫星城镇，人口达 120 万。宫殿建筑有长乐宫、未央宫、桂宫、北宫、明光宫、甘泉宫和上林苑等。

说到汉代宫殿，《西都赋》中穷尽其形神："其宫室也，体象乎天地，经纬乎阴阳。据坤灵之正位，仿太紫之圆方。树中天之华阙，丰冠山之朱堂。因瑰材而究奇，抗应龙之虹梁。列棼橑以布翼，荷栋桴而高骧。雕玉瑱以居楹，裁金壁以饰珰。发五色之渥彩，光焰朗以景彰。于是左墄右平，重轩三阶。闺房周通，门闼洞开。列钟虡于中庭，立金人于端闱。仍增崖而衡阈，临峻路而启扉。徇以离殿别寝，承以崇台闲馆，焕若列星，紫宫是环。"[1]

西汉初期，利用秦朝残留的离宫兴乐宫修筑成长乐宫，随后又在其西面建未央宫，作为正式宫殿，并以长乐宫供太后居住。汉文帝、景帝时期，增辟北宫供太子居住。汉武帝时，在城内北部兴建桂宫、明光宫，并在城西上林苑内营造建章宫。各宫占地阔大，建筑物布局稀疏，每殿自成一区。汉代的宫殿，前殿进行大朝会，东西厢为日常视事之所。王莽时，改未央宫前殿为王路堂，比附《考工记》所载的路寝。建章宫则宫与苑结合，兼有朝会、居住、游乐、观赏等多种功能。东汉建都洛阳，先营南宫，后增建北宫，两宫分依都城南墙、北墙，中隔市区，用三条阁道相连，宫中各有前殿。汉末桓帝、灵帝时又增筑东、西宫。

长乐宫始建于公元前 202 年，由前殿、宣德殿等 14 座宫殿台阁组成。吕后曾居此，以后成太后居地。考古学家发现，汉代宫城内的后妃宫殿之中存在多处地下通道，主要集中于太后居住的长乐宫、皇后居住的未央宫椒房殿、嫔妃居住的桂宫等地，这或许与当时宫廷复杂的政治斗争有关。

未央宫在长乐宫西，位于城西南角，始建于刘邦称帝后的第七年，

---

[1] 朱维娣：《看汉代京都赋与长安地域文化的交融——以〈西都赋〉和〈西京赋〉为例》，《兵团教育学院学报》，2011 年第 6 期。

由 40 多座殿台楼阁组成，东西长 2300 米，南北长约 2000 米，皇帝居此，为朝会、布政之地，面积达 5 平方千米，是中国古代规模最大的一座皇宫。

桂宫在未央宫北，南北长约 1800 米，东西宽 880 米。北宫、明光宫宫垣未探明，这三个宫为太后、皇后以下的皇帝内室居地。

公元前 104 年，柏梁台发生火灾。汉武帝受巫师勇之鼓动，于未央宫西面的长安城外建造建章宫，规模比未央宫更大，通过跨越长安城墙的阁道与未央宫相连。

公元前 101 年，于长安城内营建明光宫。桂宫据说也是在这一年建造的。明光宫在长乐宫之北；桂宫在未央宫北，北宫之西。

上林苑，是汉武帝刘彻于公元前 138 年在秦代的一个旧苑址上扩建而成的宫苑，今已无存。上林苑既有优美的自然景物，又有华美的宫室组群分布其中，是包罗多种生活内容的园林总体，是秦汉时期宫苑建筑的典型。

甘泉宫遗址位于陕西省咸阳城北的凉武帝村，总面积约 600 万平方米，为汉武帝仅次于长安未央宫的重要活动场所，也是避暑胜地，许多重大的政治活动都安排在这里。

东汉的都城位于洛阳，皇宫分南宫和北宫，分别位于洛阳城南北，中间距离为 3.5 千米，以复道连接两宫。南宫正殿是德阳殿，殿高三丈（10 米），陛高一丈（约 3.3 米），殿中可容纳万人。殿周围有池水环绕，玉阶朱梁，坛用纹石做成，墙壁饰以彩画，金柱镂以美女图形。洛阳城外，散布着众多的供皇帝游乐的苑、观。苑有西苑、显阳苑、显明苑、灵昆苑等，其中西苑最大。

尽管主殿至今未找到，但考古专家有足够证据断定：西汉时期岭南的南越王宫宫署四至范围，西至今广州北京路以西的仓兴街，东至中佑大街，北至广大路至梯云里一带，南至中山四路。宫城之内，分为三大功能区——处理公务的主体宫殿分布在西面，生活起居的宫殿在中部，休闲游乐的御花园分布在东面。南越王宫宫署遗址已知面积 15 万平方米，大约占据整个南越国都城的 1/3，其中整个宫署核心区域就将近 5 万平方米。

长乐宫

据文献记载，秦朝分布在渭河南岸诸离宫之一的兴乐宫，就是后来西汉的长乐宫。兴乐宫，秦昭王时已有此宫，也有记载为秦始皇时修建或续建。

长乐宫是在秦离宫兴乐宫的基础上改建而成的西汉第一座正规宫殿。公元前 202 年，汉高祖刘邦得天下后，由丞相萧何主持营修长乐宫，“后九月，徙诸侯子关中。治长乐宫”。[1]公元前 200 年二月竣工。

长乐宫位于西汉长安城内东南隅，遗址在今未央宫乡的阁老门、张家巷、讲武殿、东唐寨、西唐寨，汉城乡的雷寨、罗寨等村庄一带。文献记载长乐宫中有前殿、临华殿、温室殿、鸿台等建筑，并有长定、长秋、永寿、永宁四殿。池苑则有鱼池、万酒池等。长乐宫遗址平面呈矩形，东西长 2900 米，南北宽 2400 米，总面积约 6 平方千米，约占长安总面积的 1/6。长乐宫意为“长久快乐”。

长乐宫是西汉初年的皇宫，刘邦迁都长安后，即在这里接见群臣与朝会诸侯，长乐宫为当时的政治中心。从汉惠帝起，西汉皇帝移居未央宫听政，长乐宫仅供太后居住，宋代程大昌《雍录》卷二载：“人主皆居未央，而长乐常奉母后。”由于长乐宫在未央宫之东，故又称为“东宫”或“东朝”。长乐宫从惠帝时失去正宫地位，但由于是母后之宫，尤其是后来吕太后临朝称制及外戚专权之时，长乐宫仍成为左右朝政的政治中心。《雍录》载：“惠帝自未央朝长乐。武帝亦曰乐朝廷辩之。七国反，景帝往来东宫间，天下寒心。师古曰：‘谓咨谋于太后也。’”王莽时改长乐宫名为常乐室。西汉末年，更始帝仍以长乐宫为皇宫。后赤眉军攻入长安，刘盆子被拥立为帝，也以长乐宫为皇宫。长乐宫的毁废是在西汉末年。王莽败后，更始帝入居长乐宫，公元 25 年赤眉军打败更始帝，纵火烧长安，长乐宫也随之化为灰烬。

---

[1]［汉］班固：《汉书·高帝纪》，中华书局，1962 年，第 58 页。

长乐未央瓦当

据考古探测，长乐宫宫城平面形制略呈方形，南墙在覆盎门西有一曲折，其余各墙都为直线。宫城为夯筑土墙，厚达20多米。宫墙四面各设一座宫门，其中东、西二门是主要通道，门外有阙楼称为东阙和西阙。南宫门与覆盎门南北相对。东、南两面临城墙，西隔安门大街与未央宫相望。

长乐宫内宫殿均坐北向南，包括长乐前殿、长信宫（即长信殿）、长定殿、长秋殿、永寿殿（即长寿殿）、永宁殿、临华殿、神仙殿、温室殿、椒房殿、建始殿、广阳殿、中室殿、月室殿、大夏殿、长亭殿、金华殿、承明殿，以及秦始皇时在兴乐宫中建造的高达40丈（约133.3米）的鸿台。

位于今罗家寨村周围的长乐宫西北区域，为长乐宫的中心宫殿区。长乐宫的考古发掘工作集中在宫城的西北部，已经试掘、发掘的建筑遗址共有6处，编号为一号至六号建筑遗址。

长乐宫一号建筑遗址位于罗家寨村北约300米，于1978年发掘。为大型建筑基址，主殿夯土台基平面呈长方形，东西长76.2米，南北宽29.5米。台基南、北面各有一条夯土上殿通道，台基的南面和北面有廊道，地面铺方砖，南面廊道的南侧有卵石散水。此外，还发现由圆形陶管组成的排水管道和渗井。

二号建筑遗址为大型建筑基址，夯土台基的范围南北长96米，东西宽45.3米。台基的外围局部残存有铺砖廊道和卵石散水。台基的北侧有一院落，由天井及廊道组成，天井内铺装卵石，廊道存铺砖痕迹。台基之上有3座半地下建筑，编号为F1—F3。其中F1位于台基西南部，面积最大，由主室和3条通道组成。主室平面呈长方形，东西长23.83米，南北宽10米，四壁为夯土外垒砌土坯，土坯外抹草泥，表面涂白灰。主室四角有角柱，四壁有壁柱，室内有明柱，地面铺砖。主室的东南部、北部和西北部各有一条通道。

三号建筑遗址为大型建筑基址，夯土台基南北长 54.48—88.45 米，东西宽 38—66.8 米，台基上有 2 座半地下建筑。

四号建筑遗址于 2003 年发掘，据考古研究为临华殿，始建于西汉初年，毁于王莽末年，遗址面积 2000 平方米，有院墙、夯土台基、庭院、附属建筑和排水设施等。夯土台基大致呈东西方向长方形，外侧为廊道和散水。台基上有 2 处半地下建筑，分别位于台基的中部和东部，主室的南间平面为方形，边长约 6.8 米，是最大的一个房间，浆泥地面并且表面涂朱。楼梯间和主室的南间出土了大量顶画残块，内容以几何形花纹为主，五颜六色，异常鲜艳。

五号建筑遗址形制独特，遗址围墙特别厚。专家们推测这里就是用来储藏冰的“凌室”，厚厚的墙壁有利于保持室温，所藏之冰用来储藏食物、防腐保鲜和降温纳凉。

六号建筑遗址为特大型建筑基址，由主殿台基、地下通道、附属建筑、庭院遗迹等组成。主殿台基的范围东西长约 120 米，南北宽 50 米余。主殿台基北侧有铺砖廊道，廊道外置卵石散水。据考证，这处规模宏伟的建筑为长乐宫前殿遗址。前殿是长乐宫的正殿，帝、后东朝太后时在此商议国政大事。前殿北侧东、西分别为一号和二号附属建筑。附属建筑内部及周围分布有庭院、地下房屋、地下通道、水井、沉淀池和排水管道等设施遗迹。除了房屋、水井、院落外，紧贴夯土台基的一条长 34.29 米、最宽处 1.9 米的半地下通道引发了诸多猜想。有专家认为，这条地下通道就是皇宫中的秘道，是皇族们预防不测的安全通道。

长乐宫遗址还出土了罕见排水渠道，在 1 米多深的地下，两组陶质排水管道如两条南北向的巨龙“聚首”在一条长达 57 米的排水渠边。而排水渠道由一条排水渠和长短不一、粗细不均的五角形排水管道共同构成。排水渠长达 57 米，宽约 1.8 米，深约 1.5 米，在接纳了来自南方和东方的各个排水管道的污水之后，便向西北方向流去。

未央宫

未央宫是西汉帝国的大朝正殿，建于公元前200年，位于长安城西南部，包括今大刘寨、马家寨、小刘寨、柯家寨、周家河湾和卢家口等7个村庄。分布在安门大街东、西两边的长乐宫与未央宫，被分别称为东宫与西宫。西宫未央宫，又称公宫。未央为吉祥语，含无尽、永远、长寿、长生之意。中国古代天文学家分天体恒星为三垣，中垣有紫微十五星，也称紫宫。紫宫是天帝的居室，未央宫又称紫宫或紫微宫。未央宫存世1041年，是中国历史上使用朝代最多、存在时间最长的宫殿建筑群之一。

公元前202年，汉高祖刘邦派丞相萧何修建长乐宫。两年后，长乐宫建成。公元前200年刘邦开始兴建未央宫，仍由萧何主持监造。萧何建设未央宫的原则，是以其建筑的壮丽，体现皇帝的“重威”，而且贪大求全，“且无令后世有以加也”。

公元前198年未央宫建成。不久，刘邦在未央宫前殿举行大型国宴，并为其父祝寿。虽然建成了未央宫，但刘邦一直以长乐宫为皇宫。刘邦死

未央宫复原图

后，其子刘盈继位，才以未央宫为皇宫，持续到整个西汉皇朝，成为汉帝国 200 余年间的政令中心。在后人的诗词中，未央宫成为汉宫的代名词。

新莽末年，未央宫在战火中遭受严重破坏。东汉初年，光武帝虽曾下诏对其进行修缮，也难以恢复昔日的宏伟壮观。东汉时期，顺帝、桓帝、献帝等均曾到过未央宫，董卓胁迫汉献帝迁都长安，还是以未央宫为皇宫。

332 年，五胡十六国中的后赵武帝石虎攻占长安。345 年，石虎征发雍州（今陕西中部）、洛州（今河南洛阳一带）、秦州（今甘肃天水一带）、并州（今山西太原及陕北一带）等地 16 万人修筑未央宫，使未央宫得到了部分恢复。

文献记载，南北朝时期的刘宋、北魏皇帝，均曾到过长安与未央宫。582 年，隋文帝在汉长安城东南创建新都大兴城，唐代更名为长安城，汉长安城故址成了唐长安城禁苑的一部分。633 年，唐太宗李世民在未央宫设酒宴为其父李渊祝寿。845 年，唐武宗还在未央宫中修复了 249 间殿屋。

考古勘探发现，未央宫四周建有宫墙形成宫城，宫城东西墙各长 2150 米，南北墙各长 2250 米，平面基本呈方形，周长 8800 米，面积约 5 平方千米，约占长安城总面积的 1/7，为中国古代都城中规模最大的宫城。宫城北邻直城门大街，东距安门大街约 750 米，南面和西面邻近长安城南、西二城墙。宫城之内的干路有 3 条，其中 2 条平行的东西向干路贯通宫城，将未央宫分为南、中、北三个区域。中部有 1 条南北向干路纵贯其间。

未央宫选址于龙首山北麓，为长安城内地势最高的地方，高程 385—396 米。先秦时期，秦国君王在龙首山北麓修筑了章台。汉初，在章台基础上，又修筑了前殿。未央宫建筑以前殿为主体，其他重要建筑物分布在前殿周围，其中以前殿东南和西北部各种宫室建筑最为密集。根据历史文献记载，未央宫有各种楼台殿阁 40 多座。

未央宫四面各辟一座宫门，称司马门。东司马门是皇宫正门，诸侯朝谒天子、皇帝出入宫城均于北门，文武百官、达人显贵则由北司马门进出皇宫。西、南二司马门使用不多。东、北二司马门外修筑了高大阙楼东

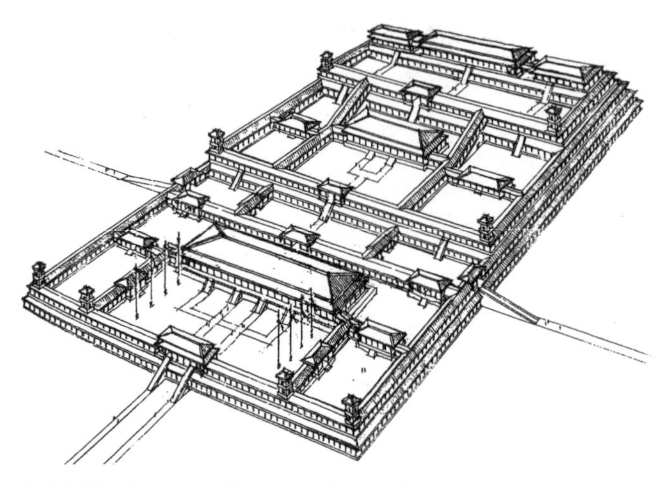

未央宫前殿遗址复原示意图（引自杨鸿勋《宫殿考古通论》）

阙和北阙。考古工作者对于 4 座司马门遗址均已进行了勘查，确定了位置。除司马门之外，未央宫还有十几座专用“掖门”，如建于北司马门之西 800 米的作室门，就是一座专为宫廷作室之中的各类工匠出入皇宫的门道。

位于宫城中央的前殿，是未央宫的主体建筑。后妃宫殿多在前殿以北，文化性、咨询性殿阁在宫城北部，至于其他宫殿建筑，多在前殿东西两侧。未央宫北部和西北部，还分布着大量皇家手工业官署，如织室、作室等。

根据文献记载，前殿是大朝正殿，包括宣室殿（也称宣室阁）、后阁、非常室等。后妃宫殿群中以椒房殿为首殿，包括昭阳殿、增成殿、合欢殿、兰林殿、披香殿、凤凰殿、鸳鸾殿、鹓鸾殿、安处殿、椒风殿、常宁殿、发越殿、蕙草殿、茝若殿等众多后宫掖庭宫殿，此外还有云光殿、九华殿、鸣鸾殿、开襟阁、月影台和临池观等。寝居、政务、文化等方面的宫殿，有清凉殿（也称延清室、清室）、飞羽殿（也称飞雨殿）、白虎殿、曲台殿、金马殿、承明殿（也称承明庐）、玉堂殿、麒麟殿（也称麒麟阁）、朱鸟殿、宣明殿、广明殿、昆德殿、金华殿、敬法殿、高门殿、天禄阁、石渠阁、柏梁台、钩弋殿、晏昵殿、长年殿、含章殿、大秘殿、龙兴殿、武台殿等。

前殿是未央宫最重要的主体建筑，居全宫的正中，更是皇帝举行重大活动和处理日常国家政务的地方。西汉时皇帝登基、大婚、发布诏书、接受朝谒、庆贺寿诞、驾崩入殡等重大活动，一般都安排在未央宫前殿举行。未央宫主体建筑前殿，距东、西、南、北宫墙分别为 990 米、1060 米、860 米和 890 米，是一大型宫殿建筑群，包括南、中、北 3 座宫殿，面积分别为 3476 平方米、8280 平方米、4230 平方米。未央宫前殿的三殿布局形制，在后代宫城的三殿之制影响深远。前殿坐北朝南，正门为南门，南门在前殿基址南边约东西居中位置，东西面阔 46 米，现存南北进深约 26 米，此门或即文献记载之“王路朱鸟门”。前殿东西两侧与北面，均有上殿慢道。前殿南门两边，筑有南墙。前殿中部和北部的东西两边，分别有封闭性廊道。前殿南门与宫殿之间，有一东西长约 150 米、南北宽约 50 米的广场。

未央宫前殿遗址，是目前我国历史上保存最完整、规模最大、最有代表性、年代较早的高台宫殿建筑遗址。前殿遗址的高大台基，南北长 400 米，东西宽 200 米，高 15 米，地势由南向北逐渐升高。台基由南向北，可分低、中、高三层台面，中间台面的主体建筑，是前殿的中心建筑物。前殿台基周围有大批附属建筑，在前殿西侧南段和前殿南侧西段发现南北与东西排列的 46 座房屋建筑群，南北长 128 米，东西宽 13.8—15.4 米，平面大多为方形。其中长方形房址面积较大，大多系库房或办公用房。方形房址大多为内外屋形式，供办公或居住使用。

未央宫前殿之上，有宣室（也称宣室殿）、西厢、后阁、更衣中室、西堂、非常室等宫殿。宣室的主要功能是“布政教”，皇帝经常在那里召见名流贤达，讨论国家大政，也召见臣僚讨论军政要事，有时还举行盛大家宴。

《三辅黄图》记载，建筑前殿所用木材，是清香名贵的木兰和纹理雅致的杏木。屋顶椽头贴敷金箔，大门上的鎏金铜铺首镶嵌宝石。回廊栏杆

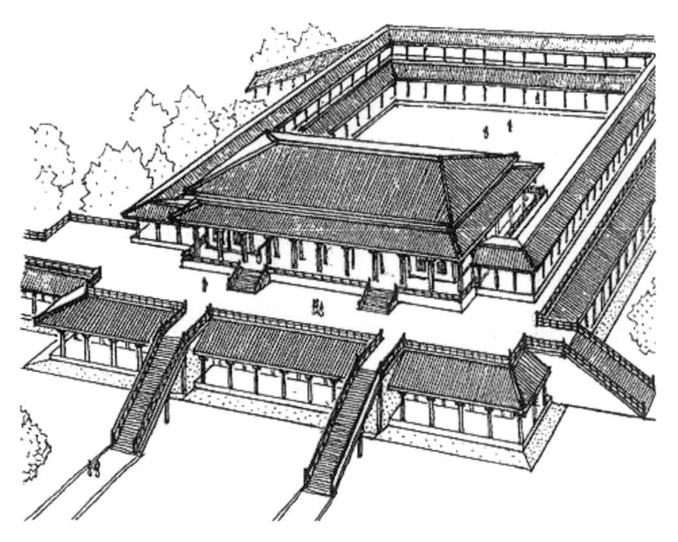

椒房殿复原图

雕刻图案，洁白的础石上耸立高大木柱，大殿的地面紫红色，壁带金光闪闪。前殿之上，还有皇帝冬居的温室殿、夏处的清凉殿。汉武帝时修建温室殿，殿中木柱以清香桂木制成，殿门内设置能反光的云母屏风，紫红色地面上铺放西域地毯，墙壁上披挂文绣丝帛，殿内有以木炭取暖的壁炉。清凉殿又名延清室，殿内陈放线雕图案白玉石床，床上罩紫色琉璃帐，床边放水晶石制作盛有冰块的鉴盘。

皇后的宫殿称椒房殿，位于前殿北面，因此汉代文献中往往也以椒房为皇后的代称。有文献记载认为，因其以椒和泥涂壁，使屋内呈暖色、散清香，故名椒房殿。椒房殿遗址，位于西安市未央区未央宫乡大刘寨村西290米，南距未央宫前殿遗址330米。1981—1983年，考古工作者对椒房殿遗址进行了考古发掘，发掘面积12437平方米。该遗址南北长148.75米，东西宽130米，遗址主要分正殿、配殿和附属房屋。正殿位于椒房殿南部，配殿在正殿东北部，附属房屋在正殿北部、配殿西部。正殿台基平面呈长方形，东西长54.7米，南北宽29—32米。殿堂周施回廊，廊道均为方砖铺地。殿堂东西设有踏道，为出入殿堂的主要通道。殿堂台基之上的西北部有一地下房屋，平面为长方形，东西长 8.7 米，南北宽 3.6 米。此正殿地下室，或作为秘室使用。作为皇帝后妃的宫殿之中设置地下的秘室，在其他汉代后妃宫殿遗址中也有发现。

位于未央宫西北部的石渠阁，因阁下有石为渠导水，故名石渠阁。是西汉国家级图书馆和档案馆之一，遗址附近曾发现西汉时以石块砌筑渠道的遗物，出土过“石渠千秋”文字瓦当。石渠阁遗址地面现存夯土台基高 8.74 米，台基底部东西长 77 米，南北宽 65 米。经勘探，石渠阁基址南北长 100 米，东西宽 80 米。石渠阁系汉初萧何主持建造。秦末，刘邦率军进占咸阳后，萧何广收秦宫的图书典籍和档案，就藏在石渠阁内。由于石渠阁中有大量藏书和资料，许多文人都到这里查阅过各种文献。西汉中晚期，石渠阁又成了首都的学术中心，学者们在这里参加皇室或中央政府举办的学术讨论会，有时皇帝还亲临会场，以示重视。

在石渠阁遗址以东 520 米处，是天禄阁遗址。天禄即天鹿，汉代人们认为天鹿是一种象征祥瑞的神兽。天禄阁位于未央宫北，也是一座高台建筑，规模略小于石渠阁。天禄阁遗址地面之上现有一夯土台基，高约 10 米，底部平面近方形，边长 20 多米。天禄阁四周亦置廊。遗址范围南北长 60 米，东西宽 55 米。据载，天禄阁亦为萧何主持营建，是收藏典籍之所。汉代这里藏书多达 3090 卷。著名史学家司马迁就是利用这里的藏书，在长安写出了不朽名著《史记》。汉代天禄阁里还聚集着许多著名学者，如扬雄、刘向等。现在夯土台上，还有后人修建的刘向祠。

麒麟阁也称麒麟殿，据说是汉武帝时，人们捞获了一只麒麟，为了纪念此事，武帝下令修筑了这座建筑，并将麒麟的图像绘于殿阁的墙壁之上。公元前 51 年，匈奴首领单于来到长安，谒见汉朝天子，皇帝为了纪念此事，就把许多功臣的画像作为壁画，绘于麒麟阁上，人像旁刻有各自的官爵和姓名。麒麟阁也是藏书之地，西汉大儒扬雄就曾在此校阅图书。

天禄阁遗址承明殿，又称承明庐或承明庭，属于著作之庭、著述之所，又是西汉王朝皇室延招儒生、文人之处。承明殿始建于西汉初期，新莽末年被战火所毁。金马殿与承明殿往往并提，均被视作著作之庭，金马殿的庭院之门，可能就是金马门。曲台殿和金华殿，是讲经授礼的地方，所谓“曲台说礼、金华说书”就是这个意思。曲台，也是学者们校阅经典、著作文章的地方。

未央宫中还有朱鸟堂，也称寿成朱鸟堂，主要收藏地理方面的书籍。西汉末年，全国各地的地理学者都会集于朱鸟堂，校阅地理书籍。

少府是居于汉代九卿第一的中央机构，专管帝室财政和皇宫给养，“掌山海地泽之税，以给供养”，机构庞大，属官众多。根据文献记载，少府及其下辖一系列官署均设在未央宫中。

1987 年 10 月至 1988 年 5 月，发掘了未央宫少府官署遗址。少府主体建筑为大型殿堂，由南北排列的两座宫殿组成。南部宫殿面阔 7 间，进深 2 间，东西长 48.6 米，南北宽 17.5 米。宫殿坐北朝南，南边有东西排列的 6 个檐柱，殿内约于进深南北居中位置，有东西排列的 6 个大础石，础石间距各约 7 米。础石置于础墩之上，础墩夯筑，表面以石板包砌。础墩呈覆斗形，底边长者 5 米，短者 4 米，高约 1 米。宫殿地面铺设地板，地板之下构筑基槽，槽壁包砌石板。北部宫殿面阔 5 间，进深 2 间，东西长 31 米，南北宽 12.9 米，宫殿坐南朝北，与南部宫殿建筑形制基本相似，仅规模较小、宫殿方向相反。宫殿北边有东西排列的 5 个檐柱，其间距均为 7 米。檐柱以南 8.5 米，有东西排列的 4 个大础石，其间距亦各为 7 米。北部宫殿地面亦铺设地板。庭院位于北部宫殿以北，平面长方形，东西长 54.4 米，南北宽 14.7 米。庭院北部为东西走向廊道，南部和北部宫殿东西两侧，各有一个大型房子，规模较大，建筑考究。少府建筑群东部有一座半地下木构多层仓储建筑物，在这座房屋的底部发现了 1892 枚货币，这可能是少府的“金库”。

未央宫西北部的中央官署遗址，是一座封闭式的大型院落建筑。院落四周围筑夯土墙，院落东西居中位置有一南北走向排水渠，将院落分成东、西两部分。东院之内有南、北两排房屋，南面各自均有天井与回廊。西院有东门和南门各一座，南北两排房屋之间是天井、回廊和亭子。中央官署建筑群规模庞大、浑然一体，从考古发掘的情况看，这座建筑群有着

未央宫中央官署建筑遗址

完整而系统的排水设施，包括排水渠、地漏和地下排水管道，排水设施是在院落施工之前统一设计好的，建筑物夯土基址压在排水管道之上，说明是先修建地下排水设施，然后再进行地面以上建筑的施工。

考古证明，中央官署的主要职能，是收藏作为国家或宫廷档案的骨签。中央官署遗址考古发掘出土的骨签 6 万多枚，时间跨越上百年，其中刻字骨签约 5.7 万枚，无字骨签近万枚。骨签以动物骨骼（主要是牛骨）制作而成，形制、大小相近。骨签出于汉代首都的皇宫之中，而骨签文字内容又直接与皇室和中央政府有关。骨签上的文字，一般竖行一行，字数少者 3 个字，多者 6—7 个字。从文字内容来看，主要属于弓弩、箭镞等兵器和器物编号两大类。

公元前 115 年，汉武帝兴建柏梁台，位于未央宫北司马门内，南北大街的西边。柏梁台以柏木为建筑物的梁架，所以取名柏梁台。这座木构建筑，高数十丈，顶部装置金光闪闪的高大铜凤凰。柏梁台建成后，汉武帝曾经在台上大摆酒宴，诏命文武大臣吟诗作赋，为其歌功颂德。可惜柏梁台仅存 10 余年，公元前 104 年即毁于火灾。

白虎殿是西汉晚期皇帝活动的重要场所，天子慰劳将帅等重大朝政事项均在此殿进行。公元前 29 年，汉成帝召“直言之士，诣白虎殿对策”。公元前 25 年，匈奴单于来长安，朝谒汉成帝于白虎殿。白虎殿还是皇帝召见直言之士，为其出谋划策之地，汉成帝最后也是死于白虎殿内。王莽当政后，曾在白虎殿大摆酒宴、慰劳将帅、封官拜爵。白虎殿遗址，位于未央宫前殿遗址以西 160 米处，遗址范围东西长 45 米，南北宽 30 米，西与未央宫前殿遗址东、西之间有廊道相连接。

织室是为皇室织作各种高级文绣织品的手工作坊，规模相当庞大，分为东织室和西织室。织室中的工徒很多，因此未央宫中为他们单开作室门。暴室是属于织作的染练之署。织室和暴室，均坐落在未央宫西北。

古代夏天皇宫或王宫中降温都取自天然冰，隆冬采取，以备酷暑使用，这就要修筑藏冰之所凌室。未央宫中用冰量很大，凌室规模可观。汉代凌室不只藏冰以备宫室盛夏降温，还用于冷藏食品，因此又是一座大型的食品冷藏库。

未央宫西南部有一片低洼地，地势低于周围 1—2.5 米，这就是当年的沧池所在地。考古勘探发现，沧池位于未央宫西南部，约占宫城面积的 1/4。沧池遗址南北长约 500 米，东西宽约 400 米，池水面积 19.6 万平方米。池水因清澈如苍色，故名“沧池”。沧池水由城外泬水从章城门引入，入宫后称“明渠”。明渠故道已基本勘探清楚，渠水由西向东注入沧池，然后又从沧池北部由南向北流出，经前殿、椒房殿和天禄阁西边，向北流出未央宫。沧池既美化了未央宫的环境，又解决了皇宫内的用水问题。未央宫中用水量很大，沧池在给水方面起了重要作用，是未央宫中的一座人工水库。《三辅黄图》记载：“沧池中有渐台，高十丈。”渐台就是池中假山，台上修建了楼阁亭榭。皇室也在渐台之上举行酒宴。公元 23 年九月，王莽被起义军士兵追赶，从未央宫前殿仓促逃至沧池渐台，欲以渐台四周的池水挡住追杀，最后还是被商人杜吴杀死于渐台之上。

未央宫为使用中轴线的宫殿建筑群，主体建筑在中轴线上按照等级次序排列，并对前、后宫进行有效的隔离。未央宫在重要建筑入口门前设立精美石雕的“阙”，这些阙形态各异，肩单体阔，也有两阙之间以短檐进行连接。未央宫中的主体宫殿建筑，其下都建有高大厚重的石台，台阶内多为夯土夯实，在夯土外以花纹砖石进行镶嵌。台阶一般都很高，据文献记载，未央宫前殿“疏龙首山以为殿台”，“重轩三阶”。未央宫宫殿的屋顶形式，全面表现中国传统宫殿所特有的屋顶结构歇山、悬山、攒尖、平顶等屋顶样式，屋面多数采用直坡向下形式。屋顶瓦当采用全圆瓦当结构，纹理丰富，采用动物纹和吉祥汉字、火焰纹等纹样为装饰图案。宫殿圆柱涂有丹红，在宫殿内斗拱、梁架、棚顶都以彩绘装饰墙面，多描绘壁画，以雕花的青砖铺设地面。

建章宫

公元前104年，汉武帝在长安城西建造规模宏大的建章宫，建章宫实际上是作为新的皇宫来修筑的，规模甚至较未央宫更大。建章宫建成以后，汉武帝长期在那里活动。直至公元前29年，汉昭帝才从建章宫迁回未央宫。

班固《汉书·郊祀志》载：“上还，以柏梁灾故，受计甘泉……粤巫勇之乃曰：‘粤俗有火灾，复起屋，必以大，用胜服之。’于是作建章宫，度为千门万户。前殿度高未央。其东则凤阙，高二十余丈。其西则商中，数十里虎圈。其北治大池，渐台高二十余丈，名曰泰液，池中有蓬莱、方丈、瀛州、壶梁，象海中神山、龟、鱼之属。其南有玉堂璧门大鸟之属。立神明台、井干楼，高五十丈，辇道相属焉。”

建章宫规模宏大，《三辅黄图》载：“周二十余里，千门万户，在未央宫西、长安城外。”汉武帝为了往来方便，跨城筑有飞阁辇道，可从未央宫直至建章宫。建章宫建筑组群的外围筑有城垣。宫城中还分布众多不同组合的殿堂建筑。武帝曾一度在此朝会、理政，其宫殿建筑毁于新莽末年战火中。

建章宫四面皆有宫门（司马门），东宫门在前殿以东 700 米，宫门外二阙址尚保存，因其上装有 2 只高丈余的鎏金铜凤凰而得名，毁于西汉末年战火。现仅残存一东一西 2 座阙形夯土台，西面的一座比较高大，东面的则破坏严重。二阙址间距为 53 米，保存较好的西阙址底径长 17 米，现存高 11 米。由二阙址东西并列情况来看，东宫门不是坐西朝东，而是坐南朝北，考古勘探发现，二阙址间有一条南北路，宽 50 米，由阙址向南 500 米，南北路与通往建章宫前殿的东西路相交。东阙即双凤阙，是现存我国最早的古代阙址，在双凤村东南，双凤村就是由双凤阙而得名。

考古队在建章宫遗址小范围区域进行了考古发掘，所发掘遗址为一号遗址，地处建章宫内太液池西岸，发掘面积 2420 平方米。遗址从南到北由三部分组成，即南部庭院、主体建筑与北部庭院。南部庭院现发掘南北长 32 余米，东西宽 24 余米。地面平坦，推测原来地面应有铺砖，现仅在东北部残存少量方砖，其他地方局部残存铺砖泥痕。庭院的北部为一东西向廊道，东西现存 10.98 米，南北宽近 2 米，廊道地面铺砖。

建章宫前殿是整座宫殿的主体建筑，坐北朝南，北高南低。汉武帝一度在此朝会理政。20 世纪 80 年代，考古学者曾对建章宫前殿遗址进行调查，测量出前殿基址南北长 320 米，东西宽 200 米，其中北部高出地面 10 余米。建章宫前殿遗址，位于高堡子村。其高大的夯土台基仍残留地面，上有巨大的柱础石。出土有西汉常见的几何中纹铺地方砖和“与天无极”“长乐未央”瓦当等，其西北的东柏梁村还出土有一长方形陶质建筑脊饰构件，上有“延年益寿，与天相待，日月同光”12 字篆铭。

主体建筑位于发掘区的中部，现清理部分平面大致呈曲尺形，南北长约 73 米，东西宽约 26 米，由南北两部分组成。南部建筑由 5 个房间和过廊等组成；北部建筑所清理部分南北长 28 余米，东西宽 14.7—22.7 米。地面铺砖，砖多为素面方砖，个别为小方格纹方砖。北部庭院位于北部建筑西部，清理部分南北长约 24 米，东西宽约 10 米。出土遗物多为汉代的砖、瓦及瓦当残块，并有大量的五铢钱范残块。现今考古面积，尚不足整个建章宫面积的 1/10。

建章宫的布局，从正门圆阙、玉堂、建章前殿到天梁宫形成一条中轴线，其他宫室分布在左右，全部围以阁道。宫城内北部为太液池，筑有三神山，宫城西面为唐中庭、唐中池。

中轴线上有多重门、阙，正门曰阊阖，也叫璧门，高二十五丈（约83.3米），是城关式建筑。后为玉堂，建台上。屋顶上有铜凤，高五尺（约1.67米），饰黄金，下有转枢，可随风转动。在璧门北，起圆阙，高二十五丈，其左有别凤阙，其右有井干楼。进圆阙门内二百步，最后到达建在高台上的建章前殿，气魄十分雄伟。

宫城中还分布着众多不同组合的殿堂建筑。璧门之西有神明，台高五十丈（约166.7米），为祭金人处，有铜仙人舒掌捧铜盘玉杯，承接雨露。

太液池，亦称泰液池。建章宫池名。《三辅黄图》卷四载："太液池，在长安故城西，建章宫北，未央宫西南。太液者，言其津润所及广也。"太液池位于建章宫前殿西北，以象北海，占地约0.67平方千米，是渠引昆明池水而形成的一个范围宽广的人工湖。遗址在三桥镇高堡子、低堡子村西北一片洼地处。池北岸有人工雕刻而成的长10米、高约1.67米的大石鲸，西岸有2米长的石鳖3枚，另有各种石雕的鱼龙、奇禽、异兽等。池中建有高约66.7米的渐台。为了求神祈仙，汉武帝还在池中筑有三座假山，以象征东海中的瀛洲、蓬莱、方丈三座神山。《西京赋》："神山峨峨，列瀛洲与方丈，夹蓬莱而骈罗。"《拾遗记》："此山上广中狭下方，皆如工制，犹华山之似削成。"太液池岸边湖中，有各种动植物。《西京杂记》卷一载："太液池边皆是雕胡、紫萚、绿节之类。……其间凫雏雁子，布满充积，又多紫龟绿鳖；池边多平沙，沙上鹈鹕、鹧鸪、䴔䴖、鸿鶂动辄成群。"《汉书·昭帝纪》载，公元前86年春二月，有"黄鹄下建章宫太液池中"。汉昭帝为此作歌云："黄鹄飞兮下建章，羽肃肃兮行跄跄，金为衣兮菊为裳；唼喋荷荇，出入蒹葭，自顾菲薄，愧尔嘉祥。"太液池中置有鸣鹤舟、容与舟、清旷舟、采菱舟、越女舟等各种游船。汉成帝常在秋高气爽之季与后妃赵飞燕泛舟戏游于湖中。太液池作为人工湖，为建章宫提供了大量蓄水。1973 年 2 月，在高、低堡子村西侧发现一件长 4.9 米、中间最大直径为 1 米的橄榄形石雕，就是当年池边的石鱼，与《三辅故事》中记载的“刻石为鲸鱼，长三丈”相互印证。

太液池遗址位于建章宫前殿的西北方向，前殿所在的高地被称作“高堡子”，而太液池的地势较低，被称作“低堡子”。太液池苗圃管理处办公楼的北侧，就是渐台的遗址。20 世纪 80 年代的考古勘探表明，太液池呈曲尺形，东西长 510 米，南北宽 450 米，面积 151600 平方米。位于太液池东北部的渐台基址，东西长 60 米，南北宽 40 米，高 8 米。

汉武帝刘彻于公元前 104 年修造的神明台，是建章宫中最为壮观的建筑物，高约 166.7 米，台上有铜铸的仙人，仙人手掌有 7 围之大，仙人手托一个直径 90 米的大铜盘，盘内有一巨型玉杯，用玉杯承接空中的露水，故名“承露盘”。汉武帝以为喝了玉杯中的露水就是喝了天赐的“琼浆玉液”，久服益寿成仙。神明台上除“承露盘”外，还设有九室，象征九天。常住道士、巫师百余人。巫师们说，在高入九天的神明台上可和神仙为邻通话。神明台保持了 300 多年，魏文帝曹丕在位时，承露盘尚在。文帝想把它搬到洛阳，搬动时因铜盘过大而折断，断声远传数十里。铜盘勉强搬到灞河边，因太重再也无法向前挪动而弃置，后不知所终。神明台遗址位于六村堡乡孟家村东北角，现仅存一大块土基。20 世纪 80 年代对神明台遗址进行了测量，其夯土基址高 10 米，东西长 52 米，南北宽 50 米。

上林苑

皇家园林上林苑，秦朝始建，公元前 138 年汉武帝加以扩建。地跨今长安、咸阳、周至、户县、蓝田五县境，纵横三百里，霸、产、泾、渭、丰、镐、牢、橘八水出入其中，是中国历史上最大的一个皇家园林。自然景观优美，华美宫室组群分布其中。汉上林苑将秦上林苑宫殿台观修葺沿用，另外扩建了一批宫室，史料文献记载的宫殿 70 多个，台观 30 多个，苑中有苑，宫中有宫，建筑鳞次栉比，掩映于茂林峻岭之中。

上林苑始建于秦始皇时期。据《史记·秦始皇本纪》记载：秦始皇二十六年（公元前221），秦灭六国后，“徙天下富豪于咸阳十二万户。诸庙及章台、上林皆在渭南”；大约10年后（秦始皇三十五年），“乃作朝宫渭南上林苑中，先作前殿阿房”。秦上林苑的故地，应在今户县城西渼陂向东至西安三桥阿房宫遗址一带，今咸阳渭河以南的地域。

上林苑的扩建，始于汉武帝时期。据《汉书·东方朔传》记载：汉武帝建元三年（公元前138），武帝命太中大夫吾丘寿王在今三桥镇以南、终南山以北、周至以东、曲江池以西的范围内，开始扩建上林苑，并有偿征收这个范围内民间的全部耕地和草地，用以修建苑内的各种景观。后来，上林苑又进一步向东部和北部扩展：北部扩至渭河北，东部扩至浐、灞以东，形成了前所未有的规模。

这一巨大的皇家园林，在建设之初就受到了常侍郎东方朔“上乏国家

明代仇英《上林图卷》（局部），台北故宫博物院藏

之用，下夺农桑之业”的谏阻。历经昭、宣二帝之后，到元帝时，因朝廷不堪重负而裁撤了管理上林苑的官员，同时把宜春苑所占的池、田发还给了贫民使用。成帝时，又将“三垂”（东、南、西三边）的苑地划给了平民。西汉末，王莽于地皇元年（20）拆毁了上林苑中的10余处宫馆，取其材瓦，营造了9处宗庙；接踵而来的又是王莽政权与赤眉义军争夺都城的战火，使上林苑遭受了毁灭性的劫难。《西都赋》载“徒观迹于旧墟，闻之乎故老”，说明东汉初期班固写《西都赋》时，上林苑已是一片废墟了。上林苑自秦至西汉，在中国历史上大约存在了240多年。

司马相如的《上林赋》，以夸张靡丽的笔调描述西汉上林苑中的宫殿台观：“于是乎离宫别馆，弥山跨谷，高廊四注，重坐曲阁，华榱璧珰，辇道缅属，步櫩周流，长途中宿。夷嵕筑堂，累台增成，岩窔洞房，俯杳眇而无见，仰攀橑而扪天，奔星更于闺闼，宛虹拖于楯轩，青龙蚴蟉于东箱，象舆婉僤于西清，灵圄燕于闲馆，偓佺之伦，暴于南荣。醴泉涌于清室，通川过于中庭。盘石振崖，嵚岩倚倾。嵯峨嶕礏，刻削峥嵘。玫瑰碧琳，珊瑚丛生，琘玉旁唐，玢豳文鳞，赤瑕驳荦，杂锸其间，晁采琬琰，和氏出焉。”[1]

上林苑宫殿建筑密度不高，较为分散，背山面水，隐形就势。在广阔的苑区内，宫殿台观稀疏散布开来，掩映在森林草木之间，而在局部地区又排列密集，呈现“整体分散”“局部紧凑”的独特格局。建章宫建筑区，邻近长安，便捷通达，密集分布着建章宫、昭台宫、平乐观、储元宫等一系列宫殿，建筑之间相隔数十里，皇帝一天之内可游走数个地方。渭北宫殿区在渭河北岸不远处，同长安城隔水相望，地势较高，建馆可登高望远，黄山宫、细柳观、龙台观集中排布。昆明池宫殿区则以昆明池为中心环绕排布。远离皇城的宫殿区长杨苑、鼎湖苑宫殿布局紧凑，配置合理，成为皇家离宫御苑。

上林苑设苑门12座，苑中主要修筑宫室建筑和园池。据《关中记》

---

[1]［汉］司马迁：《史记·司马相如列传》，中华书局，1982年，第3026页。

载，上林苑中有三十六苑、十二宫、三十五观。三十六苑中有供游憩的宜春苑，供御人止宿的御宿苑，为太子设置招宾客的思贤苑、博望苑等。

上林苑中，除了大型宫城建章宫和著名离宫甘泉宫，还建筑了大量宫殿台观，徐卫民先生搜集文献和考古资料，对此详加考证、介绍。[1]

荣宫，在西安东郊延兴门村一带。1969年此地出土一铜方炉，炉沿上篆刻铭文："上林荣宫，初元三年受，弘农宫铜方炉，广尺，长二尺，下有承灰，重三十六斤。甘露二年工常绢造，守属顺临。第二。"可知上林苑中有荣宫。

长门宫，在今西安市东北赵村东。本是陈阿娇母亲大长公主在长安城东的花园，由于大长公主和董偃私通，害怕被治罪，爰叔为她出主意把长门园献给汉武帝，汉武帝加以修缮后改名为长门宫，作为离宫。据司马相如《长门赋》描述，长门宫中有登高可以俯视的兰台，是一个宫殿群建筑。

鼎湖宫，在蓝田县焦岱镇，此地曾发现过"鼎湖延寿宫"瓦当。1988年11月，蓝田县在焦岱镇发现了西汉上林苑中鼎湖延寿宫遗址，已暴露的遗址遗物有约1米厚的夯土层，整齐的砖铺地面。砖为素面和几何纹两种图案，砖面以上文化堆积层厚约1米，内含有大量的绳纹板瓦残片，云纹文字瓦当，其中就有"鼎湖延寿宫"字纹瓦当。

太乙宫，在西安城南50里（25千米）终南山山谷中，为汉武帝南游终南山的休憩处，太乙宫旁有太乙池。现在此地还有太乙宫镇。

宜春宫，原为秦离宫，西汉延用，成为上林苑的一部分，在曲江池边。

宣曲宫，在昆明池西，汉武帝常游幸宣曲宫，又是汉屯驻骑兵之地。据胡谦盈先生考察，认为其遗址在津水以西的客省庄一带，在那里发掘出一处面积宏大的西汉建筑遗址。

萯阳宫，在甘河中游东侧的甘峪口北一带。此宫为秦惠文王时所建，西汉犹存，汉武帝、宣帝、成帝等常游幸于此。

---

[1] 徐卫民:《西汉上林苑宫殿台观考》,《文博》，1991年第4期。

葡萄宫，在周至县境，《史记·大宛列传》："昔孝武帝伐大宛，采葡萄种之离宫。"此宫为汉武帝所建。

长杨宫、射熊馆、长杨榭，《三辅黄图》："本秦旧宫，至汉修饰之以备行幸，宫中有垂杨数亩，因为宫名，门曰射熊观，秦汉游猎之所。""观"与"馆"，在汉代通假，指宫门前的双阙，射熊馆是长杨宫门上楼台建筑，汉代皇帝曾登此射熊。长杨榭为一高台土木建筑物，站在榭上可观看军队打猎比赛，又可作为阅兵台。长杨宫、射熊馆及长杨榭遗址在今周至县终南镇东南的竹园头村南。

五柞宫，原本秦离宫，在扶风周至，宫中有五柞树，因以为名。西汉扩建上林苑时，将长杨宫、五柞宫都包括在内。公元前 88 年，汉武帝赐死钩弋夫人，第二年移居五柞宫，临终前立 8 岁的刘弗陵为太子，并托孤于几位重臣，几天后，在位达 54 年的汉武帝在五柞宫驾崩。汉成帝也常到这里游猎。五柞宫之北有望仙宫。

青梧观，在五柞宫西，观前有二梧桐树，观以梧桐树命名。

犬台宫、走狗观，《汉书·江充传》晋灼注："上林有犬台宫，外有走狗观也。"这是皇帝为行幸打猎而豢养狗的处所。

昭台宫，公元前 138 年在秦殿基础上扩建而成的宫苑，《三辅黄图》记载："昭台宫在上林苑中，孝宣霍皇后立五年，废处昭台宫，后十二岁，徙云林馆，乃自杀"，"成帝鸿嘉三年，许皇后亦废处于此"。此宫似乎专为皇后失宠而建。

储元宫，《汉书·外戚传》："信都太后与信都王，俱居储元宫。"颜师古注："此宫在上林苑中。"

神光宫，《羽猎赋》："入西园，切神光，望平乐，径竹林。"西园乃上林苑，神光为上林中一宫殿。

扶荔宫，是汉武帝专在上林苑中开辟的移植南方花木果树的处所。扶荔宫遗址可能在长安附近一带的上林苑范围内。

兰池宫，秦汉皆有，均因修建于兰池旁而得名。汉兰池宫是汉武帝时建造的。汉兰池宫遗址位于今咸阳渭城区正阳镇柏家嘴村。

黄山宫，上林苑的苑中之苑。《汉书·地理志》:“槐里（今兴平县）有黄山宫，孝惠二年起。”汉武帝利用黄山宫与当地的有利地形修建了黄山苑。《汉书·霍光传》:“霍云当朝请，数称病私出，多从宾客，张围猎黄山苑中。”

“兰池宫当”瓦当

1987年，在陕西省兴平县东南田阜镇侯村发现了大型秦汉宫殿遗址，与黄山宫文献记载较符合。遗址面积东西长1000米，南北宽500米，北高南低，比周围地势高出很多，文化层内有大量陶窑、排水管和瓦当残片，均为秦汉混合散落。1992年在西宝高速公路修建过程中发现“黄山”字样瓦当，这为黄山宫的确证提供了考古依据。

池阳宫，1989年春，咸阳市文物普查队在三原县嵯峨乡发现一处大型汉代宫殿遗址，文物考古专家断定为汉代池阳宫遗址。遗址区内分布着5座高大的建筑台基，台基周围散布着大量汉代的砖瓦残片，还有保存较好的砖铺地面和瓦砾堆积层，并在遗址区内发现了大量瓦当、筒瓦、板瓦、铺地砖、空心砖及陶水管、陶井圈等。

霸昌观，此观在霸桥附近。

白鹿观，在白鹿原上，汉武帝在此养鹿并筑馆。

上兰观，上林苑中的重要游猎场所。此观在西安的西南方。

白杨观，在昆明池东，为汉代羽猎之处。胡谦盈先生在昆明池东孟家寨村发现一处西汉遗址，出土“上林”和“云纹”瓦当。

细柳观，《上林赋》:“登龙台，掩细柳。”郭璞注云:“细柳，观名也，在昆明池南。”胡谦盈先生在昆明池南、细柳原北侧、石匣口村西约400米处，发现一汉代建筑遗址，遗址上发现大量西汉瓦和“上林”瓦当，疑为细柳观遗址。

东观，《汉书·天文志》:“河平二年十二月壬申，太皇太后避时昆明东观。”此观在昆明池东。

豫章观，《三辅黄图》："豫章观，武帝造，在昆明池中。"汉武帝在昆明池旁修建了一批观景建筑，其中便包括豫章观，因所用之木皆为豫章木而得名。因豫章观位于昆明池中，故又称昆明观。豫章观是高台楼阁类建筑，登楼可俯瞰整个湖区。在昆明池遗址勘测发掘中，在东岸临水处发现一处与水相依的汉代建筑遗址，其东面连岸，其余三面均环水，属水榭一类建筑，遗址东西长 80 米，南北宽 75 米，推测可能是豫章观遗址。

龙台观，《三辅故事》："汉时龙见陂中，故作此台。"

飞廉观，为皇帝游猎之所，《三辅黄图》："在上林，武帝元封二年作。"

虎圈观，《汉书·郊祀志》："建章宫西有虎圈。"此观疑在上林苑虎圈旁，专用于观虎。

茧观，《汉书·元后传》："春幸茧馆，率皇后、列侯夫人桑。"颜师古注引《汉宫阙疏》："上林苑有茧馆，盖蚕茧之所也。"

宜春观，修于户县城西渼陂旁，是上林苑中一处著名的游览胜地。

阳禄观、枳观，二观并在上林中。

属玉观，疑为贺阳宫中之观，其遗址在户县，可能专为观赏属玉鸟而建。

郎池观，《三辅黄图》和《关中记》皆云其在上林苑中。

当路观，可能在当路池旁。《三辅黄图》和《关中记》皆云其在上林苑中，王莽建九庙时拆毁。

平乐观，上林苑中一处重要的娱乐场所。武帝元封三年（公元前 108）、元封六年（公元前 105）两次在平乐观作角抵戏，以享国内观众及外国使者。《西京赋》描写了平乐观中各种各样的游戏。

观象观，顾名思义，上林苑中专门用来观赏舞象的观。

长平观，《三辅黄图》："在池阳宫，临泾水。"

益延寿观，今有瓦当"益延寿"，此观遗址在雍州云阳县西北 40.5 千米。

灵台，《西京新记》："修真坊内有汉灵台。"修真坊是唐长安最北最西的一个坊，在今西安西郊任家口村一带。

通天台，《汉书·郊祀志》：“武帝乃作通天台，置祠具其下，将招来神仙之属。”

上林苑中还有走马观、鱼鸟观、燕升观、远望观、便门观、石关、鹅鸽观、封峦观、露寒观、樱木观、椒唐观等。

上林苑外围以终南山北坡和九嵕山南坡、关中八条大河及附近天然湖泊为背景，池沼众多，见于记载的有昆明池、镐池、祀池、麋池、牛首池、蒯池、积草池、东陂池、当路池、太液池、郎池等。重要池苑有昆明池、影娥池、琳池、太液池。

昆明池是汉武帝元狩四年（公元前119）所凿，在长安西南，周长20千米，面积约1平米千米，具有训练水军、水上游览、渔业生产、模拟天象、蓄水生活等功能。据《史记·平准书》和《关中记》记载，修昆明池是用来训练水军，汉代赵歧等撰《三辅故事》载：“昆明池三百二十五顷，池中有豫章台及石鲸，刻石为鲸鱼，长三丈。”“昆明池中有龙首船，常令宫女泛舟池中，张凤盖，建华旗，作濯歌，杂以鼓吹。”

2005年中国社科院汉城考古队详细勘察昆明池遗址，探明昆明池遗址在汉长安城西南约8.5千米处，位于斗门镇、石匣口、万村、南丰村之

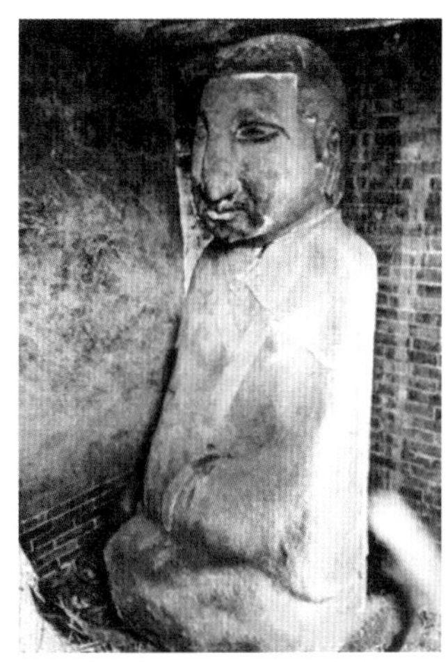

昆明池遗址的牵牛织女石刻

间，遗址南北长约 5.69 千米，东西宽约 4.25 千米，周长 17.6 千米，面积约 16.6 平方千米，是一个巨大的湖泊。在昆明池遗址中及周围还发现有多处西汉建筑遗迹及牵牛织女大型石刻。唐代以后，昆明池再未见有修整记载，疑逐渐干涸废弃。今昆明池地势较周围低，现为农田用地。

上林苑地域辽阔，地形复杂，用太液池所挖的土堆成岛，象征东海神山，开创了人为造山的先例。上林苑中有极为丰富的天然植被和人工栽植的树木，初修时群臣还从远方各献名果异树 2000 余种。近旁豢养百兽，放逐各处。还设大量台观建筑及供应皇室所需的手工作坊。

甘泉宫

甘泉宫，名气很大、众说纷纭的一处宫殿。秦代即建有离宫。《史记·秦始皇本纪》载："二十七年，始皇巡陇西、北地，出鸡头山，过回中。……自极庙道通郦山，作甘泉前殿。筑甬道，自咸阳属之。"《读史方舆纪要》引《括地志》："甘泉山有宫，秦始皇所作林光宫，周匝十余里。汉武帝元封二年于林光宫旁更作甘泉宫。"

甘泉宫建在今陕西淳化西北甘泉山麓，在秦林光宫基础上汉武帝增筑扩建。汉武帝常在此避暑，接见诸侯王，郡国上计吏及外国客，还在那里"乃作画云气车，及各以胜日驾车辟恶鬼。又作甘泉宫，中为台室，画天、地、泰一诸神，而置祭具以致天神。……上召置祠之甘泉。及病，使人问神君。神君言曰：'天子毋忧病。病少愈，强与我会甘泉。'于是病愈，遂幸甘泉，病良已"，"于是上令长安则作蜚廉桂观，甘泉则作益延寿观，使卿持节设具而候神人"，"上还，以柏梁灾故，朝受计甘泉"。[1]《汉书·郊祀志》亦载，汉武帝"作甘泉宫，中为台室，画天地泰一鬼神，而置祭具以祭天神"，"高祖时五来，文帝二十六来，武帝七十五来，宣帝二十五来，初元元年以来亦二十来"。可见西汉时期甘泉宫比一般离宫别馆重要得多。

[1]［汉］司马迁：《史记·孝武本纪》，中华书局，1982 年，第 458—459 页。

西汉学者扬雄著有《甘泉赋》，描写了甘泉宫的雄伟壮观，夸饰汉成帝率群臣郊游的盛大场面。根据南宋郑樵《通志》的记述，甘泉宫有熛阙、前熛阙、应门、前殿、紫殿、泰时殿、通天台、望风台、益寿馆、延寿馆、明光宫、居室、竹宫、招仙阁、高光宫、通灵台等宫殿台阁。

《史记·蒙恬列传》："始皇欲游天下，道九原，直抵甘泉，乃使蒙恬通道，自九原抵甘泉，堑山堙谷，千八百里。"因此，一般认为甘泉宫遗址区域内的陕西省咸阳市淳化县北部（秦有林光宫）是秦直道起点。

甘泉宫遗址，位于甘泉山南麓，总面积约 6 平方千米。夯筑宫墙局部保留，最高处约 5 米，墙基宽约 8 米，城墙的西、南、北三面中部辟有城门。城址内发现有大型夯土宫殿台基 8 处，以及部分宫室基址、水道等遗迹。城东北的通天台遗址内，发现有圆形夯土台基 2 座，高 15—16 米。台基周围还有宫墙、柱洞、门枢石、陶水管道等遗迹。遗址的西南部发现有陶窑 10 余座。遗址内出土有石柱础、铺地砖、空心砖、筒瓦、板瓦、瓦当以及陶器、铜器、铁器、货币等遗物。

2014 年，陕西省考古研究院开展新一轮的甘泉宫遗址调查工作。甘泉宫遗址目前地表保存多处大型夯土台基、西城城墙、西城门址、西汉石熊等，历年来遗址本体及周围发现多件石柱础、石砌散水（暂名）、空心砖、瓦当（文字瓦当有甘林、卫、长生未央、长生无极、樱桃蒋舍等，其他有饕餮纹半瓦当、素面半瓦当和葵纹、云气纹瓦当多种）以及圆形、五角形陶质排水管道、外粗细绳纹、内大小麻点纹筒瓦、板瓦、五铢铜钱等遗物。2006 年被公布为第四批国家重点文物保护单位。

2014 年考古调查，集中于甘泉宫外墙以外，界定甘泉宫遗址的最远四至，证实了遗址范围超过 1000 万平方米，同时了解外墙外遗址的分布与内涵。通过调查，确定了同时期遗迹 12 处，包括陶窑遗迹 2 处、夯土墙遗迹 1 处、墓葬封土或建筑台基 42 座。此次调查发现最多的是圆形或者不规则形状的土丘，数量达 42 座，最高者 10 米，皆位于甘泉宫遗址南部距核心区域 2—9 千米范围内，有的夯层明显，有的不明显，依据采集陶片断定为西汉时期。

2015 年完成了甘泉宫遗址 8 平方千米范围的无人驾驶机拍摄及 2 平方千米 1∶2000 地形图测量，完成普探面积 40 万平方米、重点勘探面积 10 万平方米。

《汉书·武帝纪》载，武帝元封二年“起甘泉宫通天台”，根据位置、形制推测一、二号墩台为通天台遗址。

考古发现围绕一号、二号墩台（通天台）分布的 5 处大型建筑遗址以及多处遗迹现象，包含夯土基址 150 处、柱础石 177 个、石砌基址 6 处、踩踏面 4 处、鹅卵石散水 3 处等。南侧发现疑似墙址与道路。根据建筑基址平面形制、分布位置，初步判断为一处坐北朝南、带有围墙、等级较高的宫殿建筑。通过重点勘探，首次明确了二号墩台为高约 15 米的三层夯土台基结构。底部平面呈长方形，南北长 74 米，东西残宽 57 米，高约 2—4 米；中部近似方形，南北长 40 米，东西残宽 36 米，高约 4—6 米；顶部近似方形，南北长 21 米，东西残宽 20 米，高约 4—5 米。顶部台基中央有最长 11.5 米、最短 10 米、深约 2.5—3 米的近似圆形红烧硬结块范围，下部难以勘探。三层台基上共发现柱础石 18 处，东侧、北侧发现曲尺形的石砌基址。顶部、周围红烧土深厚，推测二号墩台毁于大火。

围绕甘泉宫的争议，一是甘泉宫在甘泉山上还是在山下。《关中记》《元和郡县志》等记载甘泉宫在甘泉山上，但考古发现的甘泉宫遗址位于咸阳城北 75 千米处的淳化县铁王乡凉武帝村，在甘泉山下，距山脚 4 千米。秦甘泉宫和汉甘泉宫是两地还是一地，二者之间的关系如何，也是悬而未决的问题。

南宫和北宫

25 年，光武帝刘秀即位，东汉定都洛阳。

东汉洛阳城大体作南北长方形，长宽之比，约如古人所说的“九六城”。东、西、北三面城垣都有几处曲折，保存较好；南面城垣因洛河北

东汉洛阳宫殿模拟图

移被毁，已无遗迹可寻。如果把南垣长度以东西垣的间距计算，全城周长约 14345 米，相当于西晋里数 33 里。从这个数字中减去晋金墉城突出于大城外部分的长度，所得大城周长约为西晋里数 30 里，与《续汉书 · 郡国志》引《帝王世纪》，又引《元康地道记》所载的里数基本相符。

西、北、东三面城垣，共探出城门 10 座：西垣 5 座、北垣 2 座、东垣 3 座。现存城门遗址中，以北垣西起第一门为最大，此门即东汉的夏门，魏晋北魏的大夏门。城门缺口宽约 31 米，缺口中发现夯土墙两堵，说明原有 3 个门洞。其他各门只有 1 个门洞。在东西垣一些城门外还发现有夯筑双阙遗址，确如《洛阳伽蓝记》所载，东汉魏晋建都洛阳时，“城有十二门，门皆双阙”。自曹魏至北魏，洛阳城城垣仍沿东汉旧制，绝大多数城门的位置相沿而不改。考古勘探表明，汉代洛阳城“至少有三个规模不同、时代早晚有异的古城叠压在一起”。其中年代最早的城址位于中部“为西周时期所筑”，年代稍晚的城址位于中部和北部，“约为春秋晚期筑造”，年代最晚的城址“系沿用西周、东周城址并向南扩大而成”，“当即秦代所筑”。[1]

东汉洛阳的皇宫，分为南、北两宫。北宫位于春秋晚期所筑城中，应是较早建成的。南宫则占用了秦代扩建的部分，应是秦代所建。由此推测，西汉时的洛阳已有南宫和北宫，而南宫建筑较新，可能也更宏伟。

王仲殊先生根据洛阳城内主要街道的分布情形推测南宫和北宫在洛阳城中的位置，《中国古代都城概说》一文中说：南宫应“在洛阳城的南部，中东门大街之南，广阳门大街之北，开阳门大街之西，小苑门大街之东”，北宫应“在洛阳城的北部，中东门大街之北，津门大街之东，谷门大街之西”。

公元25年十月，光武帝刘秀“入洛阳，幸南宫”，此后以南宫为中心进行了一系列改扩建工程，公元26年正月“立郊兆于城南”，公元39年春正月“起南宫前殿”，公元56年“起明堂、灵台、辟雍”。这些工程多是对西汉同类工程的复制。南宫在东汉以前就存在，初为新成周城，秦始皇灭周统一中国后，将此城封给吕不韦，吕不韦精心经营，使此城规模雄伟，宏丽壮观。西汉刘邦初都洛阳，继续沿用此城，并不断地修葺，使其保持着繁华的景象。到东汉则进行了全面整修，正式作为皇宫。具体位置在今偃师龙虎滩村西北，这里地势隆起，当地人称为“西岗”。东汉初年光武帝时期，南宫是最主要的政治活动场所，朝会等政治活动大多在南宫前殿举行。

南宫的面积大约为1.3平方千米，四面有墙开门，分别以四方之神命名。南宫建筑布局整齐有序，宫殿楼阁鳞次栉比。主体宫殿坐落在南北中轴线上，中轴线东西侧各有2排对称的宫殿建筑。中轴线两侧的4排宫殿与中轴线平行，使中轴线上的建筑更加突出和威严。这南北5排建筑若按与中轴线直交的横向排列，又可分为8排。这样，每座宫殿建筑的前后左右都有直道与其他宫殿相通。

南宫中轴线并两侧总共约有5排30余座宫殿台观，这些宫殿名称，

[1] 钱国祥：《汉魏洛阳故城城垣试掘》，《考古学报》，1998年第3期。

据《元河南志·后汉城阙古迹》记载，有崇德殿（正殿）、却非殿、章德殿（前殿）、玉堂殿、嘉德殿（汉灵帝母亲董皇后居住，也称永乐宫）、宣德殿、乐成殿、承福殿、宣室殿、明光殿（尚书郎奏事场所）、显亲殿、建始殿（东有太仓、武库）、含章殿、敬法殿、铜马殿、清凉殿、凤凰殿、黄龙殿、寿安殿、竹殿、中德殿、平朔殿、千秋万岁殿、温德殿、灵台殿（公元 185 年，南宫火灾，烧灵台殿、乐成殿，延及西烧嘉德、和欢殿）、杨安殿、兰台、云台、阿阁、长秋宫、东宫、西宫、东观、承凤观（内有高阁 12 间）、承明堂、万金堂、嘉德署、南署、侍中寺。《元河南志》引《后汉东都城图》，还有金马殿和建德殿。

汉明帝刘庄继位后大兴土木，对北宫及其他官府进行了修缮和扩建，公元60年“起北宫及诸官府”[1]，工程浩大，劳民伤财，到公元65年北宫建成，历时 5 年。汉明帝在此前后移居北宫。永平十八年（75）八月六日，刘庄在雒阳东宫前殿去世。[2]

北宫中最主要的宫殿是气势恢宏、规模雄伟的正殿德阳殿，史书记载：“德阳殿周旋容万人。陛高二丈，皆文石作坛。激沼水于殿下。”[3]德阳殿前还建有高耸入云的阙楼，相传在 20 千米以外就能望见。

北宫中轴线上有和欢殿、宣明殿等，宫中还有崇德殿等 20 余座建筑。北宫宫殿名称，据《元河南志·后汉城阙古迹》载：德阳殿、崇德殿（在德阳殿西）、和欢殿、安福殿、宣明殿、温明殿、章德殿、寿安殿、含德殿、章台殿、天禄殿、温伤殿、迎春殿、永宁殿、崇正殿、永乐宫（汉桓帝母亲居住）、增喜观、白虎观（章帝与群儒讲五经异同场所）、九子坊、东西掖庭、崇德署、掖庭署、朔平署、钩循署。此外《元河南志》引《后汉东都城图》，还有延休殿、安昌殿、景福殿、永安宫、平洪殿。

北宫主要是皇帝及妃嫔寝居的宫城，因而建筑极尽豪华气派。东汉梁鸿与妻子孟光路过洛阳，写了《五噫歌》：“陟彼北邙兮，噫！顾瞻帝京

[1]［南朝宋］范晔：《后汉书·明帝纪》，中华书局，1965 年，第 107 页。
[2] 同上注，第 123 页。
[3] 同上注，第 3131 页。

汉代龙纹瓦当

兮，噫！宫阙崔巍兮，噫！民之劬劳兮，噫！辽辽未央兮，噫！”汉章帝看后下令捉拿梁鸿，梁鸿改名换姓东逃齐鲁隐居。

南、北宫城均有4座同向同名的阙门，门两侧有望楼为朱雀门，东为苍龙门，北为玄武门，西为白虎门。南宫的玄武门与北宫的朱雀门经复道相连，南宫朱雀门作为皇宫的南正门与平城门相通而直达城外。由于皇帝出入多经朱雀门，故此门最为尊贵，建筑也格外巍峨壮观，远在22.5千米外的偃师遥望朱雀门阙，其上宛然与天相接。

东汉洛阳南、北两宫之间，以有屋顶覆盖的复道连接，南北长3.5千米。所谓复道，是并列的三条路，中间一条是皇帝专用的御道，两侧是臣僚、侍者走的道。每隔十步还设一卫士，侧立两厢，十分威武。

南北两宫皆呈“回”字形，南、东、北三面，宫墙之内还有殿墙，西面宫墙和殿墙为同一道墙，整体重心及南北中轴线偏西。南宫的北门与北宫的南门两阙相对，即《文选·古诗》所说的“两宫遥相望，双阙百余尺”。整个宫城平面清楚地呈现出一个“吕”字形。

东汉洛阳城内的南宫和北宫，因未经发掘，遗址至今未被揭露。目前只能根据已探明的城门和街道的分布，大体标出它们的所在方位。

洛阳城南的辟雍、太学、明堂和灵台等大型建筑遗址，已先后发掘。辟雍、明堂、太学分立，建筑形式各有不同。辟雍遗址位于开阳门外大道东侧，由主体建筑、围墙、圜水沟三部分组成。围墙平面呈方形，边长约170米，围墙外周绕圜水沟。辟雍的主体建筑建于围墙“回”内正中，已毁没，现仅存方形夯土台基，每边长45米。1930年曾在这台基的南边发现著名的晋武帝三临辟雍碑，近年又在这里发现了它的碑座。确证魏晋重建辟雍系利用东汉辟雍旧址。

太学遗址在辟雍遗址东北边，四周夯筑围墙，平面略呈南北长方形，长 220 米，宽 150 米。围墙内布列一座座平房，长数十米，颇为规整。历年收集的汉魏石经残块，大部分在这里出土。

明堂遗址位于平城门外大道东侧，与辟雍遗址东西相望。围墙平面亦呈方形，北面围墙已毁，东、南、西三面围墙尚有遗迹可寻。按衔接线复原，南北长约 400 米，东西宽约 386 米。围墙内正中的主体建筑亦早已毁没，现存圆形夯土台基，直径 62 米。

灵台遗址位于平城门外大道西侧，与明堂隔道相望。四周筑夯土围墙，平面呈方形，每边长约 220 米。围墙内正中是灵台主体建筑。方形高台，全部夯土筑成。台基每边长约 50 米。台体四周有上下两层平台，两层平台上都有回廊式建筑，并有坡道互通。台顶已遭到严重破坏，每边残长 31—41 米，残高 8 米。从出土的迹象观察，原来应是“上平无屋”的形制。

南越王宫

南越王宫，即南越国的宫殿。

赵佗（约公元前 240—公元前 137），南越武帝，恒山郡真定县（今河北正定县）人，秦朝南海龙川令，南越国创建者。公元前 219 年，秦始皇派屠睢为主将、赵佗为副将，率领 50 万大军平定岭南地区的百越之地。因为滥杀无辜，引起当地人的顽强反抗，屠睢被当地人杀死。秦始皇重新任命任嚣为主将，并和赵佗一起率领大军，于公元前 214 年完成平定岭南的大业。秦始皇接着在岭南设立了南海郡、桂林郡、象郡三郡，任嚣被委任为南海郡尉。南海郡下设博罗、龙川、番禺、揭阳四县，赵佗被委任为龙川县令。

汉高祖元年（公元前 206），任嚣病亡，赵佗封关、绝道。后兼并桂林、象郡，统一岭南，公元前 204 年正式建立南越国，定都番禺（今广州），这是岭南第一个都城。公元前 196 年夏，刘邦派遣大夫陆贾出使南越，劝赵佗归汉。赵佗接受了汉高祖赐给的南越王印绶，臣服汉朝，成为汉朝的一个藩属国。吕后七年（公元前181）秋，吕后临朝，发布了禁止和南越交界的地区对南越出售铁器和其他物品的禁令。于是赵佗自称“南越武帝”，发兵攻打长沙国，并在攻占长沙国的边境数县后撤回。汉武帝建元四年（公元前137）南越王赵佗去世，享年100余岁，葬于番禺。赵佗死后，其后代续任了四代南越王。一直到公元前111年，南越国被汉朝所灭。

南越国都城番禺，宫城位于今广州市老城中心的越秀区。根据考古勘探，北界在今越华路南侧，西界在今吉祥路（人民公园）附近，东界在今旧仓巷，南界在今西湖路与惠福路之间，南北长约800米，东西宽约500米，面积约40万平方米。宫城建在一处较为平整的台地上，北依越秀山，南邻珠江，远眺南海。历史上的甘溪，自番禺城东北方而来，到越秀山南麓后分为两支，分别从宫城的西侧和东侧穿过台地，向南注入珠江。宫城中建造了规模宏大的宫署建筑群与苑囿。

1995—2006年，考古学家麦英豪率队先后3次对南越国宫城遗址进行了考古发掘，其内容包括西部的宫署区和东部的王宫苑囿区两部分，总发掘面积为15万平方米。

苑囿区已发掘的内容主要包括蕃池和曲流石渠。蕃池位于已发掘的一号宫殿遗址东侧、曲流石渠北侧，是一个口大底小的斗状水池。蕃池池壁之下的生土层内埋有两条导水木暗槽，一条埋在西壁下的生土层内向西南延伸；另一条埋在南壁下的生土层内并向东南延伸，最终与曲流石渠的北端连接。曲流石渠由北向南延伸，在弯月石池部分再蜿蜒回转西去，最终在西端F17遗址处终止。

F17遗址呈曲尺形，遗址南北纵长部分北连东西向的砖石走道，遗址东西向部分向西延伸至探方以外，未做发掘。曲流石渠南邻F18遗址，F18遗址只发掘了北面一部分，其余部分在探方以外，未做发掘。曲流石渠西段的北岸有一处弧形步石，通向的是宫署区一号宫殿遗址前庭院南部的东西向砖石走道，沿此东西向砖石走道向西可通往南北向一号廊道遗址的南端，沿一号廊道向北可去往一号宫殿遗址。

从已发掘的南越宫苑遗址及南越王墓出土的印有“长乐宫器”“长秋居室”“华音”“未央”等宫殿名的陶器，这些戳印记录了存放这些陶器的宫殿建筑的名称，说明南越国宫室建筑的命名仿效汉廷，秦时曾有数十万中原人迁徙岭南，带来南北建筑技术交融，可以推测南越国宫室建筑风格、形制是学习、模仿中原地区的。[1]

通过对南越宫苑遗址的综合分析，可以大致呈现出宫苑内可能的整体历史面貌：在南越王宫苑北部的蕃池中，有用叠石柱支撑的平台，上置台榭建筑一处，平台四周及池岸边都有石质的望柱栏杆环绕。蕃池以南有建筑物一处，该建筑与蕃池中平台上的台榭对应，并且可远眺越秀山，同时又分隔了蕃池与水流石渠两个不同的景观区域。曲流石渠在蕃池南部，由北向南转折向西的部分为弯月石池，池中豢养了大量龟类，立于池中的两列大石板支撑有木平台，以供人驻足观赏池中的龟鳌以及池周边的景观。石渠西部平板石桥北侧的一段弧形步石为园中路径，向北与一处门屋类的建筑物相连接。曲流石渠北侧有东西向砖石廊道，西部终结处有南北向的廊道（F17 南北向部分），南侧有门屋（F18）沟通南北路径。南越王宫博物馆馆长全洪认为，南越国宫苑所使用的八棱石柱和石栏杆望柱，与公元前 3 世纪至公元前 1 世纪印度巴贾石窟和桑奇大塔的希腊式八角形石柱基本一致，应是受到海外文化影响的结果。

[1] 黄思达、林源：《西汉南越王宫苑囿池渠周边宫室建筑复原研究与探讨》，《建筑史》，2018 年第 1 期。

第六章 乱世约宫

麦积山壁画上的北周宫殿

从东汉末年经三国、两晋到南北朝，是中国历史上政治不稳定、战争破坏严重、长期处于分裂状态的一个阶段。在这300多年间，社会生产的发展比较缓慢，在建筑上也不及两汉期间有那样多生动的创造和革新。

但佛教的传入，引起了佛教建筑的发展，并带来了印度、中亚一带的雕刻、绘画艺术，石窟、佛像、壁画等有了巨大发展，而且也影响到建筑艺术，使汉代比较质朴的建筑风格，变得更为成熟、元淳。

这是大分裂、大动荡的时代，北方游牧民族南下入侵中原，专制王权衰退，士族势力扩张，特权世袭，形成门阀政治。汉族和游牧民族之间无休止的战争，使社会动荡，人民生活上没有保障，在东汉初就已传入中国的佛教中寻找安慰，“南朝四百八十寺，多少楼台烟雨中”。建筑技艺得到大发展，建筑装饰吸收有“希腊佛教式”之种种圆和生动雕刻，饰纹、花草、鸟兽、人物之表现，乃脱汉时格调，创新作风。佛寺、佛塔和石窟成为最突出的建筑类型，至南北朝时统治阶级予以大力提倡，兴建了大量的寺院、佛塔和石窟。梁武帝时，建康佛寺达500所，僧尼10万多人。十六国时期，后赵石勒大崇佛教，兴立寺塔。北魏统治者建都平城（今大同）时，大兴佛寺，开凿云岗石窟。迁都洛阳后，又在洛阳伊阙开凿龙门石窟。

魏晋南北朝时期，因各政权相互争斗，地点不断变更，于是宫室建筑建设频仍，重要都城与宫室建筑有所发展与探索。

三国时期最有代表性的都城是邺城（今河北省临漳县西南17.5千米的三台村一带）。邺城始建于春秋齐桓公时代，战国时属魏国，魏文侯曾派西门豹前往治理。三国初为袁绍领冀州驻地，官渡之战后，曹操夺得冀州，在邺城设丞相府，开始进行大规模建设。城内有一条东西向大街，东通建春门，西接金明门，分全城为南北两部分。城北为官署，正中即宫殿区，中心是文昌殿，极栋宇之弘规，是朝会、国家大典之所。殿前正对端门，端门前有止车门，端门外东有长春门，西有延秋门。东部是官署区，西部是铜雀园。

铜雀园是王家园囿，园内以城为基修筑了铜雀台、金虎台、冰井台。

山西忻州九原岗北朝墓宫殿壁画

三台以浮桥相连，浮桥以绳固定。

邺城在中国都城中首创中轴线与对称布局，又将宫城、官署、民居分开，三台巍然崇举，其高若山，象征统治者的政治权威。

西晋时，洛阳较东汉末期有所恢复。魏明帝曹睿时，洛阳西北角有金墉城，东北角有百尺楼。公元 235 年，又修建了昭阳殿、太极殿和总章观。总章观高 10 丈（约 33.3 米），芳林园引水至九龙殿前，著名机械家马钧制作水转百戏供皇帝观赏。又铸黄龙、凤凰，龙高 4 丈（约 13.3 米），凤高 3 丈（10 米），皆置内殿前。西晋统治者继承了魏宫家产，发展奇花异草，充实府库。贵族们仿效皇室，以致出现石崇与王恺斗富的丑剧。

洛阳城虽然在永嘉之乱时遭受破坏，但在北魏时获得恢复与发展，杨炫之《洛阳伽蓝记》便记载了当时洛阳的盛况，尤其对洛阳的宫室、佛寺、园林建筑，有极为精彩的描述。

十六国直至东魏、北齐时代，邺城又一度成为建设重点。后赵、冉魏、前燕致力于邺都北城，石虎在曹魏文昌殿旧基上建太武殿及东西二宫，太武殿为朝会正殿，基高2丈8尺（约9.3米），采济北毂城山文石为基，下有伏室（地下室），可容500名武士宿卫。殿东西75步，南北65步，皆漆瓦、金铛、银楹、金柱、珠帘、玉璧，穷极技巧。东西宫在太武殿两侧，算是皇帝的寝宫。此外，原邺城宫殿区内又建有琨华殿、晖华殿、金华殿、御龙观、宣武观、东明观、凌霄观、如意观、披云楼等宫室楼观。铜雀台东北建九华宫、正殿显阳殿，殿后起灵风台。殿北有逍遥楼，南邻宫宇，北望漳水。北城垣上齐斗楼，超出群榭，孤高特立。石虎还扩建原有建筑，增高铜雀台2丈（约6.7米），上建5层楼，高15丈（50米），楼颠铸铜雀，高1丈5尺（5米）。他又下令在城南垣凤阳门上加楼观，上置铜凤一对，各高1丈6尺（5.3米），邺中民谣说："凤阳门楼天一半。"邺城园林此时也得到扩展，石虎发动近郡百姓16万人，车10万辆，运土于邺东2里（1千米）修华林苑垣，周围数十里。邺城西3里（1.5千米）又修桑梓苑，以地多桑木得名，各苑内皆植奇花异草，无不荣茂。北魏郦道元《水经注》记载邺城说："其城东西七里，南北五里，饰表以砖。百步一楼，凡诸宫殿、门台、隅雉，皆加观榭，层甍反宇，飞檐拂云，图以丹青，色以轻素。当其全盛之时，去邺六七十里，远望苕亭，巍若仙居。"

这座邺城在民族纷争的战火中受到破坏，534年，高欢建东魏，在邺城之南建新城新宫。东魏、北齐的邺城宫殿区东西460步，南北900步，表里有21阙，高100尺（约33.3米）。宫殿区前为止车门，门内为宫殿区正门端门，端门北为阊阖门，门内为太极殿。阊阖门与端门之间有东西走向的通道，东出为云龙门，西出为神虎门。太极殿为朝会正殿，殿宇高大，周围以120根立柱支撑。以珉石堆砌的基座高9尺（3米），门窗以金银为饰，椽栿斗拱均以沉香木为之。椽端复饰以金银兽，并用胡桃油涂瓦，光辉夺目。太极殿后30步为朱华门，门内是皇帝召见后妃宴饮的昭阳殿，用72根立柱支撑。冬施蜀锦帐，夏施碧油帐。昭阳殿分别连东西二阁，东阁有含光殿，西阁有凉风殿。其间有长廊相连，香草珍木，布满庭院。昭阳殿后有永巷，巷北为五楼门，门内是后宫掖庭，其奢丽豪华超过后赵时期，如圣寿堂用玉珂 800 具，大小镜 2 万枚，丁香末抹壁，胡桃油涂瓦，四面垂金铃万余枚，每微风至，方圆十里皆闻其声。圣寿宫北玳瑁楼用金银装饰，悬五色珠帘，白玉钩带，宛若仙宫。城外有离宫多处，漳水畔游豫园周围 12 里（6 千米），是齐王射猎之所。齐武帝高湛在城南华林园中修了玄洲苑、仙都苑，封土为岳，穿池造海，象征五岳四海。其中殿宇楼阁，不可胜计。有密作堂，以 24 架大船浮于池中，堂内有木质机器人，奇巧机妙，自古未有。这些大规模的宫室建筑，是魏晋南北朝建筑的重要成就。

东晋定都建业，改称建康。在都城建设上，按魏晋洛阳模式改造建康。把宫城东移，南对吴时的御街，又把御街南延，直抵南郊。御街左右建官署，南端建太庙、太社，形成宫室在北，宫前有南北主街、左右建官署、外侧建居里的格局，城门也增为 12 个，并沿用洛阳旧名。

420 年，刘裕代东晋立宋，史称刘宋。从此进入南朝，齐梁代兴，经济更为繁荣。史载在梁朝全盛期，建康已发展为人兴物阜的大城市，它西起石头城，东至倪塘，北过紫金山，南至雨花台，东西南北各 40 里（20 千米）的巨大区域，人口约 200 万。建康未建外郭，只以篱为外界，设有 56 个篱门，可见其地域之广，是当时中国最巨大、最繁荣的城市。

在魏、晋、南北朝的 300 余年间（220—589），建筑发生了较大变化，特别在进入南北朝以后，变化更为迅速。建筑结构逐渐由以土墙和土墩台为主要承重部分的土木混合结构，向全木构发展；砖石结构有长足的进步，可建高数十米的塔；建筑风格由前引的古拙、强直、端庄、严肃、以直线为主的汉风，向流丽、豪放、遒劲活泼、多用曲线的唐风过渡。

在魏、蜀、吴三国至东晋十六国，南北方的宫殿等大型建筑基本沿袭传统做法。史载东晋建康太庙建于 387 年，长 16 间，墙壁用壁柱、壁带加固，仍是土木混合结构建筑。南朝自齐开始，宫殿转趋豪华。梁建立后，在都城、宫室、塔庙诸方面都有大规模建设。北朝的北魏自平城迁都洛阳后，吸收中原地区魏晋传统和南朝在建筑上的新发展，建设都城、宫室并大修寺庙。南北朝中后期，南方、北方在建筑上都有所发展，在构造和风格上都出现较大变化，是以后隋唐建筑新风的前奏。

魏晋时宫殿集中于一区，与城市区分明确。曹魏邺城和孙吴建康城宫殿都集中于城北，宫前道路两侧布置官署。两晋、南北朝宫殿大体相沿，其前殿受汉代东西厢建筑影响，以主殿太极殿为大朝会之用，两侧建东西堂，处理日常政务。从南朝建康起，各代宫城基本呈南北长的矩形，中轴线，南面开三门。

邺城

邺城，古代著名都城。初建于春秋时期，相传为齐桓公所筑。公元前 439 年，魏文侯封邺，把邺城当作魏国的陪都。此后，邺城一步步成为侯都、王都、国都。战国时，西门豹为邺令，治河投巫妇孺皆知。东汉末年，曹操击败袁绍，占据邺城，营建王都。邺城先后为曹魏、后赵、冉魏、前燕、东魏、北齐六朝都城，居黄河流域政治、经济、军事、文化中心长达 4 个世纪之久。

曹魏邺城位于今河北省临漳县，东汉末年曹操被封为魏王后开始经营，是曹氏集团的政治中心。曹丕代汉建立魏王朝后，邺城继续起着曹魏政治中心的作用。基于考古调查和发掘复原出来的曹魏邺城，无疑是一座经严密设计而建造的城市，外城东西长 7 里（3.5 千米），南北宽 5 里（2.5 千米），平面呈横长方形。东墙建春门和西墙金明门之间的大街是曹魏邺城唯一的东西大街，它将邺城分成南北两个部分。北部正中是宫殿区，东部是贵戚居住的戚里，西部是苑城铜爵园，园内置武库、马厩、仓库，与城西北部的金虎、铜雀、冰井三台相连，这一部分既形成苑囿区，又构成了都城的防御区。南部从东往西分成长寿里、吉阳里、永平里、思忠里四大居住区。正中有南北大街从宫城门通往南墙的中阳门，大街两侧分布着各级衙署。这种都城形制可称其为“邺城模式”。

邺城遗址范围包括今河北临漳县西（邺北城、邺南城遗址等）、河南

邺城复原模型

安阳市北郊（曹操高陵等）一带。遗址主体位于河北省临漳县境内，县城西南 20 千米处的漳河岸畔，南距安阳市 18 千米，北距邯郸市 40 余千米。

曹魏时建北邺城（今临漳县邺北城），东西长 7 里（3.5 千米），南北宽 5 里（2.5 千米），外城有 7 个门，内城有 4 个门。曹操还以城墙为基础，建筑了著名的三台，即金凤台、铜雀台、冰井台。东魏建南邺城，南北长 8 里（4 千米）18 步，东西宽 6 里（3 千米）。增修了许多奢华建筑，如太极殿、昭阳殿、仙都苑等。

邺南城兴建于东魏初年，南北长 8 里（4 千米）60 步，东西宽 6 里（3 千米），较北城大，在今漳河南北两岸（今临漳县境内）。

邺城作为魏晋、南北朝的六朝古都，在我国城市建筑史上占有辉煌地位，堪称中国城市建筑的典范。全城强调中轴安排，王宫、街道整齐对称，结构严谨，分区明显，这种布局方式承前启后，影响深远。特别是它对后来的长安、洛阳、北京城的兴建乃至日本的宫廷建筑，都有着很大的借鉴意义和参考价值。

建安十年（205）正月，曹操灭袁谭（袁绍之子），平定冀州，并以邺城为根据地，开始对邺城进行建设。曹魏建都邺城，是最早确立中轴线布局的城市，其中轴线布局已经较为明显，单一宫城位于都城北面，外朝的文昌殿、端口与中阳口大道在同一直线上，形成全城的中轴线，东西大道从宫城前穿过，将全城分为南北两区，北区集中了苑园，是全城的主要区域，中央官署集中分布于内朝司马口外道路两侧，与宫城紧密联系在一起。

此后，邺城经过后赵、冉魏、前燕、东魏、北齐诸朝的修建，形成了南北两座宫城。曹魏时期主要是修建了北城，所建宫室的题名皆由梁鹄书写，“魏宫殿题署，皆鹄书也”。曹操的邺城宫城沿袭东汉洛阳城建制，南边宫门有端门、长春门、延秋门。在端门之内有止车门，在文昌殿前有东上东门、西上东门。在端门东有司马门、东掖门，在司马门之北依次为显阳门、宣明门。在升贤门前左为崇礼门、前右为顺德门，升贤门在听政门南。

《水经注》卷十“浊漳水”载，邺城有7座城门，“南曰凤阳门，中曰中阳门，次曰广阳门，东曰建春门，北曰广德门，次曰厩门，西曰金明门，一曰白门。凤阳门三台洞开，高三十五丈”[1]。

文昌殿是曹操在邺城处理政务的重要宫殿，殿前东西分别为钟楼、鼓楼，均为曹操时期所建。文昌殿东，有听政殿。在司马门内、听政门外有听政阁、纳言阁、尚书台、升贤署、谒者台阁、符节台阁、丞相诸曹等，众官署紧邻文昌殿，便利了作为丞相的曹操处理政事。邺城的后宫，是与文昌殿并列的坐北朝南建筑群，分别为鸣鹤堂、文石室、楸梓坊、木兰坊等。

铜雀台

古邺城，自三国曹魏到隋的400余年间，是后赵、冉魏、前魏、东

[1] [北魏] 郦道元原注，陈桥驿注释:《水经注》，浙江古籍出版社，2001年，第68页。

魏、北齐6个割据王朝的都城。邺城三台，位于邯郸临漳县西南20千米处的漳河北岸，是东汉末年曹操占据邺城后建成的三座高台楼阁。三台建造在邺（北）城西墙的北部，以城为基，面临浩浩漳水，巍峨高耸，峥嵘列峙，从北向南一字排开，依次命名为冰井台、铜雀台、金凤台。左思《魏都赋》云："飞陛方辇而径西，三台列峙以峥嵘。亢阳台于阴基，拟华山之削成。上累栋而重霤，下冰室而沍冥。"

位居三台中央的铜雀台，建筑最早，规模形制最大，也最负盛名，达到了中国古代台式建筑的顶峰。铜雀台建成之后，成为曹操欢宴的场所。铜雀台初建于建安十五年（210），后赵、东魏、北齐屡有扩建，是以邺城北城墙为基础而建的大型台式建筑。无名氏《邺中记》载："魏武于铜雀园西立三台。"铜雀园在文昌殿西，其内有鱼池、兰渚、石濑，左右有驰道，西边分布着三台。

曹操消灭袁氏兄弟后，夜宿邺城，半夜见到金光由地而起，隔日掘之，得铜雀一只，荀攸言昔舜母梦见玉雀入怀而生舜。今得铜雀，亦吉祥之兆也，曹操大喜，于是决意建铜雀台于漳水之上，以彰显其平定四海之功。晋代陆朔《邺中记》载："魏武于邺城西北立三台，皆因城为基址。中央名铜雀台，南名金兽台，北则冰井台。……建安十五年铜雀台建成，曹操将诸子登楼，使各为赋。陈思王（曹）植援笔立就。"曹丕《登台赋》载："飞阁崛其特起，层楼严以承天。步逍遥以容与，聊游目于西山。"曹植《登台赋》载："从明后而嬉游兮，登层台以娱情……。立中天之华观兮，连飞阁乎西城，临漳水之长流兮，望园果之滋荣。"

铜雀台（保定影视城仿建）

铜雀台最盛时台高10丈，台上又建5层楼，离地共27丈。按汉制一尺合现在市尺七寸算，也高达63米。在楼顶又置铜雀高一丈五，舒翼若飞，神态逼真。

罗贯中《三国演义》称："曹操西征乌桓领兵返回冀州（当时治所在邺城），夜宿于城东北角楼上，凭栏仰观天文，忽见一道金光从地而起。大臣荀攸曰：'此必有宝于地下。'操下楼令人于金光处掘出一铜雀。问荀攸曰：'此何兆也？'攸曰：'昔舜母梦玉雀入怀而生舜。今得铜雀，亦吉祥之兆也。'操大喜，遂命作高台以庆之。乃即日破土断木，烧瓦磨砖，筑铜雀台于漳河之上，约计一年而工毕。"当然，这只是小说家言，未有史实验证。

晚唐诗人杜牧有名句："东风不与周郎便，铜雀春深锁二乔"，其实也是空穴来风。据考证，铜雀台应是在210年冬十月始建，经过1年多时间，到212年春落成。而孙刘联合大败曹操的赤壁之战，是发生在208年，当时铜雀台尚未开始动工建造。郦道元《水经注》卷十载：

> 城之西北有三台，皆因城为之基，巍然崇举，其高若山，建安十五年魏武所起，平坦略尽。《春秋古地》云：葵丘，地名，今邺西三台是也。谓台已平，或更有见，意所未详。中曰铜雀台，高十丈，有屋百一间，台成，命诸子登之，并使为赋。陈思王下笔成章，美捷当时。亦魏武望奉常王叔治之处也，昔严才与其属攻掖门，修闻变，车马未至，便将官属步至宫门，太祖在铜雀台望见之曰：彼来者必王叔治也。相国钟繇曰：旧京城有变，九卿各居其府，卿何来也？修曰：食其禄，焉避其难，居府虽旧，非赴难之义。时人以为美谈矣。石虎更增二丈，立一屋，连栋接榱，弥覆其上，盘回隔之，名曰命子窟。又于屋上起五层楼，高十五丈，去地二十七丈，又作铜雀于楼巅，舒翼若飞。南则金虎台，高八丈，有屋百九间。北曰冰井台，亦高八丈，有屋百四十五间，上有冰室，室有数井，井深十五丈，藏冰及石墨焉。石墨可书，又然之难尽，亦谓之石炭。又有粟窖及盐窖，

以备不虞。今窖上犹有石铭存焉。[1]

据《水经注》和《邺中记》等文献记载：三台建在邺城西城墙之上，居中的铜雀台，台高 10 丈，有屋（殿宇）101 间，因在楼顶置一个大铜雀而得名，南边金虎台，北边冰井台，两台分别台高 8 丈。金虎台上有屋 109 间，冰井台上有屋 145 间。三台相隔各 60 步（专家推算约合 84.6 米），上有浮桥式的阁道相连接，“施则三台相通，废则中央悬绝”。冰井台上有 3 座冰室，每个冰室内有许多个深 15 丈的井，储藏着大量的冰块和石墨（煤炭）、粮食、食盐等物品，以备在应急时使用，所以，冰井台是因有藏冰的井而得名。

两晋时爆发“汲桑之乱”，茌平牧民首领羯人汲桑起事，自称大将军，以石勒为讨虏将军。永嘉三年（307）攻占邺城，烧邺宫，大火旬日不灭，邺北城宫室皆化为灰烬。十六国后赵石虎迁都邺城后，对三台进行了大规模的扩建和修饰，比曹魏初建时更加宏伟壮丽。在金虎台上安金凤凰于台顶，为避石虎之讳，将金虎台改名为金凤台。在铜雀台原高 10 丈的基础上，又增高 2 丈，在台上建五层楼，高 15 丈，使铜雀台通高达到 27 丈，巍然崇举，其高若山。窗户都用铜笼罩装饰，日初出时，流光照耀。又作铜雀于楼颠，高一丈五尺，舒翼若飞，数十里外遥望三台，疑若仙居。每逢秋夏，殿阁云雾缭绕，呈现“铜雀飞云”的美景。《邺中记》中说：石虎时，铜雀台周围有殿 120 间，房中有女监、女伎。正殿上安御床，挂蜀锦流苏帐，四角设金龙头，衔五色流苏，又安金钮屈戍屏风床。还在铜雀台上挖了两眼井，二井之间有铁梁地道相通，叫“命子窟”，窟中存放了很多财宝和食品。当年，由于战乱频仍，邺城三台屡遭破坏。北齐帝高洋于天保七年（556）征发工匠 30 万人大修三台宫殿，“因其旧址而高博之”。修了 3 年才完成。修整后，将铜雀台改名为金凤台。后来到唐朝时又恢复了旧名。周静帝大象二年（580）相州总管尉迟迥举兵邺城，反对杨坚专

[1]［北魏］郦道元原注，陈桥驿注释：《水经注》，浙江古籍出版社，2001 年，第 67 页。

权，韦孝宽率兵讨伐，攻破邺城尉迟迥自杀，邺城也随之被焚毁。

从魏武始建到韦孝宽焚城毁台，铜雀台几经兴废，存续了370年。唐宋时，三台虽早已废毁，但仍能看到一些高台上的宫殿残垣。元代纳新《河朔访古记》中还有所见三台尚存的记载。约在元末时，铜雀台首先被漳河冲毁一角，周围尚有160余步，高5丈，上边还建有永宁寺。在明末时，铜雀台的大部分就被漳河冲没了。冰井台在元代时还存在，至正五年（1345）时被冲毁一角，台身残高3丈。明代中期的冰井台还有遗迹可循，到明朝末年时冰井台就彻底被漳水吞没无存了。

金凤台在元代时台周围还有130余步，高3丈，上面建有洞霄道宫。明朝中后期时冰井台和铜雀台被漳河全部或大部冲没，唯有金凤台巍然独存。邺城遗址现在还残存有金凤台南北长122米、东西宽70米、高12米的土台。金凤台向北有一座低矮的土仓，高不过2米，方圆不足数平方米，这就是残存至今的铜雀台遗址。

建康宫

建康（今江苏南京），是孙吴、东晋、宋、齐、梁、陈六朝的都城。这座城东依钟山（紫金山），西踞石头山（清凉山），相传诸葛亮有“龙盘虎踞”的赞语。东晋南朝时，建康城在今玄武湖南，南城墙距秦淮河约有2.5千米，西城墙距长江也有相当的距离。城中还有台城，宫殿官署都在台城里面。城西的清凉山有座石头城，石头城负山面江，西南面即秦淮河入长江之口，形势极为险要。秦淮河边上另有西州城，是扬州刺史的治所。其东面有东府城，是宰相和扬州刺史的府第所在。这些城起先都是土城，从东晋末年到南齐，逐渐改用砖砌。

东吴（222—280），为孙权建立，与曹魏、蜀汉形成三国鼎立之势，统治范围大概在现今中国南方的大部分地区以及越南的东北部。221年，孙权将都城自京口（今江苏镇江）徙至秣陵，次年改秣陵为建业，取“建功立业，统一天下”之意。东吴建业都城周20里（10千米）19步。位于秦淮河以北，城内建有太初宫、昭明宫、南宫、西苑、以及占地面积较大的皇家园林苑城，宫城以南御道两旁绿荫夹道，府寺罗列。居民区、市场等则分布在秦淮河以南。

在孙权迁都之前，建业境内只散布着如越城、金陵邑、丹阳郡城等小城。都城的建设由吴主孙权的宫殿太初宫开始，247 年开始修建太初宫，“吴有太初宫，方三百丈，权所起也”[1]。248 年，太初宫建成。据《建康实录》记载：太初宫共有八门，南开五门，正中公车门，次东升贤门，更东左掖门，次西明阳门，更西右掖门，东面正中苍龙门，西面正中白虎门，北面正中玄武门。正殿称为神龙殿，左思在《吴都赋》中描述神龙殿为“抗神龙之华殿，施荣楯而捷猎”。南宫为太子宫，建成时间应该是 247 年之前，孙权在改建太初宫时曾迁居南宫。

苑城，修建年代不明，苑中有仓，称作苑仓，通过运渎将粮食运至苑仓。除苑城之外的另一座皇家园林是西苑，位于南宫西面。

位于太巧宫之东的昭明宫，为孙皓时期修建，正殿为赤乌殿，于宝鼎二年（267）所建，孙皓是孙吴政权的最后一个君主，为了建造昭明宫，“两千石以下（官员）皆自入山督伐木”，随后孙皓对建康宫苑进行了大规模的建设：“又攘诸营地，大开苑囿，起土山作观楼，加饰珠玉，制以奇石，左弯崎，右临硎。又开城北渠，引后湖水，激流入宫内，巡绕堂殿，穷极伎巧，功费万倍。”[2]

东晋（317—420），是由西晋王室后裔在南方建立起来的朝廷，疆域大致包括今天的河南、江苏、安徽、湖北各一部，以及浙江、福建、广东、广西、云南、贵州、江西等地。在此期间，中国北方一直由匈奴、鲜卑、羯、羌、氐等少数民族统治者控制，南北朝局面一直持续了近 300 年的时间。221 年，东吴定都建业，宫殿建筑不是很整齐，太初宫在城中部偏西北处，昭明宫又在太初宫之东，这与曹魏都城的单一宫城、宫城位于

[1]［晋］陈寿:《三国志・卷四十八》，中华书局，1982 年，第 862 页。
[2]［唐］许嵩:《建康实录・卷四》，四库全书影印版，第 11 页。

都城北面有着较大的差别。建业的中轴线则设在都城南部正中，不与主要宫殿在同一中轴线上，但是主要中央官署就分布在中轴线两侧，这与曹魏邺城较为相似。

317 年，东晋定都建康，在东吴建业城的基础上“做新宫，修苑城”。建康宫殿的布局沿用魏晋洛阳旧制，宫城的正口大司马口前面为东西向的横街，这与曹魏邺城的东西大道从宫前穿过的布局相似。从大司马口经建康内城宣阳口的南北向御道，作为全城的中轴线已经基本确立。330 年，东晋仿造洛阳宫城的式样建筑建康宫，以后历经南朝的宋、齐增缮，到梁代发展为当时中国最壮丽的宫殿。

东晋成帝咸和年间，太初宫亦在苏峻之乱中被焚毁，乱平之后，东晋在丞相王导的主持下开始规划建设新都。具体负责规划建设建康城事务的是王导的堂兄弟、将作大匠王彬。王导、王彬均出自琅琊王氏，永嘉以后南渡，由他们负责规划的建康城，虽然在一定程度上受到建康自然地理环境的影响，但都城理念也会受到他们曾经生活并熟悉的华北都城的影响，具体说是受到邺城、洛阳的影响。

东晋定都建业，改称建康。为在政治上立足，表明自己是正统王朝西晋的继续，东晋在都城建设上按魏晋洛阳模式改造建康。把宫城东移，南对吴时的御街，又把御街南延，跨过秦淮河上的朱雀航浮桥，直抵南面祭天的南郊，形成正对宫城正门、正殿的全城南北轴线。御街左右建官署，南端临秦淮河左右分建太庙、太社。经此改建，建康城内形成宫室在北，宫前有南北主街、左右建官署、外侧建居里的格局，并沿用洛阳旧名，基本上符合洛阳模式。东晋建康城凡十二门。建康宫周长 8 里（4 千米），布局仿照魏晋洛阳宫室。其正殿是太极殿。太极殿凡十二间，象征一年十二月，两旁有东西二堂。太极殿高 8 丈（约 26.7 米），长 27 丈（90 米），宽 10 丈（约 33.3 米），殿前方庭 60 亩（0.04 平方千米）。太极殿是皇帝理政的地方。太极殿后是显阳殿，是皇后的居室。

新规划的东晋建康城，宫掖集中在宫城之内；宫城正门之南的御道两侧集中政府官署；宫城与都城北墙之间设置广阔的苑囿；在都城周边，用

56 个篱门围成观念上的外郭城。这种布局，乃是邺城模式或洛阳旧都在江南的重现。

东晋、南朝建康宫城的平面布局和洛阳宫城相似，但更整齐，宫墙有内外三重。外重宫墙之内布置宫中一般机构和驻军。此时，把中央机构的宿舍也建在这里，则是东晋与南朝所特有的。第二重宫墙内布置中央官署。朝堂和尚书省仍在东侧，向南有门通出宫外，与洛阳宫殿相同。在西侧有中书省、门下省、秘阁（皇家图书馆）和皇子所住的永福省等。第三重墙内才是真正的宫内，前为朝区，建主殿太极殿和与它并列的东堂、西堂；后为寝区，寝区前为帝寝式乾殿，又称中斋，后为后寝显阳殿，各为一组宫院，二组前后相重，都在两侧建翼殿，形成和太极殿相似的三殿并列布局。太极、式乾、显阳三殿和太极殿南的殿门，宫正门共同形成全宫的中轴线。寝区之北是内苑华林园。

420 年，刘裕代东晋立宋，史称刘宋。从此进入南朝，齐梁代兴，经济更为繁荣。这些环建康的城镇聚落，如石头城、东府、西州、冶城、越城、白下、新林、丹阳郡、南琅琊郡等，它们的周围也陆续发展出居民区和商业区，并逐渐连成一片。史载在梁朝全盛期，建康已发展为人兴物阜的大城市，它西起石头城，东至倪塘，北过紫金山，南至雨花台，东、西、南、北各 40 里（20 千米）的巨大区域，人口约 200 万。建康未建外郭，只以篱为外界，设有 56 个篱门，可见其地域之广，是当时中国最巨大、最繁荣的城市。

进入南朝后，经济发展，宫室渐趋豪华。到梁代中期，随着国势进入极盛期，宫室也建得空前壮丽。当时北方的北魏建都洛阳，参考魏晋洛阳宫及南朝建康宫而建新宫。梁为超越北魏宫殿，遂把宫城诸门楼普遍由二层增为三层，把主殿太极殿由面阔十二间改为十三间，太庙等建筑也加高了台基。到了南朝后期的陈代，宫室更加向绮丽方向发展，陈后主在宫中新建了临春、结绮、望仙三座阁，使用香味木材，以金玉珠翠为饰，是南北朝时著名的豪华建筑。589 年隋灭陈时，建康宫与都城同时被夷为平地。

建康宫，亦名显阳宫。原为三国吴后苑城。东晋成帝咸和四年

（329），原有的建康宫城毁于苏峻之乱。330年，成帝按洛阳魏晋宫殿模式，于吴后苑城建平园建造建康宫。据《建康实录》载，宫在上元县东北五里，周八里，有两重墙，开五门，南二门，东、西、北各一门。至梁天监十年（511），又增建第三重墙。据近代朱偰《金陵古迹图考》记载，东晋、南朝的建康宫城，南面约在今南京珠江路中段，西抵进香河，东至珍珠河，北至北极阁下鸡鸣寺前一带。今玄武湖畔鸡鸣寺后一段古城，人们习称，可能是六朝都城建康的遗址。

对“台城”的考古，近年来有新的发现。从南宋《景定建康志》卷二十、卷四十六的相关记述可以推知，台城在南宋建康府城内北部，而在卷五所附的“历代城郭互见之图”中，“古台城”“晋建康宫”更是清楚标注在南宋建康府城内东北方位。南宋建康府城系袭用南唐都城，后沿用为元代集庆路城，其规模、四至今犹可考：北壕即今南京珠江路南侧北门桥下一线河道，东壕为今城东干道以西的一线河道。如此，则台城的位置可以限定在今珠江路以南、城东干道以西这一特定范围之内。

从2001年5月起，考古工作者配合拆迁、基建工程，在成贤街一带寻找六朝台城落空。从2002年3月至2007年12月，考古工作者已对今大行宫及其以北民国总统府周围地区的20多个地点进行了大面积考古发掘，发掘面积逾万平方米。首先在今大行宫路口东南、太平南路东侧的新世纪广场工地获得突破性进展，接着又在其北侧的南京图书馆新馆工地、利济巷西侧的长发大厦工地等地先后发现大量六朝重要城市建筑遗存。这些遗存包括多条高等级道路、城墙、城壕、木桥、大型夯土建筑基址，各类砖构房址、排水沟、砖井等建筑遗迹，以及以各类瓦当、釉下彩绘青瓷器等为代表的大量精美遗物，是迄今为止六朝建康城遗址考古发掘的最为重要的收获，其规模、等级非同寻常，出土的砖铭更可证明这些遗存与台城有关。发现的相互垂直的多条道路，对研究六朝建康城主轴线方向及台城布局具有十分重要的学术价值。特别是南京图书馆新馆工地发现的一段东西向城墙北折的拐点，更是今后确认台城四至范围的重要坐标点。虽然目前已就六朝建康宫城（台城）的核心位置，台城的东界、西界、南界，台城的内部城垣及道路布局，以及以瓦当、釉下彩绘瓷器为代表的遗物等问题的探寻和研究取得了突破性进展，但迄今已揭露的相关遗存，显然只是湮没地下的六朝建康城遗址之冰山一角。[1]

太极殿

383年，前秦出兵伐南方东晋，大败于淝水（今安徽省寿县东南方）。淝水之战后，前秦统治瓦解，拓跋部的拓跋珪乘机复国，改国号为魏，称皇帝，史称北魏。此后几代北魏统治者都致力于统一，发动兼并战争，先后灭掉了北方的大夏、北燕和北凉，于439年统一了北方。

皇兴五年（471），拓跋宏继位，为北魏孝文帝。冯太后、孝文帝先后进行了一系列的改革，统称为孝文帝改革。拓跋宏决心把国都从平城（今山西大同）迁到洛阳。平城作为都城已近百年，要实行文治，移风易俗，平城的守旧势力太大，而洛阳位于南北之中，是东汉、魏、晋以来历代都城所在，又是中原的文化中心。迁都洛阳，一方面可以摆脱守旧势力的威胁，另一方面便于接受汉族的先进文化。

孝文帝怕大臣反对迁都洛阳，假意声称南伐。493年，孝文帝召集群臣议论南伐事宜，群臣都不赞成，但不敢开口，任城王澄站出来反对，孝文帝大怒，厉声喝斥任城王，双方争执不下，于是孝文帝宣布退朝。回宫后，召任城王入见，孝文帝对任城王说："我在明堂声色俱厉喝斥你，是怕群臣坏我大计。国家自朔土兴起，迁居平城，此是用武之地，不可实行文治，现在要移风易俗，实在很难。我想借南伐之名迁居中原，你认为怎么样？"任城王澄恍然大悟，马上同意孝文帝的主张。

493年六月，孝文帝下令做南伐准备，修黄河桥，命尚书李冲负责武选。七月，戒严全国，布告四方，进行南伐。几天后，孝文帝率30万大军从平城出发，九月到达洛阳。稍停几天后，孝文帝命全军继续南进。群

[1] 王志高：《六朝建康城遗址考古发掘的回顾与展望》，《南京晓庄学院学报》，2008年第1期。

臣稽首跪在马前，请停南伐。孝文帝对群臣说：“今天动而无成，何以示后人！如果不南伐就迁都于此。”虽有一些人不愿南迁，但更不愿南伐，所以都不敢说什么，迁都的事就这样决定了。

十月，孝文帝进金墉城，征穆亮、尚书李冲、将作大匠董尔营建洛都，然后孝文帝经虎牢到滑台。任城王澄回到平城，留守平城的官员听说迁都无不惊骇，任城王援引古今，耐心劝说，人心才平定下来。第二年九月正式迁都洛阳。

北魏太和十七年（493）兴建的北魏洛阳城，分为宫城、内城、外郭城三重城垣。宫城在大城的中北部，呈南北长、东西窄的矩形平面，四面筑围墙，南北长约1400米，东西宽约660米，面积占北魏洛阳内城的1/10。北魏的宫城主要依魏晋之形制，为单一的宫城，宫城被阊阖门与建春门之间的东西街道分割为南北两部分，南部为朝会宫殿区，北部为后廷寝宫区。正殿太极殿位于宫城中。宫城东有太仓、洛阳地方官署等，西有马厩、武库、寺院。宫城南门阊阖门正对南北主干道铜驼街，社稷、宗庙、中央衙署等分布在大街两侧，著名的永宁寺在大街西侧。内城即汉晋

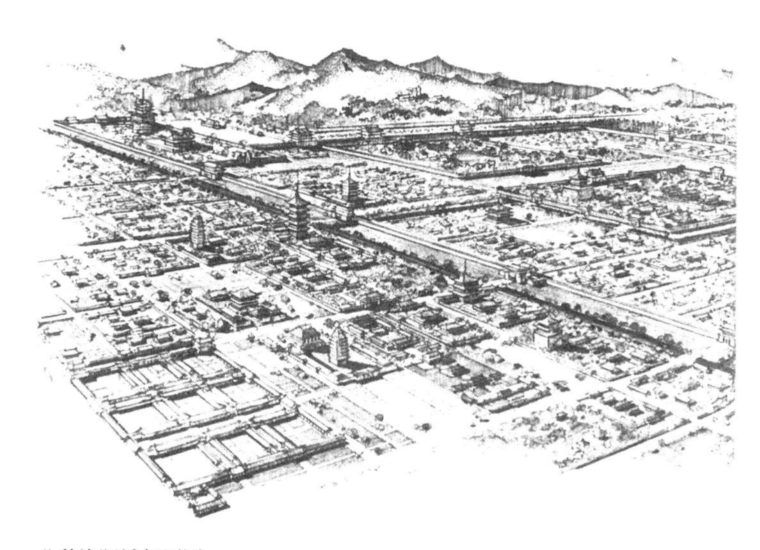

北魏洛阳城复原图

时期的洛阳大城，整个城址平面略呈长方形，除南垣被洛河改道冲毁外，在现今地面上仍残存东、北、西三面部分夯土墙垣。外郭城为北魏新筑，景明二年（501）宣武帝决定在魏晋时期的宫城、内城基础上，扩大城市范围，修建了巨大的外郭城。郭城范围内划分为320个方形的坊，坊四面筑墙，每面开一门，设门吏，每日定时启闭里门，具有军事管制性质。工商业区在郭城之中，有大市、小市和四通市。北魏晚期，佛教昌盛，洛阳城内建寺1367所，列刹相望。

北魏洛阳城是中国历史上第一座大规模配置居民里坊的都城，改变了两汉以来宫殿区占据都城主要空间的传统，对北齐、隋、唐的都城制度产生了深远影响。

2011年7月至2013年7月，中国社会科学院考古研究所洛阳汉魏故城队对北魏宫城四号建筑遗址进行了大面积勘察发掘。该遗址位于北魏宫城中部偏西北处，南面正对宫城阊阖门、二号和三号宫门遗址，地处当地俗称“朝王殿”或“金銮殿”的缓坡台地上，为宫城内规模最大、位置最为显赫的宫殿遗址。此次勘探的范围东西长170余米，南北宽约135米，面积约2.3万平方米。考古学家勘察判断其为北魏宫城正殿“太极殿”所在。

北魏宫城四号建筑遗址的发掘区南北长80米，东西宽70米，揭露出该大型宫殿主体建筑台基的东半部。揭露的地上台基南北残长60米，东西残宽53米，残高1.65—2米。台基的主体部分由较纯净的红褐色土夯筑成，在其南、东、北三面有不同质地的夯土补筑。除北壁和东壁北端少部分台基边壁尚存外，其南壁和东壁皆被破坏成沟槽状。整个殿基东西长102米，南北宽59—64米，面积约6300平方米，是宫城内最大的殿址。[1]

2013年7月至2014年12月，中国社会科学院考古研究所洛阳汉魏故城队在之前对太极殿遗址发掘的基础上，又对太极殿东侧的“太极东堂”遗址进行了发掘，发掘面积2700平方米。这一发现丰富了对太极殿宫殿

[1] 中国社会科学院考古研究所洛阳汉魏故城队:《河南洛阳市汉魏故城发现北魏宫城四号建筑遗址》,《考古》, 2014年第8期。

北魏宫城太极殿建筑群位置图

建筑群总体形制布局的认识，并为研究汉魏洛阳城的宫城形制演变和中国古代都城制度史提供了重要资料。

太极东堂遗址位于汉魏洛阳城北魏宫城中部，北距河南省孟津县平乐镇金村约 1 千米，南距宫城南门阊阖门遗址约 400 米。发掘表明，太极东堂遗址是一座大型夯土台基的宫殿建筑，其台基西边距太极殿台基东侧边缘约 14 米，两座夯土台基基本位于同一条东西轴线上，太极东堂夯土台基平面呈长方形，地上部分东西长约 48 米、南北进深约 22 米，台基顶面的建筑格局因晚期毁坏已不存，夯土台基残高 0.6—1.2 米。

殿基北侧院落位于太极东堂夯土台基的北侧，为一东西走向条状院落，院落内残存有一条东西走向的御道和部分廊房遗迹。御道位于东堂夯土台基北侧约 4 米处，路面宽约 3—4 米，路面铺砖残损严重，系利用早期（曹魏时期）铺砖道路继续修补沿用。御道东西向贯穿整个东堂殿基北部，西段有一门址，与太极殿东北部的宫院连通。

在廊房的北侧，即夯土隔墙的北面连廊，还分别构成院落 1 和院落 2 的南廊。两座院落之间以与该廊房建筑结构一致的南北走向廊房分隔。

西侧的院落 1 位于太极殿夯土台基的东北角，东西长约 20 米，南北残宽 13 米。主要由北面中间的正房和东、西、南三面的廊庑围合着中间的天井院落。天井院东西长约 8 米，南北进深约 4 米，周边铺砌有石板。北面正房长约 9 米，两侧筑有夯土墙，面阔 3 间。三面廊庑的开间数量和间距不等。

东侧的院落 2 的面积较大，发掘区域内东西长 40 米，南北宽 15 米。已发现西侧连廊 3 间、南侧连廊 9 间，面阔与进深 3.9—4.1 米。连廊台基地面残存部分铺砖，高于院落地面 0.3 米。在南廊东段发现一座门址，门道宽约 3.7 米，以沟通隔墙南面的连廊和东堂殿基北侧的院落。

太极东堂结构复杂，并与太极殿主殿台基的解剖结果基本一致，也经过多次修筑与增修沿用。其始建年代不晚于曹魏时期，北魏时期重修沿用，北朝晚期仍有改建增修。太极东堂与太极殿中心主殿作为同一组重要的宫殿建筑，自曹魏始建，一直到北魏和北朝晚期，历代均有承袭，建筑群的主体格局无大的变化。[1]

发掘表明，太极殿主殿居中，“太极东堂”和“太极西堂”分列两侧，三殿东西并列，3 座殿基占地面积达 8000 平方米，外围还辅以回廊、院墙、宫门等附属建筑，构成太极殿规划有序、布局严谨的庞大宫殿建筑群。这是中国古代都城一种崭新的建筑格局，也是汉魏洛阳城乃至中国古代建筑体量最大的建筑群之一。

以太极殿为大朝，东、西堂为常朝、日朝的制度，是魏晋南北朝时期一项重要的政治制度。东堂不仅是皇帝听政、决策的地方，也是王公、贵族等重要成员举行哀悼仪式即发哀的地点，同时也是皇帝宴猞群臣、讲经论学等活动的重要场所，是帝国当之无愧的“政治中枢”。

因此可以说，曹魏时期创立的“建中立极”的宫城形制和太极殿及东西堂制度，影响了后世数百年乃至上千年的中国古代宫室制度与都城建筑格局。对汉魏洛阳城太极殿群的发掘，对于认识公元 2 世纪至 6 世纪中国最高政治权利的建筑形态具有重要意义。

[1] 中国社会科学院考古研究所洛阳汉魏故城队：《河南洛阳市汉魏故城发现北魏宫城太极东堂遗址》,《考古》, 2015 年第 10 期。

统万城

统万城，北朝十六国之一“夏”的都城，故址在陕西省靖边县红墩界公社白城子大队，无定河北岸原上。407 年，匈奴族铁弗部首领赫连勃勃以鄂尔多斯为根据地，建立了大夏国。

赫连勃勃（381—425），十六国时期胡夏国（又称赫连夏）建立者。其父刘卫辰曾被前秦天王苻坚任为西单于，督摄河西诸部族。407 年，刘勃勃杀没弈干，并吞其部众，自立为天王，大单于，国号夏，年号龙升，定都统万城（今陕西靖边北）。418 年，赫连勃勃乘东晋将领刘裕灭后秦急于南归之机，攻取长安，在灞上（今陕西蓝田县）称帝。不久回师，因统万城宫殿完工而刻石于城南，歌功颂德。425 年去世。

据《魏书・铁弗刘虎传》《晋书・赫连勃勃载记》等记载，413 年，赫连勃勃在境内实行大赦，任用叱干阿利兼领将作大匠，征发岭北 10 万胡人、汉人，在朔方水北、黑水之南修筑都城，名曰统万城。赫连勃勃自言：“朕方统一天下，君临万邦，可以统万为名。”将作大匠“阿利性尤工巧，然残忍刻暴，乃蒸土筑城，锥入一寸，即杀作者而并筑之”。

统万城竣工于 418 年，营建历时 6 年之久。统万城建成后，曾由秘书监胡义周执笔作赞文一篇，赞文中说建好的统万城是“高隅隐日，崇墉际云，石郭天池，周绵千里”，城里“华林灵沼，重台秘室，通房连阁，驰道苑园”。此时的统万城，无论在规模、布局及建造方法等方面，均体现出在地理位置和战略地位上的重要性，达到空前繁荣。统万城是匈奴族在人类历史长河中留下的唯一都城遗址，是中国北方较早的都城。

统万城遗址

赫连勃勃死后，他的几个儿子为争夺王位互相残杀。427 年，北魏皇帝拓跋焘趁机一举攻克统万城，431 年魏灭大夏。433 年置统万镇，因其地水草丰美，用为牧地。487 年置夏州，以统万城为夏州治所，据《水经注》记载，此时的统万城“雉堞虽久，崇墉若新”，说明该城保存得还相当完整。487 年，改置夏州，隋唐因之。五代及北宋时，这一带是党项羌族平夏部聚居区，经常与北宋相冲突。994 年，宋廷以夏州深在沙漠，为防止羌族头目据城自雄，宋太宗下诏毁废统万城，迁其民到银、绥二州（今横山、米脂、绥德一带）。从此，有 600 年历史的统万城逐渐销声匿迹，直到彻底消失。清道光年间，沉睡 800 余年的统万城遗址才重新被人发现。

统万城遗址位于陕西榆林靖边县城北 58 千米处的红墩界乡白城子村，因其城墙为白色，当地人称白城子。又因系赫连勃勃所建，故又称为赫连城。统万城是至今保存基本完好的唯一早期北方少数民族王国都城遗址。遗址白色墙体，林立的马面，高耸的角楼，独特的结构和雄伟的宫殿楼观遗址，清晰地勾勒出这座以“一统天下，君临万邦”之意而命名的大夏国都城的轮廓和规模。

统万城城址由外郭城和内城组成，内城又分为东城和西城两部分，由东向西依次为外郭城、东城和西城。外郭城平面呈长方形，周长约 4700 米。东西城中间由一道墙分开，东城周长为 2566 米，西城周长 2470 米，东、西城的四隅都有突出城外的平面呈长方形或正方形墩台，皆高于城垣，西南隅墩台高达 40 余米，仍存城垣高出地面约 1—10 米。

统万城遗址周边墓葬壁画

统万城遗址全部为夯土建筑遗存，位于无定河台地之上。城市的基本格局仍旧保留。部分城垣、城门、马面及角楼遗存清晰可辨，城内主要建筑、道路均已无存，仅遗留下高大的夯土台基。根据航空影像分析，仍可看出城西北角的护城河及城内开渠引水的痕迹。

城的四隅都有突出城外的平面呈长方形或方形墩台，且高出于城垣，西南隅墩最高，达 31.62 米，数十里外就能看到，于此不难想见当年建在上面的楼阁外观何等峻伟！赫连勃勃命胡义周撰写的《统万城刻石》所云“高隅隐日，崇墉际云”，虽有夸张，然竟非纯属虚构。

西城四面各有城门一道，南门名朝宋门，东门名招魏门，西门名服凉门，北门名平朔门。南、北、东三门俱已毁，仅存基址轮廓，西门袭城宛然尚存，门道宽 3 米。东城北垣无，东垣有一门道，南垣情况不明，西垣则共招魏门与西城相通。

已发掘的统万城还可以看出内城和二道城的痕迹。二道城有 506 米长的城址，南面及西北角都保存比较好。内城东西长 608.9 米，南北宽 527.1 米，略成方形。内外城都是用灰青色的白土筑成，版筑清晰可数，很坚实。城壁遗址的高度，从 1.6 米至 10 米不等，宽度从 0.07 米至 0.19 米不等。城址一周和城连接的墩台也很多，共计东面 11 座，西面 8 座，北面 6 座，南面 11 座。仅西面几座很突出，距城壁稍远，高约 8 米，版筑每隔十层至十三层即有椽孔一排，东南角的墩台高约 7 米，唯有西北角的墩台又高又大，高约 20 米，版筑每隔十层至十八层不等即有平列椽孔一排，上下共有椽孔十层，椽孔中间有木椽头尚未全朽，似乎就是何炳勋所指的“飞檐八层，插椽孔穴，层层可数”。墩的中部有一窑洞穿透，似为后代所开。仅就城墙构筑的坚实和绕城墩台的众多，可以想见当时的防御设备是很好的。

城内中部稍偏西南，有一座土墩，高约 10 米，久经风雨剥蚀，形状已不规则，但版筑仍很清楚。每层厚 0.16 米，自下至上，有椽孔成方形，大小不一。每孔平行距离约 2 米，上下每隔版筑 21 层，即有椽孔一排。

考古勘探表明，统万城宫殿在西城东门内偏南，距东垣 21 米。门向南开，有砖砌台阶。土夯围墙长 80 米，宽 64 米，厚 0.8 米。根据隆起的

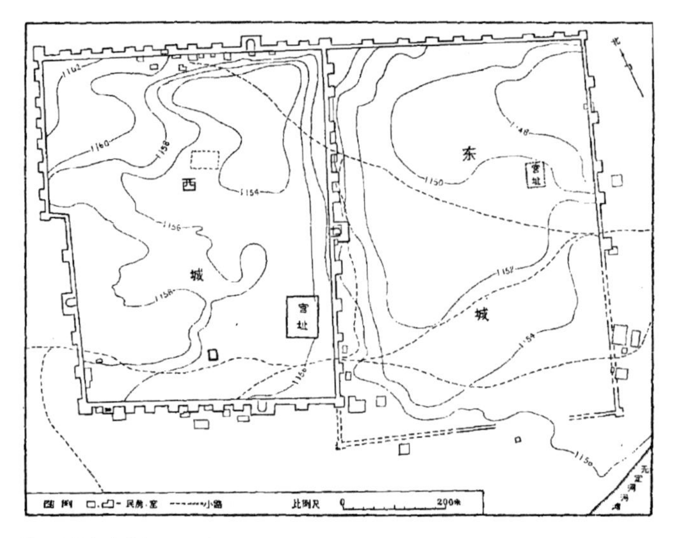

统万城遗址实测图，标有两座宫殿遗址

瓦砾堆、门阶和柱础位置，这座坐北面南的宫殿由门厅、前殿和后殿组成。后殿较大，夯土台基高 1.2—1.5 米。台基下垫铺很厚的一层木炭屑和草木灰，再下则为细沙。宫殿地面抹一层和有石灰的细泥沙，光滑平整。后殿的红砂石柱础长 0.68 米，宽 0.5 米，厚 0.2 米。惜因时间关系，仅将宫殿范围测出标入地图，未做发掘。然在此处采集有琉璃滴水、琉璃瓦当、陶砖、瓦等。该殿址西距楼观台基不远，遗物堆积不如那里丰富，又不在中轴线上，可能是主体宫殿的附属建筑。

另一宫殿基址在东城东部稍偏北，比周围地面高出两米。1977 年春，大队深翻土地，拖拉机在此处犁出方形石础数十个以及瓷高足杯、碗、开元通宝钱等。勘测中在这里发现壁画多块，确知其为宫殿基址而标入实测图中。在西城南部正中的台基，平面长方形，旁有一井。台身四周的壁面上有不少粗大椽孔，周围地面遍布瓦砾，台基后面和左侧沙址之下，经钻探也发现有很厚的瓦砾层，似为大型建筑宫殿的遗迹。台基可能是位于宫殿前面楼观建筑的基座。城的东南面下半段有竖形槽两道，似为建筑嵌柱之用。这一土墩的周围，多堆瓦砾，时有花方砖、大瓦、铜币等古物发现，似为当时宫殿的建筑中心。

在统万城遗址东城，钻探发现一组东西长 96 米、南北宽 48 米的大型夯土建筑基址，从位置看，应是东城的主体建筑之一，如今只剩下夯土建筑基址。在其南 78 米处还有一组长 55 米、宽 25 米的建筑，这两组应是前后院落关系。

据了解，部分建筑基址已发掘完毕，中心夯土台面积 755 平方米，东南部夯土厚度达 2 米。南面有两个斜坡慢道，北面和东西两面各有一斜坡慢道。南北中心夯土台外有“U”形夯土带，与中心夯土台相隔 2.2—2.6 米，中间形成凹槽，凹槽内发现近 40 个柱洞“虎落”。

经化验鉴定，修筑统万城的城土的主要成分是石英、黏土和碳酸钙。这三种成分加水混合便成三合土，是优良的建筑材料，现代工程仍广泛使用。统万城原来是用三合土夯筑的，难怪“其城土色白而牢固”，虽迭遭人为破坏和 1500 多年鄂尔多斯高原劲烈的风蚀，仍保持着沧桑的历史

统万城宫殿基址

统万城遗址发掘出土的夯土台遗迹

风貌。

2015 年 10 月，陕西省考古人员在榆林靖边统万城遗址发掘出土 2 处大型的夯土台遗迹，依据形制和位置判断，它们很可能是 1600 年前，匈奴人赫连勃勃建立的大夏国都城的祭祀场所。

“马面”是城墙每隔一定距离突出的矩形墩台。2013 年，陕西考古工作者在统万城西城南垣的部分马面、城垣外，发现了近 40 个密集排列的柱洞，城墙前还发现了铺设在地上、用于扎战马马蹄的“铁蒺藜”，每个铁蒺藜由 4 根铁刺组成，一头向上。这种铁蒺藜可以预防敌人接近城墙。考古人员介绍说，这些密集排列的柱洞，就是《汉书·晁错传》中记载的“虎落”留下的遗迹。“虎落”指篱落、藩篱，用以遮护城邑或营寨的竹篱。统万城遗址发现的“虎落”柱洞里面，原先插满了削尖的木桩或者竹子，以此防御敌人进攻。据介绍，有了这种“虎落”，敌人的步兵、骑兵就不能直接到达城墙，守城人可以站在 12 米的马面上，利用城墙和马面，居高临下地从三面攻击入侵之敌，配属的武器包括弓弩和礌石（即石头）。

考古发掘表明，这些“虎落”与夯土城垣、马面、垛台、护城壕、铁蒺藜等，共同筑起了统万城的第三道立体防御体系。第一道是河流，由红柳河、纳林河夹道形成三角台地，两面临河，统万城坐落其中；第二道是外郭城，是外围的一道城墙。“这种城防体系的设置，很像唐长安城”。专家说，有了这三道防御体系，统万城更加坚固，在当时已经是黄河“几”字区域内最坚固的城池，代表了当时城市防御的最高水准。

通过对统万城的勘测调查，发现城址内古文物相当丰富。上至汉晋，下迄唐宋，代无不有，尤其是巍峨的角楼、宏大的宫殿和构思别致的马面仓储建筑遗址，都有进一步发掘、复原和研究的必要。[1]

考古勘探查明，统万城城址建筑物废墟的瓦砾层下，是原生自然堆积的细沙，钻深 13 米，已深入城墙根基之下仍是一色的黄沙，这证明沙是筑城前就有的了。然而文献记载，赫连勃勃营建该城时，这一带是一派水碧山青的宜人风光。唐初，这里还是一个农业区。但后来此城面貌迥异，822 年十月大风“飞沙为堆，高及城堞”，唐诗中也有“沙头牧马孤雁飞”“风沙满眼堪断魂”，可见那时已是一片沙漠的景象了。到宋淳化五年（994），统万城已处沙漠腹地，朝廷已明令毁弃。统万城的废毁，除政治因素外，自然环境的变迁是主要原因。由此可知，这里遍地流沙的泛滥只是近千年来的事。由绿洲变沙漠的根源，无疑是植被遭到破坏，底沙泛起。[2]

蒋少游

1932 年，中国营造学社从古代典籍中将“肇自唐虞，迄于近代”、对中国建筑发展有突出贡献的历史人物 400 余人辑录成《哲匠录》，其中最早以建筑为正业而被史册列传的就是北魏著名建筑师蒋少游。

蒋少游（？—501），北魏著名建筑师、书法家、画家和雕塑家，是中国历史上第一位被正史立传的建筑师，主持了北魏平城宫、洛阳宫及诸多宫苑的规划、设计与营造。[3]

蒋少游是乐安博昌（今山东博兴）人，历任北魏散骑侍郎、都水使者、前将军、将作大匠、太常少卿等官职，主要从事北魏宫殿园林的设计建造，死后获赠龙骧将军、青州刺史，谥曰质。撰有诗文集 10 余卷。蒋少游虽出身士族，但生逢南北朝战乱时期，生活道路颇为坎坷曲

[1] 陕西省文管会：《统万城城址勘测记》，《考古》，1981 年第 3 期。
[2] 同上。
[3] 陈建军、周华：《北魏皇室建筑师蒋少游生平事略》，《黄河科技大学学报》，2014 年第 6 期。

折，他籍属的乐安博昌县，原归南朝宋青州管辖。北魏献文帝皇兴三年（469），魏军南下，攻略青、齐二州，三齐之地全部纳入北魏版图。蒋少游作为“平齐户”被掳掠至京师平城（今山西大同）。所谓“平齐户”，就是北魏统治者强行迁徙三齐之地民户至代北地区置平齐郡的徙民，其中的一部分充作奴婢，并分赐百官；另一部分迫使其耕作，不许自由迁徙，亦可配为兵户，有能力向僧官纳粟的变为僧毯户，与隶户同类，地位低下。

蒋少游到平城后，先是发配云中（今内蒙古和林格尔）兵营，因“性机巧，颇能画刻，有文思”，“遂留寄平城，以佣写书为业，而名犹在镇”，[1] 此言蒋少游虽留在平城并以誊写书文为业，但其户籍仍在云中兵营。不久被召为中书省（起草朝廷文书的部门）写书生，后因书法出众，才华横溢，又得到名高望重的汉人大臣中书令高允的赏识，被推荐为中书博士，入北魏重臣李冲门下。由于当时门阀制度森严，蒋少游身为“平齐户”，地位低贱，纵然才干出众也难得重用。李冲是文明太后冯氏的宠信，与蒋少游舅氏崔光有亲姻关系，他与高允一同为蒋少游的士族出身做证，蒋少游才得到文明皇太后冯氏和孝文帝拓跋宏的重用，得以脱籍入仕，先后被委以散骑侍郎、都水使者、前将军、将作大匠、太常少卿等官职，从事建筑、雕刻、绘画、室内陈设等专业。

北魏太和十五年（491），孝文帝拓跋宏正式亲政，全盘推行汉化政策，为表明北魏王朝传承中华正统，采纳秘书丞李彪等人建议，接受历朝相袭的“五德终始说”，以晋承曹魏为金德，定北魏继承晋统应为水德，并依照前朝礼制大兴土木，改建宫室。

494 年拓跋宏迁都洛阳，洛阳宫殿的设计建造多由蒋少游主持。华林殿建筑、华林园的园林池沼修旧增新以及改作金镛城门楼，也都由他设计，得到了孝文帝的赞赏。

蒋少游是一位全能型建筑大师，历任二品将作大匠，掌宫室、宗庙、

[1]［唐］李延寿：《北史・卷九十》，中华书局，1974 年，第 2984 页。

陵寝等的土木营建，包括建筑的装饰、雕塑、绘画、金银玉器的制造等；四品都水使者，总领全国河渠、水运政令，如陂池灌溉、整修河渠、督理漕运、修河建桥、预防水患等；三品太常少卿，主管祭祀社稷、宗庙和朝会、丧葬等礼仪，并主管皇帝的寝庙、园陵及其所在；三品前将军，主管京师兵卫或屯兵边境、开府治事；四品散骑侍郎，掌侍从规谏。

476 年，拓跋弘驾崩，年仅 23 岁，时孝文帝拓跋宏 10 岁，文明太后摄政。除处理国家政务外，她就忙于为自己的寿陵选址，最终定方山之巅为百年后安息之地，蒋少游规划建设的寿陵营造由此开始，这是我国唯一建在山顶上的帝王陵寝。479 年，先起永固陵石室，继而有思远佛寺、斋堂、鉴玄殿、陵园，历时 10 年。其间，文明太后每年都要到方山关注陵寝的建设。491 年，孝文帝又命蒋少游在永固陵北面为自己建造寿陵。在方山北麓修建的灵泉宫和灵泉池，后成为享誉中外的大同八景。之后，蒋少游又全力以赴孝文帝长陵的建构。499 年，孝文帝在他执政 8 年、完成迁都和汉化的壮举后，溘然长逝，葬于蒋少游修造的北邙山长陵。

蒋少游主持修建了太庙，然后受命到废都洛阳测量曹魏宫殿基址，并以副使的身份随李彪出使南齐，考察齐都建康城的规划及宫苑形制。

当时，南北对峙，力量相对均衡。南朝齐武帝萧赜对来自北朝的使者持开明友好的态度。蒋少游在建康暗中仔细观察了南齐宫殿的建筑形制，默记于胸，背临画成。南朝齐大臣崔元祖见此，对齐武帝说："少游，臣之外甥，特有公输之思。宋世陷虏，处以大匠之官。今为副使，必欲模范宫阙。岂可令毡乡之鄙，取象天宫？臣谓且留少游，令使主反命。"[1]齐武帝认为这样不够友好，没有采纳崔元祖的建议。蒋少游返回北魏后，便把建康城的布局规划、宫室的建筑样式凭记忆绘出。

孝文帝从建筑开始推行汉化，首先建造了礼制建筑明堂、太庙，待蒋少游出使南朝齐归来后，于 492 年拆除了代京平城宫太华殿，令蒋少游主

---

[1] [梁] 萧子显:《南齐书·列传第三十八·魏虏》，中华书局，1972 年，第 499—500 页。

持设计建造了太极殿作为皇室的正殿。

493 年九月，孝文帝巡视了荒废 180 年之久的洛阳魏晋故宫遗址，看到眼前一派残垣断壁、杂草丛生的破败惨象，他不禁感慨万分，口吟《黍离》，潸然泪下。为统一南方大计、厉行汉化政策，树立中华正统王朝继承者的地位，孝文帝决计迁都洛阳，命司空穆亮、尚书李冲、将作大匠董爵三人主持洛阳的重建工程，并为新都的规划建设颁布了《都城制》。蒋少游作为李冲的亲信担当了洛阳宫殿苑囿规划与设计的大任，他主持设计了太极殿、金墉城门楼及华林殿、池沼的修旧增新，建造了供皇室“池湖泛戏舟楫之具”的园林，深受孝文帝的赞誉。《魏书》写道：“改作金墉门楼，皆所措意，号为‘妍美’。”《洛阳伽蓝记》中也说：“高祖在城内作光极殿，因名金墉城门为光极门，又作重楼飞阁，遍城上下，从地望之，有如云也。”《水经注》也对金墉门楼做了详细的描述。据《魏书》记载：“少游又为太极立模范，与董尔、王遇共参之。”模范即模型，这是有关中国建筑模型的最早记载，表明蒋少游当时已运用建筑模型。

孝文帝迁都洛阳后，采取了一系列措施改革鲜卑族游牧生活旧俗，其中包括禁用鲜卑语而使用汉语、禁胡服而着汉服、改鲜卑复姓为汉族单姓、改籍贯、定墓地等。蒋少游受命主持制定了朝中冠冕制度，“及诏尚书李冲与冯诞、游明根、高闾等议定衣冠于禁中，少游巧思，令主其事，亦访于刘昶，二意相乖，时致诤竞，积六年乃成，始班赐百官。冠服之成，少游有效焉”[1]。蒋少游设计的汉式褒衣博带服饰，孝文帝带头穿戴，并在会见群臣时“班赐冠服”，使褒衣博带式服装得以迅速推广，并流传至南朝。

蒋少游立足中原传统文化，以《考工记》中有关都城规划的思路为蓝本，借鉴北魏故都平城、曹魏故都邺城、南朝齐都建康的规划建设经验，将南北建筑风格相糅合并加以创新，协助李冲共同营缮了一座满足孝文帝汉化和争夺正统地位要求的洛阳新城，使之成为其后封建皇朝都城建

[1]［唐］李延寿：《北史・卷九十》，中华书局，1974 年，第 2984 页。

设制度的典范。当时南朝人认为北朝的宫室建设制度都是蒋少游从南朝抄袭的，“虏宫室制度皆从其出”。然而青出于蓝而胜于蓝，南朝梁武帝甚至仿照北魏宫城阊阖门，将宫城门改为三重门楼，并拆除了面阔 12 间的太极殿，改为 13 间，以期超越北魏。陈寅恪先生认为来自河西的李冲、青州的蒋少游，以及出身鲜卑贵族集团的丘穆陵亮合力规划了北魏洛阳新都，他还在《隋唐制度渊源略论稿》中说：“太和洛阳新都之制度必与江左、河西及平城故都皆有关无疑。”建筑巨匠蒋少游还精于书法、绘画，唐代张彦远的《历代名画记》云：“少游敏慧机巧，工画，善行、草书。”宋代陈思的《书小史》云：“蒋少游，乐安博昌人，有才学，敏慧机巧，工画善行草书及雕刻。”蒋少游还在宫殿中布置书画作品，《水经注·卷十三·漯水》载：“太和殿之东北，接紫宫寺，南对承贤门，门南即皇信堂，堂之四周，图古圣、忠臣、烈士之容，刊题其侧，是辨章郎彭城张僧达、乐安蒋少游笔。”

蒋少游颇具建筑专业精神，“恒以剞劂绳尺，碎剧匆匆，徙倚园湖城殿之侧，识者为之叹慨。而乃坦尔为己任，不告疲耻”[1]。遗憾的是，他未能看到自己设计的太极殿落成，便因操劳过度于景明二年（501）溘然辞世，而次年太极殿方落成。

[1]［唐］李延寿:《北史·卷九十》，中华书局，1974 年，第 2984 页。

第七章 隋唐舒朗

唐大明宫一角

隋唐时期，中国封建社会经济、文化发展进入高潮，建筑技术和艺术也有巨大发展。隋唐时期的建筑尤其是宫殿，雍容大度，严整开朗，舒展而不张扬，富丽而不奢靡，古朴富有活力，是隋唐时代精神的集中体现。

隋朝（581—618）是上承南北朝、下启唐朝的大一统王朝。开皇元年（581），杨坚定国号为“隋”，定都大兴城，随后南下灭陈朝，统一中国，结束了自西晋末年以来长达近300年的分裂局面。大业元年（605），隋炀帝继位后，迁都洛阳。582年，隋朝在汉长安城的东南建新的都城宫殿，次年建成，其宫称大兴宫。605年，隋炀帝又在汉魏洛阳城之西建新都，次年建成，称东京或东都，其宫称紫微宫。隋代出了一位建筑工程大师宇文恺，在隋文帝时期主持修建了著名的大兴城和东京洛阳城。宇文恺还设计和营造了建于593年的仁寿宫。

唐都长安（今西安）和东都洛阳都修建了规模巨大的宫殿、苑囿、官署，建筑布局更加规范合理。唐朝建国后，沿用隋都城宫殿，改称大兴宫为太极宫，改紫微宫为洛阳宫或太初宫。662年，唐高宗在长安东北方的高地上兴建新宫大明宫，其遗址范围相当于明清时故宫紫禁城总面积的3倍多，这是唐代所建最大宫殿。大明宫前部中轴线上建三组宫殿，以含元殿为大朝，宣政殿为日朝（又称“正衙”），紫宸殿为常朝（又称“内衙”）。内廷殿宇则自由布置，并和太液池、蓬莱山的风景区结合。657年，唐高宗颁《建东都诏》，洛阳正式成为唐朝的首都之一。武则天时期于洛阳南正门内建太极、两仪两座宫殿。武则天还在洛阳宫拆除正殿建立明堂。明堂方300尺（88米），高294尺（86米），是唐代所建体量最大的建筑物。

隋、唐两代，离宫也很兴盛，重要的有麟游仁寿宫（唐改为九成宫）、终南山太和宫（唐改为翠微宫）、唐时的华清宫等。

隋唐时期建筑技术和艺术有巨大发展和提高，整体风格舒展朴实，庄重大方，色调简洁明快。宫殿建筑规模宏大，规划严整，宫殿、陵墓突出主体建筑的空间组合，强调了纵轴方向的陪衬手法。建筑施工定型化地解决了大面积、大体量的技术问题，对于殿堂斗拱结构、柱子形象、梁加工等，都妥善处理构件受力状态与形象之间的内在联系。木结构建筑屋顶曲线舒展开朗，出檐深远，鸱吻和叠瓦脊形成了流畅活泼的线条，木构部分的斗拱、柱子、房梁等建筑构件均体现了艺术加工与结构造型的完美统一。

隋唐对外交往广泛，外来建筑文化自难避免。此时中国建筑体系已发展至成熟阶段，外来的装饰图案、雕刻手法、色彩组合诸方面大大丰富了中国建筑。很多外来装饰纹样，经过中国手法表现，已经中国化，如当时盛行的卷草纹、连珠纹、八瓣宝相花等。

大兴宫

隋高祖杨坚在汉长安东南营建新都，定名大兴。大兴总面积达 84.1 平方千米，是中国历史上最大的都城。开皇二年（582）隋文帝兴建大兴宫，由建筑师宇文恺主持修建，开皇三年（583）建成。隋朝及唐朝初年称为大兴宫，唐睿宗景云元年（710），改称太极宫。

大兴宫分为中、东、西三部。中部为皇宫，即大内，东西宽 1285 米，面积 1.92 平方千米。大内部分自南而北分朝区、寝区和苑囿三大部分。朝区为处理国政、举行大典的办公区。寝区是皇帝的住宅。朝区正南为宫城正门承天门，是元旦、冬至举行大朝会等大典之处，比附周代宫殿之“大朝”或“外朝”，门外左右建高大的双阙，阙外为朝堂。门内正北为朝区主殿大兴殿，是皇帝朔望（初一、十五两日）听政之处，比附周代宫殿之“中朝”或“日朝”。大兴殿位于宫城的中央，东邻东宫，西连掖庭宫，南接皇城，北抵西内苑。东西宽 2820 米，南北长 1492.1 米，面积 2.9 平方千米。殿四周有廊庑围成巨大的宫院，四面开门，南门为太极门。大兴宫东部为太子东宫，宽 833 米，西部为服务供应部分及作坊掖庭宫，宽 703 米。

自隋文帝开始，以大兴殿为中朝，是皇帝主要听政视朝之处。另外，皇帝登基，册封皇后、太子、诸王、公主大典及宴请朝贡使节等也多在此殿举行。大兴殿一组宫院之东西侧建宫内官署，东侧为门下省、史馆、弘文馆等，西侧为中书省、舍人院等。大兴殿后为宫内第一条东西横街，是朝区和寝区的分界线。横街北即寝区，正中为两仪门，门内即寝区正殿两仪殿，也由廊庑围成矩形宫院。此殿是皇帝隔日见群臣听政之处，比附周代宫殿内朝的“朝”或“常朝”。两仪殿东有万春殿，西有千秋殿，三殿都各有殿门，由廊庑围成宫院，与两仪殿并列。两仪等殿之北为宫中第二条东西横街，街东端有日华门，街西端有月华门，横街北即后妃居住的寝宫，大臣等不能进入。此部分正中为正殿甘露殿，殿东有神龙殿，殿西有安仁殿，三殿并列，以甘露殿为主，各有殿门廊庑形成独立宫院。前后两列，每列之殿是寝殿的核心，有围墙封闭，其中两仪殿和甘露殿性质上近于一般邸宅的前厅和后堂。甘露殿之北即苑囿，有亭台池沼，其北即宫城北墙，有玄武门通向宫外。

在朝区门下省、中书省和寝区日华门、月华门之东西外侧，还各有若干宫院，是宫中次要建筑。朝寝两区各主要门殿承天门、太兴门、大兴殿、两仪门、两仪殿、甘露门、甘露殿等南北相重，共同形成全宫的中轴线。大兴殿各殿宇压在今西安市下，无法做进一步勘探。

承天门位于大兴宫南墙的正中，门址在今西安城内莲湖公园南侧。据考古探测其东西残存部分尚长 41.7 米，已发现三门道，中间门道宽 8.5 米，西侧门道宽 6.4 米，东侧门道宽 6.4 米，门道的进深为 19 米。门址底下皆铺有石条和石板，建筑极其坚固。门上有高大的楼观，门外左右有东西朝堂，门前有广三百步的宫廷广场，南面直对朱雀门、明德门，宽约 150—155 米的南北直线大街，位置十分重要。承天门为大兴宫的正门，是封建皇帝举行“外朝”大典之处。

大兴宫的北门玄武门，亦以其重要的政治、军事地位称雄当时。其地居龙首原余坡，地势较高，俯视宫城，是宫城北面的重要门户。

乾阳殿

605 年，隋炀帝杨广在汉魏洛阳城之西建新都东京或东都，其宫紫微宫，成为与长安宫殿遥相呼应的又一庞大建筑群。而紫微宫中最雄壮的建筑，当数乾阳殿。

经考证，乾阳殿东西宽 101.4 米，南北深 51.7 米，高 50 米，均远远超过今天故宫三大殿之首的太和殿。唐代杜宝《大业杂记》载:“殿基高九尺，从地至鸱尾高一百七十尺，十三间二十九架，三陛轩。文棍镂槛，栾栌百重，粢拱千构，云楣绣柱，华榱璧珰，穷轩甍之壮丽。其柱大二十四围，倚井垂莲，仰之者眩曜。”（注：此书记载的高度为“二百七十尺”，这与中国古代宫殿的一般营造规则严重不符，所以普遍认为是传抄过程中产生的笔误。历史学家一般采用较为合理的一百七十尺，即大约 50 米。）其营建的过程也是异常壮观。据唐代张玄素记载:“二千人曳一柱，其下施毂，皆以生铁为之，中间若用木轮，便即火出。铁毂既生，行一二里即有破坏，仍数百人别铁毂以随之，终日不过进三二十里。略计一柱，已用数十万功。”柱子大到需要两千人一起拉，即使有夸张的成分，想来也是极尽奢华。

如此辉煌的乾阳殿，只存在了十几年。621 年，当时还是秦王的李世民攻占洛阳后，看见雄壮的乾阳殿大为惊讶，认为这是隋炀帝骄奢淫逸的

乾阳殿复原图

象征，便下令焚毁。不过后来他当皇帝后又想复建，被大臣极力劝阻。直到唐高宗时期，才在乾阳殿旧址上新建了一座宫殿，名为“乾元殿”。不过，考古学家推测，乾阳殿为三重檐庑殿顶，比乾元殿要高 50 尺（约 16.7 米）。

仁寿宫

仁寿宫，593 年二月始建，595 年三月竣工，是隋文帝杨坚的避暑离宫。入唐后改称九成宫。

仁寿宫位于西安西北 163 千米的麟游县新城区，在杜水北岸修建，海拔近 1100 米，四周山上森林茂密，郁郁葱葱。每年七八月份的平均温度仅 21℃。

593 年，隋文帝杨坚至岐州（今陕西宝鸡凤翔），下诏在麟游镇头营造避暑离宫。命右仆射杨素为总监、宇文恺为将作大匠、封德彝为土木监、崔善为为督工，并督调几万人投入了浩大的工程。他们在东至庙沟口，西至北马坊河东岸，北至碧城山腰，南邻杜水北岸，筑了周长

仁寿宫（九成宫）复原图

一千八百步的城垣，还有外城。内城以天台山为中心；冠山抗殿，绝壑为池，分岩竦阙，跨水架楹。杜水南岸高筑土阶，阶上建阁，阁北筑廊至杜水，水上架桥直通宫内。天台山极顶建阔五间深三间的大殿，殿前南北走向的长廊，“人”字拱顶，迤延宛转。大殿前端有两阙，比例和谐。天台山东南角有东西走向的大殿，四周建有殿宇群。据《隋书》《唐书》记载，九成宫有：大宝殿、丹霄殿、咸亨殿、御容殿、排云殿、梳妆楼等。屏山下聚杜水成湖（时称西海）。宫城营造历时两年三月，隋文帝杨坚取“尧舜行德，而民长寿”之美意，命名为仁寿宫。

仁寿宫内水源困乏，从北马坊河谷“以轮汲水上山（碧城山，又叫水磨山），列水磨以供宫内”。宫城内由西向东筑有地下水道，十分规则的石料衬砌，直通城外。右仆射杨素监修仁寿宫督工严酷，民夫疲顿颠仆，死亡万人以上，将其尸体推入土坑，盖土筑为平地。工程建成后，杨坚派大臣视察后回奏：“颇伤绮丽，大损人丁。”杨坚大怒，斥责杨素：“为吾结怨天下。”杨素恐惧，土木监封德彝安慰他说：“别怕，皇后到必有恩诏。”第二天杨素谒见独孤皇后，皇后说：“尔知我夫妇年迈无以自乐，盛饰此宫岂非忠孝。帝王法自古有离宫别馆，今天下太平，造此宫何足损费。”后以此启奏文帝杨坚，杨坚转怒为喜，赐杨素钱百万，锦绢三千段。

602年，独孤皇后死于仁寿宫。604年，也就是隋文帝将年号“开皇”改为“仁寿”的第四年，隋文帝也病死于仁寿宫，杨广篡权继位等惊心动魄的历史事件也都发生在仁寿宫。

唐贞观五年（631），唐太宗李世民修复扩建仁寿宫，改名为九成宫，又新建了禁苑、武库及宫寺。唐高宗李治曾一度改为万年宫，后又改回九成宫，其格局大抵还是631年扩建后的格局。唐高宗、唐玄宗时，在骊山扩建温泉宫后，九成宫被冷落废弃。唐开成年间（836—840）毁于洪水。

仁寿宫（九成宫）遗址，位于陕西省麟游县新城区，在多次勘察、发掘中共发现大小遗迹37处，主要为城墙遗迹、城门遗迹、殿堂遗迹和亭榭遗迹等。现存遗址分布面积约42.4万平方米。

经过考古调查，离宫的宫墙东西长1010米，南北宽约300米，地势

隋仁寿宫唐九成宫考古发掘现场

西高东低，秀丽的天台山被围在宫城之内。7 号殿址是这座离宫的主殿，残存的夯土台基仍高出现代地面近 7 米，殿基东西长 69 米，南北宽 58 米。37 号殿址位于宫城的中部偏东，西距主殿 7 号殿址约 120 米。[1]

1978—1994 年，经考查与发掘，仁寿宫（九成宫）建成二层城墙，即宫墙与外宫墙。宫墙现仅存北墙与东墙部分墙基。北墙以碧城山西南角为起点，东至镇头村，呈弧形，残长 400 米，宫城内包有天台山。北墙宽 9 米，黄土夯筑而成。东墙残长 130 米，宽 9 米。西墙与南墙尚未探到。

据记载，仁寿（九成宫）周垣千八百步，合今 2646 米。残存北墙从西端到东墙，全长 1010 米。推测宫城的南北长约为 300 米。九成宫南门名永光门，北门名玄武门。经勘探，北宫门设于天台山的西北角上。宫城城墙遗存不多，仅残存北宫墙的西段和东宫墙的中段。经勘探，城墙有包砖，沿城墙根有青石砌筑的排水沟，沟口两侧用青砖铺砌，修饰齐整。实测宫城东西长 1030 米，推测南北宽约 300 米，周长合 5000 多米，与文献所载的“千八百步”基本吻合。

[1] 中国社会科学院考古研究所西安唐城工作队：《隋仁寿宫唐九成宫 37 号殿址的发掘》，《考古》，1995 年第 12 期。

宫城四周环山，在宫城北面的碧城山和南面的堡子山上，沿着山脊修筑有外宫墙。碧城山顶外宫墙北门遗址已发掘，门道宽 3.75 米，进深 10.7 米，门枕石齐全。宫城正门为南门永光门，唐高宗时曾在此石刊亲制的《万年宫铭并序》700 余字，但此门及刊石现均无迹可寻。宫城北门为玄武门，北宫墙西端有其门址，破坏严重，仅残存门基和少量城门铺石。围墙处的一座北门，遗迹保存比较完整，门墩台为夯土版筑，表面包砖，采用磨砖对缝做法，极其工整。

在所发掘的殿堂遗址中，1 号殿址即仁寿殿遗址，其底盘为不规则的方形，南部宽 150 余米，北部宽 110 余米，南北长 150 米。主体殿堂遗址破坏严重，仅剩台基。下层夯土台基平面呈长方形，东西长 31 米，南北残宽 15.2 米。上层台基东西总长 29.7 米，南北残宽 13 米。依台基宽度计算，大殿面阔 7 间，进深 4 间。

37 号殿址坐北朝南，殿阶基为长方形，东西长 42.62 米，南北宽 31.72 米。由于大部分柱础都在原位置上没有移动过，因此该殿堂的平面布局非常清楚，东西面阔 9 间，南北进深 6 间。殿身中间为面阔 5 间、进深 2 间的内殿，四壁有墙，并设有南门和北门。内殿的四周是 2 间宽的围廊，这样宽阔的围廊在我国古代建筑中是首次发现。殿基的南壁设有 2 个登殿的踏道，殿基的西、北、东壁各设 2 个与回廊相接的踏道，由于发掘范围受限，回廊无法全部揭露出来，但足已证明唐代魏征《九成宫醴泉铭》中“长廊四起”和王勃《九成宫颂》及《上九成宫颂表》中“回廊四柱”的描述是准确的。殿阶基内用黄土夯筑，四壁用石材包砌。阶下四周平铺石板作为散水。殿阶基南壁设有 2 个登殿踏道，即“左右阶”。西踏道保存尚好，长 3.5 米，宽 4.4 米。踏道用副子（垂带石）分为三部分，中间宽 0.91 米的石阶为“陛”，即皇帝走的御道。两侧石阶，各宽 0.6 米，是为其他官员上殿使用的。殿阶基的西、北、东壁各设 2 条与 6 条回廊相接的踏道。殿阶基现存 46 个 1 米见方的青石柱础以及四周的石构件，均雕刻精细，纹饰精美，颇具北朝遗风。考古学家认为，可以肯定 37 号殿址初建于隋代，到唐代继续沿用，并进行过一些修补。这座宫殿很可能毁于唐开成元年（836）的洪水。37 号殿址的考古发掘填补了中国建筑史上隋代宫殿建筑的空白。[1]

1980 年的一次基建施工中，发现了隋代宫廷饮水井，制作非常考究。圆形井口是用 2 块巨石雕砌拼成，井口直径 0.92 米。井的四角有 4 个覆盆式的柱础石，说明井台上原建有井亭以避风雨。距井口深 5.5 米即见井水，水质清澈甘美。亭榭遗迹中还有唐代井亭遗址，井台呈正方形，长、宽均为 5.63 米，井口由 2 块半圆形大石板对接而成。围绕井口凿有折线花瓣图案，涂以赭红色漆。井体为砖砌圆筒形，直径 1 米左右，现挖掘至 4 米处仍可见水，且水质清澈，可以饮用。当时长安周围水源匮乏，宫中用水靠从河道"以轮汲水上山"。632 年，李世民在九成宫周围散步时，发现有块地比较湿润，用杖疏导便有水流出。于是掘地成井，命名为"醴泉"。群臣认为是祥瑞之兆，由魏征撰文，欧阳询书丹，刻石记功，遂有书法史上著名的《九成宫醴泉铭》碑。

天台山上另有 2 座夯土殿基。一座殿基就立于天台山的最高处；另一座殿基位于天台山的东南隅，台基南部还残留着 4 个砂石莲花柱础，雕刻精美。天台山西南约 250 米处杜水南岸，耸立着一个高 12 米的夯土高台。经发掘，台基的东西长 34 米，南北宽 20 余米，在台基的北部有一斜坡廊道向北通往杜水。这是一组供皇帝游乐的台榭建筑。

在麟游县城东西大街的北侧，施工中经常发现东西向的石水渠遗址。石水渠宽 1.4 米，深 0.6 米，石板砌成。有的部位石渠上还覆盖着石板。这条东西长约 1000 米的唐代石渠就是《九成宫醴泉铭》所言"有泉随而涌出，乃承以石槛，引为一渠"的石水渠。

2019 年 3 月，4 号殿遗址考古挖掘工作正式启动。4 号殿是唐高宗时期常用的咸亨殿的基质，文化层堆积丰富。结合文献记载，主要建筑应分为隋代初唐、唐中晚期两期。晚期殿基及附近的建筑和景石等布局基本清楚；

[1] 中国社会科学院考古研究所西安唐城工作队：《隋仁寿宫唐九成宫 37 号殿址的发掘》，《考古》，1995 年第 12 期。

早期殿基应始建于隋朝，殿址规模较大，殿阶基包石基本完好，石刻图案十分精美，代表了隋代高超的建筑艺术和水平，值得进一步完整发掘。

宇文恺

蜚声中外的唐代都城长安，以及东都洛阳，实际上都是在隋代建造的，创建这两座历史名城的第一功臣是杰出的建筑学家宇文恺，他也是一位宫殿建造大师。

宇文恺（555—612），字安乐，鲜卑族，中国古代杰出的建筑学家、城市规划专家。

其父宇文贵，西魏十二大将军之一，仕周，位至大司徒。宇文恺 2 岁时就被赠爵双泉县伯，6 岁时袭祖爵安平郡公，但身在将门的宇文恺却不好弓马，而喜好读书。《隋书》本传说："恺少有器局。家世武将，诸兄并以弓马自达，恺独好学，博览书记，解属文，多伎艺，号为名父公子。"

北周末，宇文恺累迁右侍上士、御正中大夫、仪同三司。大象二年（580），杨坚任北周宰相后，宇文恺又被任命为上开府、匠师中大夫。据《唐六典》卷二三"将作都水监"记载："后周有匠师中大夫一人，掌城郭、宫室之制及诸器物度量。"又据考证，北周设有"匠师中大夫，一人，正五命"，当时年轻的宇文恺已经在建筑科学和工程管理方面崭露锋芒。

宇文恺浮雕

581 年，隋文帝为了巩固自己的统治地位，大肆诛杀北周宗室宇文氏，以清除北周残余势力。宇文恺原也定入诛杀之列，但由于宇文恺家族与北周宗室有别，二兄宇文忻又拥戴隋文帝有功，加上他本人的才华深得隋文帝的赏识，因而幸免一死。隋文帝"修宗庙"，宇文恺被起用，任营宗庙副监、太子左庶子，负责宗庙的兴修事务。宗庙建成后，被加封为甑山县公，邑千户，随后投入了隋代都城大兴城的营建工程。

隋朝建立之时，仍承袭北周以长安城为京都。当时长安城宫宇多朽蠹，供水、排水严重不畅，污水往往聚而不泄，生活用水受到严重污染。隋文帝嫌其“制度狭小，又宫内多妖异”，通直散骑常侍庾季才也奏云：“汉营此城，经今将八百岁，水皆咸卤，不甚宜人。”[1]于是决定另建新都。

582 年六月，隋文帝下诏：“此城从汉，凋残日久，屡为战场，旧经丧乱。今之宫室，事近权宜，又非谋筮从龟，瞻星揆日，不足建皇王之邑，合大众所聚”，“今区宇宁一，阴阳顺序，安安以迁，勿怀胥怨。龙首山川原秀丽，卉物滋阜，卜食相土，宜建都邑，定鼎之基永固，无穷之业在斯。公私府宅，规模远近，营构资费，随事条奏。”于是“诏左仆射高颎、将作大匠刘龙、巨鹿郡公贺娄子干、太府少卿高龙叉等创造新都”。“以太子左庶子宇文恺有巧思，领营新都副监”。[2]由于杨坚在北周时曾被封为大兴公，故新都命名为大兴城。

大兴城的营建，史称“制度多出于颎”[3]，即隋朝著名宰相、军事谋臣高颎。“高颎虽总大纲，凡所规画，皆出于恺”[4]。宋代宋敏求撰《长安志》也说在隋大兴城兴建时，“命左仆射高颎总领其事，太子左庶子宇文恺创制规模，将作大匠刘龙、工部尚书巨鹿郡公贺楼（娄）子干、大（太）府少卿尚龙义并充使营建”。可见，高颎提出大兴城都总的制度、施建方针，具体的规划、设计是由宇文恺完成的，其他副使主要是协助负责施工和材料管理诸事务。

大兴城是在短时间内按周密规划兴建而成的崭新城市，当时堪称世界第一城。全城由宫城、皇城和郭城组成，先建宫城，后建皇城，最后建郭城。582 年六月开始兴建，十二月基本竣工，次年三月即正式迁入使用，

[1]［唐］魏征：《隋书·卷七十八·庾季才》，中华书局，1973 年，第 1766 页。
[2]［唐］魏征：《隋书·卷一·高祖杨坚》，中华书局，1973 年，第 7—18 页。
[3]［唐］魏征：《隋书·卷四十一·高颎》，中华书局，1973 年，第 1180 页。
[4]［唐］魏征：《隋书·卷六十八·宇文恺》，中华书局，1973 年，第 1587 页。

兴建时间前后仅 9 个月，面积达 84.1 平方千米。整个工程的规划、设计、人力、物力的组织和管理相当精细和严谨，考虑了都城作为政治、军事、经济、文化中心的特点，以及地形、水源、交通、军事防御、环境美化、城市管理、市场供需等方面的配套。

大兴城的规划吸取了曹魏邺城、北魏洛阳城的经验，在方整对称的原则下，沿着南北中轴线，将宫城和皇城置于全城的主要地位，郭城则围绕在宫城和皇城的东、西、南三面，分区整齐明确。特别是把宫室、官署区与居住区严格分开，堪称一大创新。北宋吕大防在《隋都城图》题记中称赞大兴城："隋氏设都，虽不能尽循先王之法，然畦分棋布，闾巷皆中绳墨，坊有墉，墉有门，逋亡奸伪无所容足。而朝廷官寺、民居市区不复相参，亦一代之精制也。"

大兴城宫城位于南北中轴线的北部，东西长 2820.3 米（含掖庭宫），南北宽 1492.1 米。城内有墙把宫城分隔成三部分。中部是大兴宫，由大兴殿等数十座殿台楼阁组成，是皇帝起居、听政的场所。东部为东宫，专供太子居住和办理政务。西部为掖庭宫，是安置宫女学习技艺的地方。

583 年，新都大兴城建成，而仓廪尚虚，需要大量转运关东米粟，渭水多沙，不便漕运。584 年，隋文帝下诏兴建漕渠，令宇文恺率领水工凿渠，引渭水通黄河，自大兴城东至潼关三百余里，名叫广通渠。渠成后，转运便利，对于隋唐关中的富庶起到积极作用。其后，宇文恺受到其兄宇文忻被杀事件的牵连，一度罢官居家。

593 年二月，隋文帝令尚书右仆射杨素在岐州（今陕西凤翔）北营造仁寿宫。杨素以宇文恺有巧思，"奏前莱州刺史宇文恺检校将作大匠"[1]，负责仁寿宫工程的筹划和设计。"于是夷山堙谷以立宫殿，崇台累榭，宛转相属"，整个宫殿区"制度壮丽"，[2]是一组极其雄伟的宫殿建筑群。595 年三月，仁寿宫建成，宇文恺被任命为仁寿宫监，授仪同三司，接着又被

[1]［宋］司马光：《资治通鉴·卷一七八》，中华书局，1956 年，第 5539 页。
[2] 同上。

任命为将作少监。

602年八月，隋文帝皇后独孤氏卒。闰十月，杨素和宇文恺受命营造皇陵太陵。独孤皇后葬后，宇文恺复爵安平郡公，邑千户。

604年七月，隋炀帝杨广继位。他鉴于大兴城位置偏西，水陆交通不便，不利于进一步加强对河北、山东以及江淮地区的控制，决定在洛阳故都附近建造新城，作为东京。十一月癸丑，隋炀帝在巡幸洛阳时下诏说，洛阳的地理位置“控以三河，固以四塞，水陆通，贡赋等”，“今可于伊、洛营建东京，便即设官分职，以为民极也”。[1]

据《隋书》记载，605年三月丁未，隋炀帝“诏尚书令杨素、纳言杨达、将作大匠宇文恺营建东京，徙豫州郭下居人以实之”。又据《资治通鉴》卷一八〇记载，“每月，役丁二百万人。徙洛州郭内居民，及诸州富商大贾数万户以实之”。606年，春正月辛酉，“东京成”，其营建过程前后仅历10个月，是又一座在短时间内经周密规划、设计、建造而成的大型城市。

东京也称“新都”，位于汉魏洛阳城之西约10千米处，北依邙山，南对龙门，地理位置十分优越。东京规模略小于大兴城。据勘探，它的东城墙长7312米，南城墙长7290米，北城墙长6138米，西城墙长6776米，总计周长27516米，合约55里。平面呈南宽北窄的不规则长方形。全城亦是由宫城、皇城、郭城所构成。洛水由西而东穿城而过，把城分为南北二区。由于地形的关系，东京不似大兴城那样强调南北中轴线和完全对称的布局方式，其宫城和皇城建于西北部，但整个规划力求方正、整齐，仍与大兴城相似。

东京的营建工程浩大，“始建东都，以尚书令杨素为营作大监，每月役丁二百万人”[2]。杜宝《大业杂记》记载：“初卫尉刘权、秘书丞韦万顷总监筑宫城，一时布兵夫，周匝四面，有七十万人。城周匝两重，延袤

[1]［唐］魏征：《隋书·卷三·炀帝》，中华书局，1973年，第61页。
[2]［唐］魏征：《隋书·食货志》，中华书局，1973年，第686页。

三十余里，高四十六尺。六十日成。其内诸殿基及诸墙院，又役十余万人。直东都土工监常役八十万人，其木工、瓦工、金工、石工又役十余万人。”唐初张玄素曾对唐太宗言及他所见营建东都的情况：“臣见隋氏初营宫室，近山无大木，皆致之远方。二千人曳一柱，以木为轮，则戛摩火出，乃铸铁为毂，行一二里，铁毂则破，别使数百人赍铁毂随而易之，尽日不过行二三十里。计一柱之费，已用数十万功，则其余可知矣。”[1]从文献记载可见东京用工量的大致状况。

东京宫城名紫禁城，《唐两京城坊考》卷五载：“东西四里一百八十八步，南北二里八十五步，周一十三里二百四十一步，其崇四丈八尺，以象北辰藩卫。城中隔城二，在东南隅者太子居之，在西北隅者皇子、公主居之。城北隔城二，最北者圆璧城，次南曜仪城。”宫城内有乾阳殿、大业殿等数十座殿、阁、堂、院，都为宇文恺设计、建造，其中以乾阳殿最为奢华，是皇帝举行大典和接待重要外国使团的地方。

东都宫城西面是上林西苑，又名会通苑，在今洛阳涧西一带。苑内引涧河汇水成海，周十余里，海中造蓬莱、方丈、瀛洲三神山，高出水面百余尺，台观殿阁布置在山上，风景非常壮观。缘渠作十六院，门皆临渠，堂殿楼观，极为华丽。为了引洛水入苑，宇文恺还修筑了形如偃月的月陂。

东都皇城名太微城，亦称南城、宝城，城中有 5 条南北向街道、4 条东西向街道，分列省、府、寺、卫、社、庙等建筑。

郭城称罗郭城，隋时仅筑有短垣，实测南北最长处 7312 米，东西最宽处 7290 米。全城纵横大街各 10 条，一般宽 41 米，把全城划分为“里一百三，市三”。

在营建东京时，“炀帝……以恺为营东都副监，寻迁将作大匠。恺揣帝心在宏侈，于是东京制度穷极壮丽。帝大悦之，进位开府，拜工部尚书。及长城之役，诏恺规度之。时帝北巡，欲夸戎狄，令恺为大帐，其下

[1]［宋］司马光:《资治通鉴·卷一百九十三·唐纪九》，中华书局，1976 年，第 6079 页。

宇文恺明堂设计方案推测模型

坐数千人。帝大悦，赐物千段。又造观风行殿，上容侍卫者数百人，离合为之，下施轮轴，推移倏忽，有若神功。戎狄见之，莫不惊骇。帝弥悦焉，前后赏赉，不可胜纪”[1]。

宇文恺营建宏侈的东京皇宫，博得了隋炀帝的欢心，进位开府，拜工部尚书。其间，宇文恺还受命在河南郡寿安县（今河南宜阳）营造显仁宫，“南接皂涧，北跨洛滨”，为此，曾“发大江之南、五岭以北奇材异石，输之洛阳；又求海内嘉木异草，珍禽奇兽，以实园苑”。[2]

607年六至八月，宇文恺跟随隋炀帝北巡。在此期间，他奉命修筑榆林至紫河一段长城，并创制大型帐篷“大帐”，“时帝北巡，欲夸戎狄，令恺为大帐，其下坐数千人”。[3]又造观风行殿，这是一种活动性宫殿建筑，上面为宫殿式木构建筑，可以拆卸和拼装；下面设置轮轴机械，可以

[1]［唐］魏征：《隋书·卷六十八·宇文恺》，中华书局，1973年，第1588页。
[2]［宋］司马光：《资治通鉴·卷一八〇·隋纪四》，中华书局，1976年，第5618页。
[3]［唐］魏征：《隋书·卷三·炀帝》，中华书局，1973年，第61页。

推移，“上容待卫者数百人，离合为之，下施轮轴，推移倏忽，有若神功。戎狄见之，莫不惊骇”[1]。还有行城，是一种板装并附有布屏的围城，“又作行城，周二千步，以板为干，衣之以布，饰以丹青，楼橹悉备。胡人惊以为神”[2]。

608 年，“帝无日不治宫室，两京及江都，苑囿亭殿虽多，久而益厌。每游幸，左右顾瞩，无可意者，不知所适。乃备责天下山川之图，躬自历览，以求胜地可置宫苑者。夏，四月，诏于汾州之北汾水之源，营汾阳宫”[3]。隋炀帝在两京及江都兴建大量苑囿亭殿，仍不满足，亲自游览胜地，筹建宫苑。

宇文恺还在明堂设计方面取得了重要成就。明堂原是周代朝廷的前殿，传说其形制是周公所立。593 年，隋文帝诏命礼部尚书牛弘等议定明堂制度，时任检校将作大匠的宇文恺献上明堂本样。隋炀帝继位之后，宇文恺又上“明堂议”及明堂木样，“及大业中，恺又造《明堂议》及样奏之。炀帝下其议，但令于霍山采木，而建都兴役，其制遂寝”[4]。宇文恺所上《明堂议表》附有建筑设计图和立体木制建筑模型。为完成此工作，他花费了大量的心血，“远寻经传，傍求子史，研究众说，总撰今图。其样以木为之，下为方堂，堂有五室，上为圆观，观有四门”[5]。从他所绘制的建筑图和据此制作的木制立体模型，可以推断已经利用比例关系绘制建筑图和制作立体建筑模型。

宇文恺在建筑学方面的著述有《东都图记》20 卷、《明堂图议》2 卷、《释疑》1 卷，但除《明堂图议》的部分内容保存在《隋书·宇文恺传》《北史·宇文贵传》《资治通鉴》等史籍中外，其他著作都已亡佚。

612 年十月，宇文恺卒于工部尚书之位，享年 57 岁。他是许多大型城市规划、建筑工程的总指挥、总设计师和总工程师。在宫殿建筑方面，

[1] [唐] 魏征:《隋书·卷三·炀帝》，中华书局，1973 年，第 61 页。
[2] [宋] 司马光:《资治通鉴·卷一八〇·隋纪四》，中华书局，1976 年，第 5632 页。
[3] [宋] 司马光:《资治通鉴·卷一八一·隋纪五》，中华书局，1976 年，第 5639 页。
[4] [唐] 魏征:《隋书·礼仪志》，中华书局，1973 年，第 122 页。
[5] [唐] 魏征:《隋书·卷六十八·宇文恺》，中华书局，1973 年，第 1593 页。

他为取悦帝王也劳民伤财。仁寿宫与东京的兴建工程，宇文恺虽是副职，但是实际的负责者。营造仁寿宫时，“役使严急，丁夫多死，疲顿颠仆，推填坑坎，覆以土石，因而筑为平地。死者以万数”，“时天暑，役夫死者相次于道，杨素悉焚除之”[1]。营建东京时，他“揣帝心在宏侈，于是东京制度穷极壮丽”[2]。“东京官吏督役严急，役丁死者什四五，所司以车载死丁，东至城皋（今河南荥阳），北至河阳（今河南孟县南），相望于道”[3]。

大明宫

唐代最著名的宫殿是大明宫，“大明”一词见于《诗经·大雅》中的《大明》篇，按《毛诗序》释意为：“文王有明德，故天复命武王也。周文王、武王相承，其明德日以广大，故曰大明。”

大明宫是唐朝的大朝正殿、政治中心和国家象征，位于唐京师长安北侧的龙首原，被誉为千宫之宫、东方圣殿，也是当时全世界最辉煌壮丽的宫殿群，其建筑形制影响了当时东亚地区的多个国家宫殿的建设。

大明宫始建于唐太宗贞观八年（634），原名永安宫，是唐长安城三座主要宫殿“三大内”（大明宫、太极宫、兴庆宫）中规模最大的一座，称为“东内”。自唐高宗起，先后有 17 位唐朝皇帝在此处理朝政，历时达 200 余年。

大明宫占地 3.2 平方千米，是明清北京紫禁城的 4.5 倍，唐昭宗乾宁三年（896），大明宫毁于唐末战乱。2010 年，西安市在大明宫原址建立大明宫国家遗址公园。2014 年 6 月 22 日，在联合国教科文组织第 38 届世界遗产委员会会议上，唐长安城大明宫遗址作为中国、哈萨克斯坦和吉尔吉斯斯坦三国联合申遗的“丝绸之路：长安—天山廊道的路网”中的一处遗址点成功列入《世界遗产名录》。

---

[1]［宋］司马光：《资治通鉴·卷一七八》，中华书局，1976 年，第 5539—5540 页。
[2]［唐］魏征：《隋书·卷六十八·宇文恺》，中华书局，1973 年，第 1588 页。
[3]［唐］魏征：《隋书·卷三·炀帝》，中华书局，1973 年，第 61 页。

大明宫复原图

大明宫地处长安城北郭城外，北靠皇家禁苑、渭水之滨，南接长安城北郭，西接宫城的东北隅。一条象征龙脉的山塬自长安西南部的樊川北走，横亘 60 里，到了这里，恰为“龙首”，因地势高亢，人称龙首原。大明宫前朝区占据龙首山的最高端，九一高地乃龙首山之主脉，龙头所在，“头高二十丈”，地势十分高亢。站在大明宫含元殿向南眺望，整个长安城尽收眼底。龙首原本为隋大兴城北的三九临射之地，内有观德殿，是举行射礼的地方，唐因袭这一功用。

634 年，居住在长安城北苑大安宫的太上皇李渊年事已高，监察御史马周上奏请为太上皇新建一座“以备清暑”的新宫，“以称万方之望，则大孝昭乎天下”。为表孝心，唐太宗李世民欣然批准，命人勘寻宫址，择定“龙首原”。堪舆完毕，浩大的新宫建设正式启动，即大明宫的前身永安宫。

大明宫的设计者史书没有记载。在大明宫营造期间，担任将作大匠一职的人，是声名显赫的大画家、《步辇图》的作者阎立本。将作大匠专门负责皇家工程设计和营造，《唐六典》卷二十三“将作监”载：“掌供邦国修建土木工匠之政令，总四署、三监、百工之官属，以供其职事。凡西京之大内、大明、兴庆宫，东都之大内、上阳宫，其内外郭、台、殿、楼、阁并仗舍等，苑内宫、亭，中书、门下、左右羽林军、左右万骑仗、十二闲厩屋宇等，……凡有建造营葺，分功度用，皆以委焉。”据此可以推断，大明宫的具体修建由“掌供邦国修建土木工匠之政令，总四署、三监、百工之官属”的将作监负责。

阎立本父子三人深谙工艺之学。父亲阎毗为隋朝的殿内少监，兄长阎立德曾先后担任唐朝的将作大匠和工部尚书，并设计了翠微宫、玉华宫以及唐太宗的昭陵。阎立德死后，阎立本继任其兄之职，任唐帝国的将作大匠，大明宫的设计者很可能是阎立本。大明宫的监造者是司农少卿梁孝仁。

634 年十月，新宫建设开始。起初大明宫取名为“永安宫”，意求太上皇李渊长永安泰。635 年正月，新宫更名为大明宫。五月，唐高祖李渊驾崩于长安大安宫寝殿内，大明宫建设随即中止。此次建设时间仅持续半年有余，按唐代殿堂营作，一般是先备料，后施工，石构件和木材的材质运输及砖瓦的烧制，都很耗费时间，还要避开农忙季节，且李渊病逝十余年间，不见有使用大明宫的记载，可以推测此次工程无多大建树。大明宫的基本格局并非在贞观时期形成。

唐高宗李治继位后，常年居住在太极宫内。一直体弱多病的他又患上了风湿病，史书载“风痹”。因太极宫地势低下湿湫，高宗不堪忍受疾病之苦，于是大明宫的修建再次提上日程。662 年，大唐举全国之力再兴土木，营建大明宫。唐代文学家李华《含元殿赋》云：“命征盘石之匠，下荆扬之材，操斧执斤者万人，涉碛砾而登崔嵬；择一干于千木，规大壮于乔枚。”由于皇帝的紧急需要，工程开展十分迅速，宋代王溥撰《唐会要》卷三十载：“（龙朔二年）六月七日，制蓬莱宫诸门殿亭等名，至（龙朔三年）二月二日，税十五州率口钱，修蓬莱宫，减京官一月俸，助修蓬莱宫，（龙朔三年）四月二十二日，移仗就蓬莱宫新作含元殿，二十五日，始御紫宸殿听政，百僚奉贺，新宫成也。”新宫修建仅用了 10 个半月的时

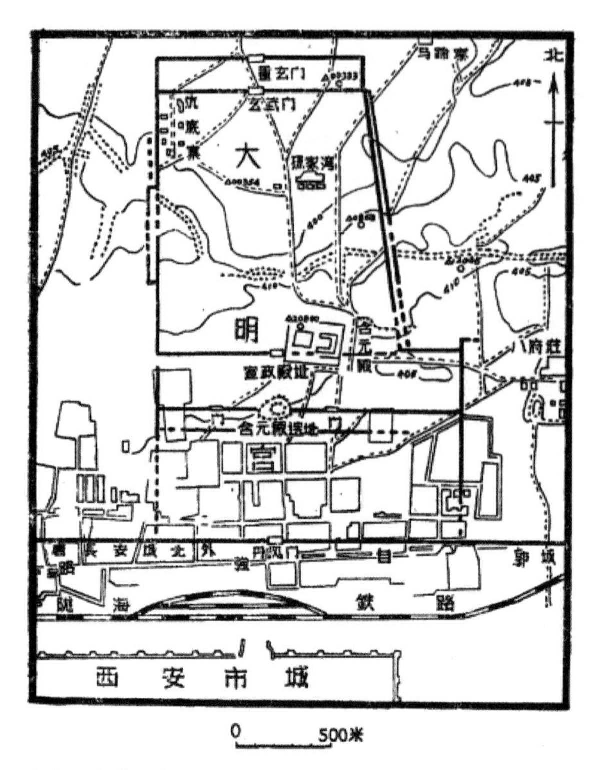

唐大明宫遗址位置图（引自马得志《唐大明宫遗址发掘简报》,《考古》1959 年第 6 期）

间。此次建设，奠定了大明宫的基本建筑格局。大唐皇室从太极宫迁入大明宫，开启了大明宫做为唐朝新的政治中心的序幕。

唐玄宗继位后，于 726 年决定移仗兴庆宫听政，为方便皇帝游走于大明、兴庆两宫之间，同年修建了夹城复道，北起大明宫东宫墙，南沿唐长安城东郭城墙，直抵兴庆宫，这使大明宫东宫墙 50 米外另添一堵城墙。

安史之乱后，唐朝财政窘迫、国库空虚、忙于平乱，无力承修浩大工程。803 年，含元殿迎来大修，历时 1 年多。唐宪宗登基，诏左神策军新筑夹城，在宫城北面置玄化门、晨辉楼；在宫城南门建福门外建设待漏院；扩建含元殿前朝堂、开含元殿西廊内便门，以通“宰臣自阁中赴延英路”，又修日华门、通乾门，以便朝臣出入内禁。817 年五月，在后宫太液池西侧建回廊四百间；同年又建西夹城，便于通往长安城西面修德坊内的兴福佛寺。唐穆宗修建“百尺楼”，引起朝臣不满，“内外多事，土木之工屡兴，物议喧然”。唐敬宗继位后，在大明宫中拆旧立新，建清思殿，“用铜镜三千片，黄、白金薄十万番”，并在清思殿前院开辟马球场，终日击球，乐此不疲。

880 年，黄巢率军攻入长安，与唐军交战 3 年，使得长安城“宫、庙、寺、署，焚荡殆尽”，大明宫也遭到极大破坏，此为大明宫所经的第一次焚毁。896 年七月，李茂贞的岐山军“犯京师，宫室间舍，鞠为灰烬，自中和（881）以来，葺构之功，扫地尽矣”，此为大明宫所经的第二次焚毁。901 年十一月，强藩朱全忠西入潼关，宦官韩全诲劫昭宗西去凤翔，然后“火焚宫城”。904 年，朱全忠下令彻底废毁长安城，此为对大明宫的第三次焚毁。此次给破败不堪的大明宫以致命一击，除一些体积较大、搬不动的砖石类建筑物以外，其余荡然无存。

大明宫利用天然地势修筑宫殿，形成一座相对独立的城堡。宫城的南部呈长方形，北部呈南宽北窄的梯形。宫城外的东西两侧分别驻有禁军，北门夹城内设立了禁军的指挥机关——“北衙”。整个宫域可分为前朝和内廷两部分，前朝以朝会为主，内廷以居住和宴游为主。

丹凤门是大明宫的正门南门，门前是宽达 176 米的丹凤门大街，丹凤门以北依次是含元殿、宣政殿、紫宸殿、蓬莱殿、含凉殿、玄武殿等组成的南北中轴线，宫内的其他建筑也大都沿着这条轴线分布。

含元殿、宣政殿、紫宸殿是大明宫三大殿，正殿为含元殿。宣政殿左右有中书、门下二省，以及弘文、弘史二馆。在轴线的东西两侧，各有一条纵街，是在三道横向宫墙上开边门贯通形成。

龙首山北面为后庭，引龙首渠水入城形成湖泊，即太液池。天子寝殿和便殿，大多被集中到了太液池东南的龙首山高地上；皇帝于后庭理政和宴请群臣的场所，被安置到了太液池西南岸的龙首山高地上。太液池北面，安插拾翠殿、跑马楼、斗鸡台等。麟德殿大约建于唐高宗麟德年间，位于大明宫北部太液池之西的高地上。此外有别殿、亭、观等 30 余所。

大明宫宫城共有 9 座城门，南面正中为大明宫的正门丹凤门，东西分别为望仙门和建福门；北面正中为玄武门，东西分别为银汉门和青霄门；东面为左银台门；西面南北分别为右银台门和九仙门。除正门丹凤门有 5 个门道外，其余各门均为 3 个门道。在宫城的东西北三面筑有与城墙平行的夹城，在北面正中设重玄门，正对玄武门。

含元殿是大明宫的正殿，居高临下，威严壮观，视野开阔，可俯瞰整座长安城，位于丹凤门以北、龙首原的南沿，是举行重大庆典和朝会之所，是当时唐长安城内最宏伟的建筑。主殿面阔 11 间，加上副阶为 13 间，进深 4 间，加上副阶为 6 间。在主殿的东南和西南方向分别有三出阙翔鸾阁和栖凤阁，各以曲尺形廊庑与主殿相连，整组建筑呈“凹”字形。主殿前是以阶梯和斜坡相间的龙尾道，表面铺设花砖。在龙尾道的前方还有一座宫门，左右各有横贯东西的隔墙。含元殿主要是举行大朝礼仪的场所。

宣政殿在含元殿正北，为皇帝临朝听政之所，称为“中朝”。殿前左右分别有中书省、门下省和弘文馆、史馆、御史台馆等官署。在殿前有三门并列的宣政门。宣政殿作为常朝的殿堂，是大明宫中轴线上三座主要朝廷主殿的核心，大唐许多重大历史事件和影响历史进程的诏令，都是从这里策划和发出。

紫宸殿位于宣政殿以北，为第三大殿，是大明宫的内衙正殿，皇帝日常的一般议事，多在此殿，故也称天子便殿，是三朝制中的内朝，“常日听朝而视事”的地方，群臣在这里朝见皇帝，称为“入阁”。依据古制，皇帝本应该在宣政殿议事，但由于“玄宗始以朔望陵寝荐食，不听政，其后遂以为常”，使得原本在朔望视朝的惯例，改在紫宸殿听政，皇帝在紫宸殿听政，而百官在宣政殿外俟旨，听候传唤。

紫宸殿东有浴堂殿、温室殿，西有延英殿、含象殿，东西并列，是皇帝日常活动之所。紫宸殿北有横街，街北即后妃居住的寝殿区。

大明宫的北部为园林区，建筑布局疏朗，形式多样。紫宸殿以北为太液池，又名蓬莱池，池内偏东处有一土丘，称蓬莱山。池的沿岸建有回廊，附近还有多座亭台楼阁和殿宇厅堂。麟德殿位于大明宫的西北部，是宫内规模最大的别殿，也是唐代建筑中形体组合最复杂的大建筑群。建于高宗麟德年间，是皇帝宴会、非正式接见和娱乐的场所。唐代皇帝经常在这里举行宫廷宴会、观看乐舞表演、会见来使的活动，唐代宗曾在此一次欢宴神策军将士 3500 余人。史载在麟德殿大宴时，殿前和廊下可坐 3000 人，并表演百戏，还可在殿前击马球。大明宫内有三清殿、大角观、玄元皇帝庙等道教建筑。三清殿位于宫城的东北隅，台上是楼阁式建筑，为大明宫宫苑区最高的建筑。

自唐高宗开始大明宫成为国家统治中心历时 200 余年，唐代很多历史事件都发生在这里。整座宫殿规模宏大、格局完整，堪称中国宫殿建筑的巅峰之作。大明宫是中国古代以主要宫殿建筑轴线为中心对称布局结构的杰出典范，中国建筑艺术体系发展的高峰。在建筑艺术风格上，大明宫含元殿、麟德殿、宣政殿、紫宸殿、三清殿等体量巨大的建筑物，营造出了壮阔辉煌、庄严肃穆的氛围，雄浑、阔大、质朴、真实的特点，开创了“前朝后苑、三大殿制、左中右三路”的总体布局方式。大明宫沿中轴线对称，左中右三路的布局方式，成为后世宫殿遵循的基本布局。在建筑技术上，大明宫解决了木构架建筑大面积、大体量的技术问题，标志着唐代宫殿木构架建筑趋向于定型化。

唐大明宫遗址地跨西安市未央、新城两区，南部呈长方形，北部呈梯形，周长 7.6 千米，总面积约 3.2 平方千米。1957—1962 年，考古工作者第一次画出了唐大明宫遗址的平面图，测定大明宫的遗址范围为 3.5 平方千米。1957—1958 年年底基本将宫城的范围和形制勘探清楚，并发掘了部分宫城、城门和宫殿的遗址。大明宫内的宫殿、楼、阁、亭、台等多至数十所，但它们的位置除含元殿还可清楚的辨识外，其余殿址在地面上已无遗迹可寻。

大明宫遗址有丹凤门、含元殿、麟德殿、大福殿、凌霄门、玄武门、重玄门、三清殿、清思殿、太液池、官署等多处。

大明宫官署遗址

1963—1994 年，考古工作者进一步了解大明宫遗址内部具体的建筑遗址特点、具体位置、建筑方面保存情况等，麟德殿考古就是在这一阶段进行的。1995—1996 年，对唐大明宫含元殿遗址进行勘察发掘，发掘面积达 27000 平方米，对含元殿的柱网布置、大台形制、龙尾道位置、建殿时的砖瓦窑址、殿前广场、含元殿与朝堂的相对位置等问题建立了新的认识。经过勘探，含元殿殿前东西两侧有翔鸾、栖凤二阁和通往平地的龙尾道。实测殿夯土台基高 3 米多，东西长 75.9 米，南北宽 42.3 米，面阔 11 间，进深 4 间，各门宽 5.3 米，此殿是大明宫的正殿。在台基东西两旁各有一条廊道遗迹，分别伸向东边的翔鸾和西边的栖凤二阁。宣政殿南距含元殿 300 米，向北至紫宸殿 70 余米，这三个殿址南北成一条直线。此外，在紫宸殿以东和太液池的南岸附近，还探得殿址 20 处及墙基等多处。[1]

2014 年 10 月，考古队首次在大明宫发现了官署遗址。据史书记载，中书省和门下省分布在宣政殿前东西两侧，而此次发掘的区域位于宣政殿

[1] 马得志:《唐大明宫发掘简报》,《考古》, 1959 年第 6 期。

西侧，专家推测有可能就是三省之一的中书省。在对官署遗址的发掘中，专家发现了几百件文物，以建筑构件为主，比如莲花瓦当、莲花方砖、青棍筒瓦、长条手印砖等，还有当时官署用的碗、碟、白瓷碗、黑釉瓷注壶等。

兴庆宫

兴庆宫，位于唐长安城东门春明门内，属于长安外郭城的兴庆坊（隆庆坊），原系唐玄宗李隆基当藩王时，与其兄宋王等同住在长安繁华地带东市附近并有园林景胜的隆庆坊，号称“五王子宅”。

712 年，李隆基继位，是为唐玄宗（唐明皇），为避其名讳而将隆庆坊改名兴庆坊。714 年，将其同父异母的四位兄弟的府邸迁往兴庆坊以西、以北的邻坊，将兴庆坊全坊改为兴庆宫。720 年，在兴庆宫西南部建成花萼相辉楼和勤政务本楼。726 年，兴庆宫建造朝堂并扩大范围，将北侧永嘉坊的南半部和西侧胜业坊的东半部并入。728 年，经扩建正式成为听政之所，李隆基开始移驾兴庆宫听政，至此兴庆宫正式脱离离宫的身份而成为“南内”，为长安城三大内（太极宫、大明宫、兴庆宫）之一，并成了唐开元中后期和天宝时期的政治中心所在。732 年，在外郭城东垣增筑了一道夹城，使得皇家可以从兴庆宫直接与大明宫、曲江池相通。后来在兴庆宫南侧又增筑了一道夹城。732—736 年，向西扩建花萼相辉楼。751 年，在兴庆殿后增建交泰殿。753 年，维修宫垣。

安史之乱后，兴庆宫失去了政治活动中心的地位，成为太上皇或太后闲居之所，大多数时间为太后及后宫妃嫔常驻之地。唐末长安城被毁，兴庆宫从此被废弃。

唐玄宗继位之初，标榜廉洁、勤俭，所以这一时期在兴庆宫建造的几座宫殿与大明宫相比，规模并不大。兴庆宫历经扩建，宫城占地南北长 1250 米，东西宽 1080 米，总占地达 2016 亩（约 1.3 平方千米）。

兴庆宫平面为长方形，布局一反宫城布局的惯例，将朝廷与御苑的位

兴庆宫勤政务本楼复原图

置颠倒过来，由一道东西墙分隔成北部的宫殿区和南部的园林区。

兴庆宫四周共设有 6 处城门，正门兴庆门在西垣偏北处，西垣偏南有金明门；东垣与兴庆门相对为金花门，东南隅为初阳门；北宫垣居中为跃龙门；南垣居中外垣为通阳门、内垣为明光门。

兴庆宫殿建筑群位于兴庆门内以北，建筑群坐北朝南，前部有大同门，门内左右为钟、鼓楼，其后为大同殿，再后为正殿兴庆殿，最后为交泰殿。北门跃龙门内中轴线上，正殿为南薰殿，宫城东北部有新射殿、金花落等建筑。南部的园林区以龙池为中心，池东西长 915 米，南北宽 214 米，池东北岸有沉香亭和百花园，南岸有五龙坛、龙堂，西南有花萼相辉楼、勤政务本楼等。

1957 年，考古人员对兴庆宫做了比较全面的考古勘察。1958 年年初，进行了以西南部建筑遗址为主的发掘，配合“兴庆宫公园 7 座建筑遗址。文献所记花萼相辉楼、勤政务本楼等大概就分布在这一带。相传龙池中曾大量种植荷花、菱角和各种藻类隐花植物，池南岸还种有可解酒性的醒醉

兴庆宫公园

草。东宫垣东侧有夹墙复道与大明宫、芙蓉园相通。宫内出土装饰瓦件种类甚多，仅莲花纹瓦当即有 73 种，又有黄绿两色琉璃滴水。1958 年，为配合交通大学整体西迁长安，在兴庆宫遗址上修建成当时西安最大的公园——兴庆宫公园。

兴庆宫 1 号遗址是勤政务本楼，兴庆宫的主要楼阁之一，于 720 年修建，在兴庆宫西南隅，花萼相辉楼之东。遗址在今陕西西安市兴庆公园内。唐玄宗劳遣哥舒翰及应制举人，尝御此楼。楼前有柳，白居易《勤政楼西老柳》诗云："开元一株柳，长庆二年春。"杜牧《过勤政楼》诗云："千秋佳节名空在，承露丝囊世已无。唯有紫苔偏称意，年年因雨上金铺。"

考古工作者从遗址和文献记载考订，兴庆宫 6 号遗址规模宏大，规格很高，占地面积最广，地基也最高，它就是 736 年兴庆宫扩宫后重建了的花萼相辉楼。这是一座多层高楼，楼体接近方形，周围窗窗相连，四周筑有轩槛，以供登临周览，登楼的阶梯设于内部。花萼相辉楼遗址的南部，是一片东西长 40 米、南北宽 35 米的空地，这就是供表演用的广场，同时对宫庭起着防卫保护作用。

华清宫

华清宫，皇家温泉离宫，在今陕西省西安市临潼区骊山北麓。华清宫因建于骊山绣岭上下，亦名绣岭宫；又因宫在池上，也叫华清池。华清池温泉共有4处泉源，水温常年稳定在43℃左右。4处水源中的1处发现于西周，另外3处是1949年后开发的。发现于1982年的御汤遗址是华清池景区内重要的历史遗迹之一。

华清宫的历史，可上溯至五六千年前新石器时代仰韶文化的姜寨遗址和商代“骊戎国”，西周时，骊山修建有供周王游幸的离宫别馆“骊宫”，周幽王为博宠妃一笑而“烽火戏诸侯”的故事就发生在这里。华清池温泉泉源附近发现有多处周代遗迹，水源附近还发掘出周代直径42厘米的绳纹陶管道，为“骊宫”的存在提供了实物证据。那时的汤泉建设还比较粗陋，“上无尺栋，下无环堵”，沐浴时可见星辰，故名“星辰汤”。

秦襄王时，骊山西麓塬坡地被选为王室陵园即“芷阳”，又称作“东陵”。秦始皇在骊山温泉进行了大规模的宫殿建设活动，“始皇初，在骊山温泉，砌石起宇，名骊山汤”，并修了连接都城咸阳和骊山的“阁道”，主要是沟通京师和始皇陵，但也连通“骊山汤”。今华清池五间厅荷花池之北，残存一梯形带状台基，历代传为秦骊山阁道旧址。20世纪末，考古工作者在华清池唐文化层下发现了秦代汤池、殿基等遗迹，出土有木擦条、木门、条砖、筒瓦、板瓦等大量建筑实物，瓦片上的“频阳”陶文，证实了“骊山汤”的存在。由于出土遗物与秦东陵出土器物相似，说明“骊山汤”在秦始皇之前可能已经存在，秦始皇时又加以增广扩建。秦代封泥中还有“东苑压印”，有学者推测围绕骊山汤东西两侧可能都建有秦王室离宫、陵园、陵邑，围绕骊山还建立了禁苑，并修有阁道与咸阳相通。

汉武帝时大兴土木，秦“骊山汤”成为上林苑的一部分并且重修扩建，东汉班固《汉武故事》云：“初始皇砌石起宇，至汉武帝时又加修饰焉。”考古工作者在唐华清宫遗址下，发现大量汉代绳纹板瓦、筒瓦堆积及各种进排水管道等，其中有汉代圆形纹方砖和带有“无极”“未央”等汉代常用吉祥语的瓦当、汉陶瓶及其他木质建材，证实汉“骊山汤”的真实存在。还发掘出秦汉“骊山汤”池及其周围相应的供水、排水、宫殿等建筑设施。

“春寒赐浴华清池，温泉水滑洗凝脂”，唐代诗人白居易《长恨歌》中的这两句诗，让人们知道了华清池也即华清宫。

北魏宣武帝延昌二年（513），雍州刺史元苌游览骊山，在《温泉颂》中描述了其看到的温泉，“骊山汤”已经变成了“上无尺栋，下无环堵”，于是他筹措资金，组织工匠“剪山开障，因林构宇”，重修骊山温泉。

北周武帝宇文邕认为骊山温泉天然美景绝佳，但缺乏与之相配的人工建筑，且残败不雅观，有失尊严，于569年诏令雍州牧宇文护在骊山温泉重新修建皇家离宫，工程很快完工，中心建筑温泉汤池被称为“皇堂石井”，唐代梁载言在《十道志》中记载：“泉有三所，其一处即皇堂石井。后周宇文护所造。”

619年，唐高祖李渊在骊山温泉离宫设置太元观，设置太元观可能只是整体建设活动的一项工程，那时应该还会伴随有对骊山温泉离宫的整体建设。正史记载，唐高祖驾幸骊山温泉离宫至少2次，唐太宗李世民驾幸骊山温泉离宫7次。644年唐太宗又一次游幸骊山温泉，下诏左卫大将军姜行本、将作阎立德修缮扩建宫殿和汤池，开始了唐代第一次大规模的扩建工程，还专门修建了皇帝的御汤“星辰汤”，并赐名骊山温泉离宫为“汤泉宫”。唐太宗为此还亲书《温泉铭》并刻碑记述此事。这次扩建工程还修建了供太子沐浴的太子汤，有可能还同时修建了梨园。《长安志》记载，671年唐高宗改“汤泉宫”名为“温泉宫”。唐高宗、唐中宗和唐睿宗都曾驾幸骊山温泉离宫。

据《旧唐书》《新唐书》《资治通鉴》记载，随着开元前期的政权逐渐稳固，开元十一年（723）冬季唐玄宗即开始了对骊山温泉离宫的又一次大规模扩建，新建了唐玄宗的专用沐浴汤池莲花汤，修缮扩建了星辰汤，并因修建莲花汤而拆除了前代修建的太子汤。还新建了尚食汤、宜春汤、御书亭、少阳汤。[1]唐玄宗在位 44 年，游幸华清宫达 49 次，创历代帝王游幸骊山离宫之最。从开元二十八年（740）十月唐玄宗初遇杨贵妃，到天宝四年（745）年册封其为贵妃之前，政局稳定，经济繁荣，国势日隆，唐玄宗开始消极怠政，游幸华清宫次数开始增多，停驻时间也变长，华清宫的营建活动也相应增加。742 年十一月，改骊山为会昌山。这一年还新建了著名的长生殿，并对宫室进行了扩建和改建。

从 745 年册封杨贵妃到安史之乱，华清宫几乎成了唐王朝的另一个政治中心，唐玄宗在此停驻的时间更长，有时长达 96 天。746 年，华清宫开始了再一次的大规模建设，由房琯总负责，《新唐书·房琯传》："天宝五载……时玄宗有逸志，数巡幸，广温泉为华清宫，环宫所置百司区署。以琯资机算，诏总经度骊山，疏岩剔薮，为天子游观。"此次修建，华清宫的规模和景致都达到了极致。

740—746 年，专为杨贵妃沐浴而建海棠汤。747 年，唐玄宗取左思《魏都赋》中"温泉毖涌而自浪，华清荡邪而难老"之意，改"温泉宫"名为"华清宫"，其后对华清宫又进行了扩建。《新唐书》卷三十七载："宫治汤井为池，环山列宫室，又筑罗城，置百司及十宅。"瑶光楼也在这一年建设。

唐代华清宫处于骊山西绣岭北麓，由山前昭应县城、山脚华清宫城、山上骊山禁苑三部分合并而成，临、潼二水和西绣岭东、西、南三面山脊沟壑构成其外围的自然屏障，内有缭墙、宫墙和昭应城墙围合，外有复道通向长安，规模庞大，布局严谨，鳞次栉比，富丽堂皇，气势恢宏。

唐玄宗时华清宫豪华宏大，占地达 1300 余亩（约 0.87 平方千米）。据统计，唐华清宫共建造有六门、十殿、四楼、二阁、五汤、六园和百官衙署、公卿府第，并将温泉置于宫室之中，所有宫殿建筑都部署在宫城内

[1] 李宗昱：《唐华清宫的营建与布局研究》，陕西师范大学硕士学位论文，2011 年。

及宫城与缭墙之间。骊山上下及唐华清宫外围周边，排布有各种游乐赏玩和祭祀衬景功能区及百官公卿私宅，还建有朝堂、宗庙、祭祀等各种功能性建筑，具备了临时国都的性质。唐华清宫尽有河山之胜，山上山下，缭墙内外，各种功能性建筑群鳞次栉比、富丽堂皇。

华清宫宫城是帝王嫔妃日常生活、沐浴、娱乐之处，还具有政治、礼仪、祭祀功能，外有宫墙围护，东、西、南、北四面都有宫门，宫城内又以院墙分隔成院落，院落内置温泉总源及各类汤池殿宇，院落之间通过院门贯通。宫城总体呈东西顺长、北宽南窄的梯形，东、西、南三面各有两道宫墙，与北宫墙围合成内外两重宫城，宫城以内以宫墙分隔为东、中、西三个院落。

中院处于津阳门与昭阳门的轴线上，由北至南分成津阳门南广场、前区、后区、昭阳门北广场四部分，主要建筑有津阳门、后殿、前殿、少阳汤、尚食汤、宜春汤和昭阳门，以前殿为中心中轴对称布局，是帝王发号施令、处理国家大事和日常办公的场所。东院由北至南分成前、中、后三区，主要建筑有瑶光楼、梨园和小汤、飞霜殿、莲花汤、海棠汤、太子汤、星辰汤和玉女殿及温泉总源所在的虚阁，是帝后沐浴、娱乐和日常居住生活的地方。西院由北而南也分成前、中、后三区，主要建筑有七圣殿、果老药堂、顺兴影帐、功德院、瑶坛、羽帐、长汤十六所和筝殿，主要是祭祀、道教作功及嫔妃宫人沐浴、娱乐和日常生活的场所。三个院落之间通过前后殿之间的日华门和月华门贯通。

温泉沐浴为核心的沐浴功能，是华清宫宫城布局基础，其沐浴汤池殿宇建筑有星辰汤、莲花汤、海棠汤、太子汤、尚食汤、宜春汤、小汤、长汤等，各汤池的供排水自成系统，有机联系又互不干扰，便于施工、维护、修整。温泉总源处于西绣岭山坡上，为将泉源置于宫城之内，改变了传统规整的筑城模式，顺应地形修筑宫墙。为便于充分利用温泉资源，各种沐浴汤池都围绕并靠近泉源的西南地势低处布置，重要汤池和等级较高的汤池距离泉源更近。唐玄宗为了装饰汤池，命安禄山在范阳各地，搜集白玉石雕刻成鱼、龙、凫、雁等各种造型；在宫中设置长汤屋数十间，用文石金银装饰漆木船，船上楫橹皆镶嵌珠玉。在汤池中用不计其数的丁香花等各种花草叠摞成山，以作瀛洲仙山。装饰最为华丽的，便是玄宗所用的莲花汤和杨贵妃所用的海棠汤。海棠汤为石砌两层台式，近似椭圆形，外边呈八瓣花式，酷似海棠花。汤池的设计符合人体尺度和生理特点，是功能和形态的完美结合。1982—1995 年，考古发掘共清理出了星辰汤、尚食汤、太子汤、莲花汤、海棠汤、宜春汤等 8 个浴池建筑遗址。其中，形似海棠花的海棠汤即被称为贵妃池，是杨贵妃沐浴的场所。建于贞观十八年（644）的星辰汤是唐太宗沐浴之地，是目前国内发现的最大的皇帝御用汤池。位于室外的太子汤乃与星辰汤同期修建，曾是李承乾、李治、李显、李旦、李隆基等人的沐浴场所。

华清宫中丝竹盛。梨园本为长安禁苑内培养音乐人才的教坊，因栽种梨树较多而得名，梨园是属于宫内的附属建筑物，处于东院前区，与西院七圣殿大概对称的位置，上升为宫城的一个重要建筑群，而且配置小汤作为梨园弟子的专用沐浴汤池。唐玄宗通晓音律，常与梨园弟子一起演奏作乐。琵琶、羯鼓等均为玄宗擅长的项目，他更创作了《霓裳羽衣曲》《得宝子》《龙池乐》等名曲。

唐华清宫的布局特点是规模宏大、气势恢宏，以温泉及沐浴为核心进行布局强化政治、礼仪功能，以道教为主的宗教色彩浓厚，有类似京都郭城的昭应县城，布局灵活自由与中轴对称相结合，周边还分布大量私家园林。华清宫有多种类型宫殿建筑，如朝元阁、老君殿、老母殿、前殿、后殿、津阳门、飞霜殿、七圣殿等。景观和园林建筑有观风楼、宜春亭、重明阁、斗鸡殿、逍遥殿、百僚亭、钟楼、望京楼、翠荫亭、揭鼓楼、红楼、飞阁、飞桥、看花亭、粉梅坛等。道教等宗教建筑有七圣殿、朝元阁、老君殿、老母殿、长生殿、四圣殿、太玄关、白鹿观、石瓮寺等。

从 1982 年到 1995 年，唐华清宫的考古勘查先后进行了 15 期大规模清理发掘。唐华清宫考古发掘的遗址和遗存有新石器时代仰韶文化的遗存和沐浴汤池遗迹西周时代的遗迹，尤其是蝇纹陶管秦汉汤池建筑遗址、唐华清宫沐浴汤池建筑、朝元阁、老君殿、梨园、缭墙、宫墙、昭应县城墙遗存和遗址等唐以后的遗址和遗存。华清宫的殿基和建筑材料出土，提供了宫殿建筑大小、形制、结构等的具体尺寸和装饰配件的实际数据，为唐代宫殿建筑技术研究提供了实证。

朝元阁遗址，位于陕西省西安市临潼区骊山西绣岭第三峰峰顶北端。从 2018 年开始，陕西省考古研究院对朝元阁遗址开展发掘工作，已发掘面积 1550 平方米，全面揭露了夯土高台、主体建筑、东西踏道、廊房等，厘清了遗址的层位关系，发现了叠压在唐代遗址上方的晚期建筑基址，探明唐代夯土的范围与深度，清理出残存的唐代建筑木构件，并对遗址开展了航空测绘、激光扫描等精细测绘工作。

考古发掘证实，朝元阁为唐代华清宫骊山禁苑内规模最大的建筑群，是迄今为止发现的唯一的唐代高台建筑遗址，盛唐皇家建筑设计最高水平的代表。朝元阁是华清宫主要建筑之一，结构复杂，整体建筑应该至少有三层屋檐。天宝二年（743），尊崇道教的唐玄宗建朝元阁。依山而建，是

朝元阁遗址

骊山上规模最大的建筑，供奉玄元皇帝（老子）、唐高祖、唐太宗、唐高宗、唐中宗、唐睿宗等皇帝画像。安史之乱后，朝元阁逐渐荒废，后晋天福年间，朝廷将朝元阁赐于道教。朝元阁最晚至北宋开宝三年（970）彻底塌毁，此后北宋、元初分别在原址上进行了两次重建。

通过发掘，考古工作者判断出，唐代朝元阁利用山顶原有地貌削岩填坡，修整成一座现存高度达 6 米的夯土高台，以高台为中心布置主体建筑、东西踏道、北廊房、东西廊房、西侧附属廊房五个部分，构成高低起伏、檐牙交错的复杂形制。通过发掘，朝元阁遗址的空间布局、构件形制、施工方法等已得到清晰揭示，其整体建筑应该至少有三层屋檐。由于保存情况良好，朝元阁遗址出土了中原罕见的地栿、壁柱等唐代建筑木构件，揭示诸多特殊的构造做法，为研究盛唐时期的木建筑技术提供了无可替代的实物资料。

朝元阁遗址中出土了刻印“北六官泉”和“六官泉南”的唐代铭文板瓦。主持过华清宫考古发掘的骆希哲先生认为，所谓“六官泉”，是天宝六年（747）官窑烧制用于温泉宫的省称，北、南表示方位。由此可证朝元阁在天宝六年（747）开展过一次规模较大的营建活动。

阎立德

阎立德（596—656），名让，字立德，雍州万年（今陕西西安）人。唐代著名建筑家、工艺美术家、画家。

阎立德出身贵族世家，其父阎毗是有名的工艺学家、建筑学家，修筑了隋朝运河从洛口到涿郡的一段。阎立德擅长描绘人物、树石、禽兽，是与弟弟阎立本齐名的大画家。629 年，东蛮谢元深到长安朝觐，阎立德奉诏画《王会图》记其事。641 年，唐太宗李世民命文成公主赴吐蕃与松赞干布联姻，阎立德绘《文成公主降番图》。阎立德所绘《古帝王图》，描绘了汉代至隋代的 13 位帝王，是中国古代肖像画的经典作品。

唐太宗的昭陵工程，是阎立德的皇宫建筑代表作。昭陵平面布局仿照唐长安城建制设计，其陵寝居于陵园的最北部，相当于长安的宫城，可比拟皇宫内宫。在地下是玄宫，在地面上围绕山顶堆成方形小城，城四周有四垣，四面各有一门。

阎立德画像

昭陵的建筑设计，根据宋敏求《长安志图》记载："以九嵕山山峰下的寝宫为中心点，四周回绕墙垣，四隅建立楼阁，北为玄武门，南为朱雀门，周围12里。"在主峰地宫山之北面，是内城的北门玄武门，设置有祭坛，紧依九嵕山北麓，南高北低，以五层台阶地组成，愈往北伸张愈宽，平而略呈梯形，在南三台地上有寝殿、东西庑房、阙楼及门庭，中间龙尾道通寝殿，是昭陵特有的建筑群。

昭陵玄宫建在山腰南麓，穿凿而成。玄宫深75丈（250米），石门五道，中间为正寝，是停放棺椁的地方，东西两厢排列着石床。床上放着许多石函，里面装着殉葬品。墓室到墓口的通道上，用3000块大石砌成，每块石头有2吨重，石与石之间相互铆住。据《旧五代史·温韬传》载，"宫室制度闳丽，不异人间"，陵墓的外面又建造了华丽的宫殿，苍松翠柏，巨槐长杨。在主峰地宫山之南面，是内城正门朱雀门，朱雀门之内有朝拜祭献的献殿，献殿重檐九间，屋脊高达10米以上。

昭陵司马门内列置了十四国君长的石刻像：突厥的颉利、突利二可汗，阿史·那社尔、李思摩、吐蕃松赞干布，高昌、焉耆、于阗诸王，薛延陀、吐谷浑的首领，新罗王金德真，林邑王范头黎，婆罗门帝那优帝阿那顺等。

昭陵祭坛东西两庑房内置有六匹石刻骏马浮雕像，据说也是阎立德和阎立本兄弟画家起图样，由筑陵石工中的高手雕镌而成。石刻中的"六骏"是李世民经常乘骑的六匹战马，它们既象征唐太宗所经历的最主要六大战役，也是表彰他在唐王朝创建过程中立下的赫赫战功。六匹骏马的名称：一是飒露紫，二是拳毛䯄，三是青骓，四是什伐赤，五是特勒骠，六

“昭陵六骏”之“飒露紫”

是白蹄乌。六骏中的“飒露紫”和“拳毛䯄”两石，于1918年被当时我国的古董商卢芹斋以12.5万美元卖到国外，现藏于美国费城宾夕法尼亚大学博物馆，其余四石现藏于陕西西安碑林博物馆。

《新唐书·阎立德传》中叙述了他的辉煌建筑业绩：“贞观初，历将作少匠、大安县男。护治献陵，拜大匠。文德皇后崩，摄司空，营昭陵，坐弛职免。起为博州刺史。太宗幸洛阳，诏立德按爽垲建离宫清暑，乃度地汝州西山，控汝水，睨广成泽，号襄城宫，役凡百余万。宫成，烦燠不可居，帝废之，以赐百姓，坐免官。未几，复为大匠，即洪州造浮海大航五百艘，遂从征辽，摄殿中监，规筑土山，破安市城。师还，至辽泽，亘二百里，淖不可通，立德筑道为桥梁，无留行。帝悦，赐予良厚。又营翠微、玉华二宫，擢工部尚书。”

阎立德是工匠世家，其父阎毗在隋朝任殿内少监。阎立德和弟弟阎立本都是艺术巨匠。唐高祖李渊初年，阎立德在秦王李世民府上任职，随军平定洛阳，升任尚衣奉御，制作皇帝、后妃、朝臣的服饰。唐太宗贞观初年，他历任将作少匠、大安县男。阎立德监造唐高祖的献陵，任命为将作大匠。唐太宗的文德皇后长孙氏逝世，阎立德任代理司空，建造昭陵，因延误期限获罪免职。后起用为博州刺史。唐太宗李世民巡视洛阳，命令阎立德按照明亮干燥的要求建造离宫避暑，于是他在汝州西边的山上测量地基，临近汝水，斜对广成泽，名叫襄城宫，耗役工费上百万。襄城宫建成后，烦躁闷热，唐太宗放弃不住，赏赐给了朝廷官员，阎立德因此获罪免职。没过多久，阎立德又复出任将作大匠，到洪州制造航海大船五百艘，随军征讨高丽，代理殿中监职务，筹划筑起土山，攻克了安市城。班师回朝时，走到辽泽，连绵两百里全是泥沼，不能通行，阎立德筑路架桥，没有耽误行军，受到唐太宗褒奖。

阎立德还主持建造、改建了另外两座离宫并升任工部尚书：一座是距长安 10 余千米、秦岭山中的翠微宫；另一座是在桥山（黄帝葬处）山脉南段山谷之中的玉华宫，这座离宫于高祖武德七年（624）修建，初名仁智宫，贞观二十一年（647）扩建，改名玉华宫，唐太宗常在此避暑。649 年，唐太宗驾崩于翠微宫，阎立德又任代理司空，主持昭陵的营建事务，凭功劳进封大安县公爵号。654 年三月，唐高宗李治游幸万年宫。654 年，唐高宗李治率领一班大臣前往麟游西天台山修在半山腰上的万年宫，让阎立德留守长安，带领四万名工匠修治京城。阎立德去世后，被追认为吏部尚书、并州都督，并被恩准葬在他自己设计督造的昭陵墓地。

第八章 两宋柔雅

北宋张择端《金明池争标图》，天津博物馆藏

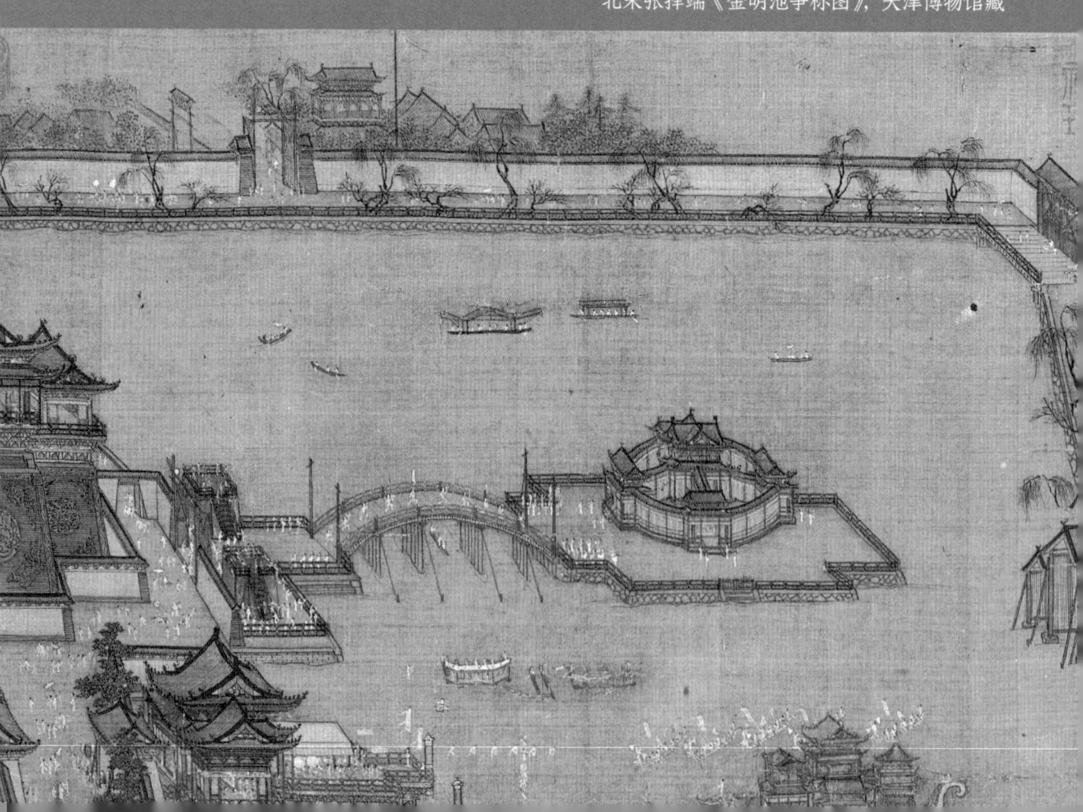

两宋（960—1279）时期，手工业与商业发达，促使建筑水平也达到了新的高度。宋代建筑的殿堂、寺塔装饰上多用彩绘、雕刻及琉璃砖瓦等，油漆在这一期开始大量使用，建筑构件也开始趋向标准化。此时的宫殿建筑，体量较唐时较小，细部装饰增加，注重彩画和雕刻，喜用稳重而单纯、清淡高雅的色调，总体给人以柔丽秀雅的印象。

北宋画家张择端的《金明池争标图》描绘了北宋汴京金明池水戏争标的场面，分别细致绘有“临水殿”“宝津楼”“棂星门”“仙桥”“五殿”“奥屋”等主要建筑物。图中皇家殿、台皆建于高出水面的两层台基上，苑墙围绕，池中筑“十”字平台，台上建圆形殿宇，有拱桥通达左岸。左岸建有彩楼、水殿。

汴梁，即今开封。北宋汴梁的皇宫仿照洛阳宫殿的模式在五代旧宫基础上建造，前身是唐代汴州宣武军节度使的使衙署。宋太祖赵匡胤登基后，马上大力扩建，超越原有建筑的规模。宫城周界长大约 5 里（2.5 千米），南面建有三门，分别为宣德门、左掖门和右掖门。宫城东西各有东华门与西华门，北有拱宸门。宫城从南至北，分为外朝区、内廷区西部、内廷区东部与后院。外朝区位于城南，有大庆殿群组、文德殿群组、紫宸殿群组、政事堂—枢密院建筑群、西南区与东南区。内廷区西部是皇帝生活的地方，而内廷区东部为太子居住的地方。城北的后院是皇家的园林。皇宫布局模式多采用“工”字殿型制度，一般都沿着一条中轴线安排，建筑群核心的大殿有“凸”字形台基，殿后有阁，两旁有挟殿，挟殿通往四周的走廊。宫内设立钟楼鼓楼。北宋后期在皇城北边建延福宫。

临安，即今杭州。临安的宫城，早在北宋时就开始经营了，当时以临安为南京。南宋的宫室最初较为简易，偏安日久，遂不断修葺、增建宫室。南宋皇宫的正门为丽正门，宫中正殿为崇政殿，又名大庆殿，是举行大典、大朝会之所。崇政殿东西两侧设朵殿，是皇帝举行仪式前休息之所，后改为延和殿，供皇帝便坐视事。垂拱殿是皇帝处理日常政务、召见大臣的地方。紫宸殿用作皇帝祝寿的场所。集英殿则是策试进士的地方。内朝宫殿有 10 余座。勤政殿、福宁殿是皇帝的寝殿。慈宁殿、慈明殿是皇太后起居的殿宇，仁明殿、慈元殿等数座宫殿为皇后、嫔妃所居。内朝除宫殿外，堂、阁、斋、楼、台、轩、观、亭，星罗棋布。

金海陵贞元三年（1155）五月，北宋开封故宫被一场大火焚毁。1158年十一月，金开始重建开封皇宫，1161年落成。金在北宋皇城加延福宫的范围内重建皇城，金皇宫大庆殿部分的布局与宋皇宫差不多，但往北将宋代的“禁中”移到皇城中轴线上，并适应战争政策的需要，在“禁中”外面重新建造了一座五里宫城。

宋代商品经济的发达、城市市民社会的兴起以及战争因素，客观上促成了宫殿建筑的变革。学者郭黛姮在论文《伟大创造时代的宋代建筑》中指出了宋王朝宫殿建筑的新特征。

在这个时代，皇室御用的宫殿、陵墓，无论是建筑之宏伟性还是格局的完整性，均逊于汉唐，但其在某些方面却改变了传统做法，成为新一代之模本。如北宋东京宫殿系用后周旧宫，经过迁建、改造完成了外朝、内廷、东宫、后苑等几部分的建置，但毕竟由于周围地段迫狭，不能呈现宫殿在城市中的主体地位。同时，为了满足皇室重大礼仪活动的需要不得不改造宫前道路，经过整饬后，出现了“自宣德门一直南去，宽二百余步”的御街，……这本属权宜之计，但从此却开创了“御街、千步廊”制度，成为后世宫殿仿效的楷模。南宋宫殿利用杭州州治，因地处城南凤凰山，只好以北门与城市主干道相接，但宫殿礼仪活动需以南门为正门。因之临安宫城设有南北宫门，这又成为元、明、清皇城之设前后两座宫门的先声。

宋代皇家兴建了许多景致优美、构建精巧的离宫别苑，对于后世影响深远。宋代建筑的科技含量达到中国古代科技的一个顶峰，北宋建筑学家李诫编著的36卷《营造法式》，是古代一部很有价值的建筑学著作。

汴京宫苑

宋的都城汴梁，当时称为东京。北宋皇宫的前身，为唐汴州宣武军节度使衙署。五代在开封建都的后梁、后晋、后汉和后周四个政权，以此为皇宫。

北宋建隆三年（962），北宋政权在五代纷乱之后，统一了中国大部。五代时遗留下的皇宫已不足显示庞大封建王朝的尊严，宋太祖赵匡胤以皇宫制度草创为由，颁诏组织大批人力扩建皇宫，《宋史·地理志》载："建隆三年，广皇城东北隅。命有司画洛阳宫殿，按图修之，皇居始壮丽矣。"[1]

这次扩建工程耗费大量人力物力，从962年到966年延续了4年之久。966年，乾元殿（大庆殿）、文明殿（文德殿）相继落成，标志工程的完成。赵匡胤对皇宫扩建极为重视，亲自规定了皇宫各大殿的基本格局，"凡诸门与殿须相望，无得辄差"。建成后又亲临万岁殿，看到"洞开诸门，端直如引绳"才感到满意。

这次大扩建基本上形成了宋皇宫的规模和基本格局。扩建后的皇宫虽然是按照唐代洛阳宫殿制度营建，但由于是在五代遗留的宫阙旧址上加以扩建的，受到地域和周围民居的限制，所以只得将皇城和宫城合而为一，把部分中央官署设在皇宫内前部，而把皇帝居住的寝宫和后妃宫及一些宫廷设施放在皇宫后部，中间以一条东西横街相隔。后宫有皇帝的寝殿数座，其中宋太祖赵匡胤住的是福宁宫，除后妃的殿宇外，后宫中尚有池、阁、亭、台等娱乐之处。北宋时期皇宫又有皇城、宫城和大内之称。这种布局设计基本符合自西周以来一直沿袭的"前朝后寝"的宫廷规划制度。[2]也有学者认为，赵匡胤这次扩建工程范围超出五代的"五里宫城"，应新修建了一部分宫殿。根据位置判断，在北宋东京皇城里，大庆殿、文

[1] 许嘉璐主编：《二十四史全译·宋史·地理一》，汉语大词典出版社，2004年，第1675页。
[2] 丘刚：《北宋东京皇宫沿革考略》，《史学月刊》，1989年第4期。

德殿是宋初在五代“五里宫城”范围外新建的大殿，而紫宸殿在五代崇元殿旧址，垂拱殿在五代后梁金祥殿旧址。[1]

宋初，皇帝为了表明勤俭爱民和对农事的重视，在皇宫中设观稼殿和亲蚕宫。在后苑的观稼殿，皇帝每年于殿前种稻，秋后收割。皇后作为一国之母，每年春天在亲蚕宫举行亲蚕仪式，并完成整个养蚕过程。在凝和殿附近，有两座小阁，名曰玉英、玉涧。背靠城墙处，筑有一个小土坡，上植杏树，名为杏岗，旁列茅亭、修竹，别有野趣。宫右侧为宴春阁，旁有一个小圆池，架石为亭，名为飞华。又有一个凿开泉眼扩建成的湖，湖中作堤以接亭，又于堤上架一道梁入于湖水，梁上设茅亭栅、鹤庄栅、鹿岩栅、孔翠栅。由此到丽泽门一带，嘉花名木，类聚区分，幽胜宛如天造地设。

经过宋太祖时大规模营缮和以后的屡次修葺，汴京皇宫成为北宋帝王议事殿阁和寝宫所在地。特别是经过宋徽宗时的扩展，发展到其鼎盛时期。

皇宫正门为宣德门是一座高大门楼，亦称宣德楼。入宣德楼，经大庆门、大庆殿，至其稍西的紫宸殿，为皇宫的南北中轴线。这是保留了五代皇宫的原有中轴线改建而成。根据近些年的考古勘探发掘，证实了这条中轴线南经州桥、内城南门朱雀门、过龙津桥，到外城南门南薰门，是一条纵贯全城的南北中轴线。

除宣德楼外，大庆殿为这条中轴线上的主要建筑，也是皇宫内最高大的建筑，“殿庭广阔”“可容数万人”。九开间的大庆殿，殿前东西各 60 间的长廊，左、右太和门。大庆殿左右有东、西挟殿各 5 间，殿后有后阁，阁后有斋需殿，再后为大庆殿北门，又称端拱门。

大庆殿遗址位于今龙亭公园内玉带桥与嵩呼之间，考古勘探发掘表明，大庆殿夯土台基呈“凸”字形，东西宽约 80 米，南北最大进深 60 多米，殿残高约 6 米，台基四壁均用青砖包砌，其四周还环有宽约 10 米、

[1] 张劲：《两宋开封临安皇城宫苑研究》，暨南大学博士学位论文，2004 年。

长约近千米的包砖夯土廊庑。大庆殿后稍西的紫宸殿，旧名崇德殿。

北宋初皇宫扩建时，受到地域诸方面的限制不便向四周扩展，所以在保留皇宫原有中轴线的同时，又在其西新设了由文德、垂拱、福宁、皇仪等殿组成的第二条中轴线。各殿分别用于百官常朝之所和皇帝、皇后之寝殿。

皇宫南侧即大庆殿两侧，排列有北宋中央政府的部分官署。西侧有枢密院、中书省、国史院、门下省等机构，东侧有崇文院、秘阁后改为颁布诏书、历法的明堂等。

宋徽宗政和三年（1113），在宰相蔡京的主持下，于皇宫外北部营建了一组园林式的宫殿群，时称延福宫。延福宫召内侍童贯、杨戬、贾详、何诉、蓝从熙等五位大太监分别监造。五幢宫殿，你争奇，我斗巧，追求侈丽，不计工财。延福宫内殿阁亭台，连绵不绝，凿池为海，引泉为湖，以七殿三十阁为主，还有高逾三百一十尺之明寿阁及横四十丈、纵二十余丈的飞华亭等。宋徽宗曾写下《延福宫记》，由王希孟刻石树碑。宋徽宗为延福宫众多殿、台、亭、阁取名，宫的东门为晨晖，西门称丽泽。大殿有延福、蕊珠。东旁的殿有移清、会宁、成平、叡谟、凝和、昆玉、群玉。阁有蕙馥、报琼、蟠桃、春锦、叠琼、芬芳、丽玉、寒香、拂云、偃盖、翠保、铅英、云锦、兰薰、摘玉。西侧的阁有繁英、雪香、披芳、铅华、琼华、文绮、绛萼、琼华、绿绮、瑶碧、清荫、秋香、从玉、扶玉、绛云。在会宁殿之北，有一座用石头叠成的小山，山上建有一殿二亭，取名为翠微殿、云归亭、层亭。宋徽宗时的大规模营建，使宋皇宫已大大超过了隋唐洛阳皇宫九里三百步的规模，达到鼎盛时期。

台北故宫博物院藏宋画《景德四图》中的《契丹使朝聘》，大致反映了北宋真宗以后，契丹使者入宋朝见皇帝的情形。有专家认为，画面中的地点，是北宋皇宫内朝的正殿崇德殿，崇德殿整体坐北朝南，包括殿门、殿庭与正殿，以及正殿两边的廊。画面正下方露出屋顶的建筑是殿门，殿门的北面人员聚集之处是殿庭，正殿有两个台阶，东阶与西阶，殿里面也画有几个人物。正殿楹柱间被遮挡的地方大概就是皇帝的御座，左右的大

佚名《契丹使朝聘》(局部)中宋真宗接见辽国使臣的宫殿，台北故宫博物院藏

臣都面向这个部分躬身侍立。朝聘礼仪的契丹使被画在了画面的左下角。《契丹使朝聘》图中宋真宗接见辽国使臣的宫殿出人意料地既简且小，正面无门无窗，中悬竹帘，两旁垂帛帘。柱子根部有一截作深色，颇为少见。此图表明，宋代皇城中的殿宇并不都是雄伟宏敞的庞然大物。[1]

靖康元年(1126)冬，东京城两度被金人围攻，同年闰十一月京城被攻破，宋皇宫也遭到了金兵的大肆掠夺和破坏，金兵把宫殿上镂刻精巧的窗户，也多运往燕京(今北京)，安装在金廷的宫殿上。伪齐刘豫主汴后，没放过劫后的宫室，仅从明堂抱柱的金龙上就刮得黄金四百两，并获大铜钱三百万。

北宋汴梁京皇宫的主体结构和布局，为以后的金中都、元大都和明清故宫所仿效，在中国宫殿发展史上留下了深远影响。

[1] 傅伯星:《大宋楼台：图说宋人建筑》，上海古籍出版社，2020年，第24页。

金朝汴京皇宫

1155年，金朝皇帝完颜亮迁都燕京后，还想进一步迁都汴京，以加强对中原地区的统治。据《金史》《历代宅京记》记载，完颜亮于贞元三年（1155）派遣参知政事冯长宁经画原北宋皇城宫殿，但是不久后的一场大火，将刚刚筹划修复的汴京皇宫烧为灰烬。1156年，完颜亮命梁汉臣为提举大使修筑汴京，令其按北宋皇城旧制规模重新营构汴京大内诸宫，抓紧时机修葺改建。1158年，完颜亮下诏令左丞相张浩和参知政事敬嗣晖继续营建汴京宫室。1214年，金宣宗完颜珣为避蒙古族的进攻，南迁启用汴京皇宫。

金代汴京的皇宫是在北宋宫城的基础上建筑起来的，其位置与北宋宫城大致相同。东墙在今开封东华门南北一线，南从东华门街口偏北处，北至无梁庙后。北墙在今开封龙亭后体育场大门前，东与卷棚庙后接起，西至电视塔。西墙北起电视塔，向南沿杨家湖西岸到麻刀厂门前。南墙西从麻刀厂门前沿潘杨湖南，经午朝门与东华门街北接边。金汴京皇宫的布局也与北宋宫城相似，宫墙仍有六门。南面三门，正中一门称承天门（即宋宣德门），东为左掖门，西为右掖门。东面一门仍称东华门，西面一门仍称西华门，北面一门称安贞门（即宋拱宸门）。宫墙四角建有五丈（约16.7米）高的角楼，每个角楼两旁各有屋以裹墙角。承天门是金皇宫正门，并列五个门洞。门上建楼，称丹凤楼。楼前左右为两阙楼，东称登闻检院，西称登闻鼓院。登闻检院东西即左掖门，门南一院曰待漏院；鼓院西面即右掖门，门南一堂曰都堂。入左右掖门内又各有门，称左右升龙门，二门横通大庆门外。

大庆门在承天门正北，有三个门洞，正中称大庆门，东为日精门，西为月华门。三门之前皆列戟护卫，入此门即为大庆殿。大庆殿为皇宫正殿，殿屋十一间，比宋代大庆殿更为宽阔。殿前两楼相对，东曰嘉福楼，西曰嘉瑞楼。殿台三级，向南依次分别为龙墀、丹墀、沙墀。正殿两边还各有朵殿三间相配，殿后为一陵廊，与大殿东西两庑廊相接。金宣宗完颜珣迁都以后，曾对大庆殿进行了一番修饰，在殿壁上画数丈长的四条巨龙。入殿之中，正面墙壁上还有金宣宗御画小龙。高大的殿堂之顶用拱斗拼成方井，方井正端用丝网所罩，罩内为一金龙悬空凌顶，诸龙巨吻利爪，盘虬升腾。

大庆殿之西有一宫，称启庆之宫。其宫“制度宏丽，金碧辉映”。入宫又有三门，中间称德昌门，左称文昭门，右称光兴门。每门内各设一殿，称德昌殿、文昭殿、光兴殿，因三殿奉置金皇室列祖列宗御容，所以又称“三庙”。金迁都开封前，先祖画像在燕京衍庆宫。1215年五月，蒙古军攻破燕京，金人将其先祖画像迁至汴京大内启庆宫，每逢先帝忌日，金人均在此谒祭列祖御容，行献享之礼。

大庆殿之东有圣寿宫，为金国两宫太后所居。宫内两侧又各有一门，左称安泰门，右称明昌门。宫内设二殿，一为徽音殿，一为长乐殿。二殿之东有一小苑，为太后苑，苑中有庆春殿，为游赏之殿。

大庆殿之北为德仪殿，殿有三门，中门称隆平门，左称左隆平门，右曰右隆平门。德仪殿之后是隆德殿，即北宋垂拱殿，亦为大金常朝之殿。殿左有东上阁门，殿右有西上阁门。殿四周由萧墙所围，殿庭之前横列钟鼓二楼，东为钟楼，西为鼓楼。殿屋阔五间，东西旁殿各三间，殿前台阶一级为龙墀之阶。

隆德殿之后是仁安殿，即为北宋集英殿。此殿亦有庭院所围，庭垣三门，南面一门称仁安门，东门正通东华门，西门正通西华门。大殿前阶为龙墀，殿两旁为庑廊。仁安殿之东依次为内侍局、近侍局，东南有东楼，西南有西楼。仁安殿之北是纯和殿，为皇帝正殿大殿。殿后有船轩连接一庑殿，两边廊屋为黑漆窗户，是宫人所居内殿。殿西有雪香亭、琼香亭、玉清殿以及皇后、贵妃所居各殿。纯和殿附近还有宁德殿，为皇帝便寝之殿。

纯和殿之后为宁福殿，过此殿即为后苑大门。入后苑大门，一道潺潺溪水流过，溪上设玲珑小桥以渡，溪中有皇帝御用龙舟停泊，为皇家悠闲玩乐之地。过小桥有一殿，称仁智殿。殿前列太湖石二座，石高三丈，阔一丈五尺，两石之下各有石碑刻石填金，东石刻“敕赐昭庆神运万岁峰”，西石刻“独秀太平岩”，皆出自宋徽宗翰墨。仁智殿后石垒成山，高百尺，广二百尺，称香石泉山。苑东门附近有长生殿。殿东为涌金殿，再东为蓬莱殿；殿西有浮玉殿，再西有瀛洲殿，殿南有阅武殿，再南为内藏库。[1]

金汴京皇宫修建于1156—1161年，据《金史·海陵本纪》记载，当时“运一木之费至二千万，牵一车之力至五百人……一殿之费以亿万计”，修造时稍有不如意之处即摧毁重建，主要殿宇无不要求“遍傅黄金而后间以五彩”，修饰时“金屑飞空如落雪”。

金汴京皇宫糅合了宋辽建筑特点，在建筑造型上与辽相近，斗拱雄大硕健，屋顶曲线刚劲有力，显示出北方少数民族特有的简朴浑厚气势，而在细部的装饰上又与宋相近，显得细腻纤巧，璀错辉映。

1233年，蒙古军队攻入汴京，金哀宗完颜守绪出逃，皇宫从此残破荒废。

临安皇城

南宋建都于临安，即今杭州。临安皇城位于临安城南部，西邻如凤凰展翅般坐西朝东的凤凰山，东边则是低矮的馒头山，皇城主体部分的建筑就集中在两山之间由南至北的谷地上。由于临安皇城一开始就是行在皇城的缘故，诸事草创，所以并没有非常严整的统一规划。1131年，宋高宗及其“行在”朝廷在江南立稳了脚跟，江南各“行在”宫城的建设也随之从这一年开始大举展开。据《咸淳临安志》中的《皇城图》所画，临安皇城的中部，背靠凤凰山，有一坐西朝东、面阔九间的大殿，甚至在皇城中有一条由东至西的轴线贯穿全城，从皇城东墙中部的一座楼屋开始，向西穿过九间大殿，再向西直抵凤凰山顶。

为了要突出表现凤凰山势，《皇城图》将皇城内的建筑画成坐西朝东，但这与历史事实不相符。当代学者傅伯星、胡安森在《南宋皇城探秘》一书中，总结了《皇城图》的几个要点：皇城平面基本上为正方形，南北宫

[1] 杜本礼:《金代的汴京皇宫》,《中州今古》, 1997年第3期。

墙为两条平行线，与东宫墙相交处皆成直角。南北大门在一条弧线上。若在六部桥下今中河画延长线，中河即穿过和宁门与东华门之间的北宫墙而进入皇城。东宫墙与候潮门以南的临安府东城墙为两条平行线。梵天寺恰在南宫墙与临安府南城墙西段之间，而贴近后者。

临安皇城内坡地居多，即使很多平地事实上也就是较为平缓的坡地，在皇城内大量的山地、坡地的切割下，皇城内的平地、台地则显得如七巧板般支离破碎。因此，以平地、台地为基础的皇城内各大建筑群落的分布就显得比较零乱。临安皇城内建筑基本上按功能各自集中成几大建筑群落，这些建筑群落大致可以分为中部南起丽正门，北到和宁门的朝殿区，东南部的东宫区，西部环绕凤凰山东麓分布的后苑区，以及东北部的后宫区。临安皇城的整体建筑布局也就是由这些以各个建筑群落为基础的分区组合在一起而形成的。其中部南段以丽正门、南宫门、崇政殿门（后期改为大庆殿门）、隔门、崇政殿（后期改为大庆殿）等建筑组成一条南北轴线。皇城崇政殿后，还有一组帝后的寝宫院落，同样位于从丽正门往北的这条南北建筑轴线上。

根据《建炎以来朝野杂记》记载，崇政殿与垂拱殿的殿宇大小以及建筑院落都基本一样，就是主体殿宇面阔五间，广八丈四尺，深六丈，而且两边还各有一个面阔两间的朵殿，殿宇两旁的东、西廊各自向南伸展，各长二十间，殿宇正对的南廊长九间，南廊的中间位置是殿门，面阔三间，广四丈六尺，深三丈。换算起来，崇政殿与垂拱殿的主体殿宇建筑面阔约为 27.6 米，深约为 19.7 米；南廊的殿门面阔约为 1.51 米，深约为 9.9 米。殿宇建筑平均每间宽约 5.62 米，门廊建筑平均每间宽约 5.03 米。东、西廊的长度约为 100.6 米；整个建筑院落的宽度约为 49.7 米。

南宋临安皇城的中部核心朝殿区，即为南起丽正门，北到和宁门，西缘凤凰山东麓，东缘馒头山西麓的区域，是南宋临安皇城中最重要的殿宇集中的区域。

南宋前期修建的两座主要殿宇崇政殿与垂拱殿，呈纵向前后排列。崇政殿简称射殿，位于皇城前部，实际上担负着皇城里大朝殿的功能。垂拱殿简称后殿，在垂拱殿后还修建了一座北向的便殿延和殿。到了南宋后期，后殿已经另有所指，在《南渡行宫记》中，它是指位于垂拱殿西边的一座便殿，而并非指垂拱殿。同样，南宋后期，崇政殿也另有所指了，它是指一座叫祥曦殿的便殿，因此这时那座位于皇城前部，用作大朝殿的原名崇政殿的殿宇也就不再叫崇政殿了，一般就按大朝殿的功能依宋代的传统称为大庆殿。[1]

南宋皇宫的正门为丽正门，丽正门装饰华丽，门为朱红色，缀以金钉，屋顶为铜瓦，镌镂龙凤天马图案，远望光耀夺目。丽正门的城楼，是皇帝举行大赦的地方。宫中正殿为崇政殿，又名大庆殿，是举行大典、大朝会之所。

绍兴十二年（1142）建成的崇政殿，即为南宋末年位于皇城南门丽正门内的所谓“正衙”，也即大庆殿，其名字有好几个，分别是大庆殿、文德殿、紫宸殿、集英殿、明堂殿等。1133 年时宋朝行宫里的朝殿，就是这座后来改建为崇政殿的射殿。崇政殿是在原有的射殿基础上，增建两廊、南廊以及两朵殿而形成的。所谓射殿，当为直面空旷操场，周围无廊舍环绕的单体殿宇建筑。此一射殿应该建于绍兴元年徐康国、杨公弼营缮行宫之时。当时临安行宫的营建是很简省的，只是添造建筑物百余间而已，因此这一射殿大概就是依原来杭州府治正堂的规模修建的。根据《宋会要辑稿》绍兴三年（1133）的记载，当时“行宫南门里并无过廊，百官趋朝，冒雨泥行”，后来才“就东廊旧基营盖”。所谓“东廊旧基”，应该是指已经被焚毁的原来杭州府治的东廊旧基。

在文渊阁四库全书本《咸淳临安志》的《皇城图》中，皇城的中部位置上所绘的三座大殿中，前两座是单檐九间，其中一座表现的应该就是崇政殿。崇政殿东西两侧设朵殿，是皇帝举行仪式前休息之所，后改为延和殿，供皇帝便坐视事，即为便殿。垂拱殿是皇帝处理日常政务、召见大臣的地方。紫宸殿用作皇帝祝寿的场所。集英殿则是策试进士的地方。

---

[1] 张劲:《两宋开封临安皇城宫苑研究》，暨南大学博士学位论文，2004 年。

北、南两宋宫苑地域不同，风格和特色也不同。北宋传今的描绘宫苑的画作极少，而南宋恰好相反，一干宫廷画家流传有众多高水准的表现宫苑景观的佳作，为后人提供了近乎对景写生般的形象记录。更有众多民间画工竞起效仿，创作了众多的宫苑美景图，虽说民间画工的作品想象之境甚多，有些人甚至可能根本没有见过皇城宫苑，但多少反映了那个时代的部分真实。

有一幅《宫中行乐图》虽未署名，但从风格看，似应为南宋“三朝老画师”李嵩（1166—1243）所作。这是南宋描绘宫苑的界画中仅见的一座七开间歇山顶重檐两层楼。两端接以长廊，右廊折前又接一歇山顶重檐二层楼，再由廊接歇山顶单檐平屋，再折而绕亭后至楼前，形成主楼前一宽大的庭院。廊后左有楼，右有堂，遥相呼应，二者之间似有与前院同样开阔的庭院。图右为山崖与树林。这种地形与建筑的非凡气势，都符合南宋皇城的特点。因而可以看作宫中某宫殿的真实写照。[1]

临安内朝宫殿有 10 余座，勤政殿、福宁殿是皇帝的寝殿。慈宁殿、慈明殿是皇太后起居的殿宇，仁明殿、慈元殿等数座宫殿为皇后、嫔妃所居。东宫区也和帝、后的宫室连为一片。临安皇城的宫殿区通过长廊与后苑区有机连接在一起。后苑位于临安皇城西部，依托凤凰山东麓而建。后苑景观充分利用周围的凤凰山景，围绕在山岙中由人工开凿出来的湖泊展开，堂、阁、斋、楼、台、轩、观、亭星罗棋布。后宫及后苑的堂有 30 余座，如

佚名《宫中行乐图》

[1] 傅伯星：《大宋楼台：图说宋人建筑》，上海古籍出版社，2020 年，第 32 页。

观赏牡丹的钟美堂，观赏海棠的灿美堂，四周环水的澄碧堂，玛瑙石砌成的会景堂，四周遍植日本罗木建古松的翠寒堂。楼有博雅书楼，观德、万景、清暑等楼。阁有 20 余座，其中有源自北宋的龙图、宝文、天章等阁。轩有晚清轩。观有云涛观。台有钦天、舒啸等台。亭有 80 座，其中赏梅的有春信亭、香玉亭；桃花丛中有锦浪亭；竹林中有凌寒亭、此君亭；海棠花旁有照妆亭；梨花掩映下有缀琼亭；水旁有垂纶亭、鱼乐亭、喷雪亭、流芳亭、泛羽亭；山顶有凌穹亭。后苑有各成一景的小园，其中有梅花千树组成的梅冈，有杏坞，有小桃园，等等。禁中还仿照杭州名胜西湖和飞来峰，建造了大龙池和万岁山。

在丽正门内大庆殿以东的位置上，有一座称为“钦先孝思殿”的神御殿。“神御殿”是供奉宋朝历代先皇神像的殿宇。绍兴九年（1139），宋高宗为准备迎接其生母韦太后从金国归来，将临安皇城中原来的“直笔内省事务承庆院”拆去，在其原址处改建了慈宁殿。韦太后于绍兴十二年（1142）南返后即入住此殿。

在南宋临安城，除了偏处城南的凤凰山皇城大内外，还有一处规模极为盛大的宫苑，这就是位于临安城中部的德寿宫。此宫建于望仙桥之东，宫门外如皇城一样也有待漏院，1162 年五月“新葺宫成”，六月“诏以德寿为名”。同月，宋高宗退位，遂入居此宫，直至 1187 年去世。德寿宫就是这位太上皇长达 25 年的居所。德寿宫布局大致可以分为前部的前殿区和后部的后苑区，包括了重华宫和慈福宫两所宫殿，而德寿宫的精华在其后苑。

皇家林苑

在北宋东京外城的四周，分布着四座御园，号称“四园苑”。据《石林燕语》称，这四座园苑分别是琼林苑、金明池、宜春苑、玉津园。据学者周宝珠的考证，这四座园苑应指琼林苑、宜春苑、玉津园、瑞圣园，而金明池则是属于琼林苑的，即东京城外的“四园苑”以东京城为中心呈东、南、西、北四面分布，分别是城南玉津园、城西琼林苑、城北瑞圣园、城东宜春苑。琼林苑包括金明池，以大范围的水景为主，是一处规模宏大、设施华丽的皇家园林。金明池面积广大，是北宋东京最大的一处水面。金明池边的殿宇在宋徽宗以前就陆续有所营建，徽宗时再次进行大规模的增修。近年来的考古发掘，已经发现了金明池的遗址，位于今开封市西郊宋外城西墙外，池为南北向，呈正方形，东西长 1240 米，南北宽 1230 米，周长约 4940 米，池底淤泥距地表深 12.5—13.6 米，淤泥内含有小蚌壳和一些白瓷片、腐草和砖颗粒等。

玉津园靠近城南的郊台、藉田等重要礼仪设施，它本身也是举行一些礼仪活动的重要场所。

关于瑞圣园，据《宋会要辑稿》记载："瑞圣园。在景阳门外道东，初为北园，太平兴国二年（977），诏名含芳。" 1010 年改名为瑞圣园。其性质与玉津园相似，只是皇帝在仲夏驾幸玉津园，而在孟秋驾幸瑞圣园。

宜春苑位于东京外城以东二里（1 千米）处，此园在宋初曾是秦王廷美之园，而秦王廷美后来又是政治斗争中的失败者，因此尽管此后这座园林成了皇家御园，但再也没有得到很好的修缮。艮岳是宋徽宗时建造的又一奇艳的宫苑，可以说巧夺天工、宛若仙境。艮岳周围十余里（约 5 千米），以浙江的凤凰山为蓝本建造，人工堆土叠山，主山万岁山（艮山）设数十个大洞，洞中藏雄黄和卢甘石，雄黄据说可以驱避蛇虫，卢甘石则能发散阴气、聚集云雾，使空气濛郁如深山幽谷。艮岳中有将太湖石积叠成的各式各样的人造山。苑的中部有景物如药寮、西庄、巢云亭、白龙沂、跃龙峡、蟠秀亭、练光亭、跨云亭、罗汉岩。再西有万松岭，岭畔立一倚翠楼，楼旁平地开凿了两处弯形的水池，东边的叫作芦渚，设浮阳亭；西旁的叫作梅渚，设雪浪亭。池水向东流为雁池，向西流为凤池。池周围有馆、阁、亭数座。万岁山脚下设登道直达山上最高处的介亭，介亭左右各有二亭，左为极目、萧森，右为丽云、半山。从山顶向北可俯瞰景龙江，江水的上流引一支注入山涧。苑的西侧有漱琼轩，山石间错落着炼丹观、凝直观、圜山亭，从这里可以望见景龙江旁的高阳酒肆及清澌阁，江之北岸，小亭楚楚，江水支流流向山庄，称为回溪。

艮岳的建造，耗费了大量的人力、物力，从政和到清康间 10 余年，各地花竹奇石，都聚于此。其中宣和五年（1123），为运载一具高数丈的山石，动用了上千人，凿河断桥，毁堰拆闸，数月的时间才运到汴京。艮岳中的楼台亭馆，除上述记载外，月增日益，难以数计。宋徽宗晚年，耽于建造苑囿，以致国力不支。几年后，金人打来，围攻汴京，宋钦宗命取山禽水鸟 10 余万，尽投之于汴河，拆屋烧火，凿石为炮，伐竹为篦篱，又将苑中数以百千计的大鹿尽杀，作为鼓励士兵的食物。至此，艮岳已不复当年面目了。

南宋四大画家之一的马远的《雕台望云图》，所绘的是凤凰山皇城中一处常人难以进入的场所，可能是皇帝在宫中的祭天之处。高出于屋顶之上的巨大台面铺满方砖，四周围以栏杆，台中心再建台墩、平座与栏杆，

南宋马远《雕台望云图》，绢本设色，25.5 厘米 ×24.5 厘米，波士顿博物馆藏

形成满铺方砖的二层台面。由左侧踏道上下，台的中央设一长桌，桌后竖屏，屏后是张开的帐篷一角，台墩的外立面由青石包边，框内用砖叠砌，远看全是水平横线，形成画中一个灰面。台上置盆荷，台下一殿及廊的格子窗横披，在树冠间露出整齐的格眼。右侧陡峰削如刀剑，是马远独有的绘画语言，并不是凤凰山中实景。[1]

宋高宗赵构退位后所居的德寿宫后苑景区，面积大约12.7万平方米。大体上分四面分布，当中围着一个引西湖水注入而成的大池。大池面积达10余亩（约6666.7平方米）在池中也有岛洲，岛洲上建有至乐堂。至乐堂上，可以观赏教坊奏乐、舞蹈。德寿宫后苑的东部景区有香远堂、万岁桥，香远堂前，湖的北岸一带是芙蓉冈，南岸则列女童奏乐，而万岁桥则是连接北边的芙蓉冈和南边的载忻堂的一座桥梁。德寿宫后苑中最精华的景区，是位于其西部仿西湖灵隐寺前的飞来峰、冷泉亭（堂）建造的飞来峰和冷泉堂。飞来峰是一座体量相当巨大的山体，山上还分布着很多巨石和岩洞，山上还有人工瀑布。

在南宋临安，除了凤凰山皇城外，还分布着许多大大小小的离宫别苑，如聚景园、玉津园、富景园、屏山园、玉壶园、琼华园、小隐园、集芳园、延祥园等。南宋临安离宫别苑的全盛期在南宋中期，御园中规模和影响比较大的，城南有玉津园，位于临安城南门嘉会门以南四里；城东有富景园，位于新开门外，其内部景观模仿西湖的湖山景色。此园主要是为吴太后而建的，当时宋孝宗既想请吴太后游幸湖山，又不想过于频繁地打扰各级官员，于是仿照西湖湖山就近营建了这所园林。南宋的御园较北宋晚期数量更多、更加兴盛。除了城中琼华园，城东的富景园、五柳园，以及城南一个玉津园外，其余离宫别苑都是环西湖分布的。

环绕西湖分布的几所御园，西湖东边有聚景园，其南面在清波门外以北东西一线；其北面在涌金门外以南东西一线；其西面就是西湖东岸；其东面则靠近临安府城西墙。这是南宋临安规模最大也是最重要的离宫别

[1] 傅伯星:《大宋楼台：图说宋人建筑》，上海古籍出版社，2020年，第37页。

苑。内有会芳殿、瀛春堂、揽远堂、芳华亭等近20座殿堂亭榭，亭宇上均有宋孝宗御书匾额。另外，引西湖之水入园，开凿人工河道，上设学士、柳浪二桥。“西湖十景”之一的“柳浪闻莺”就在此处。孝、光、宁三朝，皇帝经常来此园游赏。

西湖北边，孤山上有规模宏大的四圣延祥观。虽说是一所皇家宫观，实际上是一所皇家园林。四圣延祥园是四圣延祥观的御圃，四圣延祥观坐落在西湖正北的孤山上，本身就是一所规模宏大的离宫别苑。此观于1144年由宋高宗母韦太后斥费始建，供奉“紫微北极大帝之四将，曰天蓬、天献、栩圣、真武”，1150年大体建成。为了建此观，原来在孤山的许多古佛刹都被迁徙出去。此后，南宋的历代皇帝还陆续有所增修。四圣延祥观所占的范围非常大，几乎占据了孤山南麓的大部分地块。在观的西部，“旧有凉堂，在御圃”，南宋叶绍翁的《四朝见闻录》载，这座凉堂“规模壮丽，下植红白梅花数百本”，绍兴年间刚建成时，堂里四面都是高几乎3丈（10米）的白墙。由于宋高宗要去游幸，于是内侍就赶快催促画院画家萧照前往画山水，萧照受命后，“即乞上方酒四斗，昏出孤山，每一鼓即饮一斗，尽一斗则一堵已成画，若此者四。画成，萧亦醉”。

庆乐园位于今杭州长桥南，雷峰塔路口，原来是宋高宗时别馆，后来韦太后将此园赐给宰相韩侂胄，韩侂胄将其改建为南园，还请陆游撰写《南园记》。韩侃宵失败后，南园由朝廷收归御前，改名“庆乐”，宋理宗时又赐给理宗弟嗣荣王，改名胜景园。

北里湖的北岸则有集芳园，南面隔北里湖与孤山相对，北面则靠着葛岭。宋代张炜《观集芳园》诗云：“千步入修廊，犹闻碧雾香。风翻宫襭紫，菊染御袍黄。亭宇丹青老，笙歌岁月长。上皇临幸少，书圃自翱翔。”

李诫

当代建筑大师梁思成先生评价北宋李诫的《营造法式》，“其科学性，在古籍中是罕见的”。1932年，梁思成和林徽因的儿子降生，起名梁从诫，

李诚画像

即“师从李诚”之意。

李诚（1035—1110），字明仲，郑州管城县（今河南新郑）人，中国古代建筑大师，是《营造法式》一书的编纂者。

据河南省古代建筑研究所亓艳芝在《李诚考略》一文中介绍，李诚的曾祖李惟寅，任虞部员外郎，赠金紫光禄大夫。祖李惇裕，任祠部员外郎、秘阁校理，赠司徒。父李南公，字楚老，任河北转运副使、延安知府、户部尚书、龙图阁直学士、大中大夫等，赠左正议大夫。其兄李璟，字智甫，任章丘知县、陕西转运使、显谟阁待制等。从其父兄辈为官经历看，在土木工程的管理和施工方面皆当有一定的经验。

1085年，宋哲宗赵煦嗣位，李诚奉其父之命进献贺表并送方物，得以恩补郊社斋郎。随后即被委派为曹州济阴（今山东菏泽）县尉。李诚到任后，练卒，除器，明赏罚，广方略，使县内治安状况得到根本改善。1092年，调任掌管宫室建筑的官署将作监主簿。此后，他长期在将作监任职。1096年升任将作监丞，1102年升任将作少监。1103年，出任京西转运判官，但为外官仅数月，又被召回仍为将作少监。1104年，升任这一机构的最高长官将作监。

李诚在任将作监期间，主持完成了不少宫廷和官府的建筑工程，如五王邸、龙德宫、棣华宅、朱雀门、九成殿、太庙、钦慈太后佛寺、辟雍、尚书省、开封府廨、班直诸军营房等。由于在建筑工程上的业绩十分突出，他官阶屡升，从承务郎、承奉郎一直到右朝议大夫、中散大夫，共升迁16级，其中按吏部考核晋升的仅有7级。

李诚在建筑技术和工程管理方面积累了丰富的经验，“其考工民事，必究利害。坚窳之制，堂构之方与绳墨之运，皆已了然于心”[1]，1097 年，他奉旨重修《营造法式》，并于 1100 年编定成书。1105 年，宰相蔡京等进奏说，库部员外郎姚舜仁呈请在都城南偏东的地方修建明堂，并绘有图样献上。为此，宋徽宗特别召见李诫和姚舜仁问询。经过仔细考究，李诫和姚舜仁又重新绘制了明堂图。

1106 年，李诫父亲李南公病重，他请假回归故里探视。不久，其父病逝。1109 年，他孝满 3 年之后，被派往虢州担任知州。到任时间不长，就得了重病，于 1110 年二月逝世，后安葬于郑州梅山。他在虢州为官虽很短暂，但据记载，“吏民怀之如久被其泽者”。

李诫博学多艺，精于书法，篆籀草隶，都有很高的水平。家藏几万卷书墨，经他亲笔抄成的就有几千卷。他还善于绘画，颇得古代名家笔意，所绘《五马图》曾得到宋徽宗的赞赏。

李诫一生最大的贡献，是编写《营造法式》。1068—1077 年，朝廷敕令将作监负责编修《营造法式》，元祐六年（1091）成书，故又称《元祐法式》。但由于该书“只是料状，别无变造用材制度”[2]，不便于实际应用，并且所定工料太宽，关防无术，难以防止各种弊端。所以宋哲宗于 1097 年命将作监丞李诫重新编修。李诫“考究经史群书，并勒人匠逐一讲说”，[3] 用了 3 年多的时间，于 1100 年编成《海行营造法式》一书，通称《营造法式》，并由都省奉旨录送在京官司参用。1103 年，李诫以营造制度工限等“内外皆合通行”为由，奏请刊刻《营造法式》，于是经皇帝批准，这部建筑名著作为官定建筑规范，小字刻版，颁行各地。

《营造法式》全书共 36 卷，除看详、目录各 1 卷外，正文有 34 卷，计 357 篇，3555 条。其内容可分为建筑术语考证与解释、诸作制度、功限料例和建筑图样四部分。

---

[1] ［宋］傅冲益:《李公墓志铭》，见李诫《营造法式》附录，商务印书馆 1954 年据 1933 年《万有文库》版重印。

[2] ［宋］李诫:《劄子》，见《营造法式》序目。

[3] 同上。

第九章 北国宫阙

元大都宫殿复原图

907年，辽太祖耶律阿保机统一契丹各部称汗，国号“契丹”，916年始建年号，947年定国号为“辽”，983年曾更名“契丹”，1066年恢复国号“辽”，1125年为金国所灭。辽代（907—1125）是以契丹族为主体、统治中国北部的王朝。为巩固疆土，加强统治，辽相继修建了上京临潢府（今内蒙古赤峰市林东镇）、东京辽阳府（今辽宁辽阳市）、南京析津府（今北京）、中京大定府（今内蒙古宁城县）、西京大同府（今山西大同市），谓之辽代五京。

金灭辽之后，基本上沿袭了辽的五京，名称未变，只是在升金的都城会宁府（今黑龙江阿城县南白城子）为上京后，便将辽上京改为北京，称辽南京为燕京。至金海陵王贞元元年（1153）迁都原燕京，改为中都大兴府。形成了金的五京：中都大兴府、北京大定府、西京大同府、东京辽阳府和南京开封府。海陵王完颜亮在辽南京的基础上加以扩建，后称为金中都。金代的建筑风格受辽和北宋的影响较大。在海陵王1153年迁都之前，主要受辽的影响。迁都之后，中原的影响逐渐占了上风。金朝的宫殿，屋顶为九脊歇山式，宫殿周和宫殿之间设计许多回廊。

元代（1206—1368），元皇室以蒙古民族入主中土，蒙古统治者多次西征展拓疆土，建立了疆域广大的军事帝国。元代建筑继承金代建筑，因蒙元统治者建筑工程技术较为落后，多依赖汉人工匠营造。元代建筑特点是粗放不羁，在金代盛用移柱、减柱的基础上，更大胆地减省木构架结构。元代木构多用原木作梁，因此外观粗放。这一时期中国经济、文化发展缓慢，建筑发展也基本处于凋敝状态，大部分建筑简单粗糙，宫殿建设自不能免。蒙元建有四都，即和林、上都、大都、中都。

哈拉和林位于今蒙古国境内前杭爱省西北角，1235年，蒙古窝阔台汗命汉族工匠于鄂尔浑河岸建筑都城，城南北约4里（2千米），东西约2里（1千米）。哈拉和林城由外城和宫城两部分组成。外城平面呈不规则长方形，周长约5.2千米。宫城位于外城西南隅，即窝阔台汗兴建的“万安宫”，万安宫由觐见大厅、侧楼和大门殿组成。考古发现宫殿围墙呈不规则方形，长约255米，宽220—255米，内有5个台基，中央台基高

辽上京宫殿遗址

约 2 米，上有大型殿址，周围的 4 个台基的建筑面向中央大殿。觐见大厅修建在高高的地基上，中央部分的地板铺的是绿色釉砖，北部的地板铺的是未上釉的砖。大厅地面上有支撑大厅 64 根柱子的花岗石铸础。

1256 年春，忽必烈命刘秉忠在桓州以东，滦水（今闪电河）以北，兴筑新城。1259 年，新城建成，背靠龙岗山，南邻滦河，命名为“开平”城，作为藩邸。1263 年，忽必烈升开平府为上都，取代和林。

元大都，元世祖忽必烈至元四年（1267）至元顺帝至正二十八年（1368）为元代京师。1267 年，忽必烈命开始新宫殿和都城的兴建工作，中书省官员刘秉忠为营建都城的总负责人。到 1285 年时，大都的大内宫殿、宫城城墙、隆福宫、中书省、枢密院、御史台等官署，以及都城城墙、金水河、钟鼓楼、大护国仁王寺、大圣寿万安寺等重要建筑，陆续竣工。同年，忽必烈发布令金中都旧城居民迁入新都的诏书：“诏旧城居民之迁京城者，以资高及居职者为先，仍定制以地八亩为一份，其地过八亩或力不能作室者，皆不得冒据，听民作室。”从 1285 年到 1294 年，有四五十万居民自金中都故城迁入大都，陆续完成了宫内各处便殿、社稷坛、通惠河河道、漕粮仓库等建筑工程，元大都的营建工作基本完毕。

元中都位于河北张北县，处在北京通往内蒙古的要道上，元代曾与元大都（北京）并称，始建于元大德十一年（1307），元中都里既有宫城建筑也有放置毡帐的空地，显示出这个介于元大都（北京）与草原之间的都城，兼具草原文化和中原传统的双重特色。1358 年，元中都宫室被红巾军烧毁，只留下城墙遗迹。

蒙古民族入主中原后，与中原文化融合，形成了独具特色的宫苑。元代宫殿建筑宏伟壮观，大内布局工整，初步形成以中轴线上建筑为准，"前朝后寝"的模式。元大内宫殿承上启下，无论建筑形式还是方位布局，都处在中国古代宫城营造走向成熟的过程中。其建筑特点，首先是"工"字形大殿被广泛用于宫殿建造，大明殿、延春阁都是"工"字形，前面为正殿，中间有廊与后寝殿相连。延春阁正殿为两层楼阁，"工"字殿后殿向后凸出一座香阁，也成为元代定式。[1]

元代都城与宫殿建筑活动，以大都为中心，奠立明、清北京的规模。元大都宫城以蓝瓦白墙为主，现在北京的北海白塔和白塔寺保留了元朝皇宫当时的风格。元故宫于明初为大将军徐达拆毁。

在《马可·波罗游记》中，有关于安西王府宫殿建筑群的生动记述。元代安西王府遗址，位于宁夏固原市区南 18 千米的黄土山塬地带，是元世祖忽必烈三子安西王忙哥剌在"六盘者"的避暑府邸，毁于元成宗大德十年（1306）开成路大地震。开成宫殿的建造，应在 1253—1258 年。开成安西王府宫殿建筑遗址面积大，堆积厚，分布广，主要在一、三、六号遗址区，1985—1992 年，开成文物工作站对遗址进行了考古调查，发现城基全都为版筑夯土。地面部分大都被破坏无余，唯北城残留少量痕迹。在安西王府遗址一、三号遗址区有大型建筑及建筑群体分布，一号遗址中心台地面积大，堆积厚，可能是王相府宫殿基址，三号遗址 A、B 区

[1] 高𤫱：《元大内宫殿考证》，《首都师范大学学报》（社会科学版），2010 年增刊。

也是大型建筑群，可能是是安西王的官邸。遗址台地田埂边堆积元代建筑材料，其中包括琉璃砖、瓦、瓦当、滴水、脊饰，板状忍冬纹、草叶纹墙面装饰材料残块。2007 年，宁夏文物考古研究所对元代安西王府遗址开展进一步考古勘探表明，安西王府遗址南北长约 3500 米，东西宽 500—1000 米，宫城内夯土基址的布局按照元代宫殿建筑形式建设，夯土基址范围地面上散落着色彩绚丽的琉璃饰件及石刻品。

辽五京

契丹王朝在建国之后，先后建立了上京、东京、南京、中京、西京五个京城，《辽史 · 百官志》对于辽朝五京职官情况有一概述：“辽有五京。上京为皇都，凡朝官、京官皆有之。余四京随宜设官，为制不一。大抵西京多边防官，南京、中京多财赋官。”从 918 年创设皇都，至 1044 年升大同为西京，历经百余年才最终确立了五京体制。五京的建立，并没有一个统一的规划，每一个京城的建立都是为了因应外部环境的变化。中国社会科学院历史研究所副研究员康鹏认为，辽朝地方统治制度融合了游牧文明与农业文明两种不同因素，“城国”与“行国”兼具，辽朝的政治中心在于四时捺钵，中央政府总是跟随皇帝四处游移。辽朝始终没有固定的中央政府所在地，五京之中的任何一个京城都不是真正意义上的国都。

辽上京皇城西山坡佛寺遗址

918 年，辽太祖耶律阿保机开始兴筑皇都，这是契丹最早建立的京城。938 年，辽太宗耶律德光改皇都为上京，并设立临潢府，为辽代五京之首。上京规模宏大，气势雄伟，周长 13.5 千米，分南北两城，皇城位北，汉城位南，两城以墙为界。皇城略呈方形，是契丹皇族、贵族的宫殿和衙署所在地，城墙全用黄土夯筑，周长 7.5 千米，现存 3 座城门，城墙上筑马面，城门外有瓮城。西墙内的山岗顶部，有一组东向的建筑遗址，应是早期的宫殿遗迹。大内位于皇城中央部位，宫墙墙基已残毁，大致探明约为长方形，周长约 2000 米。内有宫殿、门阙、仓库等建筑基址，其中有两座大型宫殿，建筑在高约 4 米的台基上。皇城南部有不规整的街道及官署、府第、作坊和寺院基址，其中一座寺院内残存一躯残高 4.2 米的石刻菩萨像，传为天雄寺遗址。皇城北部地区未发现建筑基址，应是文献所载契丹贵族搭设毡帐的地带。汉城位于南部，是汉、渤海、回鹘等族居住区域，其北墙即皇城南墙，系扩筑。

上京城南北各有砖塔一座，俗称南塔、北塔。南塔距上京遗址 10 里（5 千米），坐落在今帐房山北一座小山（辽称石盆山）的尾端。此塔为八角七层密檐式空心砖塔，高 25.5 米。台座边长 3.8 米。塔身有拱门、佛龛，塔身各面嵌有赭色石质和砖质浮雕，计有佛、飞天、菩萨、道士、小塔等，雕刻造型姿态各不相同，细腻逼真，刀法刚劲，是目前辽代最为珍贵的石刻作品。北塔为六角五层密檐式，高 13 米，台边长 2.4 米。

辽的东京在今辽宁辽阳，地势相对比较平坦，主要山脉是千山余脉手山（今称首山），流经的河流基本属于辽河水系，主要包括浑河、太子河、沙河等。东京的建立与渤海地区的政局有着内在联系。辽太祖耶律阿保机平渤海之后，立东丹国，以忽汗城为东丹国都城。辽太宗耶律德光继位后，出于控制渤海旧地的需要，928 年下诏将东丹国都城南移至东平郡，并升东平为南京。938 年，燕云地区纳入辽朝版图，辽太宗耶律德光遂并立三京，皇都为上京，燕京为南京，同时改东丹国南京为辽的东京。

辽的南京，是唐代幽州旧城。石敬瑭割让燕云十六州后，辽太宗耶律德光改幽州府为南京，也叫燕京。从此南京就成了辽朝在华北的政治军事和经济中心。南京在五京中规模最大，其建筑基本是沿用唐代旧城，南京“有居庸、松亭、榆林之关，古北之口，桑干河、高梁河、石子河、大安山、燕山——中有瑶屿”，桑干河流经南京的城南，是与西京联系的重要通道。高梁河位于南京的城东，最终交汇于桑干河，燕山则处于南京的北部。

947 年，辽曾在镇州（治真定，今河北正定）短暂建立过一个中京。不久，迫于当地汉人的反抗，契丹很快退回燕云地区，镇州作为中京仅存在了短短几个月时间。中京大定府处于内蒙古高原与东北平原的过渡地带，北与上京隔平地松林分布，其特殊的地理位置，故其“多大山深谷，阻险足以自固”。《辽史》中记载中京地区主要有“七金山、马盂山、双山、松山、土河”。土河即今老哈河，七金山处在其北岸。辽中京规模样式仿照北宋都城汴梁而建，整个城市为方形布局，东西长 8 里（4 千米），南北宽 7.5 里（3.75 千米）。设有三重城墙，呈“回”字形分布，皇城内建有祖庙和各类宫殿等大型建筑。

辽中京遗址，位于内蒙古赤峰市宁城县大明镇。辽中京城址包括外城、内城和宫城。城墙全部为夯土版筑。外城呈长方形，周长 15 千米，四角建角楼，城门有瓮城。从正南门朱夏门到内城南门阳德门，有一条中心大道，两侧对称布置街道网，其间为坊区，主要居住汉人。大道两侧有市集的廊舍，大道中心有市楼遗迹。城北部为寺庙、廊舍、驿馆和官署区。城南部至今保存着传说建于辽圣宗时期的大明塔，为八角十三层密檐式塔。内城在外城中央偏北，亦呈长方形，城墙上筑马面。从阳德门有一条大道直通宫城，与一条东西向道路相交。宫城位于内城中间北端，呈正方形，中心有一处宫殿基址，其他宫殿对称安排。

西京大同府，就是原来云州（今山西大同）。云州归辽占领后，由于这里是军事要冲，成为辽的边防重镇，升云州为西京，府名叫大同。西京大同府地区的河流主要有御河、桑干河、浑河。附近的山脉主要包括东部的白登山、北部的方山、西部的武周山和南部的恒山等。西京是辽朝建立的第 5 个京城。西京的建立主要是迫于北宋的军事压力。

五京落成后，五京即国境内的五个仅有的由皇室直辖的大城市，上京侧重于祭祖，中京侧重于政治与外交，南京侧重于经济、农业与对北宋门户，东京侧重于手工业与对高丽门户，西京侧重于军事与对西夏门户。契丹人本是“转徙随时，车马为家”的游牧渔猎民族，原本没有“宫室以居，城郭以治”的传统，除五京和割地得来的幽云十六州之外，再没有其他较大城市。

金上京

金上京，金代初期都城，位于今黑龙江阿城白城子。历经金太祖、金太宗、金熙宗三代才建成，号会宁府。金海陵王迁都中都后，取消上京称号，并于1157年毁上京宫殿、宗庙及诸大族邸第，夷为平地。金世宗时复称上京，于大定年间陆续修复宫殿、城垣。金宣宗兴定元年（1217），上京兵变，再遭破坏。元明时是通往奴儿干地区（见永宁寺碑）的重要驿站。清初废弃。

金太祖完颜阿骨打称帝时，只设毡帐（称皇帝寨），晚年始筑宫殿。1124年，金太宗完颜晟始建南城内的皇城，初名为会宁州，后建为都城，升为会宁府。1138年八月，金熙宗完颜亶以京师为上京，府曰会宁，开始有上京之称。1146年春，仿照北宋都城汴京的规模进行了一次大规模的扩

金上京宫殿复原模型

建，奠定了南北二城的雏形。1153 年，海陵王完颜亮迁都于燕京，1157 年削上京之号，并毁宫殿庙宇。1173 年七月，又重新恢复了上京称号，成为金朝的陪都。1180 年，金世宗完颜雍复建上京城。两年后，又内外砌青砖。

金上京城仿照北宋都城的规模建筑，城市布局与汴京（今河南开封）基本相同，规模宏伟，雄浑壮观，由毗连的南北二城和皇城组成。南城略大于北城，二城均为长方形，平面上一纵一横相互衔接，连为一体，中有城门相通。二城整个外围周长为 11 千米。北城周长 6790 米，有 3 个城门，东、北、西三面城墙各一门，城门外有瓮城，东西二城门不对称。从北城门到中城墙上的城门（俗称中城门），也不正南北向。北城为工商业居民区。南城周长 7087 米，较北城略大。有城门四，东墙、西墙各一，南墙有二，各城门均不对称。城门外有瓮城。

金上京的宫城在内城的西部，周长 2290 米。在宫城的端门处，有 4 座夯土墩，形成 3 座门道。中间的门道最宽，应是皇帝出入的御门，东西两门道较窄，应是臣下行走的东、西掖门。上京宫城分为左、中、右三路，有界相隔。正对端门的中轴线上，是宫城的中心所在。从南而北，依次有 5 座宫殿台基。根据《金史》的记载，这 5 座宫殿台基依次是皇极门、皇极殿（乾元殿）、延光门、敷德殿以及寝殿宵衣殿、书殿稽古殿的遗址。皇极殿初称乾元殿，是金太宗时代商议国事、举行典礼的场所，1125 年，许亢宗使金，就是在这里拜见金太宗。敷德殿于 1138 年建成，是皇帝平时处理朝政的场所。寝殿宵衣殿与书殿稽古殿东西相连，位于敷德殿之后，也是金熙宗于 1138 年所建，上京宫城西路，南部和中部有密集的建筑台墓，为若干组宫殿建筑群所在。西路的后部，有若干规模比较小的宫殿墓址八九处，应是凉殿所在。皇家寺院储庆寺也在西路。上京宫城的东路，南为一组规模比较大的基址，是太祖钦宪皇后所居的庆元宫，后改为原庙。中部又有一组建筑，较前者为小，应是东宫所在。最后一组建筑，与一般的宫殿基址不同，不是坐北朝南，而是坐东朝西，呈厢房式，西与朝殿敷德殿相邻，这组建筑物是尚书省所在。

据文献记载，金上京城内的宫殿名称很多，见于金太宗时的有乾元殿、明德宫；见于金熙宗时的有庆元宫，敷德殿、宵衣殿（寝殿）、稽古殿（书殿）、重明殿、五云楼、祥曦殿等；见于海陵王时的有勤政殿、泰和殿、武德殿、永寿宫、永宁宫；见于金世宗复修后的有庆元宫、光兴宫、光德殿、皇武殿等。此外，还载有明德殿、时令殿、龙寿殿、奎文殿。

金上京遗址虽经800余年的风雨剥蚀和战争破坏，其夯土版筑的城垣仍高达3—5米，颓垣基阔7—10米。城墙断面处，夯土层痕迹依然清晰可辨。外垣平均每隔70—120米筑一马面。在全城5个城角上各构筑角楼1处，为城墙上的重点防御工事。城门9处，其中7处带有瓮城。城外及二城间的腰垣南侧，均有护城壕。金上京皇城建于南城偏西处，周长近2.5千米。遗址自南向北有五重宫殿基址整齐地排列在南北中轴线上，东西两侧还有回廊遗址。皇城南门两侧有2个高约7米的土阜，对峙而立，称为阙。两大土阜间又有两个小土阜，各高约3米。大小土阜间是皇城南门的3条通道，中为正门（午门），两侧为左右阙门。

金中都

1122年十二月，金太祖完颜阿骨打领兵攻取燕京，按约定把燕京六州之地还给了宋人，宋为燕山府。金很快又将其收复，改称燕京，先后设置枢密院和行台尚书省。

海陵王完颜亮弑金熙宗之后继位，于1151年四月颁布诏书，决定自上京迁都燕京。完颜亮任命张浩等营建都城，参照北宋都城汴京的规划和建筑式样，在辽南京城的基础上，朝东、西、南三个方向往外扩展，共动用了120万人，历经2年，至1153年始告完成。1153年4月21日正式迁都，改燕京为中都，定名为中都大兴府。

金中都仿照北宋汴京之规制，在辽南京城基础上扩建。中都城东南角，在今永定门火车站西的四路通；东北角在宣武门内翠花街；西北角在军博南黄亭子；西南角在凤凰嘴村。东城墙自四路通向北，穿过明清护城河，越过今陶然亭公园、黑窑厂、潘家河沿（今潘家胡同）、虎坊桥西、梁家园，在北新华街西侧与北墙相接，城墙上三门为施仁门、宣曜门、阳春门。中都南城，西起凤凰嘴，笔直向东，途经鹅房营、万泉寺等地。南三门为端礼门、丰宜门、景风门。有人考证，今天的右安门大街、牛街、长椿街至闹市口一线，就是中都时南北通衢。

金中都皇城中有宫城，宫城在城中而稍偏西南，从丰宜门至通玄门的南北线上，南为宣阳门，北有拱辰门，东、西分别为宣华门、玉华门，前部为官衙，北部为宫殿。正殿大安殿，为朝会庆典之所，其基址为今白纸坊立交桥北端之东。北为仁政殿，辽时所建，东北为东宫。宫城共有宫殿36座，此外还有众多的楼阁和园池。当时人记载金中都"宫阙壮丽""工巧无遗力，所谓穷奢极侈者"。城的东北有琼华岛（即今北海公园），建有离宫，以供皇帝游幸。皇城南部一区从宣阳门到宫城大门应天门之间，以当中御道分界，东侧为太庙、球场、来宁馆，西侧为尚书省、六部机关、会同馆等。这种安排是仿汴梁的布局。城内增建礼制建筑，如祭祀天、地、风、雨、日、月的郊天坛、风师坛、雨师坛、朝日坛、夕月坛等。

兴建金中都时，张浩等役使民夫80万，兵士40万，就辽南京城的基础，在东、南、西面进行扩展，并新建宫城。材料取给于真定府潭园。工期迫促，盛暑疾疫流行，役夫深受其苦。1153年新都建成，完颜亮正式迁都，改燕京为中都，府名大兴。同时又确定以汴京为南京开封府，改中京为北京大定府，加上西京大同府和东京辽阳府，总为四京，以备巡幸，又将原居上京的宗室和女真猛安、谋克人户迁至中都，以便控制。1173年，又以会宁府为上京，遂为五京。

中都大兴府在金代隶属于中都路，所管辖的区域较辽南京析津府大为缩小，只辖有大兴、宛平、阴、安次、永清、宝坻、香河、昌平、武清、良乡十县。城区东、西部分别由大兴县、宛平县管辖。另外中都路还辖有其他13州、39县。中都大兴府的最高行政长官为大兴府尹，管理大兴府的政务并兼任中都路兵马总管府事，品级为正三品。另设同知及少尹各一人，协助府尹。其下另设处理各种事务的推官、知事、都孔目官等低级官吏若干人。朝廷在中都地区，另设立有与大兴府平行的若干专门机构，如司法机构中都路按察司、警察机构中都警巡院、经济管理机构中都都转运司等。

为使中都繁荣，海陵王完颜亮从张浩之请，凡四方之民，欲居中都者，免役 10 年。金世宗时期，为了便利漕运，又利用金口河引永定河水，开凿东至通州的运粮河。但因为地势的落差甚大，无法控制水势，运河开成后，很快淤塞。不久，又将金口河填塞，以防永定河洪水泛滥，危及京城。1192 年，金章宗完颜璟建成横跨永定河的卢沟石桥，以利南北交通。从 1153 年四月海陵王完颜亮迁都，到 1214 年六月金宣宗完颜珣离开中都，中都作为金朝都城共 61 年。1215 年，金中都被蒙古军队攻陷，城池遭受毁坏。

张浩

张浩（1102—1163），字浩然，生于辽王朝契丹贵族治下的东京辽阳府，先祖为渤海国东明王的后代。

1116 年五月，金太祖完颜阿骨打派金军攻占辽廷东京辽阳府，随即诏令“选善属文者”出任金廷各级地方政府官员，“访求博学雄才之士，敦遣赴阙”[1]，委以中央官职。张浩应召被任御前承应文字。

1130 年，金太宗完颜晟赐张浩“进士及第”，升秘书监秘书郎，主掌金廷经籍图书。1134 年四月，“太宗将幸东京，浩提点缮修大内”[2]，此时张浩主持营建上京会宁府宫殿，建造乾元殿，后改名皇极殿，初露修造宫殿才能，破格升任卫尉卿，主管宫内警卫事兼管“殿庭礼仪及监知御膳”。

1135 年正月，金太宗完颜晟病故于金上京，金熙宗完颜亶继位，即诏令张浩任赵州（今河北赵县）刺史。1139 年，张浩被金熙宗召回朝中，以资政大夫任大理卿。次年四月，张浩为金熙宗详定了百官朝参礼仪，上朝

[1] [元] 脱脱等:《金史・列传第二十一・张浩》，中华书局，1975 年，第 1862 页。
[2] 同上。

阿城亚沟金代摩崖石刻

奏事定要穿用统一的朝参官服，又为金熙宗初定金帝皇冠、皇袍。从此深得金熙宗器重，相继出任户部、工部、礼部侍郎、礼部尚书，又“簿书丛委，决遣无留，人服其才”[1]。

1149 年十二月九日夜二更时，金副都元帅、平章政事完颜亮，伙同完颜秉德、唐括辩等高官，由大兴国奴引领，闯入上京会宁府皇宫，将金熙宗弑杀于御榻上，夺得金朝皇位，改元天德。

1150 年十一月，完颜亮擢拔张浩为尚书右丞。当时，金国政治、经济、文化、军事中心南移中原，完颜亮选定燕京城（今北京）为新都。

1151 年三月，完颜亮诏令修建燕京皇城与皇宫。闰四月，指令张浩全权指挥营建燕京新国都。张浩统领燕京留守刘筈、大名尹卢彦伦，仿照北宋汴京宫殿模式，按图纸有步骤快速施工。张浩还陆续选调同知兴中尹苏保衡、行台左丞张通古、吏部侍郎蔡松年来燕京“分督工役”。张浩坐镇燕京城，发诸路民夫几十万，运送沙石砖瓦，征集数万能工巧匠，精心施工，所用上好木料，多取之真定府漂园材木。历时近 3 年，营建成金国燕京新皇城与宫殿。

燕京皇城四面呈方形，城周围九里三十步，分建四座大城门，大城门两侧各有两座副门。朱色城门上镶嵌金钉，城门上建垛楼，覆盖琉璃瓦，显“金碧翚飞，规模壮丽”之势。皇城内为皇帝建造出朝问政九重殿，内分三十六楼七十二阁，仅一座应天楼即高达八丈。后妃居住的同乐园中，建有瑶池、蓬瀛、柳庄。还专为文臣武将和接待外宾建造了文官楼、武将

[1]［元］脱脱等:《金史·列传第二十一·张浩》，中华书局，1975 年，第 1862 页。

楼、来宁馆、会同馆。

张浩在指挥燕京施工时，因为工期急迫，适逢夏季暑热季节，数以万计的民夫、工匠染上瘟疫，张浩“发燕京五百里内医者”，来燕京抢治病夫，“官给医药”，“全活多者与官，其次给赏”，[1]救活多人，未延误工期。

1152年二月，完颜亮率领举朝文武百官离开上京，开始迁都之行，边走边处理国政要务，过问地方政务，经辽朝旧都临潢府而至辽时中京过冬。1153年三月二十二日，完颜亮一行抵达燕京城，进住新宫殿，令新国都曰中都，府曰大兴。以渤海辽阳府为东京，山西大同府为西京，中京大定府为北京，东京开封府为南京，实施四京陪都制。当月，完颜亮提升张浩为平章政事。张浩奏请“凡四方之民欲居中都者”，免除赋税10年，“以实京城”，得到批准，在此激励下，各方百姓多迁入中都建业谋生，中都得到空前发展。

1155年二月，张浩再升尚书左丞相兼侍中，改封蜀王。1157年，张浩以年迈羸病不堪任事，宰相非养病之地为名，表乞致仕，完颜亮不许。

完颜亮执政时推行多项改革，收到一定成效。但是他很快就自我陶醉，狂妄自大。1158年五月，完颜亮诏令欲迁都汴京，将宫室重修，加兵江左，使海内一统。同年十一月，他指派尚书左丞相张浩，带领参知政事敬嗣晖去汴京，征调工匠两万，征发民夫百余万，拆除破败的旧宫殿城池，大概依宋宫旧制，运天下林木花石，务极华丽，重建汴京皇宫与皇城。张浩曾进谏：“往岁营治中都，天下乐然趋之。今民力未复，而重劳之，恐不似前时之易成也。”完颜亮当即拒之“不听”。[2]张浩只得违心奉命，召集工部郎中伯德特离补、户部郎中高德基、御史中丞李筹、刑部郎中萧中一来汴京重修宫室，历时近3年得以竣工。

汴京新宫城呈方形，每侧五里，城高丈余。城墙四角，各建有角楼，

[1] [元]脱脱等:《金史·列传第二十一·张浩》，中华书局，1975年，第1862页。
[2] 同上注，第1863页。

高五丈。皇城内分成朝院与内宫两部分。朝院分三层院：前层院，正门为大庆门，入大庆门里，即是大庆殿，屋十一间，龙墀三级，为特大朝会之所。大庆殿之南的两侧，另建两座楼，东曰嘉福，西曰嘉瑞，为文臣武将分列等候上朝之所。中层院，建有隆德殿，殿屋五大间，旁各殿三间。殿前还建有东西对称的钟楼、鼓楼。后层院进仁安门即是仁安殿，为皇帝阅事之所。殿堂虽较前两层院的大殿矮小，外观却显得别致美观，屋顶皆覆盖琉璃筒瓦。三层朝院之后，即是内宫，黑漆窗户，百官不到。内宫门里，即是仁智殿。再前面有三座门，中门德昌、左门文诏、右门光兴。与三座门正对面，分建三座寝宫，徽音宫、长乐宫与德寿宫，为后妃们长住之所，皆修建得气度宏丽，金碧辉映。所有“宫殿之饰，遍傅黄金而后间以五彩”[1]。宫殿修成，张浩也因此再擢为太傅、尚书令，晋封秦国公。

完颜亮重修汴京宫殿城池，劳民伤财，所用上好木料皆取自关中青峰山。他派去的监工太监梁琉，挑剔“某处不如法式”，动辄推倒重建，终使“凡一殿之成，费累钜万”,[2]掏空国库，又特加征五年税赋。张浩对此不敢进言。

1161 年六月二十二日，完颜亮率文武百官，偕皇后妃妾与宫女，迁都来汴京，得张浩“备法驾”迎谒，“乘玉辂”入住汴京新皇宫。九月二十五日，完颜亮指令尚书令张浩、尚书左丞相萧玉、参知政事敬嗣晖留在汴京，“治尚书省事”。随后亲率 60 万金兵伐宋，迅速渡过淮水，抵达长江北岸边，于十一月七日从采石镇（今安徽马鞍山境内）首开渡江战，当即遭宋军大船撞击惨败，众多金兵落水丧命。完颜亮收集残兵沿江东下扬州，十一月二十七日拂晓，前线万余名金军在契丹籍金将耶律元宜统领下，发乱箭将完颜亮射杀于扬州瓜洲渡龟山寺军帐里，终年 40 岁。攻宋之战也以金军惨败告终。

1162 年年初，金世宗完颜雍诏令降封完颜亮“为海陵郡王，谥曰炀”。

---

[1] 梁思成:《中国建筑史》，百花文艺出版社，2007 年，第 157 页。
[2] [元] 脱脱等:《金史·列传第二十一·张浩》，中华书局，1975 年，第 1863 页。

1163 年六月，张浩病故。

元上都

元上都古城遗址，坐落在位于今内蒙古自治区锡林郭勒盟正蓝旗境内，多伦县西北闪电河畔，海拔高度约 1300 米。这座规模宏大的宫殿旧址，在上都河北岸，当地牧民称为“昭奈曼苏木”。金莲川草原历史上曾是匈奴、鲜卑、契丹、女真、蒙古等古代游牧民族活动的地区。12 世纪，金世宗完颜雍命名此地为“金莲川”。金代筑有景明宫，是皇帝避暑的地方。1251 年，蒙哥即大汗位后，忽必烈以皇弟之亲，受任总领漠南汉地军国庶事，忽必烈把他的藩府南移至金莲川地区。1256 年春，忽必烈命刘秉忠在桓州以东，滦水（今闪电河）以北，兴筑新城。1259 年，新城建成，它背靠龙岗山，南邻滦河，放眼一望是广阔无垠的大草原，气势恢

元上都遗址

宏，被命名为“开平”城，作为藩邸。

当时蒙古的都城在哈拉和林，忽必烈在选择其藩邸地址时，考虑到“会朝展亲，奉贡述职，道里宜均”，因而确定在地处蒙古草地的南缘、地势冲要的开平，既便于与哈拉和林的大汗相联系，又利于对华北汉人地区就近控制。通过金莲川幕府的大量活动，忽必烈加深了对学习汉文化 、变更蒙古旧有统治方式必要性的认识，并取得了汉人士大夫的普遍支持，为元王朝的建立打下了基础。

1259 年，蒙哥死。次年，忽必烈在开平即大汗位，与留守哈拉和林的幼弟阿里不哥发生了争夺汗位的战争。忽必烈依靠汉地的丰厚人力物力，把开平作为前沿基地，历时 4 年，终于战胜了阿里不哥。1263 年，忽必烈升开平府为上都，取代哈拉和林。这时，忽必烈政权的统治重心已转移到中原汉地，把都城设在山后草地已嫌偏远。因此，1264 年又改燕京为中都。1273 年，改中都为大都，定为都城，而将上都作为避暑的夏都，形成两都制的格局。每年四月，元朝皇帝便去上都避暑。八九月秋凉返回大都。皇帝在上都期间，政府诸司都分司相从，以处理重要政务。皇帝除在这里狩猎行乐外，蒙古诸王贵族的朝会（忽里台）和传统的祭祀活动都在这里举行。

1358 年十二月，红巾起义军分道北伐，中路关先生 、破头潘部攻陷上都，焚烧宫殿，掠得玉玺、仪仗、珠宝等，7 日后撤离，从此元上都逐渐衰落。

1368 年正月，朱元璋建立大明王朝。同年七月，元顺帝从大都逃往上都。1369 年八月，明朝大将常遇春、徐达率领的中路大军攻克元上都。上都伴随着元朝失去中原汉地政权而逐渐废弃，蒙古民族退回草原游牧生活，开启了北元时代。

1396 年，明朝在元上都正式设开平卫指挥使司，然后大力经营，加强屯守，并修缮城垣。明成祖以后，明朝防卫内撤。1430 年，开平卫移至长城以内的独石口，改为隶属万全都指挥使司，元上都至此彻底废弃。清初，蒙古右翼诸部的察哈尔部在这里驻牧。16 世纪初期，蒙古达延汗重新统一蒙古各部，将蒙古各部划分为 6 个万户，元上都地区属于应绍卜万户的封地，为“云需府”管辖。

上都是一座具有汉式宫殿楼阁和草原毡帐风格的新兴城市。其景物风习，在元朝文士的吟咏中多有记叙。同时期的西方人马可波罗、拉施都丁也有描述。上都与大都之间有 4 条驿道相通，往北又可以循帖里干驿道交通漠北。朝廷设上都留守司兼本路都总管府，掌领宫阙都城，兼领城区及所属州县民事。皇帝返还大都后，并领上都诸仓库之事。

上都至大都共有西路、驿路、辇路和东路 4 条路。元朝皇帝赴上都多走辇路，由西路返回大都。为管理上都各项事务和为元朝皇帝巡幸上都服务，上都城内建有许多公廨官署，设有庞大的封建官僚统治机构。1264 年，设立上都路总管府。1281 年，设立上都留守司，兼本路都总管府。上都留守司及下属 20 多个直属机构主要负责管理宫廷事务和皇帝巡幸时的一切杂务。为辅佐皇帝在上都议办朝政，上都专门设有重要衙门的分支机构，如中书省上都分省、御史台上都分台、翰林国史院上都分院等，这样的分支机构共有数十个。

上都城遗址迄今仍存，城墙基本完好，城内外建筑遗迹和街道布局尚依稀可见。皇城在全城的东南，城墙夯土外砌砖石，东、西各两门，南、北各一门，每面墙长 1400 米。皇城正中偏北是宫城，东北角是华严寺，西北角是乾元寺，东南和西南两角亦各有一座庙宇。宫城城墙夯土外包以青砖，南北长 620 米，东西宽 570 米，东 、西 、南三面有门。城内宫殿建筑各自成群，互不对称，有泉池穿涌其间，园林特色十分明显。皇城 、宫城四角均设角楼。外城全系黄色夯土，东墙和南墙都由皇城的东墙 、南墙接出。外城西北两面各长 2200 米，东南两面至皇城东北 、西南两角各长 800 米。外城北开两门，南开一门。西面原有两门，元代后期毁一存一。外城南部为一般建筑区。北部地势较高，自成一区，是当时养花木禽兽供统治者玩赏的御园。东 、西 、南三郊各有长 600—1000 米的街道，与城门相连，组成了很大的关厢区。北郊则有很多寺庙 、宫观等建筑。

全城由宫城、皇城和外城三重城组成。周长约 9 千米，南北长 2115

米，东西宽2050米。宫城墙用砖包砌，四角有楼，内有水晶殿、鸿禧殿、穆清阁、大安阁等殿阁亭榭，将河水引入城内池沼。皇城环卫宫城四周，城墙用石块包镶，道路整齐，井然有序，南半部为官署、府邸所在区域，东北和西北隅建有乾元寺和龙光华严寺。外城全用土筑，在皇城西北面，北部为皇帝观赏的御苑，南部为官署、寺观和作坊所在区域。城外东、南、西三处关厢地带，为市肆、民居、仓廪所在。

元大都

元大都，1267—1368年为元朝国都。其城址位于今北京市区北至元大都土城遗址，南至长安街，东西至二环路。1260年，元世祖忽必烈初到燕京，虽有意驻守，而金中都的旧日宫殿已成废墟。1264年，忽必烈从刘秉忠议，决定建都燕京，仍称中都，并计划营建城池宫室。但是，1267年又决定放弃旧城，在东北郊外另建新城，仍称中都。1271年，正式以“元”为国号，并改中都为大都。

侯仁之先生在《元大都城与明清北京城》一文中指出，大都城，是元世祖忽必烈毅然打破逐级裂土分封旧制、确立中央集权，作为一个统一的多民族的中央集权国家的政治军事中心而建立起来的。大都城的主要设计人是刘秉忠，在城市的总体规划和宫殿建筑的一般工程做法，继承了北宋以来的传统而有所发展。大都城的平面布局，体现了“前朝后市，左祖右社”的原则，在大都城南部的中央，利用湖泊为中心布置了三足鼎立的宫殿群，然后绕以皇城。在宫殿建筑上大量使用石工，础碣墀陛，雕镌精美。

1260年忽必烈初到燕京时，住在以琼华岛为中心的离宫大宁宫（今北海公园）。1264年决定另建新都，正是选择了大宁宫的湖泊为中心，在湖泊的东西两岸，分别布置了三组宫殿。宫殿位置确定之后，才开始规划大都城。

明代萧洵编《元故宫遗录》称，元大都内城“广可六七里，方布四隅，隅上皆建十字角楼。由午门内可数十步为大明门”，门后正中为大明殿，“大殿宽广，足容六千人聚食而有余，房屋之多，可谓奇观。此宫壮丽富赡，世人布置之良，诚无逾于此者。顶上之瓦，皆红、黄、绿、蓝及其他诸色，上涂以釉，光泽灿烂，犹如水晶，致使远处亦见此宫光辉，应知其顶坚固可以久存不坏”。

大都城城址的选择，首先考虑以湖泊为中心的宫殿建筑布局，在湖泊的东岸兴建宫城，也叫“大内”。湖泊的西岸，另建南北两组宫殿，南为隆福宫，北为兴圣宫，分别为皇室所居。三宫鼎立，中间的湖泊被命名为太液池。太液池中的琼华岛，改称万岁山。万岁山以南，另有一个小岛叫作瀛洲，有长 200 尺（约 66.7 米）的白玉石桥直通万岁山。小岛上建有仪天殿，就是现在北海大桥东端团城的前身。从瀛洲建木桥接连太液池的东西两岸，从而在三组宫殿之间建立联系，并以此为出发点，环绕三宫修建皇城。皇城之外再建大城（即外郭城）。

元大都平面呈东西短、南北长的矩形，城墙全长 60 里又 240 步，辟 11 门，南、东、西三面各 3 门，北面 2 门，被附会为哪吒“三头六臂两足”。营建大都时，先在全城的几何中心位置建“中心之阁”，然后以此为基准向四面拓勘城址。城中心之阁以南为皇城。皇城四周建红墙，又称“萧墙”，其正门称棂星门，左右有千步廊。萧墙的东墙外为漕运河道。皇城并非以大内宫城轴线为基准、东西对称，而是以太液池为中心，四周布置三组宫殿——大内、隆福宫和兴圣宫，这种布局反映了蒙古人“逐水而居”的特点。

1272 年，新皇宫落成，其中太液池东岸的宫城（大内）规模最大。在元大都城的规划设计中，宫殿布局占有最重要的地位，大内坐北朝南，是元大都宫殿最重要的组成部分。元代陶宗仪撰《南村辍耕录》称：“南临丽正门，正衙曰大明殿，曰延春阁。宫城周回九里三十步，东西四百八十步，南北六百十五步。”

元宫城内主要建筑分为南北两组。南边一组以大明殿为主体。大明殿为大内正殿，专门用于大典、登极寿节会朝活动。殿前的朝门叫大明门，大明门在崇天门南，是大明殿的正门，七间开三门，“东西一百二十

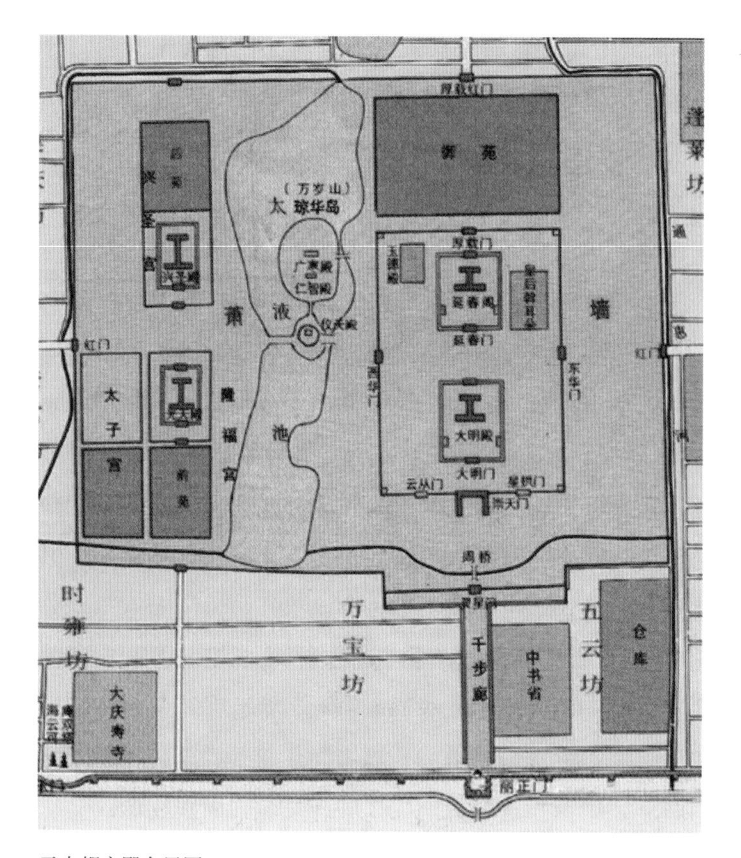

元大都宫殿布局图

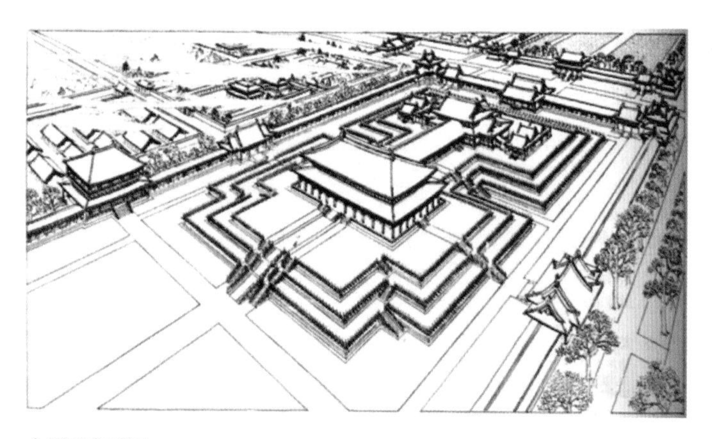

大明殿鸟瞰图

尺，深四十四尺，重檐”。日精门、月华门分别在大明门东西两边，规格为三间开一门。这一组宫苑由庑廊围成方形，东西两庑分别有凤仪门和麟瑞门；北面也开两门，东为嘉庆门，西为景福门。凤仪门、麟瑞门南分别有钟楼和鼓楼，也称文、武楼。大明殿是大内主要宫殿之一，至元十年（1273）十月开始修建，至元十一年（1274）十一月“起阁南直大殿及东西殿”[1]。《南村辍耕录》载，这是大内宫殿中等级最高的建筑，“十一间，东西二百尺，深五十尺，高七十尺”，大殿由两部分组成，前为殿陛，纳为三级，绕置龙凤白石栏，殿右连为主廊十二楹，四周金红锁窗，连建后宫，中设金屏障。障后即为寝宫。大殿东西有两配殿，西有毡殿。大殿后有宝云殿、玉塔殿，附近有祀天幄殿。

大明殿是举办登极、正旦、寿节的正衙，殿址选建在宫城的中心线也是全城的中轴线上，呈“工”字形布局，殿基高于地面 10 尺（约 3.3 米），分三层，每层四周皆绕以雕刻龙凤的白玉石栏，栏下有石鳌头伸出，是排泄雨水的出口。[2]《南村辍耕录》载：“大明殿、乃登极正旦寿节会朝之正衙也，十一间，东西二百尺，深一百二十尺，高九十尺，柱廊七间，深二百四十尺，广四十四尺，高五十尺。寝室五间，东西夹六间，后连香阁三间，东西一百四十尺，深五十尺，高七十尺。”大明殿四面绕以周庑，共 120 间，南北狭长，略呈长方形。四隅有角楼。东西庑中间偏南各建有钟楼（又称文楼）与鼓楼（又称武楼）。北庑正中在寝宫之后又有一殿。周庑共开 7 门，南面 3 门，正中大明门，为南区宫殿的正门。北面 2 门，东西各 1 门。

北边一组宫殿以延春阁为主体，“工”字形，为后廷。整个后廷的平面设计以及建筑形制与前朝基本一致。只是周庑 172 间，较前朝周庑多出 25 间，因此增长了东西两庑，形成更为明显的长方形。北庑不设门。据载，延春门在宝云殿后，延春阁之正门也，五间，三门，东西七十七

[1]［明］宋濂：《元史・卷八》，中华书局，2005 年，第 158 页。
[2] 同上。

尺，重檐。懿范门在延春左，嘉则门在延春右，皆三间，一门。延春阁九间，东西一百五十尺，深九十尺，高一百尺，三檐重屋。柱廊七间，广四十五尺，深一百四十尺，高五十尺。寝殿七间，东西夹四间。延春门左右分别是懿范门、嘉则门，形制相同，为三间开一门。延春阁九间，东西一百五十尺，深九十尺，高一百尺，三檐重屋。柱廊七间，广四十五尺，深一百四十尺，高五十尺。寝殿七间，东西夹四间。

延春阁处大明殿北，居大内后位，等级也比大明殿略低，也是处理政事的宫殿。延春阁东西有慈福、明仁两配殿，也称东、西暖阁。另《故宫遗录》记载，延春阁附近有延春宫。围绕延春阁这组建筑的廊庑在东西两侧分别开景耀门、清灏门，高三十尺，三间开一门。钟楼在景耀门南，鼓楼在清灏门南。

大明殿和延春阁这两组主要宫殿，都是在“殿”与“宫”之间，加筑一道柱廊，构成“工”字形。殿内布置富于蒙古族“毡帐”色彩，凡属木构露明的部分都用织造物加以遮盖，壁衣、地毡也广泛使用。这是元代宫

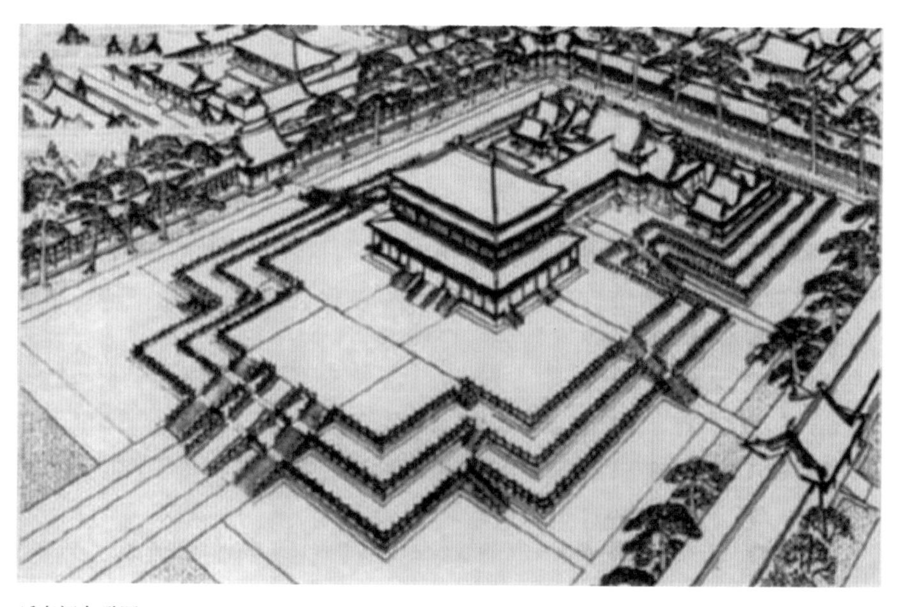

延春阁鸟瞰图

廷建筑上较为明显的特色。在前朝与后廷的两组宫殿之间，有横贯宫城的街道，东出东华门直通皇城东门朝阳桥（即枢密院桥）。西出西华门，稍向北折，然后西转，过木桥至圆坻仪天殿。整个宫城的平面布局，在前后周庑以内，严格遵循轴线对称的原则，突出建在高大白石台基上的大明殿和延春阁。

宫城北是御苑，南起厚载门以北，北至今地安门内，西邻太液池。御苑四面筑有垣墙，共开 15 个门。出宫城西华门，北折西转至木桥，过桥为仪天殿，建在瀛洲上。瀛洲西有木桥长 470 尺（约 156.7 米），直临通衢。通衢以北紧傍太液池西岸为兴圣宫，附有后苑。通衢以南为隆福宫，附有前苑。兴圣宫正殿兴圣殿与隆福宫正殿光天殿，都有柱廊寝殿，寝殿左右也各有东西暖殿，形制与宫城正殿近似，而尺度较为狭小。光天殿周庑 172 间，四隅有角楼。兴圣宫只有夹垣，内垣相当于周庑，没有角楼。

元朝的皇宫记载很少，宫殿压在明、清皇宫之下。考古专家判定元朝大内宫殿在北京故宫的地底下。故宫原本的建筑结构比较复杂，在不破坏原有建筑的基础下，考古发掘元朝的大内宫殿，难度相当大。所以考古专家形成共识，对元朝宫殿遗迹不急于向下发掘，需要谨慎地揭露其大概的范围、层位、性质。

玉德殿是大内中又一组建筑，建在宫城偏西北的位置上，是“正衙之便殿，以奉佛事为主，有时亦听政”[1]。据载，玉德殿东西有东、西香殿，后有宸庆殿，九间，东西一百三十尺，深四十尺，高如其深。玉德殿西有宣文阁，宣文阁后为清宁殿，清宁殿被重绕长庑，再向北是厚载门。厚载门上建高阁，环以飞桥，舞台于前，回栏引翼。高台东有观星台，西有内浴室。厚载门之北为禁苑，自太液池引水以供水碾和灌溉花木之用。其内有耕田八顷，殿五所，元帝在此举行藉田之礼，以劝农事。

元代最重要的一处宫苑，是太液池中的万寿山，即今北京北海琼岛。万寿山或称为万岁山，是金代大宁宫的琼华岛。大都城未建之前，即已着

[1] 朱偰:《元大都宫殿图考》,《中国营造学社汇刊》(总第三期)，知识产权出版社，2006 年。

2016 年，在故宫的隆宗门西发现元代地层及元大内建筑物遗存

手修建琼华岛，至元八年（1271）正式更名万寿山，而琼华一名始终不废。据载，岛南岸有白玉石桥，长二百余尺，正南直抵圆坻仪天殿。东岸又一石桥，长七十六尺，而桥面之宽竟达四十一尺半，因为桥上半为石渠，作为东岸金水河的渡槽，引水至岛上，然后汲水至万寿山顶，喷出石龙口，最后仍流注太液池。山顶旧有广寒殿，重加修缮。山上又有仁智殿、荷叶殿、方壶亭、流洲亭等。这里是全城的制高点，在整个宫殿区的布局中占有重要地位，登上万寿山顶，可以俯瞰大都全城。

元朝在北京的统治时间比较短，不过 80 多年。元大都至少 2/3 都已经被叠压在明清的北京城下，面貌不清。20 世纪 60 年代，北京城的城市考古开始之后，考古学家徐苹芳先生结合考古材料与古代的地图和文献，逐渐把元大都城墙的位置确定下来，并最终落在了地图上。

元代的宫城，也就是元大内在什么地方，其中轴线和紫禁城的中轴线是否重合？虽然没有更多的考古证据，徐苹芳先生认为两者是重合的，从景山、地安门到钟鼓楼一线，动土时都有道路的痕迹。

2016年，故宫博物院考古研究所发布一组考古成果，其中包括在故宫的隆宗门西发现元代地层及元大内建筑物遗存。新发现的元代地层位于隆宗门西广场的北侧、内务司各司值房南侧。经考古发掘，确定其层位关系由晚及早分别为清中期的砖铺地面和砖砌排水沟，明后期的墙、门道基址、铺砖地面、砖砌磉墩和明早期的建筑基槽，最下层的是素土夯筑层和夯土铺砖层基槽，夯土堆积层为一层夯土层一层铺砖层，层层叠压。夯土为深褐色黏土，大致平面分布，较致密，每层厚度不等。而素土夯土层，开口距地表1米，最深处距地表3米，为黄色绵沙土、褐色黏土和黄色细沙土，层层夯筑，大体呈平面或波状分布，有的夯层包含少量坚硬的料姜石块。素土夯筑层出土的布纹瓦、琉璃瓦、黑釉瓷片、白釉瓷片等遗物具有明显的金元时代风格，根据地层关系和包含物可以推断，夯土铺砖层建筑基槽和素土夯筑层的年代为元代。

刘秉忠

1256年，忽必烈还在潜邸，但已有雄霸中原的计划。为了进军中原，他要求刘秉忠在桓州东、滦水北设计修建一座城。刘秉忠用了3年的时间完成了这一工作。城修好后，取名开平，后来升为上都，忽必烈就是在此登上皇帝宝座的，其遗址在今内蒙古正蓝旗东20千米处。

刘秉忠画像

刘秉忠（1216—1274），元代政治家、文学家。初名侃，字仲晦。邢州（今邢台市）人。曾祖于金朝时在邢州任职，因此移居邢州。蒙古王朝灭金后，刘秉忠出任邢台节度府令史，不久就归隐武安山，后从浮屠禅师云海游，更名子聪。元世祖忽必烈感其忠诚，赐给他“秉忠”这个名字。此人在《元史》有传，称他为“博学多材艺”，上知天文，下知地理，对《易》尤为精通，“律历、三式、六壬、遁甲之属”，也十分内行，“论天下事如指诸掌”，是忽必烈身边诸葛亮式的人物。在忽必烈平定天下的过程中，他发挥了巨大作用。后来定都北京，商建国号，都是经他提出，忽必烈则予以采纳。“他如颁章服，举朝仪，给俸禄，定官制，皆自秉忠发之，为一代成宪”。[1]

1251年，蒙哥汗继位，任命皇弟忽必烈“总领以漠南汉地军国庶事”。在同母兄弟中忽必烈“最长且贤”，并且由于封地的关系，较早同供其服务的僧、道、医生及通译人打交道，并结识中原有识之士和有才干的官员，向他们学习，掌握了汉文化及中原汉地治理情况。1242年，刘秉忠进入忽必烈潜邸后，向忽必烈讲述治理天下的道理，还将张文谦、马亨等中原儒者推荐至忽必烈帐下。

忽必烈奉命总领漠南汉地政务后，带着藩府众臣南下，夏则驻扎在原金蒙交接的桓州、抚州之间。冬则驻扎在“奉圣州北”或“剌八剌合孙”。由于没有固定的统治汉地中心，处理政务非常不便。尤其是跟随忽必烈的金莲川幕府众臣习惯于城居，很难适应“迁就水草无常”的游牧生活方式。为了解决这一矛盾，1256年忽必烈命刘秉忠选择合适的地点修建新城。

刘秉忠在金桓州及抚州之间考察地形，最后相中了桓州以东、滦水之北的龙岗为建城地点。金莲川草原地区地处蒙古高原南端的大兴安岭、燕山山脉与草原接合地带，地理位置极为重要。既便于北上蒙古帝国首都哈拉和林联系，又便于南下治理中原地区的政事，是当时治理汉地非常理想的统治中心。辽、金时期，这里是皇帝的避暑胜地，建立过纳凉的行宫。

[1]［明］宋濂:《元史·卷一百五十七·刘秉忠》，中华书局，1976年，第3694页。

12 世纪中期蒙古人南下，金莲川一带成为札剌儿部兀鲁君王营幕地。1251 年蒙哥继位，这里成为忽必烈的分地。

元上都的兴建虽然有其内在的必然因素，但是刘秉忠作为元上都的总设计者，在城市位置的确定和城市兴建理念上的独到见解是极其重要且不容忽视的。选择建城位置后，刘秉忠在董文炳、贾居贞、工部提领谢仲温的协助下，首先合理安排元上都的平面布局。

元上都整体城市由城址及 4 个关厢地带组成。城址包括宫城、皇城、外城，宫城位于皇城的中部偏北，皇城位于全城的东南部，外城附加于皇城的东、西两面。刘秉忠在建设的过程中，吸收中国传统城市的固定格局，并有所创新。上都虽然是由宫城、皇城和外城组成，但不完全相套。刘秉忠根据地形的特点和功能，把城市的 4 个关厢进行合理的安排。元上都北依东西连绵的龙岗山，地势险要，因此刘秉忠把北关设置为兵营区，保护上都以及周围安全的“虎贲四千”住在这里。西关南部地势相对平整，刘秉忠将其设置为商业区，是各国商人进行交易的地方，也是北方草原地区重要的商品集散地，又是连接北方草原地区与中原地区商贸交易的重要纽带。东关位于皇城东门外，设置为前来上都觐见皇帝的王公贵族居住地。据文献记载，这里曾毡房如云，非常优美。南关为进入上都的御道，这里的酒肆、客栈星罗棋布。

刘秉忠严格区分元上都城内的建筑群，把官署、宫殿、寺庙、集市和居民进行各自合理安排。上都重要宫殿集中在宫城，官署和寺庙道观主要集中在皇城，居民和一些次要的官署集中在关厢地区。集会安排在皇城之西的西内。上都的宫城南门及中央大殿位于同一条中轴线上，但城内建筑没有在中轴线两面对称分布。刘秉忠在设计当中，改变之前城市高墙壁垒、与周围自然环境隔绝的规划布局思想，采用城市与草原融合为一体的总体规划形式。元上都既有巍峨的宫殿、雄伟的寺庙、美丽的皇家园囿，也有反映游牧生活特点的毡帐穹庐，成为北方草原地带景色优美、环境宜人的都城。

1263 年，忽必烈决定以开平为都，称为上都。同年，又根据刘秉忠的建议，定都于燕京（今北京），实行两都制。次年，改燕京为中都。1272年，又改中都为大都。至此，大都升为首都，上都则为陪都，从而开始了北京700余年首都的历史。蒙古、元都城由和林、而上都、而大都的南移，也是形势发展的需要。但是，刘秉忠审时度势，建议并促成忽必烈定都燕京，其中起到至关重要的作用。

刘秉忠是城市规划建设大师，他以《周礼·考工记》中关于都城建设的内容为指导思想，进行规划并修建元大都，被誉为“大元帝国的设计师”。《元史》载：“至元初，帝命秉忠相地于桓州东滦水北，建城郭于龙冈，三年而毕，名曰开平。继升为上都，而以燕为中都。四年，又命秉忠筑中都城，始建宗庙宫室。八年，奏建国号曰大元，而以中都为大都。”[1]

1266年，刘秉忠奉忽必烈之命，在原燕京城东北设计建造新的都城，取名大都，即今天的北京城前身。大都从1267年开始修建，到1285年完成，一共用了18年时间。1263年初都燕京时，利用的是金中都旧城，城址在今宣武区的西部及今广安门外地区。1266年，忽必烈做出了一个重大决定，废弃旧城，在旧城东北郊另建新城。为什么要废弃一座已经沿用了两三千年的旧城而择地另建呢？一是在蒙古攻占金中都的战争中，旧城遭到严重破坏，昔日豪华的宫室也已“瓦砾填塞，荆棘成林”；二是金中都城周36里（18千米），当作元帝国首都，已“隘不足以容”；三是旧城的水源主要依靠城西莲花池水系，水量很小，已不能满足需要，而琼华岛附近的湖泊（今北海、中海）为高梁河水所汇，水源充沛，废旧城、建新城，就是把城址从莲花池水系迁移到高梁河水系上来。

刘秉忠主持了大都新城的修建工作。他主要负责总体设计，勘察地形，选择城址，确定方位，规划布局。他的学生郭守敬和赵秉温充当设计助手。具体施工则由工部官员张柔、张弘略、段天佑等负责。刘秉忠对地形做了精密的测量，充分利用了这一地区的自然条件，特别是巧妙地利用了包括太液池、积水潭、高梁河在内的这一天然水系，表现了他在都城设

[1]［明］宋濂：《元史·卷一百五十七·刘秉忠》，中华书局，1976年，第3693—3694页。

计方面的卓越才能。

大都城分为三重，其核心为宫城，亦称大内，为帝王宫殿所在。刘秉忠以宫殿中心所通过的南北向的直线，作为全城设计的中轴线。宫城之外为皇城，万岁山、太液池以及池西的兴圣宫、隆福宫都被圈围在内。最外层为大城，略呈长方形，周长 28.6 千米，除了北面开 2 个城门外，东、西、南各开 3 个城门，朝衙设在宫城的南面，最主要的商业市场设在宫城的北面，太庙设在东面，社稷坛设在西面。居民区被划为 50 坊，南北、东西向的大街、胡同纵横交错其间，全城布局十分规整。

大都城是在平地上新建的一座大城，于 1267 年破土动工，至 1276 年基本建成，堪称当时世界上最壮丽的一座城市。新城建成不久，著名旅行家马可波罗从意大利的威尼斯经过长途跋涉来到了中国。当他见到新落成的大都，不禁大为赞叹："城是如此的美丽，布置的如此巧妙，我们竟是不能描写它了！"

刘秉忠认为燕京地处冲要，建议定都于此，被忽必烈采纳，改称中都。刘秉忠在大兴府东北筑宫城建宗庙，在宫城北面设立了 1 个中心台，作为测定全城方位的中心点，以此确定全城的中轴线。中都气势恢宏，整齐划一，道路宽阔，分区合理，于 1271 年改名大都。当时的名人徐世隆高度赞扬刘秉忠："相宅卜宫，两都并雄，公于是时，周之召公。"

刘秉忠主持修建元大都，从 1267 年开始，设立专门的城建机构提点宫城所，负责管理皇城、宫城、宫殿施工之事。1274 年春正月，宫城建设完工，忽必烈在正殿接受了皇太子及诸王、百官的朝贺。这天，前来朝贺的还有高丽国王派遣的使臣少卿李义孙等。1274 年八月，刘秉忠跟随忽必烈幸上都，住上都南屏山，端坐无疾而终，享年 59 岁。

刘秉忠死后，元大都的建设步伐并没有停下来。又过了 11 年，1285 年，元大都宣告建成。雄阔壮丽的元大都，不仅是当时世界上最大的都城之一，也是历朝历代所建规模最大的北京城。虽然刘秉忠没有亲眼看到修建完毕的新都城，但是伟大的元大都，毕竟是依照这位大师绘制的蓝图修造。

第十章 江南殿宇

应天府皇宫三大殿复原图

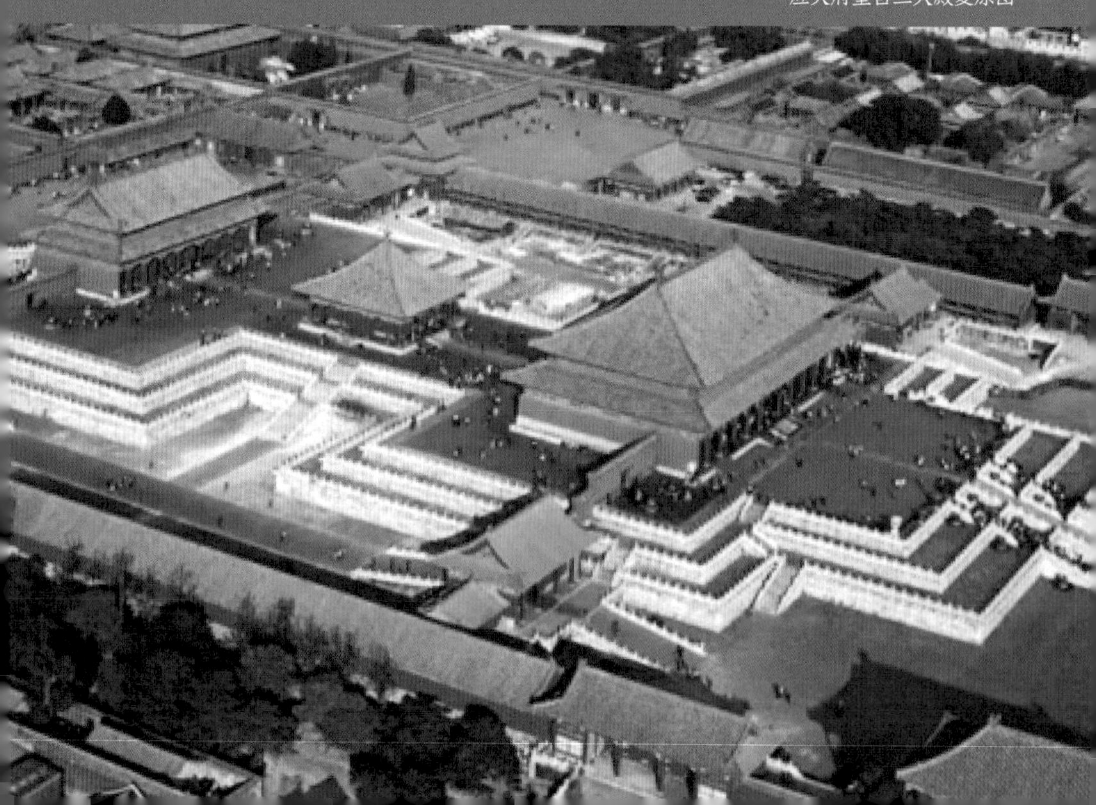

明洪武元年（1368）正月初四，朱元璋称帝，以应天府（南京）为京师，国号大明，年号洪武。明朝首都应天府的皇宫，又称南京紫禁城，位于今南京市主城东部，殿宇重重，楼阁森森，雕梁画栋，金碧辉煌，气势恢宏，曾作为明初洪武、建文、永乐三代皇宫，长达54年之久，号称中世纪世界上最大的宫殿建筑群。直到永乐十九年（1421），明成祖朱棣迁都北京，才正式结束王朝皇宫的使命，但仍由皇族和重臣驻守，地位仍十分重要。

应天府皇宫始建于元至正二十六年（1366），洪武二十五年（1392）基本完工。应天府皇宫坐北朝南，有4座门，南为午门，东为东华门，西为西华门，北为玄武门。皇宫中最重要的宫殿为三大殿。奉天殿，三大殿的主体，是皇帝举行重大典礼和接受文武百官朝贺的地方。华盖殿在奉天殿后面，外观如一座亭子，四面出檐，渗金圆顶，殿顶上还缀有硕大的金球一颗。殿旁东有中左门，西有中右门。谨身殿在华盖殿后，也是一座双重飞檐的大殿。以奉天、华盖、谨身这三座宏伟的殿堂为主，构成了应天府宫城“前朝”的主体部分。后宫南面乾清门内为乾清宫，其后是省躬殿，省躬殿后为坤宁宫，是皇后居住的地方。坤宁宫的东、西两侧，建有柔仪殿和春和殿两座别殿。此外，宫城内还有祭奉皇室祖先的奉先殿，珍藏、修编经典书籍的文渊阁。

明朝还修有临濠中都。洪武二年（1369）九月，朱元璋下诏以凤阳为中都，“命有司建置建池宫阙如京师之制”。城址选在临濠西20里（10千米）凤凰山之阳。《中都志》云：“万岁山（凤凰山），形势壮丽，岗峦环向，国朝启运，筑皇城于是山，绵国祚于万世，故名。”中都“席凤凰山以为殿”。为加强临濠中都建设，朱元璋先后派得力助手韩国公李善长、中山侯汤和等，“督建临濠宫殿”。下设行工部，集全国名材和百工技艺、军士、民夫、移民、罪犯等近百万人，营建6年之久。后以“劳费”为由，于1375年“罢中都役作”，但建成部分已具备国都建筑的基本格局和形制，成为留都。

应天府皇宫

应天府，或称京师，为明朝前期首都。永乐时期，明朝廷迁都顺天府（今北京），应天府作为留都。

元至正十六年（1356），朱元璋亲自带兵分三路，用10天时间攻破集庆路（今南京），并改名应天府。1366年，明朝开国元勋刘基接受设计拓展应天府城的重任，为朱元璋建国登基做准备。1368年正月，朱元璋在应天称帝，迁入吴王新宫，但他“对建都在这里并不惬于怀”[1]。《高皇帝御制文集》卷第十五《黄河说》、卷第十七《中都告祭天地祝文》载，当年三月，徐达攻下汴梁（今开封），于是朱元璋“躬亲至彼，仰观俯察，择地以居之。遂于当年夏四月，率禁兵数万往视之”。“急至汴梁，意在建都，以安天下”。究竟在哪里建都，群臣意见不一，朱元璋一时拿不定主意，于当月下旬再次去汴梁，他认为那里虽然地理位置适中，却是“四面受敌之地”，觉得“立国之规模固重，而兴王之根本不轻”。《明太祖实录》卷三四载，朱元璋回到应天，便于八月初一下诏：“应天曰南京，开封曰北京，朕于春秋往来巡狩。”可是，就在诏书颁布的第二天，徐达攻下大都（今北京），元顺帝逃往塞北和林，政治和军事形势发生了剧烈变化，汴梁不复都城位置。

1368年八月初九，开国元勋刘基妻丧，此时尚未确定中都。《凤阳新书》卷七载，攻下大都，元顺帝北走，国号不灭，勇将王保保据山西，对定都开封不利。有人提出“古钟离可都”，因“刘基尝劝皇祖都汴”，故有此说。

《明太祖实录》卷二一载：“丙午即元至正二十六年八月庚戌朔，拓建康城。初，建康旧城西北控大江，东进白下门外，距钟山既阔远。而旧内在城中，因元南台为宫稍庳隘。上乃命刘基等卜地定，作新宫于钟山之阳，在旧城东白下门外二里许，故增筑新城，东北尽钟山之趾，延亘

[1] 单士元：《明中都研究·序》，王剑英《明中都研究》，中国青年出版社，2005年，第10页。

周回凡五十余里，规制雄壮，尽据山川之胜焉。”

刘基画像

刘基（1311—1375），字伯温，处州青田（今浙江温州市文成县）人，元末明初军事家、政治家、文学家，明朝开国元勋，以神机妙算、运筹帷幄著称于世。他奉朱元璋之命，是应天府皇宫选址、建造的设计师、监修人。

1366年，朱元璋命刘基等卜地于城东钟山之阳，填燕雀湖，作为新宫基址。明南京皇城，不是正方形或长方形，而呈不规则形，宫城不居中而偏于一隅，利用地势填湖造宫，顺应自然。宫城以富贵山作为依托，并巧用原东渠作为皇城西城濠，将午门以北的内五龙桥、承天门以南的外五龙桥和宫城之濠与南京城水系相互连通，交相辉映。应天府宫殿以富贵山作为制高点，所有城内宫殿建筑和衙署都沿着这条自南而北的中轴线结合在一起，开创了明清两代宫殿自南而北的中轴线即为全城骨干的模式。[1]

1367年九月，新宫建成。《高皇帝御制文集》卷第十七《中都告祭天地祝文》载：“新内城正殿曰奉天殿，前为奉天门，殿之后曰华盖殿，华盖殿之后曰谨身殿，皆翼以廊庑。奉天殿之左、右，各建楼，左曰文楼，右曰武楼。谨身殿之后为宫，前曰乾清宫，后曰坤宁宫，六宫以次序列焉。周以皇城，城之门南曰午门，东曰东华，西曰西华，北曰玄武，制皆朴素，不为雕饰。”当时由于朱元璋一心想在中原建都，加之张士诚尚未平定，北伐灭元尚未开始，所以新宫各项工程都力求简朴，建筑规模有限，只有中路的外朝和内廷建筑，东西两侧空地均未兴建宫室。

[1] 潘谷西、陈薇：《明代南京宫殿与北京宫殿的形制关系》，《中国紫禁城学会论文集》（第一辑），1996年。

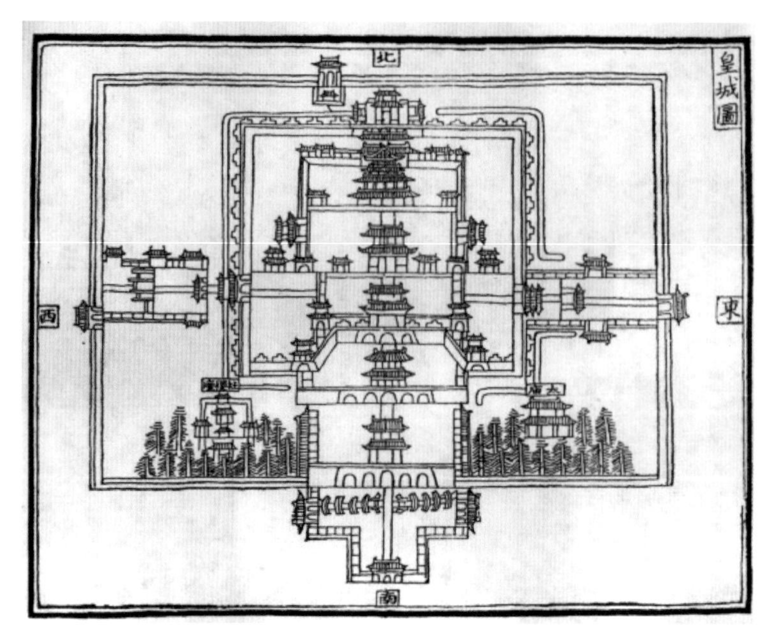

皇城图（引自王俊华 1395 年纂修《洪武京城图志》）

1366—1367 年，这一阶段解决了南京宫殿选址问题，形成三朝二宫制度，奠定了明代宫殿基本模式，当时仅建一重宫墙，洪武六年（1373）始于宫城外建皇城，当时称为“内城”，周长 2571.9 丈（8573 米）。1375—1377 年，改作大内宫殿。首先加强了门设，午门具以两观，形成闭门，中三门东西为左右掖门，奉天门左右建东西角门，奉天殿左右建门，左曰中左，右曰中右，奉天门外两房之间有门，左曰左顺门。右曰右顺门，左顺门之外为东华门，右顺门之外为西华门。同时在东华门内建文华殿，为东宫视事之所，西华门内建武英殿，为斋戒时居住之地。1392 年，再次扩建大内。增加宫前建筑，改建金水桥，又建端门、承天门及长安东、西二门，南直抵 1373 年建成的洪武门，形成完整的宫殿布局。[1]

[1] 潘谷西、陈薇：《明代南京宫殿与北京宫殿的形制关系》，《中国紫禁城学会论文集》（第一辑），1996 年。

改筑和营建新宫的工程进行到鸡笼山时，发现石头、马鞍、四望、狮子诸山均可俯视都城内外，影响安全，因而北城西接石头山的改筑计划因出于防卫需要而中断。于是扩大建筑范围，即经由现在的解放门一带，沿六朝时北堤，向西北发展，将上述诸山统统包括在都城之内，而今鸡鸣寺向西 353.13 米长的一段城墙遂废。

应天府皇宫规模宏大，布局严谨，成为后来兴建的北京皇宫的母版。皇宫由内宫城和外皇城两部分组成，均坐北向南。

朱元璋在南京虽然一再强调要简朴，但建造殿堂坛庙时，用心良苦，建造讲究。朱元璋先后建造、改建过的主要祭祀坛庙有：圜丘、方丘、天地坛、社坛、稷坛、社稷坛、太庙、帝王庙、功臣庙等，有 20 多座。

宫城，又称大内、内宫，俗称紫禁城、紫垣，是皇帝起居、办理朝政、接受中外使臣朝见以及皇室成员居住之地，位于四重城垣最里边一重，有御河环绕。1366 年，受朱元璋之命，由精通堪舆术的刘基占卜后填湖而建，因而地势南高北低。宫城坐北朝南，平面略呈长方形，宫墙主体南北长约 950 米，东西宽约 750 米，周长约 3400 米。宫城初期开有城门 4 座，洪武“十年改作大内午门，添两观。中三门，东、西为左右掖门”，故共建有 6 座城门：南面的正门为午门，西门为西华门，东门为东华门，北门为玄武门。从午门入，有宫墙环绕，过内五龙桥，便是奉天门。奉天门左有东角门，右有西角门，门上都有楼阁。

过奉天门就是皇宫最重要的三大殿建筑，以奉天、华盖、谨身这三座宏伟的建筑为主，构成了宫城“前朝”的主体部分。

奉天殿是三大殿的主体，坐落于三台之上，面阔 9 间，进深 5 间。重檐庑殿顶。殿左为中左门，殿右为中右门。殿前为广庭，殿旁左庑向西边的称文楼，右庑向东边的称武楼。奉天殿上盖琉璃金瓦，双檐重脊，雕梁画栋，门窗朱漆描金雕花，是皇帝举行重大典礼和接受文武百官朝贺的地方。

奉天殿之后是华盖殿，坐落于三台之上，面阔 5 间，进深 5 间。攒尖顶，外观如一座亭子，四面出檐，渗金圆顶，殿顶上还缀有硕大的金球一

南京奉天殿复原图

颗。殿旁东有中左门，西有中右门。每逢春节、冬至和朱元璋的生日，朱元璋都要在这里先行接受内阁大臣和宫廷执事人员的参拜，然后才去奉天殿接受百官的朝贺。

谨身殿，坐落于三台之上，华盖殿之后，面阔 7 间，进深 5 间。重檐歇山顶。殿左为后左门，殿右为后右门。

后宫正门是乾清门，原名“皇宫门”，洪武十年（1377）改名。乾清宫，皇帝寝宫，面阔 9 间，进深 5 间，重檐庑殿顶。省躬殿，退朝燕处之殿，面阔 5 间，进深 5 间。坤宁门，后宫北门。坤宁宫，皇后寝宫，面阔 9 间，进深 5 间，重檐庑殿顶。

东宫、太孙宫各有宝座、龙床，床皆五彩雕镂，宫前多植梅树。宫城西路有兴庆宫，内藏衣物、扇子千余箱。又有大善殿，在小城之上，城下为宫城内河石梁。

大善殿设六门，为明太祖览读之所，殿后有石假山，下假山为望江楼，楼后为九五飞龙殿，面阔 9 间，殿基座有天宫壁，内藏佛龛。九五飞龙殿后为内花园，园内有梅竹松柏及各色花卉，中央有亭，四面各有五色琉璃石台 1 座。

内花园旁为西宫，明太祖朱元璋燕居之所，并驾崩于此。西宫前殿面阔 5 间，设宝座龙床，后殿亦面阔 5 间，中为沉香木宝座，两旁内间有龙床，各含小床，可以周回。西宫左右厢房 14 间，宫后为御用厨，炉灶以铜砖砌成。西宫左右又有 12 院，每院宫殿 3 间，左右厢房 8 间，厨房 3 间。出西宫为鬃殿，鸱吻檐脊皆鬃所成，四周为格，凡 40 壁。南为武英殿，旁为大庖，为祭祀时准备祭品之所。

南京宫殿选址，综合考虑地形地貌和社会心理因素，顺应自然，权衡利弊，选择宫城卜地于城东钟山之阳，北依钟山的“龙头”富贵山，并以之作为镇山，放弃了对平坦的中心地带——原六朝及南唐宫殿旧址的利用，而采用填湖造宫的办法。

在宫殿形制上，朱元璋力图恢复汉族文化传统的政治主张，遵循礼制。南京宫殿采用三朝五门，其五门为洪武门、承天门、端门、午门、奉天门；三殿为奉天殿、华盖殿、谨身殿。

朱元璋还刻意借“天道”来加强礼制在宫殿建筑上的作用，在正殿之后建立乾清、坤宁二宫，象征帝后犹如天地；在乾清宫之左右立日精门、月华门，象征日月陪衬于帝后之左右；在东安门外者曰青龙桥，在西华门外者曰白虎桥，取自星宿二十八宿，以象征天津之横贯。

应天府皇宫开创了明清两代宫殿自南而北中轴线与全城轴线重合的模式。南京的宫殿和衙署都沿着这条轴线结合在一起。这种宫、城轴线合一的模式，成为后来明成祖朱棣迁都北京时改建北京城和设计宫城的蓝本。

2012 年 10 月，考古人员发现了一处明代大型夯土建筑台基，整个台基以黄褐色的夯土夯筑而成，残存的夯土层最厚处有 3.6 米，结合文献记载以及遗迹方位判断，这应该是明奉天殿遗址的底层台基。应天府皇宫三大殿中规模最为宏大的“金銮殿”，由此揭开了冰山一角。根据现场测定，奉天殿台基南北两端长达 75.5 米。在台基西侧，还出土了 3 个外立面近似于方形、体量巨大的柱础石，边长约 1.8 米，高 1.35 米，顶部还有圆形台面。其中一个柱础石下方，还保留有用一块块青砖砌筑的磉墩遗迹。柱础石是古代建筑中用来承受房柱压力的垫基石，还可以抬高柱脚与地坪隔离，起到防潮的作用。磉墩是以砖石砌筑、用来加固柱础石的基础。考古专家介绍说，此次发现的 3 个柱础石体量巨大，而且方位都处于南北向的一条直线上，应该是在奉天殿台基之上的大殿主体基础。考古人员还在探沟内出土了一件雕刻精美的龙首形散水构件。该构件造型为龙头状，龙角微微上扬，双目圆睁，龙嘴处还有用作排水的孔洞。专家表示，这一构件当年是放置于奉天殿外的高台四面，用来排出台上积水的“散水孔”。

民间一直有“迁三山填燕雀”建造应天府皇宫的说法。据史料记载，朱元璋定都南京后下令修建宫城，他采纳了刘基的建议，选址在钟山的“龙头”前建造皇宫，而当时的燕雀湖刚好位于此地。为此，朱元璋征发军民工匠 20 多万人，填燕雀湖建造皇宫。2012 年试掘期间，考古人员对各条探沟内夯土层局部解剖，均发现了青灰色的淤泥层，这些淤泥层位于明皇宫建筑遗址的夯土层下方，距离地表深度近 5 米，土层内多为青灰色的淤泥，与上部夯筑坚实、质地紧密的夯土层形成了鲜明的反差。专家表示，这些淤泥应该是当年填埋燕雀湖时留下的原始堆积，这一发现为印证“填燕雀建皇宫”的文献记载提供了考古实证。

临濠中都

明洪武二年（1369）九月，明太祖朱元璋诏以家乡临濠为中都。集全国名材和百工技艺、军士、民夫、罪犯等近百万人，经过 6 年的营建，到 1375 年四月，朱元璋突然以“劳费”为由罢建，而此时一座宏伟豪华的都城已经屹立在凤阳大地之上。临濠，古称钟离、濠州，今为安徽省凤阳县临淮镇。1367 年，朱元璋改为临濠府，以城临濠河得名。

许多人以为，经过数百年风雨的侵蚀，明临濠中都的遗址仅残存几堆土丘瓦砾而已。1972 年年初，人民教育出版社编辑王剑英寻访考察明临濠中都遗址，发现中都紫禁城尚存，大部分宫殿遗址仍历历在目。不久，王剑英写出《明中都城考 · 历史篇》，凤阳县文化馆刻印了油印稿。这部

明中都复原模型

书稿根据实地测量的遗址绘图，并征考文献，科学复原了明临濠中都的历史面貌，使被遗忘了600年之久的明中都重现于世人面前。

学者孙祥宽按史籍方志记载，梳理了诏建中都各项工程时间顺序：洪武三年（1370），建宫殿、立宗庙、大社，并于皇城午门前东西建中书省、大都督府、御史台。洪武四年（1371）正月，建圜丘、方丘，日、月、社稷、山川坛和太庙。洪武五年（1372）正月，定中都城基址，七月立钦天监、观星台，十一月建公侯第宅，计六公二十七侯，十二月，河南侯陆聚奉命就第凤阳。同年还筑皇城，建百万仓、中都城隍庙、功臣庙。洪武六年（1373）三月，造二十一卫军士营房，计三万九千八百五十间中都城隍庙建成。三月，甃皇城，六月建成。十月，立开平王庙，十一月，建历代帝王庙。洪武七年（1374），建会同馆，筑中都土城。洪武八年（1375），建鼓楼、钟楼、中都国子学，砌筑中都土城包皮砖墙。[1]

李善长（1314—1390），字百室，濠州定远人，明朝开国功臣，被明

[1] 孙祥宽：《刘基谏止营建中都的前前后后》，《人文滁州》，2011年第4期。

太祖朱元璋称为“再世萧何”，但后来他“富贵极便意稍骄”，引起朱元璋的不满。1371 年，李善长以疾致仕，病愈后主持修建临濠宫殿。当时朱元璋徙江南富民 14 万于临濠，又以李善长管理其事。

在营建中都的过程中，御史胡子祺上书曰：“‘天下形胜地可都者四。河东地势高，控制西北，尧尝都之，然其地苦寒。汴梁襟带河、淮，宋尝都之，然其地平旷，无险可凭。洛阳周公卜之，周、汉迁之，然嵩、邙非有殽函、终南之阻，涧、瀍、伊、洛非有泾、渭、灞、浐之雄。夫据百二河山之胜，可以耸诸侯之望，举天下莫关中若也。’帝称善。”

精于象纬之学的刘基曾对营建中都委婉地提出异议：“会以旱求言，基奏‘士卒物故者，其妻悉处别营，凡数万人，阴气郁结。工匠死，胔骸暴露，吴将吏降者皆编军户，足干和气’。帝纳其言，旬日仍不雨，帝怒。会基有妻丧，遂请告归。时帝方营中都，又锐意灭扩廓。基濒行，奏曰‘凤阳虽帝乡，非建都地。王保保未可轻也’。”[1]

1371 年，正月初六，“作圜丘、方丘、日、月、社稷、山川坛及太庙于临濠，上以画绣，欲都之。刘基曰‘中都曼衍，非天子居也’。”但是“圣心因念帝乡，欲久居凤阳”，朱元璋对刘基等人的建言置之不理。并于同年二月二十日亲往中都视察、督建，二月“壬午二十八日回宫”。三月二十三日，“刘基乞归乡里，且行，言于上曰‘凤阳虽帝乡，然非天子所都之地，虽已置中都，不宜居；扩廓帖木儿虽可取，然未可轻，愿圣明留意’。”朱元璋在中都期间，已委任致仕回乡的李善长督建宫殿，此刻任凭刘基如何直谏也一点听不进去，反而更加关心中都建设。[2]

在兴建中都府期间，朱元璋十分关切，直接指挥调度。他多次变更府、县名称。1369 年九月，把临濠钟离县改为中立。1370 年十一月，把中立改为临淮。1373 年九月，又把临濠府改为中立府，临濠行大都督府也随之改名中立行大都督府。1374 年八月，又改中立府为凤阳府，并且把临

[1] 许嘉璐主编：《二十四史全译·明史·卷一百二十八》，汉语大词典出版社，2004 年，第 2642 页。

[2] 同上。

淮县的太平、清洛、广德、永丰四个乡划出，新成立凤阳县。九月，中立行大都督府又改为凤阳行大都督府。

由于营建中都的标准要求太高，工程进展缓慢。为了加快中都营建速度，朱璋元不断增设建置。他对中书省臣说："临濠为朕兴王之地，今置中都，宜以傍近州县通水路漕运者隶之。"于是，省臣以寿、邳、徐等九州，五河、怀远、中立等十八县，都隶属中都。1371 年三月，又"以泗州隶临濠府"，属县有盱眙、天长、虹县，时共辖九州二十二县。1373 年，亳县由河南归德州改属颍州，中立府辖九州二十三县。1374 年七月，"以泗州所属虹县直隶中立府"。同月，信阳州改属河南汝宁府。同年，息县改属光州，滁州属凤阳府，时辖九州二十四县。

朱元璋选派擅长营造的官员督建。据史料载，派往督建中都的官员，除韩国公李善长、中山侯汤和外，还先后命令大都督府同知荥阳侯郑遇春、金都督庄龄、行省参政丁玉、江夏侯周德兴、江阴侯吴良等，前往临濠担任大都督府事，"抚辑移民"，"劝督农事"，并参与督建中都事宜。他们中不仅多是淮西人，而且有管理营造方面的专长。

为营建中都城池宫阙，朱元璋除调集工匠、军士和民夫供役以外，还从外地迁徙移民、遣送罪犯到中都屯田和充役。为了加速中都建设进度，朱元璋经常赏赐公侯、督工官员和造作军士。1371 年，三月九日，他视察中都回到南京不久，即"赐韩国公李善长等六国公、延安侯唐胜宗等二十五侯及丞相左右丞、参政等临濠山地六百五十八顷有奇"。同年闰三月六日，赐功臣李善长、徐达、常茂、冯胜坟户各 150 户，邓愈、唐胜宗等 10 人坟户 100 户。同月初八，又"赐韩国公李善长牲醴米茗。时善长董建临濠宫殿"。1373 年九月，"赐公侯及武官公田"。自 1371 年至 1375 年，先后数次赏赐在中都造作军士米、钞及衣物。还下令为公侯营建第宅，为在中都的二十一卫军士营建营房。[1]

在朱元璋的督促下，中都工程经过 6 年的紧张施工，完成的建筑有

[1] 孙祥宽:《刘基谏止营建中都的前前后后》,《人文滁州》, 2011 年第 4 期。

中都外城、禁垣、皇城、宫殿、中书省、大都督府、御史台、太庙、大社稷、圜丘、方丘、日月山川坛、观星台、百万仓、公侯第宅、军士营房、功臣庙、历代帝王庙、中都城隍庙、会同馆等。

早在1373年二月，礼部奏制中都城隍神主，尚书陶凯因奏“他日合祀，以何主居上？上曰：从朕所都为上，若他日迁都中都，则先中都之主”。而到了1375年四月二日，朱元璋从应天“亲至中都验功赏劳”，加快迁都进程。可是，四月二十八日，朱元璋回到应天的当天，毅然决然地下“诏罢建中都役作”。

从欲迁都到罢建，朱元璋为什么突然改变主意？《明太祖实录》云：“初，上欲如周、汉之制，营建两京，至是以劳费罢之。”《国榷》亦云：“至是费剧，寝之。”学者孙祥宽的研究认为，这是监修官和史官为朱元璋讳，有意隐去真相的说法。

至于真正原因，众说纷纭。有一种说法，称是因为刘基劝阻奏效。明代天启年间的《凤阳新书》说“因刘基奏曰”，清乾隆时《凤阳县志·纪事》说“罢建中都，盖因基之奏云”。另一种说法，称由于中都营建工程浩大，为赶工期，工匠们被严重压迫，他们作为弱势群体，不敢正面反抗，于是就在宫殿下了厌胜之术（一种恶毒的诅咒）以宣泄自己内心的不满与愤怒。朱元璋视察中都时，发现有工匠在凤阳宫殿下了诅咒，勃然大怒，于是将工匠杀得仅存千余人。

明太祖朱元璋在以“劳费”为由放弃了建都凤阳的计划，但此时中都城已基本建成，虽然其后不再新建中都的其他建筑，但未完成的工程还在继续。

《明太祖实录》卷二五三载，诏罢中都役作之后，朱元璋“洪武十一年罢北京（开封），以南京为京师，而以凤阳作为陪都”。至此时，犹豫、反复了十几年的定都问题才算有了结论。

但是，朱元璋对定都应天一直心有不甘。1391年八月，他又想起监察御史胡子祺早年上书迁都西安的建议。“乙丑，命皇太子巡抚陕西”，那时朱元璋曾有迁都关中之意。同年十一月，太子朱标回京时已病，献《陕西地图》，拟迁都长安。不料太子于二十五年四月去世，给朱元璋以沉重打击。同年十二月，朱元璋对当年填湖造吴王新宫已“知其误”，顾炎武《天下郡国利病书》卷一三《江南一》引朱元璋《祭光禄寺灶神文》：“朕经营天下数十年，事事按古有绪。维宫城前昂后洼，形势不称。本欲迁都，今朕年老，精力已倦，又天下新定，不欲劳民。且废兴有数，只得听天。惟愿鉴朕此心，福其子孙。”

据史志记载和旧址布局，临濠中都城南北中轴线纵贯全城，南端自凤阳桥跨涧水，进洪武门，入洪武街，穿过云济街至大明门，长达 2 里（1 千米）。进大明门，沿御道至宽阔的“凸”字形广场，入禁垣承天门，经端门过五龙桥，至皇城午门，近 1 里半（0.75 千米）。进午门，过内五龙桥，入奉天门，至正殿。正殿是中轴线的中心，往北入后宫，出皇城玄武门，经苑囿，越凤凰山巅，出禁垣北安门，下凤凰山往北直接北门（未建）长达 10 里（5 千米）。南北中轴线全长 13.5 里（6.75 千米）。中轴线两侧，洪武街段有东西对称的左右千步廊，中书省、大都督府和御史台等中央文武官署置午门侧，太庙、太社稷位阙门左右。

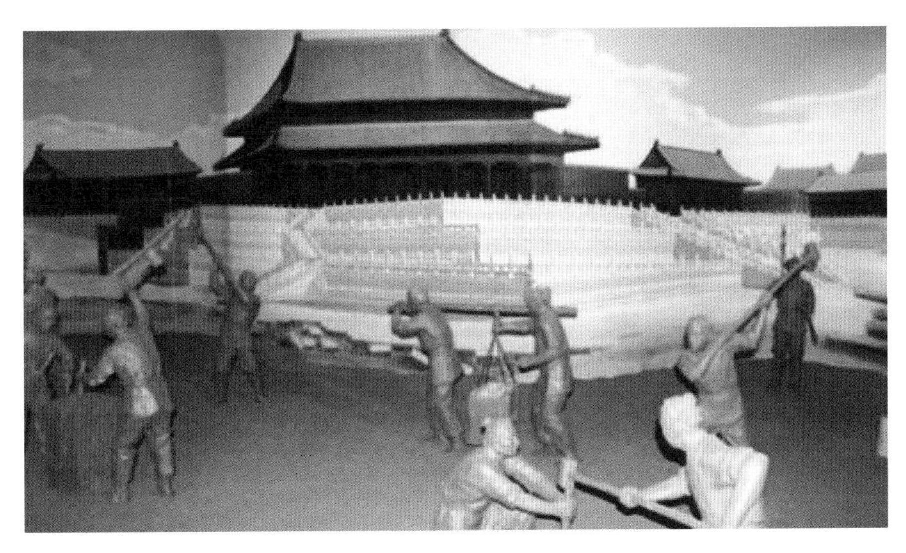

营造中都城复原模型

皇城内主要建筑有：正殿奉天殿、华盖殿、谨身殿、东西宫等，两侧有文楼、武楼、文华殿和武英殿等。在大明门前云济街上，向东排列着城隍庙、金水桥、国子监、鼓楼；向西有功臣庙、金水桥、历代帝王庙、钟楼。城内设二十四街，一百零四坊。城内外还有寰丘和山川坛、朝日坛和夕月坛，圜丘和方丘、皇陵十王四妃坟、会同馆、百万仓、苑囿、观星台、龙兴寺、中都留守司及八所一卫、凤阳府治、凤阳县治等建筑群，巍然壁立。当时，所有殿坛建筑均“上以画绣”，石构件“雕饰奇巧”。

历600余载，中都城内外建筑皆毁，仅剩皇城午门、西华门台基及1100米长的城墙，但观其旧址和遗物，仍可见巍峨壮观之一斑。

皇城城墙雄伟坚固，皆用大城砖砌筑，已发现署有22个府70个州县及大量卫所、字号铭文砖。砌砖所用的灰浆是用石灰、桐油、糯米汁等材料混合而成。在城墙的关键部位，甚至用熔化的生铁代替灰浆灌铸。所以在明代的200多年中，城墙完好无损。午门券门及楼台四周基部，总长500余米的白玉石须弥座上，镶嵌着各种珍禽异兽、名花瑞草；而南京、北京两个午门基部券洞两端仅有少量花饰。殿址上的石础，每块直径2.7米见方，础面正中半浮雕蟠龙一圈，外围刻有翔凤。北京太和殿石础直径

“蹯龙石础”——中都城大殿柱础

仅 1.6 米见方，且是素面。石望柱、栏板、御道丹陛等，也都雕刻着龙凤。

临濠中都“一号宫殿”基址，位于中都宫城的正中心，文献称“临濠宫殿”或“中都宫殿”，由奉天殿、华盖殿、谨身殿组成，基址平面为“工”字形，原称“奉天殿”遗址，后更名为“一号宫殿”基址。2017 年 9 月下旬起，故宫博物院考古研究所和安徽省文物考古研究所组成联合考古队，对“一号宫殿”基址再次进行发掘，以期完整揭示“一号宫殿”基址的平面形制，深入挖掘城址的历史、艺术价值。

第十一章

皇城巨制

紫禁城俯瞰

永乐元年（1403），朱棣继位为明成祖。永乐四年（1406），朱棣下诏营建北京皇宫。明代北京皇宫是在元大都的基础上进行改建和扩建，其营建还考察了南京皇宫及临濠中都皇宫的建筑格局。此项工程规模宏大，动议、筹备、建设时间共用了 14 年，其中仅备料就延宕 11 年。明廷为此招募天下能工巧匠，用工百万。施工期历时 3 年，至永乐十八年（1420），北京皇城竣工。

明代北京皇宫，建筑在南北长 8 千米的中轴线上，南北取直，左右对称，占地面积 72 万平方米，建筑面积约 15 万平方米，成为中国明清两代的皇家宫殿，也是世界上现存规模最大的宫殿型建筑，1987 年入选《世界遗产名录》，被誉为“世界五大宫（其余四宫为法国凡尔赛宫、英国白金汉宫、美国白宫、俄罗斯克里姆林宫）之首”。

明代北京皇宫由明朝皇帝朱棣始建，长 961 米，宽 753 米，号称有房屋 9999 间半，现存大小院落 90 多座，房屋 980 座，共计 8707 间。此处“间”，指四根房柱所形成的空间并非现今房间之概念。设计、施工者之一为蒯祥。

明代北京皇宫，外朝以奉天殿、华盖殿、谨身殿三大殿为中心，是朝廷举行大典的地方。内廷有乾清宫、交泰殿、坤宁宫、御花园以及东、西六宫等，是皇帝处理日常政务和皇帝、后妃们居住的地方。宫殿南北分为前朝和大内，东西分为三路纵列，中宫和东、西六宫，形成众星拱月的布局。它是中国古代历朝皇宫的沿袭和集大成者，体现了中国历代王朝的最高营建法式。

我们今天看到的紫禁城故宫，基本上是永乐时期所奠定的基础。梁思成先生说：“满清入关，当李闯焚毁之后，其宫毁一仍明旧而修葺之，制度规模，改变殊少。京城皇城宫城，并依原址，未曾稍易，仅诸门名称，略予变动耳。内庭宫室，亦遵旧制，顺治二年（公元 1645 年）定三殿名。明之奉天、华盖、谨身，明末改称皇极、中极、建极者，至是遂称太和、中和、保和。后宫名称则少变动。并于是年修整诸殿，次年工成。顺治十二年（公元 1655 年）重修内宫。康熙八年（公元 1669 年），敕建太和殿，南北五楹，东西广十一楹。十八年太和殿灾。二十九年重修三殿，三十六年工成。至此大内修建，至清初已告一段落，诸宫殿皆经重修或重建，然无一非前明之旧规也。”[1]

单士元先生在《从紫禁城到故宫：营建、艺术、史事》一文中将明代营建明代北京皇宫分为四个时期。一是永乐开创时期。整个工程分为两个阶段，前一阶段是备料，营建西宫；后一阶段是正式营建北京城、皇城和紫禁城。明代北京皇宫以南京宫殿为蓝图，且在取得营建凤阳、南京两处宫殿的经验后进行施工，因而在规模、气派及工艺上虽逊于中都，但要比南京宏敞，而在布局上则比中都、南京更为完整。二是正统完成时期，包括正统、景泰、天顺三朝。这一时期营建重点放在御苑方面，前期修建了玉熙宫、大光明殿，后期则重建了南内（在今南河沿、南池子一带）。三是嘉靖扩建时期。嘉靖二十三年（1544）加筑外罗城，并在景山西建一座大高玄殿。四是明末衰落时期。万历、天启重建的三大殿体量较永乐初建时似偏低，与三台高度有不协调之感。琼华岛上的广寒殿，在万历七年（1579）倒塌之后，再也无力重建。嘉靖所建的西宫也已荒芜，有的殿堂倒塌后只余房基。西宫的大光明殿和南内的延禧宫烧毁后，也再没有重建。

我们还可以从《北京城宫殿之图》上看到明代北京宫殿的布局样貌，此图原图藏日本宫城县东北大学图书馆，纵横 99.5 厘米 ×49.5 厘米，成图于 1531—1561 年，即嘉靖十年至嘉靖四十年，万历年间刻本，是现存最早描绘明北京城宫殿的地图。

《北京城宫殿之图》刻印时间为万历年间，然而，图中宫殿建筑大多为嘉靖年间的名称。据《世宗实录》和《明会典》记载，嘉靖四十一年（1562），更名奉天殿曰皇极，华盖殿曰中极，谨身殿曰建极。而图中三大殿仍称奉天殿、华盖殿、谨身殿，可见成图时间不会晚于嘉靖四十一年。该图突出表示北京城宫殿建筑，并采用了古代地图常用的形象缩绘手法，

[1] 梁思成:《中国建筑史》，百花文艺出版社，2007 年，第 244—245 页。

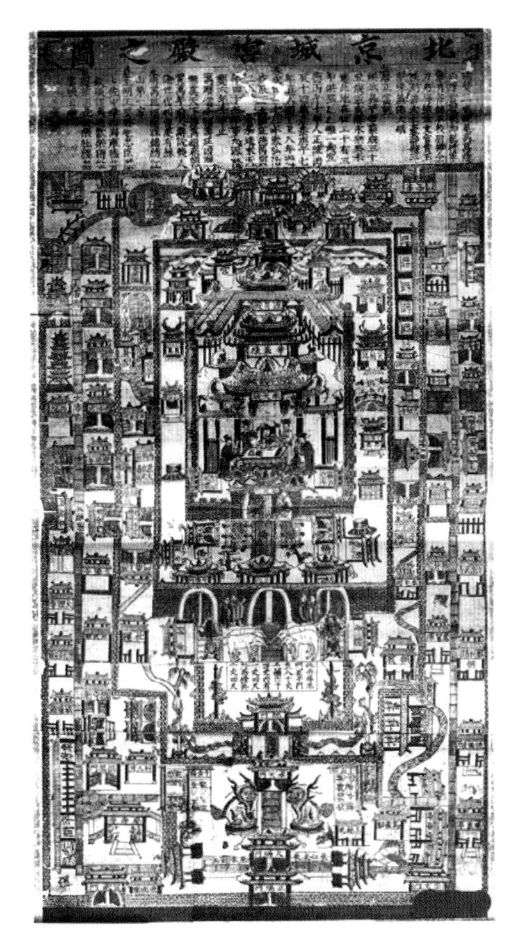

1531—1561 年，明嘉靖年间绘制的《北京城宫殿之图》

将北京城区的主要建筑与街道概括地绘画出来。从南端正阳门起，向北有大明门，承天门（今天安门）、端门、午门、奉天门、奉天殿（今太和殿）、华盖殿（今中和殿）、谨身殿（今保和殿），显示了明代紫禁城宫殿的雄伟布局。在承天门的东西两侧，还将明代主要军政机构的设置和分布情况详细绘出。

有明一代，皇室北迁以后，从永乐十八年（1420）至万历二十五年（1597），对紫禁城皇宫进行了多次修造、改建、扩建，逐渐形成完备的明代北京宫殿。此后，京都宫殿的营建、修缮工程一直陆续不断地进行，直至明朝末年。

明代北京宫殿大致可分为外朝、内廷两大部分。前者在三大殿以南，是皇帝举行典礼、处理朝政、召见大臣、经筵进讲的场所；后者即乾清宫以北，是帝室居住、生活的地区。在宫殿区主轴线上，由午门开端，自南向北为内五龙桥、奉天门、奉天殿、华盖殿、谨身殿、乾清门、乾清宫、交泰殿、坤宁宫、坤宁门、御花园，直抵北宫门玄武门。午门往南，依次为端门、承天门、外五龙桥、长安左右门、千步廊和皇城南门大明门，再南经正阳门抵嘉靖三十二年（1553）加筑的外城南门永定门。玄武门往北，依次为万岁山、皇城北门北安门，再以钟鼓楼作为结束，构成全城的轴线，宫城布局基本对称，在轴线左右，东路有文华殿、慈庆宫（太子东宫）、奉先殿（内太庙）、仁寿宫、东六宫、乾清宫东之房五所等；西路有武英殿、慈宁宫（太后）、咸安宫（太后）、养心殿、西六宫、乾清宫西之房五所等，还有内监各司房、膳房、酒房等以不对称形式参差其间，又有宫城北墙和西墙下的廊下家环于北、西两边。

就这样，通过南北主轴线的贯穿、东西两路的陪衬，由近千座单体建筑纵横组织在一起，使偌大皇城协调统一起来，构成中国历史上无与伦比的布局严整、规模宏伟的建筑群。

建都北京

永乐元年（1403）正月，明成祖朱棣“以北平为北京”。北京本来是燕王朱棣的封地。靖难之役以后，礼部尚书李至刚等奏称，燕京北平是皇帝“龙兴之地”，应当效仿明太祖对凤阳的做法，立为陪都。朱棣于是大力擢升燕京北平府的地位，同时开始迁发人民以充实北京；被强令迁入北京的有各地流民、江南富户和山西商人等百姓。

北京营建工程浩大，包括城垣、宫殿、坛庙、陵墓等众多工程，需要在全国各地大规模采办物料，“最钜且难者，曰采木。岁造最大者……曰

保和殿北面的丹陛石

烧造"[1]。永乐四年（1406）闰七月，朱棣遣工部尚书宋礼等分赴各地督民采木，烧造砖瓦，并征发各地工匠、军士、民丁，"诏以明年五月建北京宫殿，分遣大臣采木于四川、湖广、江西、浙江、山西"[2]。珍贵的楠木多生长在崇山峻岭中，百姓冒险进山采木，很多人为此丢了性命。烧造砖瓦，还曾在苏州烧制专供皇家建筑使用的"金砖"，山东临清也要向北京运送贡砖。

除了采木、烧造砖瓦料之外，石料是另一项重要采办。永乐时，北京宫殿、山陵、坛庙、城垣的营建以及京师道路沟渠、桥梁的修造，都开采

[1] 许嘉璐主编:《二十四史全译·明史·卷八二》，汉语大词典出版社，2004年，第1571页。
[2] 许嘉璐主编:《二十四史全译·明史·卷六》，汉语大词典出版社，2004年，第71页。

和使用了巨量的石材。在营建明代北京宫殿与陵寝时，所使用的白玉石和青白石大多采自近畿的房山大石窝，大石窝距北京城 70 余千米，盛产白玉石。《房山县志》载："大石窝在县西南六十里黄龙山下，前产青白石，后产白玉石，小者数丈，大者数十丈，宫殿营建多采于此。"

开采修建宫殿的石料异常艰辛，至今遗留于保和殿北面的丹陛石，就是嘉靖时重建皇宫三殿中道的阶级大石，采自大石窝。当时运送这几块巨石，动用了北京附近及河北顺天、保定、真定、河间、广平、顺德、大名等八府农民 2 万人，数九天在沿途道路边掘井泼水成冰，载运巨石旱船从冰路上行进，一路上道旁掘井 140 余口，拽运旱船人夫排列距离要超过 1 里（0.5 千米），旱船载巨石每日只能移动 5 里（2.5 千米）左右，用了 28 天的时间，才送到了宫里。这件巨石雕从大石窝运至故宫就耗费达 11 万两白银之多。[1]

明代自永乐、嘉靖、万历、天启以来，数朝北京宫殿、陵寝营建，长期在河南浚县采办花斑石，主要用于高等级的宫殿室内铺墁及帝陵地宫铺砌，是与徐州并称的明代北京营建采办花石重要产地。浚县大量征调夫匠，逐渐形成采石产业，出现了一些有固定居民的采石村落和采石厂，象山、善化、白寺诸山，是元明以来北京营建特别是明代三殿营建的重要花石采办地。在浚县象山石壁曾发现永乐间采石的摩崖石刻，上载"永乐十三年（1415）腊月……每日工匠七千有余"。这是目前发现年代最早的明代北京营建在浚县采办花斑石的记载，所记是为西宫、三殿等大型宫殿营建准备石料而行的大规模石料采办活动。[2]

然而，到了永乐五年（1407），工程并未按永乐帝所诏如期开工。后来在《明太宗实录》里，除了有一些有关采木时停时续的零星记载外，对营建北京整整有 10 年不再提及，似乎原定永乐五年五月开工营建北京的计划，无形中被长期推迟了。直到 1417 年十一月壬寅"复诏群臣议营建

[1] 吴梦麟、刘精义：《房山大石窝与北京明代宫殿陵寝采石——兼谈北京历朝营建用石》，《中国紫禁城学会论文集》（第一辑），1996 年。

[2] 王毓蔺：《明北京三殿营建采石的重要史料》，《故宫博物院院刊》，2014 年第 1 期。

北京”的时候，群臣在上疏中还说：“陛下嗣太祖之位，即位之初，尝升为北京，而宫殿未建”，“延缓至今”。

营建北京宫殿工程迟迟没有开工，自有其原因。其一，1407 年七月乙卯，皇后徐氏（开国功臣徐达长女）病亡，于是营建北京的人力物力就转移到营造昌平山陵上来。天寿山长陵工程，从 1409 年五月开始，到 1413 年正月成，用了 3 年 8 个月。1413 年正月，“天寿山陵成，命名‘长陵’”，同年二月丙寅，“葬仁孝皇后于长陵”。接着继续营建地面工程，到 1427 年三月长陵殿成，长陵工程前后共用了近 18 年大兴土木，无力顾及营建新皇城。其二，1406 年秋七月，明成祖朱棣命成国公朱能“率十八将军，兵八十万”，分道进讨安南。1408 年，复命张辅率师 20 万往讨。1410 年，朱棣“自将五十万众出塞”，亲征鞑靼。1414 年，朱棣又亲征瓦剌。连年不断的战争，需要大量人力和物力的支持，必然影响到如期营建北京宫殿。

上述事件处理完毕，营建宫城再次提到日程上来。永乐十四年（1416）八月，明成祖命“作西宫”，为建紫禁城做前期准备。十一月，“复召群臣议营建北京”。

北京皇宫是永乐十五年至永乐十八年（1417—1420）建造的，当时领导北京宫殿营造工程的是泰宁侯陈珪、工部尚书宋礼和王通、柳升，建筑师是石匠出身的陆祥、木匠出身的蒯祥、工艺师蔡信，工匠有瓦匠杨青、彩画匠王顺、胡良。营建工程包括奉天殿等三殿二宫，还有一系列作京师所必需具备的宫殿、门阙、城池、太庙、社稷坛、天地坛、山川坛，以及鼓楼、钟楼等，从兴工到完工，历时 3 年半。

营建工程开始后，北京城池、宫殿建筑频繁，需要大量的人力物力。当时在京施工的有两类工匠，一类叫“输班”（也称轮班），是各地各工种轮班来京供役的，他们如不来就要输罚班银；另一类称为“住坐”，固定在京服役。据《万历会典》记载，当时“住坐”达 23 万多人，其中计有木匠 33928 名、锯匠 9679 名、瓦匠 7590 名、油漆匠 5137 名、石匠 6017 名、铁匠 4541 名、土工匠 376 名、搭材匠（架子工）1112 名。专门从事官方工程的匠人又被称为“官匠”。此外，据《明史·兵志》记载，全国各地卫所士兵，每年轮流来京参加营造工程的达16万人，其中有不少是具有专门技能的“军匠”。在官匠、军匠力量仍感不足时，宫廷还雇役民间的个体营造手工业者，称为“包工”“帮工”。[1]

《明实录》载，1421年，春正月甲子朔，“上以北京郊社、宗庙及宫殿成，是日早，躬诣太庙，奉安五庙、太皇太后神主；命皇太子诣天地坛，奉安昊天上帝、厚土皇地祇神主；皇太孙诣社稷坛，奉安太社、太稷神主；黔国公沐晟诣山川坛，奉安山川诸神主。礼毕，上御奉天殿受朝贺，大宴文武群臣及四夷朝使”。明成祖朱棣正式以北京为京师，改南京为留都，并称南北两直隶。

明代初年，50年间4次营建、改建都城。在此过程中，有所继承，也有所发展。其中，营建凤阳明中都的规划和建筑设计，对后来改建南京、营建北京，都产生了很大影响。北京宫殿悉如南京、中都之制。永乐营建北京时，宫城位置南移，北门玄武门比元宫城北门厚载门向南移了大约400米，南门午门比元故宫正门崇天门向南移了300米。在元故宫后宫的中心位置，用拆除燕主旧宫即元故宫大内的废弃土渣和开挖护城河的废土，就近堆筑成了位于新宫城正北面，一座具有相当规模，并居全城制高点的宫后大内镇山。万历三十年（1602），正式命名“万岁山”，清朝改称为景山至今。

1420年十二月，“北京郊社、宗庙及宫殿成”，也只是主体工程告一段落，营建北京的整个工程尚未完成。1422年、1423年、1424年，明成祖朱棣连续亲征鞑靼，于1424年七月，崩于归途榆木川。明成祖生前未能把营建北京的工程全部完成。

1436—1449年，明英宗朱祁镇在位时修建紫禁城，从正统元年（1436）开始，到正统十年（1445），建造了京师九门城楼、月城、月城楼，各门外立牌楼，城四隅立角楼，深城濠甃以砖石。重建了奉天、华

[1] 程万里：《北京宫殿谁建造》，《建筑工人》，1981年第6期。

盖、谨身三殿，乾清、坤宁二宫。所以说，明成祖朱棣开始营建的北京皇宫工程，完成于明英宗朱祁镇时期。

万户千门

明朝北京宫殿，袭承、借鉴南京和凤阳宫殿，功能更齐全，规模更浩大，建筑更宏富。南京宫殿初建时，朱元璋“敦崇俭朴，犹恐习于奢华”，建筑简朴，规模制约。唐代诗人王维诗云“万户千门应觉晓，建章何必听鸣鸡”，以“万户千门”之词，来形容明代北京宫殿屋宇众多、深广宏大，同样也很贴切。

永乐时期，营建北京皇宫的工程浩大，“以百万之众，终岁在官供役”，为确保施工进度，还采用场外加工的办法设五大厂，即神木厂、大木厂、台基厂、黑窑厂和琉璃厂。至1420年，城墙、左祖右社、中轴线上所有主体建筑及与之相关的主要建筑（包括文华殿、武英殿）均已建成，

故宫三大殿

此外还有十王府、皇太孙府、五府六部、钟鼓楼等。《明太宗实录》卷二百三十二载，“凡庙社、郊祀、坛场、宫殿、门阙，规制悉如南京，而高敞壮丽过之”，从而奠定了明北京皇都宫殿的基本格局。

明代北京皇城布局，依据《周礼・考工记》中“左祖右社，面朝后市”的原则，建筑在北京城南北长 8 千米的中轴线上，南北取直，左右对称。皇帝祭祀祖宗的太庙在左前，祭祀土神和谷神的社稷坛在右前，北面是万岁山，南面是金水河，恰好符合古人“负阴抱阳，冲气为和”的建宫原则。万岁山是专门为营造皇城风水而筑城的一座人工山，完成于明初，位于元代寝宫延春阁旧址，用开挖护城河和南湖的淤泥堆积而成，清初改名景山。

北京皇城周围环绕着高 12 米、长 3400 米的宫墙，形式为一长方形城池，墙外有 52 米宽的护城河环绕，南北长约 960 米，东西宽约 750 米，面积 72 万多平方米，现存房屋 8000 多间。

明初，沿南京之制，将宫城和禁垣统称“皇城”，正统以后始分内皇城（宫城）和外皇城（禁垣），万历朝重修《大明会典》时，才将宫城称紫禁城，禁垣称皇城。文献记载“皇城在京城之中”，实则在内城中间略偏西南。皇城较元大都的萧墙略外扩，其南墙在今东、西长安街北侧，北墙在今地安门东、西大街南侧（北皇城根），东墙在今东皇城根，西墙在今西皇城根。皇城西南因有元代大慈恩寺，东为灰厂，中有夹道，“故皇城西南一角独缺”。

1417 年六月至 1420 年十一月，完成紫禁城主体工程，以后又多有续建。紫禁城四周环宫墙，四面各开一门，四隅建角楼，宫城外有护城河。紫禁城内的中轴线上，前为外朝三大殿，左右配置文华殿和武英殿两组建筑群。外朝之后为内廷，在中轴线上置三宫和御花园，其东、西路分置东、西六营和乾东、西五所，东、西六宫之南略偏东分置奉先殿和养心殿。外东路有端本宫（慈庆宫）、仁寿宫等建筑群。外西路有慈宁宫、隆德宫、咸安宫、英华殿等建筑群。沿宫墙内侧配置有廊下家和内监诸房库等。

明北京皇城大体沿袭了历代“三朝”“五门”制度，并有所变通。按位置关系、使用情况和建筑形制分析，明代的“五门”分别对应为大明门、承天门（天安门）、端门、午门和奉天门（太和门）。大明门是皇城最南端的一道门，承天门外有东西千步廊，用于吏、兵两部选官抽签，刑部秋审，礼部乡会试审查试卷。每遇大典，需在此举行仪式昭告天下。端门前广场有东、西侧门分别通往太庙和社稷坛，两庑多作库房使用。午门有双观，是礼制规定天子特有的“雉门”形式，用于举行献俘礼、颁朔仪式（明代还在午门前对大臣进行廷杖）。太和门乃明代御门听政之处。

宫殿建筑的空间规划及建筑营造，是根据帝王的政治活动、日常起居需要进行，宫城营建围绕“朝”而展开。明代紫禁城主体由外朝、内廷两大部分组成。外朝以著名的三大殿奉天殿、华盖殿、谨身殿为中心，称为“前三殿”，包括承天门、午门，是国家举行重大典礼的场所，左右辅翼文华殿、武英殿区域，是皇帝讲经刻书的地方。后廷以乾清宫、坤宁宫、交泰殿为中心，统称“后三宫”，是皇帝、皇后居住的正宫，两翼左右对称排列着整齐的东、西六宫，共 12 宫，是供皇帝的嫔妃及幼年子女居住的区域。

前朝三大殿庭院有 26 座建筑，即三大殿及其台基，奉天门和两侧东、西角门，奉天殿的两厢和两侧的中左、中右门，谨身殿两侧的后左、后右门，文武楼及其北的左、右翼门，奉天般的南庑和东、西庑，谨身殿的东、西庑，四隅四崇楼，可分为 9 个等级。该庭院实际上是两进四合院的变体，南为广阔的奉天殿庭院，北为谨身殿庭院，两院以中左、中右门连通。前院雄伟的奉天殿耸立于三台之上，三台前面的庭院中央用巨石板铺墁甬道，左右磨砖对缝海墁砖地，四周廊庑，文武楼和诸门等辅助建筑与奉天殿形成恰到好处的权衡比例，节奏和谐，烘托出至高无上的大朝氛围。后院前有华盖殿立于三台的中腰，后有谨身殿，两侧漫长的东西庑与前院相连。两院既各有特点，又相互统一，在视觉上取得了完美的效果。最北部东西狭长封闭的乾清门外院，东、西分别有景运门和隆宗门，又有后左、后右门与谨身殿庭院相通。这座庭院是外朝与内廷紧相连的过渡空间，谨身殿后三台御路则起到了意境上的联系纽带作用，使外朝与内廷之间达到和谐统一的效果。[1]

文楼位于前广场内东侧，高 25 米，坐落于崇基之上，上下两层，黄色琉璃瓦庑殿顶。下层面阔 9 间，进深 3 间。始建于明永乐十八年（1420），嘉靖时改称文昭阁，清初改称体仁阁。武楼高 23.8 米，属前三殿区。初建于明永乐年间，黄琉璃瓦，庑殿顶，面阔 9 间，进深 3 间，上下两层，四面出廊。明嘉靖朝改称武成阁。

内廷布局，既遵从传统礼制，又富于变化。乾清、坤宁两宫沿紫禁城中轴线纵向排列，“六寝六宫”分立于东、西两侧横向展开，如众星拱卫，清晰地反映出“王者必居其中”的营建思想。东、西六宫分别位于内廷乾清、坤宁两宫的左右两侧，为皇后及妃嫔所居，总占地面积 30000 多平方米，共有建筑 140 多座，房屋 500 多间。东、西六宫均按九宫格排布，削去最外侧一列而呈横三纵二的格局，每列纵向串联三宫，列与列之间形成了以二长街构成的虚轴线。十二座院落之间各以东、西二长街及各宫前巷道纵横分隔，构成了条条街巷、座座门墙相通而又相隔、规整而又严谨的空间。

乾清宫是内廷后三宫之一。始建于明永乐十八年（1420），明代曾被焚毁而重建。乾清宫建筑规模为内廷之首，也曾作为皇帝守丧之处。在明朝，乾清宫是皇帝的主要寝宫，也是主要政治活动场所。自永乐皇帝朱棣至崇祯皇帝朱由检，共有 14 位皇帝曾在此居住。由于宫殿高大，空间过敞，皇帝在此居住时曾分隔成数室。据记载，明代乾清宫有暖阁 9 间，分上下两层，共置床 27 张，后妃们得以进御。由于室多床多，皇帝每晚就寝之处很少有人知道，以防不测。皇帝虽然居住在迷楼式的宫殿内，且防范森严，但仍不能高枕无忧。据记载，嘉靖年间发生“壬寅宫变”后，世宗移居西苑，不敢回乾清宫居住。万历帝的郑贵妃为争皇太后闹出的“红丸案”、泰昌妃李选侍争做皇后而移居仁寿殿的“移宫案”，都发生在乾清宫。明代乾清宫也曾作为皇帝守丧之处。

交泰殿为内廷后三宫之一，位于乾清宫和坤宁宫之间，约为明嘉靖年

---

[1] 孟凡人:《明北京皇城和紫禁城的形制布局》,《明史研究》第 8 辑，2003 年。

间建。交泰殿平面为方形，深、广各3间。

坤宁宫是内廷后三宫之一，始建于明永乐十八年（1420）。坤宁宫坐北面南，面阔连廊9间，进深3间，黄琉璃瓦重檐庑殿顶。明代是皇后的寝宫。

御花园位于紫禁城中轴线上，坤宁宫后方，明代称为“宫后苑”，清代称御花园。建于明永乐十八年（1420）。园内主体建筑钦安殿为重檐盝顶式，坐落于紫禁城的南北中轴线上，以其为中心，向前方及两侧铺展亭台楼阁。园内的松、柏、竹与山石，形成四季长青的园林景观。

养心殿位于内廷后三宫的西侧，西六宫的南面。初建于明嘉靖年间，一直作为皇帝的便殿。长春宫，内廷西六宫之一，明永乐十八年（1420）建成。长春宫面阔5间，黄琉璃瓦歇山式顶。殿前左右设铜龟、铜鹤各1对。东配殿曰绥寿殿，西配殿曰承禧殿，各3间，前出廊，与转角廊相连，可通各殿。

翊坤宫，内廷西六宫之一，明清时为妃嫔居所。建于明永乐十八年（1420）。

储秀宫，内廷西六宫之一，明清时为妃嫔居所。建于明永乐十八年（1420）。

太极殿，内廷西六宫之一，建于明永乐十八年（1420）。原名未央宫，因嘉靖皇帝的生父兴献王朱祐杬生于此，故于嘉靖十四年（1535）更名启祥宫，清代晚期改称太极殿。

永寿宫，为内廷西六宫之一。建于明永乐十八年（1420），初名长乐宫。永寿宫为两进院，前院正殿永寿宫面阔5间，黄琉璃瓦歇山顶。

重华宫，位于内廷西路西六宫以北，原为明代乾西五所之二所。

咸福宫为内廷西六宫之一。为两进院，正门咸福门为琉璃门，面阔3间，黄琉璃瓦庑殿顶，形制高于西六宫中其他五宫，与东六宫相对称位置的景阳宫形制相同。

奉先殿，位于紫禁城内廷东侧，为明皇室祭祀祖先的家庙，始建于明初。

承乾宫，内廷东六宫之一。明永乐十八年（1420）建成，初曰永宁宫。宫为两进院，后院正殿 5 间，明间开门。此宫在明代为贵妃所居。

景仁宫，内廷东六宫之一。明永乐十八年（1420）建成，初曰长安宫。宫为二进院，正门南向，门内有石影壁一座，传为元代遗物。后院正殿 5 间，明间开门。景仁宫明代为嫔妃居所。

延禧宫，为内廷东六宫之一，建于明永乐十八年（1420），初名长寿宫。殿前有东西配殿各 3 间。后院正殿 5 间，亦有东西配殿各 3 间，均为黄琉璃瓦硬山顶。

景阳宫，为内廷东六宫之一，位于钟粹宫之东、永和宫之北。明永乐十八年（1420）建成，初名长阳宫，嘉靖十四年（1535）更名景阳宫。明代为嫔妃所居。

永和宫，内廷东六宫之一，位于承乾宫之东、景阳宫之南。明代为妃嫔所居。

斋宫，位于紫禁城东六宫之南，毓庆宫西，为皇帝行祭天祀地典礼前的斋戒之所。明代祭天祀地前的斋戒均在宫外进行。

武英殿，始建于明初，位于外朝熙和门以西。正殿武英殿南向，面阔 5 间，进深 3 间，黄琉璃瓦歇山顶。东西配殿分别是凝道殿、焕章殿，左右共有廊房 63 间。院落东北有恒寿斋，西北为浴德堂。明初帝王斋居、召见大臣皆于武英殿，后移至文华殿。

慈宁宫，位于内廷外西路隆宗门西侧。始建于明嘉靖十五年（1536）。

寿安宫，位于内廷外西路寿康宫以北，英华殿以南。始建于明代，初名咸熙宫，嘉靖四年（1525）改称咸安宫。

学者孟凡人归纳出明代北京皇城宫殿形制布局的几个特点：形成完美的中轴线规划设计布局艺术，宫城和都城中轴线完全相合，纵贯全城；完美的中轴线布局艺术，以及其在整座宫城布局中的主导作用，代表了中国古代宫城中轴线规划、设计和布局的最高水平。众多庞大院落纵横有机组合，严格对称配置布局艺术的典范。明代北京皇城在院落有机组合方面，成为现存规模最宏伟、气势最磅礴、对称布局结构最完整、组合方式最讲究、空间变化最丰富、营造水平最高、整体性最强、最能代表院落式布局特点的杰作，乃是集中国古代宫城院落式布局之大成，带有总结性，并加以发展和完善的典型遗产。明代北京皇城宫殿规划设计模数化和方格网化，娴熟运用数学比例规划建筑的体量和空间。象天法地和礼序寓于布局之中，营造出皇权至上的最高境界。[1]

蒯祥

南京博物院和台北故宫博物院各藏有巨幅《明宫城图》，图绘紫禁城殿宇宏丽，朱甍碧瓦，而旁边立着一位穿红色官服者。这是明代北京皇宫大功告成后，工部官员呈给明朝皇帝的一份竣工报告图件。

这两幅《明宫城图》内容、画法基本相同。但台北故宫博物院的那幅，“红袍官人”旁有“工部侍郎蒯祥”题名字样。而南京博物院的那幅无此题名，画上部有历史学家顾颉刚先生 1953 年的题识墨迹。顾颉刚在《苏州史志笔记》亦谈及此画：“蒯氏之像，予于故宫博物院见之，图作北京城全形，午门之外，八象对立，蒯氏纱帽红袍立于左，人形特大，与建筑比例不称，盖明帝重其人，所以纪念之也。今在苏南文管会中又见之，谓得自宜兴某家，疑蒯氏别画一轴，示其荣宠，遂流至他邑耳。故宫一图书有人名，特不忆其为福为祥矣。”可见，《明宫城图》应是明代北京城宫殿建成不久，工程实际规划设计和操作施工的负责人之一蒯祥所绘。

蒯祥（1398—1481），苏州吴县香山人。其父蒯富是一位有高超技艺的木匠，被明廷选入京师，当了总管建筑皇宫的“木工首”。蒯祥从十二三岁时就跟父亲学木工，据传蒯祥 16 岁时便“能主大营缮”，享有“巧匠”美誉。蒯祥具有双手同时作画的绝技，他在宫殿的梁柱上画龙时，双手各拿一支画笔，左右开弓，勾勒涂描，不一会儿，两条飞腾的龙就同时画好了，“画成合之，双龙如一”，令人叹为观止。

---

[1] 孟凡人：《明北京皇城和紫禁城的形制布局》，《明史研究》第 8 辑，2003 年。

《明宫城图》，绢本设色，183.8 厘米 ×156 厘米，南京博物院藏

永乐年间，朝廷营建北京宫殿，蒯祥初为普通木工。但是很快，蒯祥便因卓越的才华脱颖而出，引起主持北京城建设的工部官员宋礼的注意，经过交流，宋礼折服于蒯祥的惊人创造力，很是器重他。随后，宋礼就把设计皇城正门的重任交给了蒯祥。不久后，蒯祥就完成了一整套建筑结构设计图和周密的施工方案，宋礼看后很高兴，马上命人送去给朱棣过目。朱棣看后对蒯祥的设计方案很是满意，当即决定采纳，并命令立即动工。1420 年宫殿建成，朱棣龙颜大悦，蒯祥得以官升工部左侍郎（正二品），赠三代，荫二子。

大多数研究者认为蒯祥是承天门（今天安门）的设计者。永乐十五年（1417），蒯祥在北京接到的一项重要工程是承天门，这项工程在蒯祥的设计、组织之下，于1421年竣工。承天门最初的建筑结构只是一层的，整座城楼都是木制，城台前还立有华表和石狮，下面是用砖砌成的高大城台，城台上则是九开间的重檐歇山式宫殿建筑。承天门建成之后，蒯祥声名鹊起，被称为“蒯鲁班”。

蒯祥参加和主持了许多重大的营建工程。永乐年间，泰宁侯陈珪督造北京郊庙和宫殿，蒯祥为总建筑师，参与了营建大隆福寺、南内和西苑等工程。1440年，紫禁城内重修三大殿，蒯祥负责设计和施工，并主持修建乾清、坤宁二宫。1464年，他又规划设计营建了明裕陵。在上述重要工程的营修过程中，蒯祥的高超技艺得以充分展示，《宪宗实录》记载，蒯祥“一木工起隶工部，精于工艺”，“凡殿阁楼榭，以至回廊曲宇，随手图之，无不称上意者”，“凡百营造，祥无不与”。乾隆时期的《江南通志》卷一百七十《蒯祥传》中也记载：“每宫中有修缮，中使导以入，祥略用尺准度，若不经意，既成，以置原所，不差毫厘。”可以说，蒯祥是奠定明清两朝宫殿风格的大师，其技艺出神入化，《明实录》载，明宪宗“每以‘蒯鲁班’呼之”。

蒯祥到北京后负责设计承天门并组织施工。他设计了厚重的大门、坚实的红墙、金顶彩绘的城楼和门前金水河上的五座石拱桥，建成之后受到文武百官称赞。蒯祥在京40多年，除承天门外，先后兴建的工程还有故宫三大殿，以及两宫、五府、六衙署等，晚年还亲自主持明十三陵中的裕陵建造。

蒯祥精于尺度计算，每项工程在施工前都做了精确的计算，竣工之后，位置、距离、大小尺寸与设计图分毫不差，其几何原理掌握得相当好，榫铆技巧在建筑艺术上有独到之处。在北京皇宫府第的建筑中，蒯祥又把苏州的“金砖”和“苏式彩绘”运用到北京的宫殿建筑中去。

蒯祥担任了工部左侍郎后，“为人恭谨详实，虽处高位，俭朴不改，常出入未尝乘肩舆”。到了晚年，虽然辞官归隐，但每当有人向他请教营造工程的问题时，他都非常热心地指点。成化十七年（1481）三月二十七日，蒯祥卒于官位。蒯祥的后代大多继承了他的技艺，直到晚清，仍有“江南木工巧匠，皆出香山”的说法。

营建北京宫殿，是一个浩大的工程，当时在全国征召的能工巧匠，除蒯祥外，在营建的过程中先后涌现出许多著名工匠。如参与早期工程、工于设计的蔡信，瓦工出身的杨青（官至工部侍郎），还有与蒯祥同时代的著名雕刻石匠陆祥，木匠郭文英、徐果等。

皇宫火灾

中国古代建筑物普遍为木架结构，木构材质为有机可燃物，防火性能不佳，加之皇宫建筑物鳞次栉比，一旦失火便呈迅速延烧的态势。造成宫殿火灾的原因，除雷击等少数自然因素外，人为因素占大多数。皇宫人员众多，聚集着大量的生活用火如做饭、照明、取暖等，一旦用火不慎，便极易引发火灾。

有明一代，皇宫、祖庙及陵寝所发生的大小火灾达 124 次，频率之高，属历史之最。究其原因，除明朝拥有 3 座皇宫、3 座大陵墓群外，火灾意识及火灾机制薄弱也是不可忽视的因素。

明宫殿火灾有自然因素，古代建筑物避雷防护措施较差，皇宫建筑物多高大毗邻，雷雨天气遭受雷击的可能性也大。在明代，紫禁城至少遭受过 14 次雷击火灾，其中紫禁城雷击最严重的一次，为嘉靖三十六年（1557）四月十三日紫禁城三大殿失火案，其中奉天、华盖、谨身以及文楼、武楼、午门、奉天门等建筑皆毁于火灾，损失巨大。

明宫殿火灾也有人为因素。有数次火灾是由于宫廷娱乐活动中燃放烟火所致，永乐十三年（1415）元旦，皇家搭建高台，登楼赏灯，焰火燃烧持续三日，场面壮观。不料焰火过多过大，导致失火延烧，场面失控，并殃及午门城楼。《清仁宗实录》卷三六三载，除烧毁大量建筑物外，“鳌山火发，焚死多人，都督马旺亦与焉”，参与救火的太监、宫女及指挥官马旺等葬身火海。1420 年，明代北京皇宫初步建成，明成祖朱棣把首都从南京迁到北京。就在成祖御奉天殿接受朝贺，行京师宫殿告成礼后仅百日，1421 年正月初一，盛大朝会在新落成的北京皇宫奉天殿（今太和殿）举行，庆祝北京宫殿正式启用。朱棣召见钦天监漏刻博士胡奫，让他占卜皇宫三大殿的吉祥。胡奫占卜后竟预言：永乐十九年四月初八午时，奉天殿、华盖殿、谨身殿三大殿会遭到大火焚毁。朱棣闻此勃然大怒，下令将胡奫下狱。到四月初八午正时刻十二点，皇宫三大殿太平无事。狱卒报，见正午没有起火，胡奫在狱中自杀了。可是，正午刚过三刻，新宫奉天、华盖、谨身三殿便同时遭雷击起火尽毁，胡奫的预言应验了。

这件事引起全国震动，朱棣大为震惊，甚为“惶惧，莫知所指”，以天变示警，特下诏求言，探究其因。诏下，一时间进言者甚众，且多议迁都之非。侍讲邹缉所上《奉天殿灾疏》更是言词激切，批评修筑宫殿“工大费繁，调度甚广，冗官蚕食，耗费国储”。还有一些臣子借此主张把首都迁回南京。朱棣勃然大怒，颇感意外，声言：“方迁都之时，与大臣密

明代北京宫殿的木架结构

议，久而后定，非轻举也！”命令所有非议迁都的官员都在午门外罚跪，邹缉及翰林院侍读李时勉、侍讲罗汝敬被逮下狱，御史郑维桓、何忠、罗通等遭贬，主事肖仪更被斥为书生之见，“乌足以达英雄之略”，最后身首异处。

三大殿火灾是当时全国性的灾难。《英宗实录》载，“正统五年三月建奉天、华盖、谨身三殿，乾清、坤宁二宫。发现役工匠、操练官军七万人兴宫，六年九月三殿两宫成”。

永乐十九年（1421）三殿火灾后，到正统五年（1440）才重新兴建前三殿及乾清宫。天顺三年（1459），营建西苑。经历永乐、洪熙、宣德、正统时期，整整 20 年。

正统八年（1443）五月，奉天殿有大火。

正统十年（1445）十一月，因为花匠不慎，烧毁御花园两座。

弘治十一年（1498），十月、十一月、十二月，皇宫连续 3 次起火，一烧烧一片。

正德九年（1514）上元节，在乾清宫悬挂的宫灯烧着了毡毯，把大内正宫乾清宫、坤宁宫全烧掉了。

嘉靖朝大兴土木，弄得“山林空竭，所在灾伤”，也是火灾最多的时期，各处宫殿前后烧毁不下十几处。

嘉靖十年（1531）正月，皇宫东偏房大火，烧毁房屋 14 间。

嘉靖三十六年（1557）六月，紫禁城大火，三大殿、奉天门、文武楼、午门全部被焚毁，只清理火场就用 3 万名军工。三大殿被迫重建，至嘉靖四十年（1561）才全部重建完工。这次重建是明代三大殿重建工程中最重要的一次，三大殿的格局与明初相比也发生了根本的变化。由于找了很多粗壮的整根木头，三殿的面阔、进深、柱子的直径等都进行了一定程度的缩减，华盖殿（即清中和殿）的屋顶还改成了四角攒尖顶。制作柱子和房梁时，用杉木代替了原先的楠木，还采用了拼接、包镶等做法，形制硕大的柱、梁，有很多都是用小块木料拼成的。嘉靖帝对内阁的大臣们说：“我思旧制固不可违，因变稍减，亦不害事。”同时，重建后的三大殿被改名为皇极殿、中极殿、建极殿，嘉靖帝似乎想用改名来减少紫禁城内的火灾。

嘉靖四十年（1561），皇帝所居住的西宫大火，为了催建永寿宫，大学士徐阶只好动用建三殿的余材。嘉靖在位45年，营建无虚日。工部员外郎刘魁廷为了进谏，先叫家里准备好棺木，然后上奏折："一役之费动至亿万，土木衣文绣，匠作班朱紫……。国用已耗，民力已竭，而复为此不经无益之事，非所以示天下后世。"于是触怒了嘉靖皇帝，把刘魁廷杖之后又下到"诏狱"。

隆庆二年（1568）三月二十五日，乾清宫、坤宁宫火灾。过了半个月，宫内存放宝物的承运库又火灾。

隆庆六年（1572），宫内厨房起火，所幸扑救及时，没有蔓延。

万历皇帝任期内，宫内失火又有20多次。

万历二十五年（1597），"三殿又灾，延烧两宫（乾清、坤宁）"，直到天启六年（1626），才建成皇极殿，后来中极殿、建极殿陆续竣工。工程持续了三十四五年。"三殿工兴，采楠杉诸木于湖广、四川、贵州，费银九百三十万余两"[1]。

天启年间，皇宫又失火3次。据《春明梦余录》记载，"（天启）七年八月初二日三殿工成，共用银五百九十五万七千五百十九两余"。

崇祯十七年（1644）四月二十九日，李自成在北京称帝，次日逃往西安，临行前焚毁紫禁城，仅武英殿、建极殿、英华殿、南薰殿、四周角楼和皇极门未焚，其余建筑全部被毁。

[1] 许嘉璐主编：《二十四史全译·明史·卷八二》，汉语大词典出版社，2004年，第1577页。

第十二章 芄野宫苑

承德避暑山庄

10 世纪中叶至 17 世纪初，古格王国雄踞西藏西部，在西藏吐蕃王朝以后的历史舞台上扮演了重要的角色。古格王国位于青藏高原的最西端，札达象泉河流域为其统治中心，北抵日土，最北界可达今克什米尔境内的斯诺乌山，南界印度，西邻拉达克（今印占克什米尔），最东面其势力范围一度达到冈底斯山麓。

古格王国都城札不让，位于现西藏札达县城西 18 千米的象泉河南岸。古格遗址城堡后面南北走向绵延的土林像一条巨龙，城堡所附小山酷似龙爪。开阔谷地上的古格废墟是一大片依山迭起的建筑群，上部是王宫，中部是寺庙，下部为民居，考古学家鉴定其高差 175 米。整个遗址建筑面积约 72 万平方米，共有房屋洞窟 300 余处、佛塔（高 10 余米）3 座、寺院 4 座、殿堂 2 间及地下暗道 2 条，分上、中、下三层，依次为王宫、寺院和民居。外围建有城墙，四角设有硼楼。在其红庙、白庙及轮回庙的雕刻造像及壁画中不乏精品。

清初的沈阳城，经过努尔哈赤的创建和皇太极的增拓、修筑宫殿，规模宏伟、壮丽，成为一国之都城。努尔哈赤迁都沈阳，最重要的建筑首推天命汗宫、大政殿和十王亭。皇太极时期的宫殿建筑，是在修茸今沈阳故宫东路的基础上，又新建了今沈阳故宫中路的全部主体建筑及一些辅助建筑。新皇宫包括中宫清宁宫、东宫关雎宫、西宫麟趾宫、次东宫衍庆宫、次西宫永福宫。台东楼为翔凤楼，台西楼为飞龙阁，正殿为崇政殿。

皇太极时期，清廷已有大规模的狩猎活动。入关以后，仍沿袭满洲族骑射和游牧生活习俗“巡狩习武”，曾先后在东北的盛京（今沈阳）、吉林、黑龙江和北京近郊的南苑建立了狩猎场所。清代顺治至乾隆年间，在塞外古北口至木兰围场沿途修建了 20 余处行宫。

康熙时修建的承德避暑山庄，又名“承德离宫”或“热河行宫”，位于今河北省承德市中心北部，武烈河西岸一带狭长的谷地上，是清代皇帝夏天避暑和处理政务的场所。避暑山庄始建于 1703 年，历经清康熙、雍正、乾隆三朝，耗时 89 年建成。避暑山庄以朴素淡雅的山村野趣为格调，取自然山水之本色，吸收江南塞北之风光，是中国现存占地最大的古代帝王宫苑。避暑山庄宫殿建筑讲究色彩搭配，屋顶以冷色调为主，而正殿用金色琉璃瓦，房屋的顶柱多为正红色暖色调，窗框是金黄色的色泽，回廊用明艳的色彩搭配，亭台楼阁以木雕本色为主。

631年，松赞干布迁都拉萨，始建布达拉宫为王宫。当时修建的整个宫堡规模宏大，外有三道城墙，内有千座宫室。随着吐蕃王朝的解体，布达拉宫遭冷落。1645年，五世达赖喇嘛重建布达拉宫。1648年，基本建成以白宫为主题的建筑群。五世达赖喇嘛圆寂后，1690—1694年扩建红宫，基本形成布达拉宫的建筑规模。

山顶上的古格王宫

公元10世纪前后，末代赞普朗达玛的重孙吉德尼玛衮在吐蕃王朝崩溃后，率领亲随逃往阿里，在那里建立古格王国。10世纪中叶至17世纪初，古格王国雄踞西藏西部，在西藏吐蕃王朝以后的历史舞台上扮演了重要的角色。曾经有过700年灿烂文明史的古格王朝，它的消逝至今仍是个

古格遗址

古格王国遗址红殿壁画中的王室礼佛图

谜。一种说法是，1630年，与古格同宗的西部邻族拉达克人发动了入侵战争，古格王国就此灭亡。

9世纪，强盛一时的吐蕃王朝逐渐衰落，统治者内部的僧侣集团和世俗贵族集团的矛盾急剧激化。公元823年，俗官郎达玛发动政变，上台成为吐蕃末代赞普。郎达玛死后，他的两位王子及其王孙混战了半个世纪，结果次妃一派的王孙吉德尼玛衮战败后逃往阿里，阿里原有的地方势力布让土王扎西赞将女儿嫁给他，并立他为王。后在吉德尼玛衮的晚年，将领域分封给三个儿子，长子贝吉衮占据芒域，后来发展成为拉达克王国；次子扎西衮占据布让，后来被并入古格；幼子德祖衮占据象雄，即古格王国，这位最年幼的王子成为古格王国的开国君王。

17世纪，当时的古格王和古格宗教领袖——其实是国王的弟弟矛盾很深，为了巩固自己的势力，古格国王开始借助西方传教士的力量削弱佛教的影响。1633年，僧侣们发动叛乱，古格王之弟利用拉达克的军队攻打古格都城，一场残酷的攻坚战就在这里打响。山上的古格王宫是防守能力最强的建筑，只有一条隧道可以通到山上王宫，而另外的地方全都是悬崖。战斗持续了很长时间之后，为了挽救百姓，古格国王决定投降。据杨公素《中国反对外国侵略干涉西藏地方斗争史》和伍昆明《早期传教士进藏活动史》记载，古格的最后一个国王及全家被拉达克人带回拉达克都城列城并关进了监狱。

古格王国遗址在阿里札达肥札不让区象泉河畔的一座土山上，占地约 18 万平方米，是全国第一批重点文物保护单位之一。近些年间于古格遗址周围不断发掘出的造像、雕刻、壁画等，是这个神秘王朝留给今人的宝贵财富。古格雕塑多为金银佛教造像，其中被称为“古格银眼”的雕像代表其最高成就。遗存最为完整、数量最多的是它的壁画。古格壁画风格独特、气势宏大，较全面地反映了当时社会生活各层面。所绘人物用笔简练，性格突出，其丰满动感的女体人物尤具代表性。由于古格所处地理位置及受多种外来文化影响，其艺术表现风格带有明显的克什米尔及犍陀罗艺术痕迹。

1912 年，英国人麦克霍斯·扬从印度沿象泉河溯水而上，最早来到古格王国遗址进行考察。1985 年，西藏自治区文管会组织的考察队实地测量古格遗址总面积约为 72 万平方米，调查登记房屋遗迹 445 间、窑洞

古格王宫遗址

879 孔、碉堡 58 座、暗道 4 条、各类佛塔 28 座、洞葬1处、武器库1座、石锅库 1 座、大小粮仓 11 座、供佛洞窟 4 座、壁葬 1 处、木棺土葬 1 处。

古格王朝整个王室建筑都在山顶上，四周是悬崖峭壁，险不可攀，只有一条长约 50 米曲折幽暗的登山隧道连接半山腰与山顶王室区。立于山顶，纵览全城，东西两侧的山沟、北部开阔地带以及象泉河谷地全都尽收眼底。札达及阿里都很难见到树木，建城之初木材的奇缺是可以想见的，何况王宫又建在山顶上，建筑困难程度可见一斑。王室成员居住的宫室在山顶南部的东面，面积不太大，小巧别致。

王宫区的建筑遗存分为南、中、北三组，南部一组建筑就是王宫建筑群。宫殿建筑主要集中在山顶东南部，共有房屋 56 座，多数为一层建筑，也有二三层建筑，由于几百年风沙雨水的侵蚀，地面及墙头已布满沟隙。建筑群的中心是一座面积达 340 平方米的殿堂，按照大型藏式建筑的柱间距离来推算，原来殿堂里应当竖立着分为 5 排的 30 根柱子。殿堂早已没了屋顶，只剩下一圈方形的围墙，内侧墙面用草拌泥、粗沙泥和沙泥夯打处理，厅内地面是石子和沙泥夯打处理过的，这也是藏族人常用于处理室内地面及屋顶的传统建筑工艺“阿嘎”。殿堂的南、北、东三面辟有 7 个门，其中 3 个门通向外面，另 4 个门分别与紧挨殿堂的套间房屋相通，考古专家推测东侧的 3 个套间是国王和王后起居之所。[1]

在山顶王宫建筑群之下 10 米深的山体中，还隐藏着一个没有完工的地下宫殿，山上尚存一 2 米见方的洞口，洞口狭小，但洞底开阔。一条坡度很陡的隧道向下延伸，这是山体中还没有完工的地下宫殿，盘旋的主干道走廊为地道式建筑，宽 1.5 米，长近 20 米，前端和两侧分布着 7 个呈方形、15—20 平方米的地穴式房屋，高 2 米，有望孔、小窗，左侧的洞室都有通向崖边的采光通风洞口，爬到洞口一探头就会发现下面是百丈悬崖。考古专家认为这里是古格王室准备用于避寒的未完成宫室，人们将这

[1] 张建林:《秘境之国·寻找消失的古格文明》，西北大学出版社，2019 年，第 85 页。

组地下洞室称为“冬宫”。[1]

盛京宫殿

后金天聪八年（1634），清太宗皇太极尊沈阳城为“天眷盛京”，这是称沈阳为盛京之始。沈阳是一座古城，已有一千多年的历史。它在辽、金时代名沈州，元为沈阳路，明为沈阳中卫。后金天命十年（1625），清太祖努尔哈赤从辽阳迁都沈阳，沈阳成为一国之都城。

顺治元年（1644），迁都北京后，改盛京为陪都（也称留都）。盛京，满语叫谋克敦，意为“兴盛的城市”。盛京是清朝的“龙兴重地”，从顺治入关以后，历代皇帝“东巡”到沈阳来祭祖，对盛京宫殿和福陵、昭陵不断地进行扩建和维修。

清朝开国皇帝努尔哈赤曾几度选择京城，最早为费阿拉，后迁至赫图阿拉，又移至界藩，再迁往山城萨尔浒，复徙至辽阳。最后，选定了地处军事、经济、交通要地的沈阳。天命六年（1621），努尔哈赤发动辽沈之战，先后夺取沈阳、辽阳诸城。开始他选定辽阳为都城，又兴建东京新城。4 年后，努尔哈赤决定迁都沈阳。当时的沈阳城，仅有辽阳城的一半大，如熊廷弼所说：“辽城之大，两倍于沈阳有奇。”[2]努尔哈赤迁都沈阳的原因，可以从迁都前他与诸贝勒大臣发生的一场激烈争论中得到启示。

> 帝聚诸王臣议欲迁都沈阳。诸王臣谏曰：“东京城新筑，宫廨方成，民之居室未备，今欲迁移，恐食用不足，力役繁兴，民不堪苦矣。”帝不允，曰：“沈阳四通八达之处，西征大明，从都尔鼻渡辽河，路直且近，北征蒙古，二、三日可至，南征朝鲜，自清河路可进，沈阳浑河通苏苏河（苏克素浒河），于苏苏河源头处伐木，顺流而下，

[1] 张建林：《秘境之国・寻找消失的古格文明》，西北大学出版社，2019 年，第 90 页。
[2] ［明］陈子龙等：《明经世文编》（第六册），上海书店出版社，2019 年，第 5315 页。

沈阳汗王宫遗址

> 材木不可胜用，出游打猎，山近兽多，且河中之利亦可兼收矣。吾筹虑已定，故欲迁都，汝等何故不从！”[1]

可见，努尔哈赤的远见卓识，早已看出沈阳是“形胜之地”，比辽阳更有发展前途。同时，努尔哈赤迁都沈阳也考量了军事、经济和交通诸多因素。

天命七年（1622），明将孙承宗督师辽东，大力兴筑宁远城，出师东巡广宁，修筑锦州、松山、杏山、右屯及大、小凌河等诸城堡。《建州私志》载，至1626年已“经营四载，辟地百里。徙幕逾七百里，楼船铁骑东巡至广宁。将兴师大举”，这给努尔哈赤造成了极大压力。此外，边外的蒙古各部也在伺机而动。努尔哈赤腹背受敌，不得不考虑都城迁移问题。为了争取战略上的主动，做出了迁都沈阳的决策。

努尔哈赤迁都沈阳后，即着手对沈阳中卫城进行改建，为了修建居室和宫殿，改十字街为井字街，并在井字街的中心南侧营建了宫殿。拆除

[1]《清太祖武皇帝实录》卷四，第6页。

了明中卫城东、西、南 3 个城门，只保留了北门，并另建 8 个城门，俗称九门。

1982 年，沈阳故宫博物院王佩环女士在北京中国第一历史档案馆发现了一张标号为“舆字 225 号”的满文《盛京城阙图》。按图所示，满文标注的“太祖居住之宫”位于图正中的最北端，即明代沈阳中卫城的北门——镇边门之南，至北院墙，紧靠镇边门，是坐北朝南的二进式院落。这座宫室大政殿与十王亭，是清初八旗制度在宫殿建筑上的反映。

2012 年夏天，沈阳市文物考古研究所的考古工作者发现了一处清代早期建筑群遗址。最后经过考古发掘证明，此处清代早期建筑群遗址就是曾经的汗王宫，与《盛京城阙图》所绘的“太祖居住之宫”的位置完全吻合。汗王宫既是努尔哈赤的寝宫，又是其处理政务的主要场所。

汗王宫遗址位于今沈阳市沈河区中街路北，是一座坐北朝南的二进院落，南北通长 41.5 米，由宫门、宫墙、前院、高台基址组成。高台基底座由四道南北向、六道东西向的砖筑台基和围筑其间的夯土台共同构成。整

汗王宫复原图

个砖筑台基大体略呈长方形，东西长 46 米，南北宽 23.5 米。筑于高台基上的主体建筑早已无存。汗王宫北围墙宽 1.4 米，南围墙宽 1 米。在汗王宫遗址出土有满文“天命通宝”铜钱以及大量绿釉琉璃建筑构件，其中有板瓦、筒瓦、滴水、花砖等，瓦当、滴水当面和部分模印花砖上均为莲花纹饰。

努尔哈赤死后，皇太极继汗位，对沈阳城又进行了大规模的扩建，工程至天聪五年（1631）基本完成。增拓后的盛京城，规模更加宏伟。

努尔哈赤迁都沈阳后，出于政治和军事的需要，首先着手筹建宫殿。关于他在沈阳居住的宫室和临朝议政的官殿，由于史料记载不详，便成为人们所关注、探索和至今尚未完全解决的问题。

学界一般认为应将努尔哈赤突然决定弃辽阳新城而迁都沈阳的时间，定为沈阳盛京皇宫的始建年代。《清太祖武皇帝实录》卷四载：“乃于（天命十年三月）初三日出东京，宿虎皮驿（今沈阳以南的十里河），初四日至沈阳。”从明史和朝鲜李朝实录的情况证实，这一记载也是准确无误的。

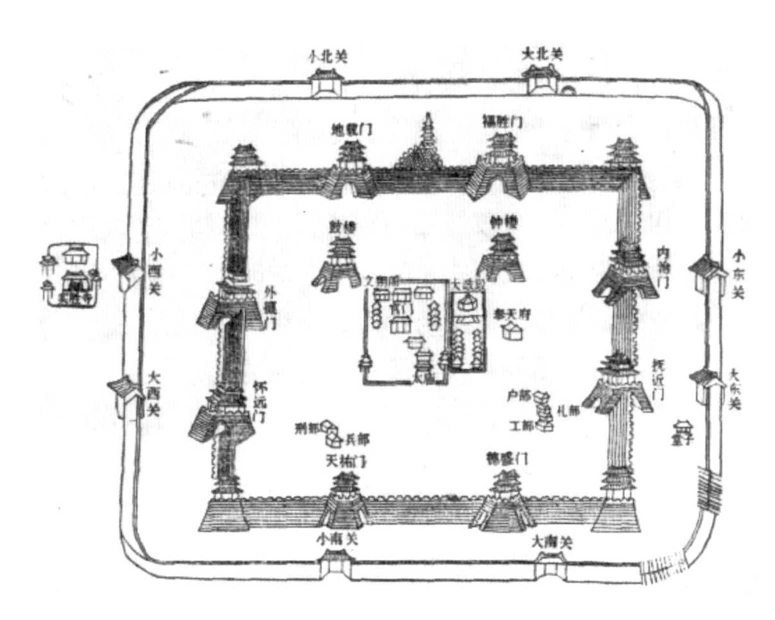

盛京城图

既然努尔哈赤于天命十年（1625）迁都，那么盛京皇宫的建造年代就无疑是在天命十年（1625）了。有专家认为，因为努尔哈赤是早上决定迁都，当日下午就动身的，这决定了没有定下迁都之前不可能开始建宫殿。沈阳故宫博物院研究员支运亭认为，沈阳故宫的始建年代应该早于努尔哈赤迁都。

新近发现的《侯氏家谱》证实，辽阳东京城和沈阳的盛京城都是由山西迁居来的侯氏家族负责设计、施工兴建的。该书关于修建辽阳东京城与沈阳盛京城的记载非常详细：

> 余侯氏居于晋地，历来科甲。及我大清长白发祥，而创业于东土，即升于始祖时，虎公以为辽东宁卫都指挥使，特授镖骑将军。是以余曾祖振举公随任辽东，以同辅弼太祖高皇帝。大清高皇帝兴师吊伐，以得辽阳，即建都东京。于天命七年修造八角金殿，需用琉璃龙砖彩瓦，即命余曾祖振举公，董督其事，特授夫千总之职。后于天命九年间迁至沈阳，复创作宫殿，龙楼凤阙……又赐于壮丁六百余名……曾祖振举公竭力报效，夙夜经营其事。

这可以算是沈阳故宫兴建于天命九年（1624）最为直接的证据。

皇太极继汗位后，继续营建宫殿，今沈阳故宫中路“大内宫阙”部分就是这一时期建成的。这一组建筑是以南北的一条中心线为轴，主要建筑坐落在轴线上。最南起自宫墙外的照壁，向北两侧为东西朝房，东西奏乐亭，再北为宫前的东西大道，其东设文德坊（东华门），西置武功坊（西华门），门外立下马碑，道北正中为大清门，门前立有谏木，门后为东西3间厢楼、5间厢楼，楼后还有7间楼。大清门北有一条宽阔的御路，通往崇政殿，往北又有东西两楼，正北为凸起的高台城堡式建筑，即是后宫所在地，其前为凤凰楼，拾级而上，穿过门洞，在中轴线的最北端为清宁宫，东侧为关雎、衍庆二宫；西侧为麟趾、永福二宫。这一建筑群以中轴线为中心，两侧的建筑基本上是对称的。

盛京城垣为方形，四边就是城墙，8 座城门。城墙是在明城墙基础上进行改建的，从天聪五年（1631）开始，到天聪八年（1634）基本完成。改建后的城墙由原来的 2 丈 5 尺（约 8.3 米）增至 3 丈 5 尺（约 11.7 米），厚达 1 丈 8 尺（6 米）。原来城墙为外砖内土，改建后的城墙以石为基础，内外墙均为砖砌，墙内夯土充实。城墙四周各建角楼 1 座，垛口 651 个。城周长也由原来的 9 里 30 步，扩大到 9 里 323 步。改建后的城墙，由四门改为八门，也就是 8 座门楼。

盛京宫殿的东路建筑，以坐北居中的大政殿为核心，向南以左、右两翼按八旗旗序呈外“八”字依次排开，形成一个开阔的广场式建筑组群。这种风格显示北方游猎民族的“帐殿”式建筑特色。

沈阳故宫大政殿，俗称八角殿，始建于 1625 年，是清太祖努尔哈赤的重要宫殿，其主要功能是举行重大典礼及开展重要政治活动。据考证，汗王宫与沈阳故宫大政殿为同时期建筑，两者的关系真实体现了清早期“宫”与“殿”分离的满族宫廷建筑特征。

大政殿为八角重檐攒尖式建筑，全高 18 米，参照塔、亭的建筑形式，

大政殿

由殿基、殿身、殿顶三个部分组成。殿基为高 1.5 米的八角形须弥座，正面周围雕栏板、望柱、抱鼓石，南北两面正中石雕龙御路，透出北方民间风格。殿身为三圈柱，外檐柱二十四根，支撑下檐，外槽八根金柱支撑上层檐，内槽八根金柱伸向殿顶承托藻井（花盖）。穹顶中央是圆形金添木雕降龙藻井，彩绘天花，里侧福、寿、禄、喜八块汉字篆书图案，外侧由龙凤、梵文图案组成八组，带有藏式风格。殿身由八组（每组六扇门）共四十八扇隔扇门组成，既可用做墙又可全部打开。正面圆形加高浮雕，贴金双龙盘柱；斗拱承托起的大屋顶双重檐，上铺黄琉璃瓦绿剪边；八条垂脊上站着八个身体略后倾、手拉铁链的琉璃蒙古力士，用力牵引殿顶近两米的五彩琉璃宝顶，意为加固帐殿。

十王亭为方形亭式建筑，起脊歇山顶，翼角高张，青瓦铺顶，灰砖砌墙，正面有隔扇门，局部彩画只配以朱漆，这与高大巍峨、金壁辉煌的大政殿形成鲜明对比。八旗、八角大殿、八旗亭、八个琉璃蒙古力士，处处以“八”体现八方归一的帝王之尊。以大政殿为中心的这一组建筑，充分展示了满族、汉族、蒙古族、藏族建筑风格、装饰艺术的融合，体现了清初政治、军事上的独特体制，为历代王朝的宫殿建筑所仅有。

1626 年，皇太极继位后开始兴建新的皇宫。新皇宫位于大政殿、十王亭西侧，为皇城井字街的中心位置，这就是盛京皇宫的中路建筑。中路建筑分为两个部分，即前朝区与后寝区。

崇德元年（1636），皇太极改国号为大清，对盛京宫殿各主要建筑“定宫殿名，中宫为清宁宫、东宫为关雎宫、西宫为麟趾宫、次东宫为衍庆宫、次西宫为永福宫、台东楼为翔凤楼、台西楼为飞龙阁、正殿为崇政殿、大门为大清门、东门为东翼门、西门为西翼门、大殿为笃恭殿”[1]。

盛京城在中街的东端建有钟楼，在中街的西端建有鼓楼，是在皇太极将国号改为大清后崇德二年（1637）建起的。盛京城在宫殿的四周还建了 11 座王府，在宫殿的西南至东南是吏、户、礼、兵、刑、工六部衙署并仓

[1]《清太宗实录》卷二，第 41 页。

库、长安寺、三官庙等。

盛京宫殿，包括努尔哈赤时期始建的大政殿、十王亭、东西奏乐亭，和皇太极时期营建的含东西奏乐亭、文德坊、武功坊以及大清门、崇政殿、清宁宫等在内的大内宫阙。前朝区自南而北：文德坊（东华门）、武功坊（西华门）、大清门、崇政殿，崇政殿相当于北京皇宫的太和殿，又称“金銮殿”。后寝区以凤凰楼为界。凤凰楼坐落在 4 米高的青砖台基上，穿过凤凰楼下的楼门，即是后妃生活的五宫——中宫清宁宫、东宫关雎宫、西宫麟趾宫、次东宫衍庆宫、次西宫永福宫。

崇政殿是皇太极日常临朝处理要务的地方，整座大殿木结构，五间九檩硬山式建筑，辟有隔扇门，前后出廊，围以石雕栏杆。殿身廊柱方形，望柱下有吐水螭首，顶盖黄琉璃瓦镶绿剪边；殿柱是圆形，檐下方有六条木雕神龙，龙头探出檐外，龙尾直入殿中。清迁都北京后，皇帝每次东巡盛京祭陵时，都在崇政殿举行隆重庆典。

沈阳故宫中路的早期建筑，是由后金天聪汗皇太极继位后所续建的，呈汉满合璧、前朝后寝的皇宫格局。前朝以大清门、崇政殿为主体，后寝则建在人工堆砌的 4 米高台上，由一楼五宫组成，即凤凰楼、清宁宫及四大配宫，形成了殿低宫高的女真（满）族独有的高寝区建制，有别于历代帝王宫殿的殿高宫低定制，其特点是安全性和私密性好。

大清门、崇政殿为五间硬山前后廊式建筑。硬山式建筑作为正殿，属满族的创造，是后金天聪时期宫殿的主要特征。崇政殿山墙四角均镶嵌五彩琉璃高浮雕墀头，正脊采用五彩琉璃行龙赶珠纹饰，檐柱与金柱间有龙形抱头梁，垂脊上端坐瑞兽，殿顶同为满铺黄琉璃瓦镶绿色剪边，台基为勾栏须弥座，殿为五间贯通。乾隆时期，明间设殿（歇山式堂陛），整个殿顶为露明造，这种建制的融合也是各时期的宫殿之中所罕见的。同时崇政殿在结构及装饰上又吸收了藏式艺术，采用多元建筑文化的融合，达到当时综合国力的最高水平。

最具满族风情的是后宫建筑。凤凰楼在中路正中，是清初期唯一的门与楼共用的歇山式三滴水建筑，是当时盛京的最高点。宫苑内正面是清宁宫、硬山五间，东次间开门俗称“口袋房”，西四间南、北、西三面环炕，俗称“万字炕”，单独间壁的东梢间称为“暖阁”，是帝后寝宫。西墙上设神位，炕上摆祭品、供品，炕前空地为祭祀之用。这种室内布局是满族典型民居的升华。

对称排列在清宁宫前庭两侧的四大配宫为东宫关雎宫、西宫麟趾宫，次东宫衍庆宫，次西宫永福宫。东、西两宫靠近清宁宫，次东宫、次西宫体量略小并且稍靠后，也同大政殿与十王亭一样呈外“八”字形。这种外“八”字形布局，不仅是布局上的艺术处理，更重要的是与轴线的距离反映了建筑等级和主人身份。台上五宫均设火地、火炕，用于取暖。清宁宫的烟囱，砌在屋后西侧地面上，高过屋檐，砖砌方形塔式由满族早期用中空树干涂抹黄泥做烟囱的习俗演变而来，其余四宫烟囱则设在灶上。

中路宫殿的建成，意味着“后金”真正宫殿的建制、功能基本形成。从此路宫殿建筑的风格布局看，满族已经接受汉宫殿文化前朝后寝的格局，但高台寝区设置仍保留本民族的居住习俗。“东路”与“中路”建筑时间仅间隔几年，这说明当时满族吸收汉文化的速度是惊人的。但从居住习俗的保留上看，满族吸收汉文化又是有选择的。同时，各民族文化的融合在单体建筑的细部乃至整体布局上均有体现。

盛京宫殿的营造借鉴了明代殿宇的建制，即汉族传统的建筑形式，如大政殿的大木架结构、盘龙柱、廊柱、大屋顶、飞檐、走兽、斗拱，殿内的方格天花、和玺彩画等。还吸收了蒙古族喇嘛教的建筑形式，如大政殿的八脊攒尖式、上面安设相轮宝珠与彩脊上的八个黄帽绿袍的蒙古力士、殿内的梵文天花、须弥座式的殿基等。同时也保留了满族的建筑特点，最突出的是“宫比殿高”，后宫建筑在城堡式的高台上，此外还有清宁宫中的筒子房、万字炕、火地、落地囱等。它将汉、蒙古、满三个民族的建筑艺术巧妙地融合在一起，是清初多民族统一政权进一步巩固与发展的象征。盛京宫殿是当时东北地区封建统治的中心，为由东北局部政权进一步夺取全国政权奠定了基础。

盛京城皇宫的西路建筑，主要是乾隆年间完成的。清沈阳宫殿从肇建至完成，经历了从清入关前至乾隆时期长达150余年的岁月。

塞外行宫

行宫，专供帝王外出巡幸时起居用的宫苑，又称离宫。清代特别是康熙皇帝时期，在古北口至木兰围场沿途陆续修建了20处行宫。[1]

入关前满族是个游牧狩猎的民族，入关后统治者仍沿袭满族骑射和游牧的生活习俗，始终把“巡狩习武”作为重要的政治活动。

顺治初年，摄政王多尔衮从北京出古北口避暑。在塞外，他发现喀喇河屯景色优美，适于避暑，决定在此建避暑城。《大清一统志》卷三十八载，顺治七年（1650）七月四日多尔衮瑜：“京城建都年久，地污水咸，春秋冬三季犹可居止，至于夏月，溽暑难堪……辽、金、元曾于边外建上都等城，为夏日避暑之地……今拟止建小城一座，以便往来避暑。”

顺治七年（1650）七月，多尔衮下令修建并立即动工的“避暑宫”，就是喀喇河屯行宫的前身，是清廷在塞外建造的第一座皇家宫苑。摄政王多尔衮是在塞外建设皇家宫苑、行猎避暑的第一人。《清高宗实录》卷一千五十载，多尔衮以加派地丁银的办法，为建避暑城筹集经费，命户部除每年记额征收的钱粮外，又加派“直隶、山东、浙江、山西等九省白银二百九十万两”“输京师，备工用”，经近半年的修建，避暑城已初具规模。

顺治七年（1650）十二月初九，时年39岁的多尔衮在喀喇河屯骑马摔伤后死去，《清世祖实录》卷五十三载，顺治亲政后下喻户部：“边外筑城避暑，甚属无用……此工程着即停止。”顺治八年（1651）二月，工程停止。

康熙皇帝当政后，为解决北巡和塞外秋狝数以万计人员的沿途休息、往来辎重和各种用品储存等问题，决定修建古北口至木兰围场沿途行宫，喀喇河屯是其中重要的一座，这里是北巡途中必经之地，康熙在喀喇河屯

[1] 郝志强、特克寒:《清代塞外第一座行宫——喀喇河屯行宫》,《满族研究》, 2011年第3期。

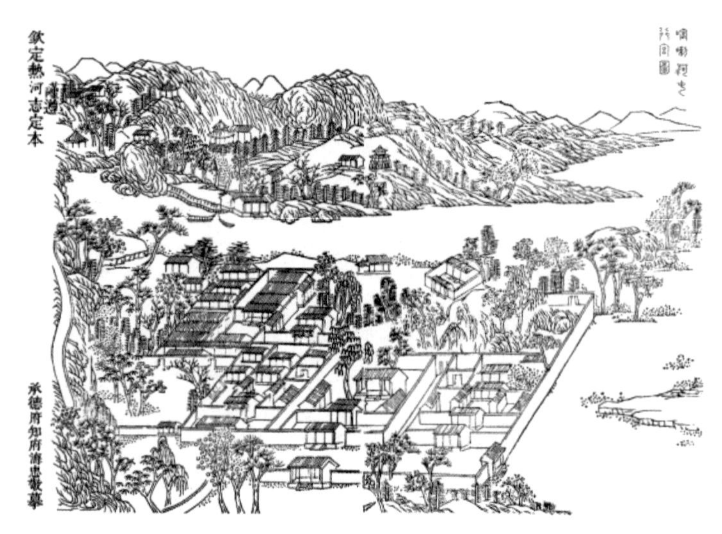

《钦定热河志》中的《喀喇河屯行宫图》

《御制穹览寺碑文》中写道:“朕避暑出塞,因土肥水甘,泉清峰秀,故驻跸于此未尝不饮食倍加,精神爽健,所以鸠工此地,建立离宫数十间。”

康熙十六年(1677),喀喇河屯行宫在避暑城基础上扩建。再建的喀喇河屯行宫坐北朝南,滦河从行宫中穿流而过,将行宫自然地分为宫殿区和苑景区两部分。据《承德府志》和道光十九年(1839)十二月内务府《房屋陈设铺垫清档》记载,宫殿区自东而西又分为东所、中所、西所、新宫。各所自南向北,排列有序。中所有正殿5间,东西两所各有跨院,建筑规模较小,布局与中所大致相同。新宫正殿7间。各宫虎皮石墙围绕,后院均为花园。在宫殿区的西、北两侧是广阔的苑景区。滦阳别墅在苑景区的西部,东至生计地,西至滦河,南至滦河,北靠山,占地19亩。别墅分东、西两所,西所建殿5间,东、西、北三面以半封闭式游廊环绕,中间以长廊相隔。

喀喇河屯行宫位于今承德市双滦区滦河镇西北方向,地处滦河与伊逊河汇合处的南、北两岸上,也是热河避暑山庄未建前,塞外众多行宫中面积最大、殿宇最多的一处行宫。行宫于道光年间旨谕停修后,长年风雨侵袭，逐渐坍塌。到1916年滦平县公署接管时，行宫已年久失修，大部渗漏、坍顶，部分倒塌，此后屡遭拆毁、破坏。现在喀喇河屯行宫连遗址都已不复存在。

从康熙十六年（1677）开始，康熙皇帝决定在塞外建行宫。20世纪80年代末，文物工作者根据文献记载，对古北口至木兰围场沿途主要行宫进行了系统的实地调查与考证，基本搞清了行宫的修建时间、建筑规模、建筑形式及保存现状。[1]

巴克什营行宫，坐落在今古北口东北约5千米的滦平县巴克什营南北向大街中部东热河避暑山庄侧，建于康熙四十九年（1710）。宫殿区占地26000平方米，是出古北口塞的第一座行宫。殿为南向，门殿3间，有左、中、右三院。宫门内有一道贯通三宫院的大墙，两侧各一小门殿。正宫门3间，大殿5间，三殿5间，后殿7间。东、西宫各置垂花门1座，大殿3间，东宫二殿5间，西宫二殿3间，东西配房各3间。后殿3间，东西配房各9间。在东、西宫之间由庑廊连成一体，周围有2米高的“虎皮石”墙。在西宫墙外建有3所“官厅”，为扈从六部居所。1926年，汤玉麟统治热河时，拆宫殿，砍古松。日伪统治热河时，行宫被彻底损毁，变成一片瓦砾，宫址也已难寻觅。

两间房行宫位于今古北口东北20千米处两间房村东，两河交汇的三角地带，康熙四十一年（1702）修建，由宫殿和苑景区两部分组成。行宫平面呈方形，宫墙为两重，外宫墙为土石结构，高3米。宫门5间，内分东西走向，宫道宽约3.3米，两头建有东、西海门。内宫墙为砖灰结构，高2米余。正宫四重，各殿5间，东西配房同走廊连为一体。正宫与东、西宫之间各有南北走向的一条路，俗称“小长街”，西“小长街”建有戏楼。东、西两宫均为三进院，每进院的宫殿均为5间，配房由回廊连接。苑景区的前宫山约500亩（约0.33平方千米），后宫山约300亩（0.2平

[1] 本节以下资料均引自田淑华:《清代塞外行宫调查考述》(上、下),《文物春秋》, 2001年第6期。

方千米），四周围墙，山中有曲折登道盘旋而上。行宫后面为一泓湖水。因年久失修，道光十八年（1838）两间房千总伶德汇察称：宫内应拆卸坍塌两卷房六间，今已妥善拆卸完竣。

常山峪行宫，位于两间房行宫东北16.5千米处，建于康熙五十九年（1720）。行宫南向，由宫殿和苑景区组成，分左、中、右三院。宫殿区占地面积63亩（约0.04平方千米）。大宫门3间，二宫门3间，中为正阳宫，有大殿5间，东西配房各3间，垂花门3间。二殿5间，东、西配房各4间。楼1座，名“蔚藻堂”，东、西配房各6间。各殿之间有回廊相隔。东宫有垂花门3间，泰和殿5间，东、西配房各3间。西宫与东宫建筑布局相同，各有凌霄亭1座。两宫之间有宫道相隔。道光十八年（1838）七月，行宫因失修，不断倒塌。

鞍子岭行宫，位于常山峪行宫东北4千米处，建于康熙四十一年（1702）。宫南向，为东、西、中三院，占地面积5万平方米。康熙五十九年（1720）修建常山峪行宫时，将此行宫拆掉，砖、瓦、石料和木料全部移往常山峪建宫使用。

王家营行宫，位于常山峪行宫东北20千米处，建于康熙四十三年（1704）。行宫分东、西、中三落，大宫门3间，东、西宫门各3间。正宫为三进院，大殿5间，东、西各3间配殿，二殿7间，后照房9间。东宫大殿5间，后照房3间。西宫大殿5间，二殿5间。整个宫殿区以回廊连接，占地25.3亩（约0.02平方千米）。后因年久失修，连连倒塌。1925年冯玉祥拆毁了宫殿。

桦榆沟行宫，距王家营行宫15千米，行宫分东、西、中三院，占地6万平方米。宫南400米处为赴木兰秋狝的八旗兵丁驻地，称南营房。宫东南是当年皇帝阅步骑射场地，宫西南角有花窖。宫后为花园、鱼池。乾隆七年（1742）奉旨拆掉此宫，将木料运往喀喇河屯和热河行宫。

兰旗营行宫，位于今滦平县小营村东北山脚下，东距热河行宫30千米，建于康熙四十二年（1703）。行宫占地百余亩，分宫殿、花园两部分，石砌宫墙环绕，宫中方砖铺地，庭中松、柏、榆、槐成荫，宫宇古朴典雅。行宫拆于乾隆十一年（1746）。

钓鱼台行宫，位于热河行宫北6.5千米热河上游三源汇合处，乾隆七年（1742），为乾隆皇帝往返木兰秋狝中途休息和垂钓之所。宫门南向，殿东向，故而东亦有宫门。宫内北面连脊殿十楹，西有四柱亭。行宫毁于嘉庆年间水灾。

黄土坎行宫，位于黄土坎甸子村北一山坡上，南距热河行宫20千米，建于康熙五十六年（1717）。宫殿临水向阳，地势开阔，占地1万平方米。宫门三楹，内为垂花门。前殿五楹，后殿九楹。1926年，汤玉麟拆毁行宫。

中关行宫位于今承德后中关大街的西头北侧，建于康熙五十一年（1712），占地6万平方米，共分东、西、中三院。中院门殿3间，内门中大殿5间，左右均有回廊连接。后殿5间，东、西两宫大门前突，为重台式城门，前后连脊的门殿12间。内为垂花门，内大殿和东、西照房各5间，后殿5间。苑景区在宫殿后面。行宫破落于民国初年。

什巴尔台行宫，位于今隆化县什巴尔台村东北角，建于康熙五十九年（1720），为东、西、中并排三院，各有独立宫墙环绕。中院门殿3间，大门内为连脊垂花门，前后殿各5楹，前殿与垂花门由庑廊连成一庭院，后殿为“永怀堂”。东院大门为“随墙门”，门内前后大殿各5楹。西院“兰若殿”内供奉关公像，殿前10米处建有戏楼，为一殿一厦式，前卷棚悬山，后卷棚歇山。行宫平面呈长方形，由东北向西南顺山势而建，面积3万平方米。1922年五月廿九日，直系军阀王怀庆继任热河都统后，拆毁了这座耗资万两白银的宏伟建筑，今仅剩戏楼尚立在公路旁边。

波罗河屯为蒙古语，汉译“青城”或“旧城”。波罗河屯行宫建于康熙四十二年（1703），位于今隆化县城的东北部，为左、中、右三宫。中宫有门殿3间，四进院。墙后正殿3间，东西两院有城台门殿3间，门内各有二道门殿3间，三进院，有大殿3间。东院隔墙后又有2座殿，各3间。康熙二十九年（1690）七月，康熙皇帝曾抱病在此驻跸4天，指挥对葛尔丹的围剿及乌兰布通之战。波罗河屯行宫主要毁于国民党进攻热河时。

从波罗河屯行宫沿伊逊河谷北行28千米即为张三营行宫，建于康熙四十二年（1703）。宫南向，门殿3间。门内为一殿一厦式垂花门，内大殿5间，后殿5间，东、西各有一跨院，分别为果园和花园。1937年，日伪统治时期，张三营行宫被毁掉。

唐三营行宫，位于隆化县唐三营村，建于康熙四十二年（1703）。今所见到的唐三营行宫，仅剩一座庙宇"万寿寺"。当年行宫的建筑规模和布局以及何年改为庙宇，尚未查到相关史料。

济尔哈朗图行宫，济尔哈朗图为蒙古语，汉译安乐所。行宫位于伊玛图河右岸开阔的河谷地带，建于乾隆二十四年（1759）。宫门3间，二门为连脊9间，前殿7间以回廊与二门连接成小院，后殿5间。民国与日伪时期，行宫被拆毁。

阿穆呼朗图行宫，位于隆化县步古沟南山坡上，建于乾隆二十七年（1762）。宫南向，门外左右各有硬山房3间，门殿3间，二门殿3间，前殿5间，均由回廊连接成小院。后殿9间。宫殿全部为前出廊后抱厦，悬山卷棚，布纹筒瓦覆顶。后殿周围假山峻峭，奇石峥嵘。行宫毁于民国和日伪时期。

东庙宫，位于木兰围场东哨门的伊逊崖口，建于嘉庆十六年（1811），建筑平面呈长方形，坐北向南，山门题额"敕建敦仁镇远神祠"，额曰"上兰别墅"。现状保存基本完好。

西庙宫，位于木兰围场西哨门的伊玛图口，建于嘉庆二十二年（1817）。山门题额曰"敕建协义昭灵神祠"，建筑与东庙宫相近。

康熙四十五年（1706），在原有的龙尊王佛庙的基础上建汤泉行宫，位于今承德县头沟镇汤泉村，距历史文化名城承德市44千米，现存门殿、正殿、汤泉总池、假山、石碑和周长300多米的宫墙。汤泉行宫各殿堂及行宫房舍，均灰墙灰瓦，无斗拱，无彩画，青砖墁地，白灰勾缝。整座行宫顺依山势，坐西朝东，最前面是门殿3间，左右各有2间配殿。第二进为水宫娘娘殿，即原龙尊王佛庙的正殿。门殿与水宫娘娘殿之间即为汤泉总池，池周围用花岗岩石条砌成长7.7米、宽5.7米的长方形，立24根精雕细刻的盘龙石柱和石栏杆，四壁有石龙吐水装置，将泉水引入总池两侧

东庙宫

的 10 间浴室。总池的西北角，是温泉泉眼，直径 1 米，深 2 米余。水宫娘娘殿后面的高台上，是汤泉行宫宫舍，面阔 10 间，进深 2 层。另有书房 6 间。行宫后面叠砌假山数座并修有凉亭。汤泉行宫共计大小房连游廊 187 间，占地 9 亩（6000 平方米）。

避暑山庄

康熙四十二年（1703），避暑山庄奠基开工，康熙四十六年（1707）初步建成，至乾隆五十七年（1792）最后一项工程竣工，耗时 89 年。避暑山庄以朴素淡雅的山村野趣为格调，取自然山水之本色，融合江南水乡和北方草原的特色，营造了 120 多组建筑，是中国现存占地面积最大的古代帝王宫苑。

自康熙四十八年（1709）开始，热河行宫已成为清帝北巡的中心行宫，取代了喀喇河屯的历史地位。康熙、乾隆时期，皇帝每年大约有半年时间要在承德度过，清前期重要的政治、军事、民族和外交等国家大事，都在这里处理。因此，承德避暑山庄也就成了北京以外的陪都和第二个政治中心。乾隆在这里接见并宴赏过厄鲁特蒙古杜尔伯特台吉三车凌、土尔扈特台吉渥巴锡，以及西藏政教首领六世班禅等重要人物，还在此接见过以特使马戈尔尼为首的第一个英国访华使团。嘉庆、咸丰皆病逝于此。1860年，英法联军进攻北京，咸丰逃到避暑山庄避难，在这里批准了《中俄北京条约》等不平等条约。影响中国历史进程的"辛酉政变"亦发端于此。

避暑山庄分宫殿区、湖泊区、平原区、山峦区四大部分。宫殿区位于湖泊南岸，占地10万平方米，由正宫、松鹤斋、万壑松风和东宫组成。湖泊区在宫殿区的北面，湖泊面积包括州岛约占43万平方米，有8个小岛屿。平原区在湖区北面的山脚下，有万树园和试马埭。山峦区在山庄的西北部，面积约占全园的4/5，山峦起伏，沟壑纵横，众多楼堂殿阁、寺庙点缀其间。在避暑山庄东面和北面的山麓，分布着外八庙寺庙群，即溥仁寺、溥善寺（已毁）、普乐寺、安远庙、普宁寺、须弥福寺之庙、普陀宗乘之庙、殊像寺。外八庙以汉式宫殿建筑为基调，吸收了蒙古、藏、维吾尔等民族建筑艺术特征。

避暑山庄南部是宫殿区，占地10.2万平方米，由正宫（现被辟为避暑山庄博物馆）、松鹤斋、东宫（已毁）和万壑松风四组建筑组成。避暑山庄的宫殿布局严谨，建筑朴素，与天然景观和谐地融为一体。建筑规模不大，殿宇和围墙多采用青砖灰瓦、原木本色，淡雅庄重，简朴适度。宫殿区以紫禁城为建筑参照，建筑布局严谨，布局上沿用传统的前宫后苑的建造形式，宫殿建筑融合了南方的园林艺术。

正宫，位于避暑山庄南部、万壑松风西侧的山岗上，始建于康熙四十八年（1709）至康熙五十二年（1713）间。正宫建成后，取代如意洲宫殿群成为避暑山庄的政治核心，是皇帝处理朝政，举行庆典，接见朝臣、外国使节和居住的地方。正宫共有院落九进，分为前朝和后寝。从山庄正门进，由南至北沿中轴线依次排列午门、宫门（阅射门）、澹泊敬诚殿、四知书屋（依清旷）、十九间照房（万岁照房）、寝宫门殿、烟波致爽殿、云山胜地楼和岫云门。正宫按使用功能可分前朝和后寝，前朝由午门、阅射门、澹泊敬诚殿、四知书屋和东西两侧配殿组成；后寝由寝宫门殿、烟波致爽殿、云山胜地楼和岫云门组成。前朝和后寝由十九间照房分开。

东宫，在松鹤斋的东面，前面宫墙上另辟大门，称德汇门，为重台城门。进入德汇门后，中轴线上的主体建筑依次有门殿7间、正殿11间、清音阁、福寿阁、勤政殿、卷阿胜境殿。1945年，日军入侵承德，将东宫烧毁，现仅存基址。其中清音阁俗称大戏楼，阁高三层，外观雄伟。

澹泊敬诚殿是避暑山庄正宫区的主殿。避暑山庄的正宫区分为前朝后寝两大区域。前朝部分由五进院落组成，澹泊敬诚殿位于第三进，即通过三重宫门（丽正门、外午朝门、内午朝门）后迎面的第一座大殿，在整个组群建筑的中轴线上。澹泊敬诚殿建于康熙五十年（1711），建筑面积588平方米。乾隆十九年（1754）用楠木改建，俗称楠木殿。1682年，康熙为了营建紫禁城的太和殿，派人到四川、云贵、广西等地采办楠木，太和殿告成后，楠木料还有剩余。乾隆初年就将这些剩余的楠木经滦河水路运往承德，光运费就用了白银13000两，而建造大殿用各类工匠19万人次，

澹泊敬诚殿

总耗银 72000 两。

澹泊敬诚整座大殿建在高约 2 尺（约 0.67 米）的台基之上，台明为满装石作平台式样，用材为大理石材质。台阶为三出陛式（连三踏跺）。台基之上为面阔 7 间，进深 5 间，墙体和屋面都使用青砖和灰瓦，建筑的房梁和天花由本色楠木装饰，地砖采用了天然大理石，支撑大殿的 48 根大柱子经过烫腊处理，使色泽沉黄，端庄发亮。大殿的隔扇、裙板及室内 735 块天花板均用楠木雕刻出蝙蝠、万字、卷草、桃等吉祥图案。大殿屋顶为卷棚歇山布瓦式。大殿不设隔断，只在明间位置陈设，其余部分完全空置。殿内地面为金砖铺墁。殿中央设紫檀雕栏须弥座地坪，上设紫檀宝座、足踏，宝座后上方悬“澹泊敬诚”匾额。澹泊敬诚殿院内面积为 1894 平方米，除东西配殿、左右乐亭外，遍植松树。

烟波致爽殿是后寝的主殿，面阔 7 间，卷棚歇山顶，前廊后厦，两侧以半封闭的走廊与门殿相通。该殿建于康熙四十九年（1710）。因殿北“四围秀岭，十里澄湖，致有爽气”，是夏季消夏避暑的胜境，故康熙皇帝题

澹泊敬诚殿内景

名“烟波致爽”，并作为钦题“康熙三十六景”之第一景。正中3间设有宝座，上悬康熙皇帝题“烟波致爽”，下为一斗大的“福”字，是皇帝接受后妃朝拜之处。西次间是佛堂。东西间是皇帝和御前大臣议事的场所。西尽间是皇帝的寝室，俗称“西暖阁”。在西暖阁的北床后，有一道夹壁墙，墙上开小木门，以游廊连通西跨院。烟波致爽殿两侧各有一个小跨院，为东、西所，有侧门与正殿相通。

万壑松风殿，位于避暑山庄南部、正宫以东，建于康熙四十七年（1708），是宫殿区最早营建的建筑群，用半封闭回廊连通环抱，不设主轴线。万壑松风院落沿东西向展开，由门殿、万壑松风、鉴始斋、静佳室、颐和书屋和蓬阆咸映构成，各殿之间游廊互通。从西南角的门殿进入，南面从东到西依次是静佳室、鉴始斋、颐和书屋，最西是蓬阆咸映。最北可远眺湖区处，有主殿万壑松风殿，坐南朝北，面阔5间，是山庄内唯一的打破坐北朝南体制的正殿。殿北为悬崖，与湖岸边的晴碧亭相望。晴碧亭西侧有南北向木桥，将湖水分为东西，东为下湖，西为如意湖，是连接宫

烟波致爽殿

马国贤《万壑松风》，1713 年，铜版画，阿姆斯特丹国家博物馆藏

殿区与湖区三岛的重要通道。万壑松风踞岗临湖，景致极佳，是“康熙三十六景”之第六景。

乾隆十四年（1749），乾隆在正宫东面另建一组八进院落的建筑，题名松鹤斋，以供皇太后居住。松鹤斋主体建筑建在中轴线上，有松鹤斋、含辉堂、绥成殿、畅远楼，两则置有配房。松鹤斋有门殿 5 间，东西各有掖门 2 间，二进门 3 间。进入二门有殿 7 间，名松鹤斋，后改为含辉堂。含辉堂北有大殿 7 间，单檐歇山卷棚建筑，前后有廊名绥成殿，乾隆五十七年（1792）改为继德堂，供乾隆预立的皇太子爱新觉罗·颙琰（嘉庆）居住。道光十二年（1832），此殿供奉道光以前历代皇帝的画像。

布达拉宫

布达拉宫，耸立在西藏拉萨市区西北红山（藏语称“芒波日山”）上，整座宫殿依山而建，占地面积 40 万平方米，建筑面积 13 万平方米，高 117 米，共计 13 层，房屋 1000 多间，是西藏现存规模最大、保存完整的古代宫堡式建筑群。布达拉宫始建于 7 世纪吐蕃赞普松赞干布时期。后来，在吐蕃政权崩溃时，布达拉宫曾毁于雷电之击和兵灾之难。我们今天所见到的布达拉宫，为 1645 年五世达赖喇嘛时在吐蕃原有基础上重新兴建。

“布达拉”最初为梵文“普陀洛迦”音译，意为光明山、海岛山、舟岛。在松赞干布将政权中心迁移到拉萨之前，今布达拉宫所在的山丘被称为“红山”。后来，松赞干布在此修建了王宫，人们称这座王宫为“红山宫”或“红宫”。五世达赖喇嘛时期，随着佛教盛行和宫殿被重建和扩建，山上的宫殿被人们惯称为“布达拉宫”。

红山上最早的宫殿，是由吐蕃第三十三代赞普松赞干布主持修建的。631 年，松赞干布将君臣和将士由山南迁到拉萨，开始修建布达拉宫作为自己的王宫，这座宫殿是在 633 年之前竣工的，也是红山上的第一座宫殿。[1]

松赞干布和尼泊尔尺尊公主联姻后，尺尊公主提出扩建王宫，修建的宫殿规模宏大，约有上千间殿堂。642 年，文成公主进藏抵达拉萨，那时的宫殿比尺尊公主时又多加一座，保存至今的法王洞此时也成为松赞干布和文成公主居住和修行的场所。文献记载，当时的宫殿群共有九百九十九

布达拉宫

[1] 王清华:《布达拉宫的历史变迁研究》，西藏大学硕士学位论文，2012 年。

这幅 7 世纪的壁画绘制在布达拉宫白宫门廊内，描绘尺尊公主扩建布达拉宫的情景

间宫室，加上顶端的一间，共计一千间。[1]松赞干布统治时期，布达拉宫经过三次扩建，成了当时规模宏大、气势恢宏的一座建筑。到松赞干布晚年，他一直居住在墨竹工卡境内的莫冈卧赛宫，松赞干布之后的几代赞普基本都是居住在墨竹工卡的扎马宫（即甲马沟）和山南附近。布达拉宫几近闲置，没有再扩建的记载。

据史书记载：公元 7 世纪 30 年代，松赞干布迁都拉萨，始建布达拉宫为王宫。当时修建的整个宫堡规模宏大，外有三道城墙，内有千座宫室。松赞干布在此划分行政区域，分官建制、立法定律、号令群臣，施政全蕃，并遣使周边各国或与邻国建成姻亲关系或订立盟约，加强吐蕃与周边各民族经济和文化交流，促进吐蕃社会的繁荣。布达拉宫成为吐蕃王朝统一的政治中心，地位十分显赫。公元 9 世纪，随着吐蕃王朝的解体，布达拉宫遭冷落。

松赞干布修建的布达拉宫，762 年在时任赞普赤松德赞初建桑鸢寺时

[1] 秦文玉:《布达拉宫之晨》，中国对外翻译出版公司，1996 年，第 155 页。

被雷电所毁。当时，赤松德赞向乌仗那僧人莲花生祖师诉说此事时，莲花生祖师回答说：“以雷电毁布达拉宫者，念青唐拉山神也。”[1]869 年，西藏普遍发生了“臣民反上”起义，吐蕃政权内讧，吐蕃王室随之分裂。起义者拆毁了山南地区的藏王墓群，也毁坏了布达拉宫，吐蕃王朝彻底崩溃。吐蕃政权瓦解后，西藏社会长期动荡不安，布达拉宫屡遭破坏，规模逐渐缩小，到五世达赖喇嘛重建布达拉宫白宫的前 20 年，仅存部分房屋和围墙。

1642 年，在统治青海的蒙古酋长固始汗的武力扶持下，五世达赖喇嘛建立了甘丹颇章地方政权。为了巩固新政权，五世达赖喇嘛决定在布达拉旧址上重建布达拉宫。1645 年，五世达赖喇嘛阿旺罗桑嘉措、固始汗和摄政王第司・索朗绕登聚议红山，商讨重建布达拉宫的相关事宜。二十六日，开始正式设计。全部工程由第司・索朗绕登主持。此次重建，保留了松赞干布所建的法王洞，并在其部分建筑基础上兴建了白宫。1647 年，布达拉宫的主体工程基本完成。1648 年，外围工程竣工。1652 年，五世达赖喇嘛前往北京觐见清顺治皇帝。顺治授予金册，并赐金质“西天大善自在佛所领天下释教普通瓦赤喇怛喇达赖喇嘛”之印。1653 年，五世达赖喇嘛返回西藏时，布达拉宫白宫重建工程竣工。甘丹颇章政权即从哲蚌寺迁至布达拉宫。之后，布达拉宫就成为历代达赖喇嘛的冬宫。

布达拉宫白宫共计七层，二层内部几乎无柱，内砌有很多矩形的地垄墙，形成小巷，其平面形式可承受巨大的压力；三层开间比二层要大一些，设有门厅和内引室；四层根据三层墙体走向设柱，增大开间；五层局部以薄墙分隔；六层设有王宫、雪嘎、经师住处、噶厦、本急收发室等，七层为顶层。在法王洞的上边，是著名的帕巴拉康，意思是超凡佛殿，这是布达拉宫中最古老最神圣的宫殿。殿内主供帕巴・洛桑夏然佛，相传是

[1] 廓诺・迅鲁伯著，郭和卿译：《青史》，西藏人民出版社，2003 年，第 26 页。

白宫

松赞干布亲自供奉的本尊佛像。[1]

五世达赖喇嘛圆寂后，在摄政王第司·桑杰嘉措的主持下，于1690—1694年扩建红宫，修建了五世达赖喇嘛灵塔殿为主的红宫建筑群，基本形成布达拉宫的建筑规模。十三世达赖喇嘛在位期间，又在白宫东侧顶层增建了东日光殿和布达拉宫山脚下的部分附属建筑。

扩建红宫时，每日工地的工匠有7000余人。清朝康熙皇帝专门派遣了114名汉族、满族和蒙古族工匠进藏，协助进行扩建工程。尼泊尔也派出一些工匠参加了修建工作。红宫扩建工程耗银达213万多两。

据第司·桑杰嘉措《南瞻部州唯一庄严目录》记载，当时布达拉宫的主要殿堂有：灵塔殿，世袭殿，菩提道次第殿，持明殿，西有寂圆满大殿，供养室，法王殿，圣观音殿，药师殿，上师殿，汉地殿，响铜殿，坛城殿，十三个寝宫（噶当吉宫、大乐光明宫、普贤追随宫、三界圣伏宫、

[1] 杨从彪:《布达拉宫的古老建筑》,《中华魂》, 1998年第12期。

红宫

聚妙欲宫、希奇汇集宫、广财丰盛宫、福足如意室、聚具乐宫、吉祥庄严宫、福足庄严宫、殊胜三界宫、无量宫），前后马道，东、西庭院，圆满汇集道，北行解脱道，快乐日轮楼，大自在天楼，希奇聚乐楼，神奇庄严室，如意室，上供品室，密乘乐园殿，丰盛室，观望室。另外，还新修了百余间房屋。

五世达赖喇嘛灵塔殿是红宫最著名的建筑，建于1690—1693年，有5层楼高，塔身高14.85米，其造型完全按照菩提塔而造。塔身用金皮包裹，塔面金皮耗费黄金11.9万余两（约合3721公斤），塔上镶有上万颗珠玉玛瑙，显得辉煌眩目，华丽壮美。殿内供奉五世、十世、十二世达赖喇嘛金质灵塔及8座银质善逝佛塔（菩提塔、涅槃塔、和好塔、吉祥多门塔、神变塔、尊胜塔、聚莲塔）。

五世达赖喇嘛时期白宫、红宫的修建，奠定了延续至今的布达拉宫的基本轮廓。其后，历代达赖喇嘛的扩建又增加了5个金顶和一些附属建筑，同时拆除了原来的一些建筑，改变了原有建筑的部分结构和形式。据

五世达赖灵塔殿正门

傅崇兰著《拉萨史》载，到了乾隆年间，布达拉宫高 13 层 115.4 米，东西长 360 米，南北宽 110 米，占地面积 41 公顷（0.41 平方千米），与目前布达拉宫的规模相差无几。

1757 年，七世达赖喇嘛格桑嘉措圆寂。由第穆诺门汗 · 德来嘉措摄政并主管修建七世达赖喇嘛“吉祥光芒”灵塔及灵塔殿。在红宫上师殿北侧和圣观音殿西侧，推平个别宫室，从西北角的墙基伸出，修建了 16 根高柱支撑的部分悬空的灵塔殿。在这座灵塔殿的底部，南侧为五世达赖喇嘛灵塔殿，北侧正好是法王洞转经道的西侧部分。

1804 年，八世达赖喇嘛降白嘉措圆寂。摄政王大札丹贝贡布于 1805 年为其主持修建了“妙善光辉”灵塔及灵塔殿。按照顺序，这座灵塔殿应位于七世达赖喇嘛灵塔之东，但此处恰好是布达拉宫的早期建筑——圣观音殿，故只好移至圣观音殿东侧，在推平部分宫室后修建。

1815 年，九世达赖喇嘛隆多嘉措圆寂。夏扎 · 顿珠多吉、第珠玉卡互 · 强白德来等主持修建了“三界喜悦”灵塔及灵塔殿。这座灵塔殿位于八世达赖喇嘛灵塔殿东侧。

1837 年，十世达赖喇嘛楚臣嘉措圆寂。由经师阿旺群培和噶伦·顿巴主持修建了“欲界壮严”灵塔。此塔先安放于红宫的上师殿内，其后由于重量超载，下面枋、椽出现断裂现象，故于十三世达赖喇嘛 8 岁那年，由摄政王公德林主持迁移至五世达赖喇嘛灵塔殿内。

1855 年，十一世达赖喇嘛凯珠嘉措圆寂。由摄政王热振呼图克图·阿旺益西楚臣主持，噶伦·夏扎·旺秋杰布负责修建了“利乐光芒”灵塔，并放置在世袭殿内。

1875 年，十二世达赖喇嘛成烈嘉措圆寂。由摄政王逵扎·晋仲·阿旺贝丹、噶伦·夺卡互和大喇嘛洛桑萨丹主持修建了“寿施光芒”灵塔，并安放在五世达赖喇嘛灵塔殿内。

1922 年，十三世达赖喇嘛在布达拉宫顶层上建造了东日光殿，作为处理政教事务和日常起居的场所。1933 年，十三世达赖喇嘛阿旺土登嘉措圆寂，由摄政王热振·土登降白益西丹增嘉参和噶伦·森门主持，修建了“妙善如意”灵塔及灵塔殿。因这座灵塔殿已无适当位置来依制选址，故只好在拆除部分僧舍后修造于红宫西侧，并与红宫结成统一整体。至此，从十七世纪中叶开始的布达拉宫重建和增扩工程全部完成。

布达拉宫依山垒砌，群楼重叠，殿宇嵯峨，气势雄伟，坚实墩厚的花岗石墙体，松茸平展的白玛草墙领，金碧辉煌的金顶。具有强烈装饰效果的巨大鎏金宝瓶、幢和红幡，交相辉映，红、白、黄三种色彩的鲜明对比，分部合筑、层层套接的建筑型体，都体现了藏族古建筑迷人的特色。布达拉宫前坡的登山石阶总长约 300 米，道宽 5—8 米。从无字碑开始向西可直抵上僧舍、下僧舍；向东经大觉解脱道大门直抵红宫；通过圆满汇集道大门经僧官学校抵白宫东庭院，还与玉阶窑相接。

布达拉宫宫殿充分体现了藏民族的独特建筑风格。所用建筑材料为土、石、木三种。宫殿的设计和建造，根据高原地区阳光照射的规律，其墙基宽而坚固，外墙面收分明显，殿基下面有四通八达的地道和通风口。屋内有柱、斗拱、雀替、梁、椽木等，组成撑架。铺地和盖屋顶用的是藏语名叫阿嘎的坚硬土。各大厅和小寝室的顶部都有天窗，通过这些采光口能使阳光直接射到屋里，又能调解室内空气；此外，周围的走廊互相连结，有利于阳光折射。宫内的柱、梁上有各种雕刻，墙壁上绘有各种彩色壁画，主宫顶上有金光灿烂的金顶，还有宝幢、屋脊宝瓶、祥麟法轮、牛毛幛等饰物。

在布达拉宫庞大繁杂的建筑群中，最古老的建筑有法王洞。法王洞是7世纪吐蕃时期的建筑，是一座岩洞式佛堂，建筑在红山的顶上，左右两侧配有两座小白塔，位于红山的最高点，其位置也恰好在布达拉宫的中央。法王洞殿堂面积约30平方米，为松赞干布的修行室。法王洞的正中现保存着松赞干布、文成公主、尺尊公主（又称尼泊尔公主）、芒松赤江妃、吞弥桑布扎、禄东赞等人的早期塑像。

布达拉宫的主要建筑材料为石头和木料，还有两种西藏独特的建材白玛草和阿嘎。白玛草是一种柽柳枝，秋天晒干，去梢扒皮，再用皮条扎成

法王洞殿堂的塑像

小捆，整整齐齐地压在檐下外侧，层层夯实，用木钉固定，最后涂色。用在布达拉宫的女儿墙和所有寺观宫堡檐下，远看红白分明，庄严肃穆又美观大方。阿嘎是一种风化石，主要用来铺地面。阿嘎用车拉来时还是一块一块的，保留着石头的形状，使用时，捣碎、铺平，慢慢地边加水边夯打，打成后加油防护，就成了平实漂亮的地面。

布达拉宫在基岩上直接垒石砌墙，墙体敦厚，向内收分，自然稳重，把山体隐于建筑之内，使建筑与山体接合得浑然一体。山体扩大为建筑的基座，建筑好像长在山上。尽管布达拉宫嵯峨威仪，窗户层层叠叠，但实际使用面积并不多，大部分为基础地垄层。红宫总共 13 层，地上只有 5 层，而地下（包括前面的西庭院）有 8 层。

布达拉宫继承了诸多藏式宗山建筑的传统手法形式，墙柱混合承重结构是最基本的结构方式，"楼脚屋"被普遍使用。白宫北侧上层地垄为夯土墙，其余皆为石墙。墙上分层铺设不甚规整的杨木椽子，椽子上铺盖参差不齐的木棍或劈开的树枝，其上再铺卵石和泥土。

平顶、高层、厚墙是布达拉宫结构的另一种特征。布达拉宫几乎所有建筑的外墙都是厚重的石墙。布达拉宫的屋檐和墙檐下大量使用了白玛草墙，形成绒毛一般的效果。

从松赞干布到五世达赖，千年岁月没有切断西藏建筑的传统。布达拉宫依旧是一座堡垒，除了 4 座防御用的碉楼，宫墙上还设有大量的通风口和枪炮眼。每一座宫殿，都可以被看作一栋碉楼，有厚重的石墙围合而成方筒形状，然后簇拥在一起，内部空间狭窄逼仄，外部形象厚重高耸。整个布达拉宫就是建立在层层叠叠、数量莫测的地垄墙上。

第十三章 紫禁辉煌

紫禁城

中国明清两代的皇家宫殿北京故宫，旧称紫禁城，位于北京中轴线的中心，占地面积约72万平方米，建筑面积约15万平方米，有大小宫殿70多座，房屋9000余间，在中华民族乃至世界文明史上都占有重要地位。

北京故宫是世界上现存最大的皇家宫殿，其建筑分为外朝和内廷两部分。外朝的中心为太和殿、中和殿、保和殿，统称三大殿，是国家举行大典礼的地方。三大殿左右两翼辅以文华殿、武英殿两组建筑。内廷的中心是乾清宫、交泰殿、坤宁宫，统称后三宫，是皇帝和皇后居住的正宫。其后为御花园。后三宫两侧排列着东、西六宫，是后妃们居住休息的地方。东六宫东侧是天穹宝殿等佛堂建筑，西六宫西侧是中正殿等佛堂建筑。外朝、内廷之外还有外东路、外西路两部分建筑。

北京故宫也是世界上现存规模最大、保存最为完整的木质结构古建筑，1961年被列为第一批全国重点文物保护单位，1987年被列为世界文化遗产。

紫禁城

“紫禁”之名来源于天上的紫微垣星座。北京紫禁城这座明清两代皇宫，在继承我国历代宫殿营造传统的基础上，形成了规模宏大、气势磅礴、井然有序的宫殿群。

撮其要者，北京紫禁城称为宫的建筑有：乾清宫、坤宁宫、宁寿宫、斋宫、长春宫、翊坤宫、景仁宫、承乾宫、永和宫、钟粹宫、景阳宫、寿安宫、寿康宫、建福宫、慈宁宫、咸福宫、重华宫、储秀宫、永寿宫、毓庆宫、延禧宫、景福宫、咸安宫。

称为殿的建筑有：太和殿、中和殿、保和殿、交泰殿、钦安殿、奉先殿、养心殿、皇极殿、太极殿、养性殿、英华殿、宝华殿、体元殿、体和殿、武英殿、南薰殿、文华殿、传心殿。

花园有：御花园、建福宫花园、宁寿宫花园、慈宁宫花园。

门有：午门、神武门、太和门、宁寿门、慈宁门、隆宗门、乾清门、景运门、西华门、东华门、皇极门、锡庆门。

此外还有楼、阁、亭多座。

梁思成先生说："现存清代建筑物，最伟大者莫如北京故宫，清宫规模虽肇自明代，然现存各殿宇，则多数为清代所建。……就全局之平面布置论，清宫及北京城之布置最可注意者，为正中之南北中轴线，自永定门正阳门，穿皇城，紫禁城，而北至鼓楼，在长逾七公里半之中轴线上，为一贯连续之大平面布局。自大清门（明之大明门，今之中华门）以北以至地安门，其布局尤为谨严，为天下无双之壮观。"[1]

明崇祯十七年（1644），李自成军攻陷北京，明朝灭亡，但李自成很快被清军在山海关击败。李自成向陕西撤退前，焚毁紫禁城，仅武英殿、建极殿、英华殿、南薰殿、四周角楼和皇极门未焚，其余建筑全部被毁。同年五月，清军进入北京，接管紫禁城。十月，清世祖顺治帝迁都北京。此后历时 14 年，将紫禁城中路建筑基本修复。康熙二十二年（1683），开始重建紫禁城其余被毁部分建筑，至康熙三十四年（1695）基本完工。清朝入关之后，依照明朝的旧例，顺治帝和康熙帝都将乾清宫作为居住和处理朝政的主要场地。1722 年雍正继位之后，移居养心殿。从此，养心殿成为皇帝居住和处理政务的地方。乾隆继位后对养心殿殿区进行了大规模的扩建和改建。乾隆年间，清代宫廷画家创作了一幅绢本设色《万国来朝图》，描绘外国使臣在紫禁城朝见的景象，画作采用了鸟瞰角度全景式构图，从上到下依次呈现后宫、太和殿、前殿等紫禁城中的主要建筑，展示出宫廷建筑群的宏伟壮观和皇家气派。据清廷内务府造办处档案，此画作于乾隆二十六年（1761），作者是姚文瀚、张廷彦。[2] 乾隆时还留存几张同样题名《万国来朝图》的画作，尺幅巨大，俯瞰角度，辉煌的紫禁城是画面表现的主体。

紫禁城外围修筑城池，城墙南北长 961 米，东西宽 753 米，为南北向

[1] 梁思成：《中国建筑史》，百花文艺出版社，2007 年，第 288—291 页。

[2] 姜鹏：《乾隆朝"岁朝行乐图""万国来朝图"与室内空间的关系及其意涵》，中央美术学院硕士学位论文，2010 年。

的长方形。城墙高 10 米，表层以特制的“细泥澄浆砖”砌成，每块砖有五面经过砍磨，然后干摆，注浆黏固，用这种磨砖对缝砌筑，可使墙面光滑平整且又安全坚固。城墙四面辟门，正南是午门，东为东华门，西为西华门，北为神武门（明代称玄武门），四角各有 1 座角楼。城外四周环绕 52 米宽的护城河。城上堞城连绵，城下河水环绕，城楼威严庄重，角楼秀丽奇巧。

紫禁城宫殿大体上区划为外朝和内廷两部分。

外朝为“大内正衙”，是皇帝和官员们举行各种典礼和政治性活动的场所，其范围是乾清门前广场以南，以前三殿太和殿（明初称奉天殿）、中和殿（明初称华盖殿）、保和殿（明初称谨身殿）为中心区，东西两侧分别有文华殿和武英殿两组建筑。

内廷是皇帝办事居住和后妃、太后、太妃、皇帝的幼年子女们的生活区，以后三宫即乾清宫、交泰殿、坤宁宫为主体，北有御花园（明称宫后苑）。后三宫东侧有斋宫、东六宫、乾东五所等，称内东路；最东面即宁寿宫建筑组群（明代是仁寿宫、哆鸾宫、喈凤宫等宫殿），称外东路。后三宫西侧有养心殿、西六宫、乾西五所（清代有所改变），称内西路；最西面是慈宁宫、寿安宫（明代称咸安宫）、英华殿等，称外西路。

清代出现了以《工程做法则例》为核心的官式建筑体系，以官方文本《工程做法则例》为范本，以样式雷图档为留存最为丰富的设计图档，以宫殿等清代官式建筑为实体，以工匠的实际操作作为基础，围绕建筑营造业各个环节形成整个建筑体系。清代官式建筑是指由工部或内务府派员监督建造，包括北京的宫殿、坛庙、仓库、城垣、寺庙、王府等建筑，体系严密，术语规范，工艺多样统一，代表了当时建筑发展的最高水平。

紫禁城整体布局严谨秩序，中轴线明确，左右对称，秩序井然。作为主建筑的三大殿和后三宫及御花园都位于这条中轴线上“居中正坐”，中轴线两侧分布着其他宫殿。紫禁城宫殿的建筑多为官式木建筑，整体建筑造型方正，多处利用榫卯结构，不费一钉一铆就将整座建筑连接在一起。斗拱作为建筑重要的承重结构之一，设置在房梁与房柱之间，将屋顶和上层结构产生的力传给柱子，再由柱子传递给基础。紫禁城宫殿斗拱样式多样，雕刻精美，体现了建筑和艺术的完美融合。宫殿建筑主体采用黄琉璃屋顶，红色墙壁，宫殿下方和周围使用汉白玉基座及栏杆，精心雕琢有龙凤祥云。大殿内部装饰有不同的画作。紫禁城宫殿大量使用盲窗，实际上是一种假窗，不具备窗的基本功能而仅起到成窗的样式，点缀于墙壁上的盲窗使建筑不再单调。

九重殿门

紫禁城明清时期的宫前区，从大清门至午门，其布局就是用各种不同形制的门，区划出形状不一、错落有致、大小不等、有收有放的空间。重重城门将空间隔断，加强了宫殿建筑的纵深感和神秘感，使人感到九重宫阙深不可测。

紫禁城的正前方，从皇城第一门大清门（明称大明门）开始，向北经皇城的正门天安门（明称承天门），再穿过端门至紫禁城的正门午门，共计 4 座城门和 3 个串连空间的广场，全长约 1300 米。

大清门至天安门之间的御道两旁建有千步廊，在东西两廊的宫墙之外集中设置了直接为朝廷服务的街署。明代时东侧有宗人府、吏部、户部、礼部、兵部以及鸿胪寺等，两侧有五军都都府、太常寺等，这些府、部、寺都被划入宫禁范围。

天安门至午门之间，中间有御道，两侧为朝房，朝房外侧东为太庙，西为社稷坛。这些规模宏伟的建筑，共同构成了紫禁城宫殿前区的前导空间格局。

大清门体量不大，台基也较低矮，是一座面阔 5 间、正中三阙（即 3 个门洞）、单檐庑殿顶的屋宇式建筑。门前一对石狮和下马碑分列左右，门内为长约 500 米、宽 60 米的狭长空间，两旁夹建布瓦灰顶低矮的千步廊，使中间的御道显得狭窄而幽深。

至天安门前广场略向东西展开而形成横街，两端各建宫墙并辟有城门，东为长安左门，西为长安右门，其建筑形制类似大清门。东西二门又与向东西横街南侧延伸的千步廊相接，组成“丁”字形广场。高大的天安门城楼建在城台之上，面阔 9 间，进深 5 间，重檐歇山顶，墩台下部五阙。门前有由西向东流的外金水河，正对门洞的是 5 座拱券式石桥，桥前高高耸立一对白石雕盘龙华表。巨型石狮左右衬托，红墙黄瓦相互辉映，使天安门更显得高大壮观。端门的建筑形制与天安门相似，但门前广场较小，是一个近方形的小型广场，比天安门前横街尺度收缩很多，但较之千步廊广场又宽些，四面合围，气氛为之一收，是一个过渡性的封闭空间。

午门是紫禁城的正门，地处紫禁城南面正中，位于紫禁城南北轴线上，通高 37.95 米，始建于明永乐十八年（1420），清顺治四年（1647）重修，清嘉庆六年（1801）再修。午门居中向阳，位当子午，故名午门。其前有端门、天安门（皇城正门）、大清门，其后有太和门。午门前广场与端门前广场同宽，但深度拉长，约为端门广场的 3 倍。午门平面呈“凹”形，立面上分城台和城楼两大部分。城台用城砖砌筑，用石灰、糯米、白矾等做胶结材料，中间砌出 5 个券洞。其中城台正面 3 个门洞，左

午门

右两角各一掖门（门道呈“L”形），建筑上有“明三暗五”之说。每个门洞各有用途。平常，文武百官出入左（东）门，宗室王公出入右（西）门；左、右掖门只在朝会时打开，文东武西，鱼贯而入。而中门，则为皇帝专用的“御道，中间铺砌着隆起地面的青白石。皇帝之外，只有极少数人在特定情况下可以通行，如殿试传胪（宣布殿试结果）那一天，一甲三名进士即状元、榜眼、探花从中门出宫；皇帝大婚时，皇后的喜轿从中门入宫。午门城楼正中的门楼，实际上是一座大殿。它面阔 9 间、长 60.05 米，进深 3 间、宽 25 米，由地面到屋顶兽吻，通高 37.95 米；重檐庑殿顶，建筑形制上为最高级。正楼东西两山墙外，各有明廊三间，分别放置钟、鼓各一，举行大典时，按仪式要求鸣钟鼓。明廊再外，便是南北排开的左右两观。两观的南、北两端，各有重檐、四角攒尖顶的方亭 1 座，共 4 座。两观中间部分为廊庑 13 间。

午门又有“五凤楼”之称，午门位于皇宫正南方，为朱雀，用“凤”比“雀”更雅致。“五”指的是五行的内容，表示午门地处紫禁城正前方，为万物之宗。明清两朝每遇重大征战之后，都要在午门举行献俘之礼。

梁九

梁九，明末清初顺天府（今北京市）人。学徒出身。早年受业于明工匠冯巧门下。后隶清朝工部，执营造事。康熙三十四年（1695）重建太和殿时，他制造 1∶10 比例的模型进行施工。清初的宫殿建筑，大都由梁九负责建造。

康熙八年（1669），重建了太和殿和乾清宫。但是，重建后的太和殿只使用了 10 年，到康熙十八年（1679）十二月又毁于火灾。从此太和殿就一直处于残破状态。康熙三十四年（1695），皇帝又下令第二次重建。康熙对重建太和殿的建筑规模和宫殿造型都提出了很高的要求，这就需要物色一位技术超群的技师出来主持这项工程。当时在工部主持营造工程、年已七十高龄的老匠师梁九挑起了这副重担。

梁九画像

那时的工匠，不懂得投影制图，整个建筑物的外形轮廓、平面布局、结构组合，全凭工程主持人动脑筋构思，然后放出大样来施工。一座太和殿，梁、枋、檩、柱、斗拱、椽、飞等建筑构件多达数万件，工程繁难至极。为了确保工程顺利进行，梁九施展平生绝技，按1∶10比例亲手制作了一个太和殿的木模型，其形制、构造、装修一如实物，据之以施工。太和殿面阔60余米，梁九做这个模型至少有6米宽、3米多高，还能进去人。整个太和殿的营造，完全照梁九的模型放大、组装。结果每一个构件安装上去都能严丝合缝，分毫不差。从康熙三十四年（1695）二月二十五日开工，到康熙三十六年（1697）七月建成，只用2年多的时间，一座比以前更巍峨壮丽的太和殿就顺利地完成了。康熙十分满意，还在这年七月间颁旨“以太和殿落成告天地宗庙社稷”，并增加了乡试录取名额3名。

建筑巨匠梁九生于明代天启年间，卒年不详。冯巧是明末著名的工匠，技艺精湛，曾任职于工部，多次负责宫殿营造事务。明末，冯巧年老，梁九拜其门下为徒，尽得其奥秘、技巧。冯巧死后，梁九接替他到工部任职。清代初年宫廷内的重要建筑工程都由梁九负责营造。梁九是从明朝到清朝跨朝代的人物，他继承了明代匠师的艺术传统，又处于清代建筑工程管理、设计规范化前夕，因此起到承前启后的作用。

在中国古代，建筑和绘画都属雕虫小技，算不上是正经学问，地位远在道德文章之下。清雍正时，朝廷颁布了建筑工作规划、设计、施工、管理的准则《钦定工部工程做法》和《钦定内廷工程做法》。当时建筑工程管理，分内、外工之别。工部营缮司管外工，内务府营造司承办内工。乾隆时，朝廷大兴土木，建设北京西山的三山五园（万寿山、玉泉山、香山，圆明园、畅春园、清漪园、静明园、静宜园）、承德避暑山庄及外八庙，以及盛京皇宫等，为适应工作需要，在圆明园特设内工部，负责园林工程的设计营造。内务府营造司设有样房、算房，样房负责设计图纸、制作烫样（根据设计图纸，按一定比例制成的建筑模型小样），算房负责应用工、料估算。

康熙三十四年（1695）负责监造太和殿的工部营缮司郎中江藻所撰《太和殿纪事》，成书于康熙三十六年（1697）八月，该书正文十卷，依次为庀材、簿吉、祭告、规制、搭材、木作、陶作、石作、彩画、恩赉。从彩画卷可知，太和殿明间梁飞金彩画、次间梁五色彩画，均采纳匠师梁九的建议。在“恩赉”卷中，梁九名列工匠之首。尽管如此，工匠画师社会地位仍很低下，可谓位不显层次，名不见经传，声不扬业外。上述工匠梁九的事迹，主要见于清代著名文学家、高官王士禛写的《带经堂集蚕尾续文》卷七中《梁九传》。王士禛（1634—1711），别号渔洋山人，清初著名诗人，曾任国史副总裁、刑部尚书。王士禛能以一篇文章记述工匠梁九，也实属难得。一方面显示王士禛赞赏梁九的高超技艺；另一方面也因为梁九的宫廷建筑业绩突出，受到皇家的肯定与表彰。从《梁九传》中的记述，可见梁九是太和殿大木结构的主要设计人。

《清史稿》卷五百五列传二百九十二亦有《梁九传》，系依据王士禛《梁九传》而成。

> 梁九，顺天人。自明末至清初，大内兴造匠作，皆九董其役。初，明时京师有工师冯巧者，董造宫殿，至崇祯间老矣。九往执业门下，数载，终不得其传，而服事左右，不懈益恭。一日九独侍，巧顾曰：“子可教矣！”于是尽授其奥。巧死，九遂隶籍工部，代执营造之事。康熙三十四年，重建太和殿，九手制木殿一区，以寸准尺，以尺准丈，大不逾数尺许，四阿重室，规模悉具，工作以之为准，无爽。[1]

这也是中国正史中不多见的为工匠立传。

[1] 赵尔巽等:《清史稿》第四十六册卷五百五，中华书局，1977年，第13924—13925页。

三大殿

太和殿、中和殿与保和殿，是紫禁城内最重要的建筑，明清两代皇帝办理政务、举办朝会的场所。这三幢建筑依次排列于同一高台之上，雄伟壮丽，通称为三大殿。三大殿在紫禁城内自成为一个庞大的格局，占地约87000平方米，四角布置着方形重檐歇山的角楼（崇楼），两旁廊庑连亘，围成一组大院落。[1]

这三座宫殿，坐落在高8.13米、由三层须弥座组成的台上，称为“三台”。三台之上还有一层须弥座，相当于三大殿的第二道基础。三大殿建筑的布局，采用对称的办法，在太和殿的两侧，左有贞度、右有昭德两门东西并列，门内的两厢左为体仁、右为弘义两阁左右对峙。三大殿的艺术造型非常讲究，太和殿使用最尊贵的庑殿顶，平面为矩形，保和殿也是矩形平面，二殿之间非常巧妙地布置了一个较矮小的方亭中和殿，不仅在平面上调剂两个矩形平面的呆板气氛，在重檐庑殿与重檐歇山两殿之间出现了单檐四角攒尖的鎏宝顶，也使立面收到丰富多采的效果。三殿的造形不

三大殿鸟瞰图

[1] 于倬云:《故宫三大殿》,《故宫博物院院刊》，1960年，第85—96页。

一，高度各异，成为马鞍形、高低错落的曲线，雄壮之中有玲珑，统一之中有特色。

太和殿，俗称金銮殿，紫禁城内最重要的殿堂，也是中国木结构古建筑中规格体制等级最高的建筑。太和殿在明初称奉天殿，嘉靖年间改称皇极殿，清初才改为今名太和殿。太和殿在清朝重修3次，分别为顺治三年（1646）和康熙八年（1669），康熙十八年（1679）太和殿又遭遇大火，康熙二十九年（1690）筹备重建，直到康熙三十四年（1695），花了2年半的时间将其营造成今天所见太和殿。康熙三十四年（1695）的重修工程，在康熙时工部郎中江藻写的《太和殿纪事》里有详细记录。

太和殿殿高十一丈（实测是35米），殿顶为重檐庑殿式。太和殿面阔11间（60.01米），深5间（33.33米），按四柱间计共55间，建筑面积为2377平方米。太和殿建在高约5米高的汉白玉台基上，台基四周矗立成排的雕栏称为望柱，柱头雕以云龙云凤图案，前后各有3座石阶，中间石阶雕有盘龙，衬托以海浪和流云的“御路”。太和殿的72根柱子排列成行，老檐柱高12.7米，直径1.06米，从庭院地平到正脊的高度是35.05

太和殿

米，折合营造尺与记载中的“殿高十有一丈”基本相符。加上大吻的卷尾通高为 37.44 米。

太和殿内正中设雕金镂漆的宝座，6 根盘龙金柱左右行列，天花中部的盘龙藻井雕刻极精，彩画绚丽，金碧辉煌。太和殿的门窗非常壮丽，前檐七间通装大隔扇，两梢是坎窗，后檐除了明次三间安隔扇外均系碑墙。隔心是三交六椀的棂花。绦环、裙板雕着凸起的盘龙，当时称太和殿的装修为金扉、金琐窗。太和殿屋顶为重檐黄琉璃瓦顶，规格为“三样瓦”，正脊与大吻又加大一号，是“二样瓦”。正吻为十三拼，重达 4.3 吨（4300 千克），高为 3.4 米，檐角的走兽是 10 个，而中和殿是 7 个、保和殿是 9 个。

明清两朝 24 个皇帝都在太和殿举行盛大典礼，如皇帝登基即位、皇帝大婚、册立皇后、命将出征，此外每年万寿节、元旦、冬至三大节，皇帝在此接受文武官员的朝贺，并向王公大臣赐宴。清初，还曾在太和殿举行新进士的殿试，乾隆五十四年（1789）起改在保和殿举行，“传胪”仍在太和殿举行。

中和殿，位于紫禁城太和殿、保和殿之间。是皇帝去太和殿大典之前休息并接受执事官员朝拜的地方。凡遇皇帝亲祭，如祭天坛、地坛，皇帝于前一日在中和殿阅视祝文，祭先农坛举行亲耕仪式前，还要在此查验种子和农具。皇太后上徽号，皇帝在此阅视奏书。玉牒告成，恭进中和殿呈御览，同时要举行隆重的存放仪式。中和殿始建于明永乐十八年（1420），明初称“华盖殿”，嘉靖时遭遇火灾，重修后改称“中极殿”，现天花内构件上仍遗留有明代“中极殿”墨迹。清顺治元年（1644），清皇室入主紫禁城，第二年改中极殿为中和殿。殿名取自《礼记·中庸》“中也者，天下之大本也；和也者，天下之达道也”之意。

中和殿平面为正方形，台基每面均长 24.15 米，前后石阶三出，左右各一出，踏跺、垂带均浅刻花纹。中和殿四周出廊，深广各 5 间，单檐攒尖顶，四样瓦，铜胎鎏金宝顶。梁架多为楠木，入天花内可从构件上看到明代“中极殿”的墨迹。斗拱单翘重昂，8 厘米的斗口（即营造尺二寸

中和殿

半），明间斗栱六攒，法式多系明代的基本形式。雀替的垂头较小，中间刻着卷草花纹。[1]

保和殿，位于中和殿后，紫禁城外朝最后的大殿，于明永乐十八年（1420）建成。初名谨身殿，嘉靖时遭火灾，重修后改称建极殿。清顺治二年（1645）改为保和殿。

保和殿面阔9间，进深5间，建筑面积1240平方米，高29.5米。屋顶为重檐歇山顶，上覆黄色琉璃瓦，上下檐角均安放9个小兽。上檐为单翘重昂七踩斗拱，下檐为重昂五踩斗拱。内外檐均为金龙和玺彩画，天花为沥粉贴金正面龙。六架天花梁彩画极其别致，与偏重丹红色的装修和陈设搭配协调，显得华贵富丽。殿内金砖铺地，坐北向南设雕镂金漆宝座。东西两梢间为暖阁，安板门两扇，上加木质浮雕如意云龙浑金毗庐帽。建筑上采用了减柱造做法，将殿内前檐金柱减去六根，使空间宽敞舒适。此殿布置灵活，结构巧妙，重檐歇山造，上檐用单翘重昂七踩斗拱，下檐为重昂五踩斗拱，大木多用楠木，在铜柱上有"建极殿左一缝桐柱"与"建极殿右二缝桐柱"等墨迹。殿内大梁彩画，丹红鲜艳，华贵雍容。殿中设宝座，雕镂金漆，非常精致。勾栏的望柱疏朗，寻杖纤细，系明代遗物。

[1] 于倬云:《故宫三大殿》,《故宫博物院院刊》, 1960年，第85—96页。

保和殿

保和殿在明清两代用途不同。明代大典前皇帝常在此更衣，清代每年除夕、正月十五，皇帝赐外藩、王公及一二品大臣宴，赐额驸之父、有官职家属宴及每科殿试等均于保和殿举行。清顺治帝福临曾居住于保和殿，大婚亦在此举行。康熙自继位至康熙八年（1669）亦居保和殿，时称“清宁宫”。清代殿试自乾隆五十四年（1789）开始在此举行。

后三宫

后三宫，乾清宫、交泰殿、坤宁宫三宫及其相关区域的总称，包括南起乾清门前的广场，北至坤宁门，以乾清宫、交泰殿和坤宁宫为主的位于中轴线上的大宫殿院落。这里坐落着皇帝和皇后的正寝宫殿。

后三宫位于紫禁城前三殿后中轴线上，是内廷中心建筑。以门庑相围，平面呈矩形，南北长约220米，东西宽约120米，占地面积26000平方米，房屋420余间。

紫禁城内廷的正宫门是乾清门，建于明永乐十八年（1420），清顺治十二年（1655）重修。门内高2米的台基上，南北依次排列乾清宫、交泰殿、坤宁宫，后庑正中为通往御花园的坤宁门。

后三宫

乾清门内东侧折而转北至坤宁门东为东庑，有门 5 座，南北依次为日精门、龙光门、景和门、永祥门、基化门；乾清门内西侧折而转北至坤宁门西为西庑，亦有门 5 座，依次为月华门、凤彩门、隆福门、增瑞门、端则门。

乾清宫东西院内各有一小殿，东曰昭仁，西曰弘德；坤宁宫东西院内亦有东暖殿、西暖殿。各有小院。东西庑为内廷办事机构值房及御用物品库房等。乾清门广场是紫禁城前朝与后寝的分界，南面接三台，皇帝在大朝之日从乾清门可登上保和殿后，北面坐落着紫禁城中第二大宫门——乾清门。东面景运门与西面的隆宗门是进入内廷的重要门禁，门内广场两侧设有军机处、蒙古王公值房、九卿房以及侍卫值房等。清代皇帝的御门听政在广场中央的乾清门外举行。

乾清宫，始建于明永乐十八年（1420），明清两代曾因数次被焚毁而重建，现有建筑为清嘉庆三年（1798）所建。乾清宫黄琉璃瓦重檐庑殿顶，坐落在单层汉白玉石台基之上，连廊面阔 9 间，进深 5 间，建筑面积

1400 平方米，自台面至正脊高 20 余米，檐角置脊兽 9 个，檐下上层单翘双昂七踩斗拱，下层单翘单昂五踩斗拱，饰金龙和玺彩画，三交六椀菱花隔扇门窗。殿内明间、东西次间相通，明间前檐减去金柱，梁架结构为减柱造形式，以扩大室内空间。后檐两金柱间设屏，屏前设宝座，宝座上方悬“正大光明”匾。东西两梢间为暖阁，后檐设仙楼，两尽间为穿堂，可通交泰殿、坤宁宫。殿内铺墁金砖。殿前宽敞的月台上，左右分别有铜龟、铜鹤、日晷、嘉量，前设鎏金香炉 4 座，正中出丹陛，接高台甬路与乾清门相连。

从三大殿中的保和殿走下，经过乾清门广场，再拾级而上，便是宏伟的乾清宫。

乾清宫明殿是皇帝处理政务和群臣上朝议事的场所，正中陈设有金漆雕云龙纹宝座，后有金漆雕云龙纹五扇式屏风。两侧陈设用端、仙鹤烛台、垂恩香筒等，宝座前有批览奏折的御案，这一组陈设全部坐落在三层高台上。乾清宫是清代皇帝升座引见官员以及内廷朝贺、筵宴的处所。东

乾清宫

暖阁则为皇帝召见臣工的办事处所，里面陈设则较为随意，东暖阁没有正殿的那种象征皇权威仪的金漆宝座屏风及甪端、仙鹤烛台、垂恩香筒等，而是一些摆放文玩玉器漆盒的桌子及生活气息很浓的楠木包镶大床等家具。清代康熙以前，这里沿袭明制，自雍正皇帝移住养心殿以后，这里即作为皇帝召见廷臣、批阅奏章、处理日常政务、接见外藩属国陪臣和岁时受贺、举行宴筵的重要场所。一些日常办事机构，包括皇子读书的上书房，也都迁入乾清宫周围的庑房，乾清宫的使用功能大大加强。雍正元年（1723）曾下诏，密建皇储的建储匣存放乾清宫“正大光明”匾后。康熙、乾隆两朝也曾在这里举行过千叟宴。

交泰殿，位于乾清宫与坤宁宫的中间，取《易经》中乾坤交泰之意。这里为皇后千秋节受庆贺礼的地方。清代，于此殿贮清二十五宝玺。每年正月，由钦天监选择吉日吉时，设案开封陈宝，皇帝来此拈香行礼。清世祖所立“内宫不许干预政事”的铁牌曾立于此殿。

交泰殿平面为方形，面阔、进深各 3 间，黄琉璃瓦四角攒尖鎏金宝顶。殿中设有宝座，宝座后有 4 扇屏风，上有乾隆御笔《交泰殿铭》。殿顶内正中为八藻井。单檐四角攒尖顶，铜镀金宝顶，双昂五踩斗拱，梁枋饰龙凤和玺彩画。四面明间开门，三交六椀菱花，龙凤裙板隔扇门各 4 扇，南面次间为槛窗，其余三面次间均为墙。殿内顶部为盘龙衔珠藻井，地面铺墁金砖。殿中明间设宝座，上悬康熙帝御书“无为”匾，宝座后有板屏一面，上书乾隆帝御制《交泰殿铭》。东次间设铜壶滴漏，乾隆年后不再使用。在交泰殿内西次间一侧，设有一座自鸣钟，这是嘉庆三年（1798）制造的。皇宫里的时间都以此为准。自鸣钟高约 6 米，

交泰殿

坤宁宫

是中国现存最大的古代座钟。

坤宁宫，内廷后三宫之一，始建于明永乐十八年（1420），明正德九年（1514）、明万历二十四年（1596）两次毁于火，明万历三十三年（1605）重建。清代沿明制，于顺治二年（1645）重修，顺治十二年（1655）仿沈阳盛京清宁宫再次重修。嘉庆二年（1797）乾清宫失火，延烧坤宁宫殿前檐，嘉庆三年（1798）重修。

坤宁宫坐北面南，面阔连廊9间，进深3间，黄琉璃瓦重檐庑殿顶。坤宁宫在明代是皇后的正寝宫殿，但在清代按满洲风俗做了改制，东暖阁作为皇帝大婚的洞房，皇后平日不再居住于此。坤宁宫主要作为萨满教祭祀的场所。清顺治十二年（1655），对坤宁宫进行了改建，除东西两头的两间通道外，将正门开在偏东的一间，改菱花格窗为直条格窗，殿内西部改为三面环形的大炕，使此殿的内外装修都不同于其他宫殿。按满族的习俗，把坤宁宫西端四间改造为祭神的场所。从东数第三间开门，并改成两扇对开的门。进门对面设大锅三口，为祭神煮肉用。每天早晚都有祭神活动。凡是大祭的日子和每月初一、十五，皇帝、皇后都亲自祭神，所祭的神像包括释迦牟尼、关云长、蒙古神等 15—16 个画像。每逢大的庆典和元旦，皇后还要在这里举行庆贺礼。

康熙四年（1665），康熙大婚，在坤宁宫行合卺礼。同治皇帝、光绪皇帝大婚，溥仪结婚也都是在坤宁宫举行。

养心殿

养心殿，位于乾清宫西侧，是一座独立的“工”字形宫殿院落，紫禁城里最重要的宫殿之一。养心殿名字出自孟子的“养心莫善于寡欲”。

养心殿建成于明嘉靖十六年（1537），清初，顺治皇帝病逝于此。康熙年间，这里曾经作为宫中造办处的作坊，专门制作宫廷御用物品。康熙去世后，雍正为表示守孝，没有入住乾清宫，而是把养心殿后殿作为他的寝宫，前殿作为处理日常政务、接见臣工的地方。至乾隆年，又对养心殿加以改造、添建，成为一组集召见群臣、处理政务、皇帝读书、学习及居住为一体的多功能建筑群。从雍正开始到宣统的 180 多年间，养心殿成清

养心殿

王朝的最高权力中心，共有 8 个皇帝居住于此，进行日常政务活动。

养心殿南北长约 94.8 米，东西宽约 81.3 米，占地约 7707 平方米。该宫殿为“工”字形殿，前朝后寝规制，中间以穿廊相连。前后殿来往十分便利。前殿面阔 7 间，通面阔 36 米，进深 3 间，通进深 12 米。黄琉璃瓦歇山式顶，明间、西次间接卷棚抱厦。前檐檐柱位，每间各加方柱 2 根，外观似 9 间。为了改善采光，养心殿成了紫禁城中第一个装上玻璃的宫殿。

养心殿前有琉璃门，曰“养心门”，门外有一东西狭长的院落，乾隆十五年（1750）在此添建连房 3 座，房高不过墙，进深不足 4 米，为宫中太监、侍卫及值班官员的值宿之所。正殿正间和西次间、西梢间前出卷棚悬山顶抱厦，正中三间为一敞间，皇帝的宝座设在明间正中，屏风背后有通往后殿的两小门恬澈、安敦。北墙设书隔，东西按板墙壁与东西暖阁相隔，墙南各有一门通往东西暖阁。

养心殿的前殿是皇帝处理政务、接见大臣、学习与休息的场所。正中设屏风宝座，上悬雍正帝御笔“中正仁和”匾，这里是皇帝接见大臣、举行常朝所在。书橱内藏历代皇帝治国经验教训等记载与书籍等。皇帝有时

养心殿内景

也在这里接见外国使臣。

养心殿的后殿是皇帝的寝宫，面阔 5 间，黄琉璃瓦硬山顶。东西梢间为寝室，各设有床，皇帝可随意居住。后殿两侧各有耳房 5 间，东五间为皇后随居之处，西五间为贵妃等人居住。寝宫两侧各设有围房 10 余间，房间矮小，陈设简单，是供妃嫔等人随侍时临时居住的地方。东暖阁，即东次间和梢间，分南北向前后两室，以隔扇分割。南室靠窗为一通炕，东壁西向为前后两重宝座，是清末慈禧和慈安垂帘听政的地方。东暖阁西南原有御笔“明窗”，为皇帝每年元旦开笔之处。北室虚分东西两室，东一间小室无窗，靠北墙为床，为皇帝斋戒时的寝宫，此室有仙楼，原为供佛处。西室靠北位窗，西小间北窗下设宝座，有御笔匾“随安室”“寄所托”。

养心殿的西暖阁，是皇帝处理日常政务、单独接见大臣、批阅殿试考卷的地方。北设宝座，南为窗，东有板墙开门，与养心殿明间相通。西暖阁即西次间和梢间，西暖阁正中设坐榻，上悬雍正帝御笔“勤政亲贤”匾，这里是清代皇帝批阅奏章，或与亲近大臣密商之处。西暖阁分南北前后两室，前室西为乾隆帝的书房“三希堂”，“三希”即“士希贤，贤希圣，圣希天”，乾隆十一年（1746）在此收藏了王羲之《快雪时晴帖》、王献之《中秋帖》和王珣《伯远帖》。“三希堂”是养心殿前殿南窗最西的一间，虽名为“堂”，却只有 8 平方米，而且分为里外间。“三希堂”是乾隆作为养心殿主人留下的最明显的标志。西暖阁东墙有小门通中室——勤政亲贤，匾额为雍正御笔，南为窗，北设宝座，为皇帝召见大臣之处。为保密，南窗外抱厦设木围墙。东为夹道，有门通后室。后室也隔有小室，西室曰“长春书屋”，东室为“无倦斋”，乾隆间设佛堂于此，养心殿西耳殿为“梅坞”。

三希堂

西六宫

西六宫，坐落于紫禁城内廷西侧，包括永寿宫、翊坤宫、储秀宫、咸福宫、长春宫和启祥宫（太极殿）。在明清两朝，西六宫皆作为皇帝妻妾居所。晚清时期西六宫的格局改动较大。

永寿宫

永寿宫，建于明永乐十八年（1420），初名长乐宫。嘉靖十四年（1535）改名毓德宫，万历四十四年（1616）又更名为永寿宫。清顺治十二年（1655）、康熙三十六年（1697）、光绪二十三年（1897）曾重修或大修，但仍基本保持初建时格局。

永寿宫为两进院，前院正殿面阔 5 间，黄琉璃瓦歇山顶。外檐装修，明间前后檐安双交四椀菱花隔扇门，次间、梢间为槛墙，上安双交四椀菱花隔扇窗。殿内高悬乾隆御笔匾额“令德淑仪”，东壁悬乾隆《圣制班姬辞辇赞》，西壁悬《班姬辞辇图》。乾隆六年（1741），乾隆皇帝令内廷东西十一宫的匾额“俱照永寿宫式样制造”，自挂起之后，不许擅动或更换。永寿宫正殿有东西配殿各 3 间。后院正殿 5 间，东西有耳房，殿前东西亦有配殿各 3 间。院落东南有井亭 1 座。

明代妃嫔、清代后妃居永寿宫。明万历十八年（1590），明神宗曾在此召见大学士申时行等人。崇祯十一年（1638），因灾情异象屡屡出现，崇祯皇帝在此宫斋居。清代顺治帝恪妃、嘉庆帝如妃曾在此居住。雍正十三年（1735），雍正帝崩，孝圣宪皇太后居永寿宫。道光中晚期，将各疆吏密奏匿于永寿宫。光绪以后，此宫前后殿均设为大库，收贮御用物件。

翊坤宫，明清时为妃嫔居所。建于明永乐十八年（1420），始称万安

翊坤宫

宫，明嘉靖十四年（1535）改为翊坤宫。清代曾多次修缮，原为二进院，清晚期将后殿改成穿堂殿，曰体和殿，东西耳房各改一间为通道，使翊坤宫与储秀宫相连，形成四进院的格局。

翊坤宫正殿面阔 5 间，黄琉璃瓦歇山顶，前后出廊。檐下施斗拱，梁枋饰以苏式彩画。门为万字锦底、五蝠捧寿裙板隔扇门，窗为步步锦支摘窗，饰万字团寿纹。明间正中设地平宝座、屏风、香几、宫扇，上悬慈禧御笔“有容德大”匾。东侧用花梨木透雕喜鹊登梅落地罩，西侧用花梨木透雕藤萝松缠枝落地罩，将正间与东西次间隔开，东西次间与梢间用隔扇相隔。殿前设“光明盛昌”屏门，台基下陈设铜凤、铜鹤、铜炉各一对。溥仪曾在正殿前廊下安设秋千，现秋千已拆，秋千架尚在。

东西有配殿曰延洪殿、元和殿，均为 3 间黄琉璃瓦硬山顶建筑。后殿体和殿，清晚期连通储秀宫与翊坤宫时，将其改为穿堂殿。面阔 5 间，前后开门，后檐出廊，黄琉璃瓦硬山顶。亦有东西配殿，前东南有井亭 1 座。光绪十年（1884）慈禧五十寿辰时移居储秀宫，曾在此接受朝贺。光绪帝选妃也在此举行。

储秀宫，明清时为妃嫔所居。始建于明永乐十八年（1420），原名寿昌宫，嘉靖十四年（1535）改称储秀宫。清代曾多次修葺，光绪十年（1884）为庆祝慈禧五十寿辰，耗费白银63万两进行大规模整修，现存建筑为光绪十年重修后的形制。

储秀宫原为二进院，清晚期拆除了储秀门及围墙，并将翊坤宫后殿改为穿堂殿，称体和殿，连通储秀宫与翊坤宫，形成相通的四进院落。储秀宫前廊与东西配殿前廊及体和殿后檐廊转角相连，构成回廊。回廊墙壁上镶贴的琉璃烧制的《万寿无疆赋》，是众臣为祝慈禧寿辰所撰。储秀宫为单檐歇山顶，面阔5间，前出廊。檐下施斗拱，梁枋饰以淡雅的苏式彩画。门为楠木雕万字锦底、五蝠捧寿、万福万寿裙板隔扇门；窗饰万字团寿纹步步锦支摘窗。内檐装修精巧华丽。明间正中设地平宝座，后置5扇紫檀嵌寿字镜心屏风，上悬“大圆宝镜”匾。东侧有花梨木雕竹纹裙板玻璃隔扇，西侧有花梨木雕玉兰纹裙板玻璃隔扇，分别将东西次间与明间隔开。东次、梢间以花梨木透雕缠枝葡萄纹落地罩相隔；西次、梢间以一道花梨木雕万福万寿纹为边框内镶大玻璃的隔扇相隔，内设避风隔，西梢间作为暖阁，是居住的寝室。

储秀宫的庭院宽敞幽静，两棵苍劲的古柏耸立其中，殿台基下东西两侧安置一对戏珠铜龙和一对铜梅花鹿，为慈禧五十大寿时所铸。东西配殿为养和殿、绥福殿，均为面阔3间的硬山顶建筑。后殿为丽景轩，面阔5间，单檐硬山顶，有东西配殿曰凤光室、猗兰馆。慈禧入宫后曾居住储秀宫后殿，并在此生下同治皇帝。慈禧五十大寿时又移

储秀宫

居储秀宫，并将后殿定名为丽景轩。

咸福宫，建于明永乐十八年（1420），初名寿安宫。明嘉靖十四年（1535）更名为咸福宫。清康熙二十二年（1683）重修，光绪二十三年（1897）又加修整。咸福宫为两进院，正门咸福门为琉璃门，内有4扇木屏门影壁。前院正殿额曰“咸福宫”，面阔3间，黄琉璃瓦庑殿顶，形制高于西六宫中其他五宫，与东六宫相对称位置的景阳宫形制相同。前檐明间安隔扇门，其余为隔扇槛窗，室内井口天花。后檐仅明间安隔扇门，其余为檐墙。殿内东壁悬乾隆皇帝《圣制婕妤挡熊赞》，西壁悬《婕妤挡熊图》。山墙两侧有卡墙，设随墙小门以通后院。殿前有东西配殿各3间，硬山顶，各有耳房。后院正殿名“同道堂”，面阔5间，硬山顶，东西各有耳房3间。前檐明间安隔扇门，设帘架，余间为支摘窗；后檐墙不开窗。室内设落地罩隔断，顶棚为海墁天花。殿内东室匾额为“琴德簃”，曾藏古琴；西室“画禅室”，所贮王维《雪溪图》、米元晖《潇湘白云图》等画卷都是董其昌画禅室旧藏，室因此而得名。同道堂亦有东西配殿，堂前东南有井亭1座。

咸福宫为后妃居所，前殿为行礼升座之处，后殿为寝宫，乾隆年间改为皇帝偶尔起居之处。嘉庆四年（1799）正月，乾隆帝崩，嘉庆帝住咸福宫守孝，下令不设床，仅铺白毡、灯草褥，以此宫为苫次，同年十月才移居养心殿。此后咸福宫一度恢复为妃嫔居所。道光三十年（1850），咸丰帝住咸福宫为道光帝守孝，守孝期满后仍经常在此居住。

咸福宫

长春宫，明永乐十八年（1420）建成，初名长春宫，嘉靖十四年（1535）改称永宁宫，万历四十三年（1615）复称长春宫。清康熙二十二年

长春宫

（1683）重修，后又多次修整。咸丰九年（1859）拆除长春宫的宫门长春门，并将启祥宫后殿改为穿堂殿，咸丰帝题额曰“体元殿”。长春宫、启祥宫两宫院由此连通。长春宫面阔5间，黄琉璃瓦歇山式顶，前出廊，明间开门，隔扇风门，竹纹裙板，次、梢间均为槛窗，步步锦支窗。明间设地平宝座，上悬“敬修内则”匾。左右有帘帐与次间相隔，梢间靠北设落地罩炕，为寝室。殿前左右设铜龟、铜鹤各1对。东配殿曰绥寿殿，西配殿曰承禧殿，各3间，前出廊，与转角廊相连，可通各殿。廊内壁上绘有18幅以《红楼梦》为题材的清晚期巨幅壁画。长春宫南面，即体元殿的后抱厦，为长春宫院内的戏台。东北角和西北角各有屏门1道，与后殿相通。后殿曰怡情书史，与长春宫同期建成，面阔5间，东西各有耳房3间。东配殿曰益寿斋，西配殿曰乐志轩，各3间。后院东南有井亭1座。

长春宫在明代为妃嫔居所，天启年间李成妃曾居此宫。清代为后妃所居，乾隆皇帝的孝贤皇后曾居住长春宫，死后在此停放灵柩。同治年至光绪十年（1884），慈禧太后一直在此宫居住。

启祥宫（太极殿），建于明永乐十八年（1420），原名未央宫，嘉靖

启祥宫（太极殿）

十四年（1535）更名启祥宫，清代晚期改称太极殿。清代曾多次修葺。

启祥宫（太极殿）原为二进院，清后期改修长春宫时，将启祥宫（太极殿）后殿辟为穿堂殿，后檐接出抱厦，并与长春宫及其东西配殿以转角游廊相连，形成回廊，东西耳房各开一间为通道，使启祥宫（太极殿）与长春宫连接成相互贯通的四进院。

启祥宫（太极殿）面阔 5 间，黄琉璃瓦歇山顶，前后出廊。外檐绘苏式彩画，门窗饰万字锦底团寿纹，步步锦支摘窗。室内饰石膏堆塑五福捧寿纹天花，系清末民初时所改。明间与东西次间分别以花梨木透雕万字锦地花卉栏杆罩与球纹锦地凤鸟落地罩相隔，正中设地平宝座。殿前有高大的祥凤万寿纹琉璃屏门，与东西配殿组成一个宽敞的庭院。后殿为体元殿，黄琉璃瓦硬山顶，面阔 5 间，前后明间开门。后檐接抱厦 3 间，为长春宫戏台。清光绪十年（1884），为庆慈禧五十寿辰，曾在此演戏达半月之久。

东六宫

东六宫，在北京紫禁城中轴线东侧的东一长街，系一组由 6 个相同形式的院落组成的建筑，为景仁宫、承乾宫、钟粹宫、景阳宫、永和宫、延禧宫。

景仁宫，明永乐十八年（1420）建成，初名长宁宫，嘉靖十四年（1535）更名景仁宫。清代沿用明朝旧称，清顺治十二年（1655）重修，道光十五年（1835）、光绪十六年（1890）先后修缮。宫为二进院，正门南向，名景仁门，门内有石影壁一座，传为元代遗物。前院正殿即景仁宫，面阔5间，黄琉璃瓦歇山式顶，檐角安放走兽5个，檐下施以单翘单昂五踩斗拱，饰龙凤和玺彩画。明间前后檐开门，次、梢间均为槛墙、槛窗，门窗双交四椀菱花隔扇式。明间室内悬乾隆御题“赞德宫闱”匾。天花图案为二龙戏珠，内檐为龙凤和玺彩画。室内方砖墁地，殿前有宽广月台。东西有配殿各3间，明间开门，黄琉璃瓦硬山式顶，檐下饰以旋子彩画。配殿南北各有耳房。后院正殿5间，明间开门，黄琉璃瓦硬山式顶，檐下施以斗拱，饰龙凤和玺彩画。两侧各建耳房。殿前有东西配殿各3间，亦为明间开门，黄琉璃瓦硬山式顶，檐下饰旋子彩画。院西南角有井亭1座。此宫保持明初始建时的格局。景仁宫明代为嫔妃居所。清顺治十一年（1654）三月，康熙帝生于此宫。康熙四十二年（1703），和硕裕亲王福全丧，康熙帝为悼念其兄，于此宫暂居。其后此宫一直作为后妃居所。

景仁宫

承乾宫，明永乐十八年（1420）建成，初名永宁宫，崇祯五年（1632）八月更名为承乾宫。清沿明旧称。清顺治十二年（1655）重修，道光十二年（1832）略加修

承乾宫

葺。“承乾”一名，意思是在承乾宫居住的妃子，一定要顺承皇帝。承乾宫为两进院，正门南向，名承乾门。前院正殿即承乾宫，面阔 5 间，黄琉璃瓦歇山式顶，檐角安放走兽 5 个，檐下施以单翘单昂五踩斗拱，内外檐饰龙凤和玺彩画。明间开门，次、梢间槛墙、槛窗，双交四菱花扇门、窗。室内方砖墁地，天花彩绘双凤，正间内悬乾隆御题“德成柔顺”匾。殿前为宽敞的月台。东西有配殿各 3 间，明间开门，黄琉璃瓦硬山式顶，檐下饰旋子彩画。明崇祯七年（1634）安匾于东西配殿曰贞顺斋、明德堂。承乾宫在明代为贵妃所居。清代为后妃所居。清顺治帝孝献皇后董鄂氏，道光帝孝全成皇后、琳贵妃、佳贵人，咸丰帝云嫔、婉贵人都曾在此居住。

钟粹宫，明永乐十八年（1420）建成，初名咸阳宫，明嘉靖十四年（1535）更名钟粹宫，明隆庆五年（1571）改钟粹宫前殿曰兴龙殿，后殿曰圣哲殿，为皇太子居处，后复称钟粹宫。清代沿用明朝旧称，于清顺治十二年（1655）重修，后于道光十一年（1831）、同治十三年（1874）、光绪十六年（1890）、光绪二十三年（1897）多次修葺。清晚期于宫门内添加垂花门、游廊等。钟粹同钟萃，汇集精华、精粹之意。

钟粹宫

钟粹宫为二进院，正门南向，名钟粹门，前院正殿即钟粹宫，面阔5间，黄琉璃瓦歇山式顶，前出廊，檐脊安放走兽5个，檐下施以单翘单昂五踩斗拱，彩绘苏式彩画。明间开门，次、梢间为槛窗，冰裂纹、步步锦门窗。室内原为彻上明造，后加天花顶棚，方砖墁地，明间内悬乾隆御题“淑慎温和”匾。殿前有东西配殿各3间，前出廊，明间开门，黄琉璃瓦硬山式顶，檐下饰苏式彩画。后院正殿5间，明间开门，黄琉璃瓦硬山式顶，檐下饰苏式彩画，两侧有耳房。东西有配殿各3间，均为明间开门，黄琉璃瓦硬山式顶。院内西南角有井亭1座。

钟粹宫明代为妃嫔所居，曾一度为皇太子宫。清代为后妃居所。清咸丰皇帝奕詝幼年在此居住时，道光皇贵妃即恭亲王奕訢之母亦居此宫，代为抚育奕詝。咸丰帝的孝贞显皇后（即东太后慈安）自入宫即在钟粹宫居住，直至光绪七年（1881）去世。光绪大婚后，隆裕皇后也曾在此居住。末代皇帝溥仪入宫后也曾在此宫住过。

景阳宫，位于钟粹宫之东、永和宫之北，“景阳”即景仰光明之意。明永乐十八年（1420）建成，初名长阳宫，嘉靖十四年（1535）更名景阳宫。清沿明朝旧称，于清康熙二十五年（1686）重修。该宫是东西六宫中

景阳宫

最冷清的院落，代为嫔妃所居，也是明神宗皇帝的太子朱常洛的母亲孝靖皇后居住近 30 年的冷宫。康熙二十五年重修后改作收贮图书之所。

景阳宫为二进院，正门南向，名景阳门，前院正殿即景阳宫，面阔 3 间，黄琉璃瓦庑殿顶，与东六宫中其他五宫的屋顶形式不同。檐角安放走兽 5 个，檐下施以斗拱，绘龙和玺彩画。明间开门，次间为玻璃窗。明间室内悬乾隆御题“柔嘉肃敬”匾。天花为双鹤图案，内檐饰以旋子彩画，室内方砖墁地，殿前为月台。东西有配殿各 3 间，明间开门，黄琉璃瓦硬山式顶，檐下饰旋子彩画。后院正殿名为“御书房”，面阔 5 间，明间开门，黄琉璃瓦歇山式顶。次、梢间为槛墙、槛窗，檐下施以斗拱，饰龙和玺彩画。清乾隆年间，因藏宋高宗所书《毛诗》及南宋马和之所绘《诗经图》卷于此，乾隆御题额曰“学诗堂”。东西六宫年节张挂的《宫训图》原收藏于此。东西各有配殿 3 间，明间开门，黄琉璃瓦硬山式顶，檐下饰以旋子彩画，西南角有井亭 1 座。此宫保持明初始建时格局。

永和宫，位于承乾宫之东、景阳宫之南。明永乐十八年（1420）建成，初名永安宫，嘉靖十四年（1535）更今名。清沿明旧名，清康熙二十五年（1686）重修，乾隆三十年（1765）亦有修缮，光绪十六年（1890）重修。明代为妃嫔所居，清代为后妃所居。清康熙帝的孝恭仁皇后久居此宫。此后，又有其他妃嫔在此居住。

永和宫

延禧宫

永和宫为二进院，正门南向，名永和门，前院正殿即永和宫，面阔 5 间，前接抱厦 3 间，黄琉璃瓦歇山式顶，檐角安走兽 5 个，檐下施以单翘单昂五踩斗拱，绘龙凤和玺彩画。明间开门，次、梢间皆为槛墙，上安支窗。正间室内悬乾隆御题“仪昭淑慎”匾，吊白樘箅子顶棚，方砖墁地。东西有配殿各 3 间，明间开门，黄琉璃瓦硬山式顶，檐下饰旋子彩画。东西配殿的北侧皆为耳房，各 3 间。后院正殿曰同顺斋，面阔 5 间，黄琉璃瓦硬山式顶，明间开门，双交四椀隔扇门 4 扇，中间 2 扇外置风门，次间、梢间槛墙，步步锦支窗，下为大玻璃方窗，两侧有耳房。东西有配殿各 3 间，明间开门，黄琉璃瓦硬山式顶，檐下饰以旋子彩画。院西南角有井亭 1 座。此宫保持明初始建时的格局。

延禧宫，建于明永乐十八年（1420），初名长寿宫。嘉靖十四年（1535）改称延祺宫。清代又改名为延禧宫，清康熙二十五年（1686）重修。明清两朝均为妃嫔所居。

延禧宫原与东六宫其他宫格局相同，为前后两进院，前院正殿 5 间，黄琉璃瓦歇山顶，室内悬乾隆御笔匾曰“慎赞徽音”，东壁悬乾隆《圣制曹后重农赞》，西壁悬《曹后重农图》。殿前有东西配殿各 3 间。后院正殿 5 间，亦有东西配殿各 3 间，均为黄琉璃瓦硬山顶。

清道光二十五年（1845），延禧宫起火，烧毁正殿、后殿及东西配殿等建筑共25间，仅余宫门。同治十一年（1872），曾提议复建，未能实现。宣统元年（1909），端康太妃（光绪帝的瑾妃）主持在延禧宫原址兴工修建一座3层西洋式建筑——水殿，四周浚池，引玉泉山水环绕。主楼每层9间，底层四面当中各开一门，四周环以围廊。楼之四角各接3层六角亭1座，底层各开两门，分别与主楼和回廊相通。

据《清宫词》《清稗史》记载，水殿以铜作栋，玻璃为墙，墙之夹层中置水蓄鱼，底层地板亦为玻璃制成，池中游鱼一一可数，荷藻参差，青翠如画。隆裕太后题匾额曰“灵沼轩”，俗称“水晶宫”。其实，该殿所有构架均为铁铸，殿内4根盘龙纹柱也系铸铁锻造。整座建筑大都以汉白玉砌成，很少用砖，外墙雕花，内墙贴有白色和花色瓷砖。因国库空虚，直至宣统三年（1911）冬尚未完工，后被迫停建。延禧宫是故宫中第一座钢筋水泥建筑。

御花园

御花园，位于紫禁城中轴线的北端，正南有坤宁门同后三宫相连，左右分设琼苑东门、琼苑西门，可通东西六宫；北面是集福门、延和门、承光门围合的牌楼坊门和顺贞门，正对着紫禁城最北界的神武门。园墙内东西宽135米，南北深89米，占地12015平方米，占紫禁城面积的1.5%。

御花园于明永乐十五年（1417）始建，永乐十八年（1420）建成，名为“宫后苑”。清雍正朝起，称“御花园”。北京紫禁城中共有4座大小不等的花园，分别是御花园、慈宁宫花园、建福宫花园、宁寿宫花园（即乾隆花园）。其中，以御花园面积最大。

御花园

摛藻堂

御花园整体布局以及局部点缀都极其考究。园内建筑采取了中轴对称的布局。中路是一个以重檐盝顶、上安镏金宝瓶的钦安殿为主体建筑的院落，以其为中心，向前方及两侧铺展亭台楼阁。园内青翠的松、柏、竹间点缀着山石，形成四季长青的园林景观。

御花园建筑多倚围墙，只以少数精美造型的亭台立于园中，空间舒广。御花园东西两路建筑基本对称，东路建筑有堆秀山御景亭、摛藻堂、浮碧亭、万春亭、绛雪轩；西路建筑有延辉阁、位育斋、澄瑞亭、千秋亭、养性斋，还有四神祠、井亭、鹿台等。

堆秀山，位于故宫御花园中东北部、钦安殿后东北侧，背靠着高大的宫墙，腾空而立，十分精巧秀雅。堆秀山为一座人工假山，整座山完全是由奇形怪状的石块堆砌而成，堆山匠师们称这种手法为“堆秀式”，因此得名。匠师们精心设计和巧妙地使用大小不一、形状各异的太湖石，在比较狭小的地面上，拔地腾空而起，叠垒成一座怪石嶙峋、岩石陡峭的崇石峻岭，山上有些石块酷似鸡、狗、猪、猴、马、兔等“十二生肖”的动物形状。

摛藻堂，位于御花园内堆秀山东侧，依墙面南，面阔 5 间，黄琉璃瓦硬山式顶，堂西墙辟有一小门，可通西耳房。堂前出廊，明间开门，次梢间为槛窗。室内放置书架，为宫中藏书之所。乾隆四十四年（1779）后，排贮《四库全书荟要》，供皇帝查阅。

御花园内遍植古柏老槐，罗列奇石玉座、金麟铜像、盆花桩景，增添了园内景象的变化，丰富了园景的层次。御花园地面用各色卵石镶拼成福、禄、寿象征性图案，丰富多彩。

第十四章 皇家苑囿

“三山五园”示意图

“三山五园”，是清代北京西郊皇家园林体系的一种泛称。

“三山五园”在清朝鼎盛时期建成，具体所指有多种说法。“三山”一词，在乾隆中叶就见诸官方记载，清代专设三山大臣管理三山事务，在《大清会典·内务府苑囿》中专列三山职掌条目。至于“五园”之称，在清代档案和志书中并不独立成词。

本书所叙“三山五园”，取约定俗成之说，即畅春园、圆明园、玉泉山静明园、香山静宜园、万寿山颐和园（原清漪园）。[1]

北京西郊，自然风景优美。西山及其余脉金山、玉泉山和翁山，逶迤连绵，层峦叠嶂。湖泊清幽，泉水潺潺，香山双清泉、玉乳泉和碧云寺卓锡泉、寿安山樱桃沟泉丰沛的泉水流出西山后渗入地下，从玉泉山喷涌而出，西来的泉水与南来的万泉河水汇流于翁山泊（西湖），湖水从此流入丹棱沜。

金朝在西山地区建立了名为“八大水院”的八处离宫。明朝时，在此营建多处带有园林的寺庙和私家园林，最著名的是外戚李伟的清华园（清代改建为畅春园，与现存的清华园同名异地）和米万钟的勺园（在今北京大学校园内）。

清朝入关后，顺治皇帝常居南苑和皇城西苑。康熙十九年（1680），康熙皇帝将玉泉山南麓改为行宫，命名为“澄心园”，并在香山寺旁建行宫。康熙二十三年（1684），在明代清华园废址上修建了畅春园，成为北京西郊第一处常年居住的皇家离宫。在畅春园周围，为各皇子和宠臣的赐园，著名的有圆明园、自得园、水村园等。雍正三年（1725），圆明园升为离宫，大规模扩建，面积由300亩（0.2平方千米）扩大至约3000亩（2平方千米），雍正皇帝命名了“圆明园二十八景”。

乾隆皇帝大规模兴建西郊园林。乾隆二年（1737）将圆明园二十八景扩建为四十景，乾隆十年（1745）在圆明园东修建长春园。同年，在香山修建静宜园，建成二十八景。乾隆十四年（1749），为祝母寿，在瓮山（后

[1] 郑艳：《“三山五园”称谓辨析》，《北京档案》，2005年第1期。

改名万寿山）兴建清漪园，至 1764 年建成。同一时期，对太后居住的畅春园进行大修，增建西花园，为皇子读书居住之所。乾隆十五年（1750）扩建玉泉山静明园（1692 年由澄心园改名），将玉泉山全部圈占，并修建了静明园十六景，1759 年建成。乾隆二十五年（1760），长春园北部西洋楼景区竣工。乾隆三十四年（1769），将圆明园东南若干皇子和公主赐园收回，并为绮春园。至此"三山五园"全部完成。在全盛时期，自海淀镇至香山，分布着静宜园、静明园、清漪园、圆明园、长春园、绮春园、畅春园、西花园、熙春园、镜春园、淑春园、鸣鹤园、朗润园、弘雅园、澄怀园、自得园、含芳园、墨尔根园、诚亲王园、康亲王园、寿恩公主园、礼王园、泉宗庙花园、圣化寺花园等九十多处皇家离宫御苑与赐园，园林连绵二十余里，蔚为大观。

"三山五园"囊括区域，往北在清河北岸，包括跨清河而扎营的守护圆明园的正黄旗、镶黄旗、正白旗和清河两岸的稻田区；西北包括正红旗和镶红旗等西山脚下的村落、寺庙；东面包括曾统归圆明园管理的皇家赐园和官宦园林；向南包括正蓝旗、镶蓝旗、火器营、万泉庄、泉宗庙以及广布于巴沟低地的水田；往西包括驻扎在香山行宫周围的香山健锐营、团城演武场、碧云寺、卧佛寺等，总面积为 66.2 平方千米。[1]

嘉庆朝以后，清朝国力逐渐衰落，无力增建新的园林。道光帝甚至令撤除三山各宫殿的家具陈设，实际上相当于将其废弃。1860 年第二次鸦片战争中，英国军队将西郊各园林悉数焚毁。同治年间曾计划重建圆明园，为此拆除了周围附属园林中幸存建筑的木料，但因财力窘迫而被迫搁置。1884 年集中力量重修清漪园（前山部分），改名为颐和园。1900 年八国联军占领北京后，虽然未对颐和园加以破坏，但窃取了园中大量文物陈设，圆明园内的残存建筑和树木也被百姓哄抢殆尽。

以"三山五园"为主的清代西郊皇家苑囿，是中国历史上规模最大、

[1] 刘剑、胡立辉、李树华：《北京"三山五园"地区景观历史性变迁分析》，《中国园林》，2011 年第 2 期。

最为集中的集居住、理政和游憩为一体的皇家苑囿。自康熙帝开始，清朝大多数皇帝在这里听政理政，处理日常政务、重大事务和对外关系。自清军入关起，清朝皇帝约有226年在“三山五园”理政，使之成为清朝的实际政治中心，有学者称其为“园林中的紫禁城”。

“三山五园”建成后，湖泊罗布，阡陌纵横，宛若江南，彼此成景，互为资借。北京西北郊这一庞大的园林集群，拥有着山地风景名胜的静宜园，天然山景为主、小型水景为辅的静明园，天然水景为主、山景为辅的清漪园，大范围内平地建造的圆明园和畅春园。

畅春园

畅春园，位于今海淀镇西，圆明园南，北京大学西，属万泉河水系。目前，在北京大学西门外尚存畅春园遗址东北角的一块界碑和恩佑寺、恩慕寺剩下的两座庙门。

畅春园原址是明朝神宗的外祖父李伟修建的“清华园”。园内有前湖、后湖、挹海堂、清雅亭、听水音、花聚亭等山水建筑。根据明朝笔记史料推测，该园占地约1200亩（0.8平方千米），被称为“京师第一名园”。清代，利用清华园残存的水脉山石，在其旧址上仿江南山水营建畅春园，作为在郊外避暑听政的离宫。园林山水总体设计由宫廷画师叶洮负责，聘请江南园匠张然叠山理水，同时整修万泉河水系，将河水引入园中。为防止水患，还在园西面修建了西堤（今颐和园东堤）。康熙二十三年（1684），康熙皇帝南巡归来后，于清华园旧址启建畅春园。约在康熙二十九年（1690）前后建成。

康熙修畅春园“永唯俭德”，尽量避免工役，减少花费。畅春园的规模不大，仅占原清华园的十之六七。康熙五十二年（1713）六月十六日，内务府总管赫奕上奏关于畅春园新建大殿的费用，包括新建畅春园二道门前大殿七间、万树红霞之南大殿七间以及在瑞景轩、云涯馆等处的扩建，所需经费为“八万九千九百九十八两九分四厘”，而康熙却御批“此所算

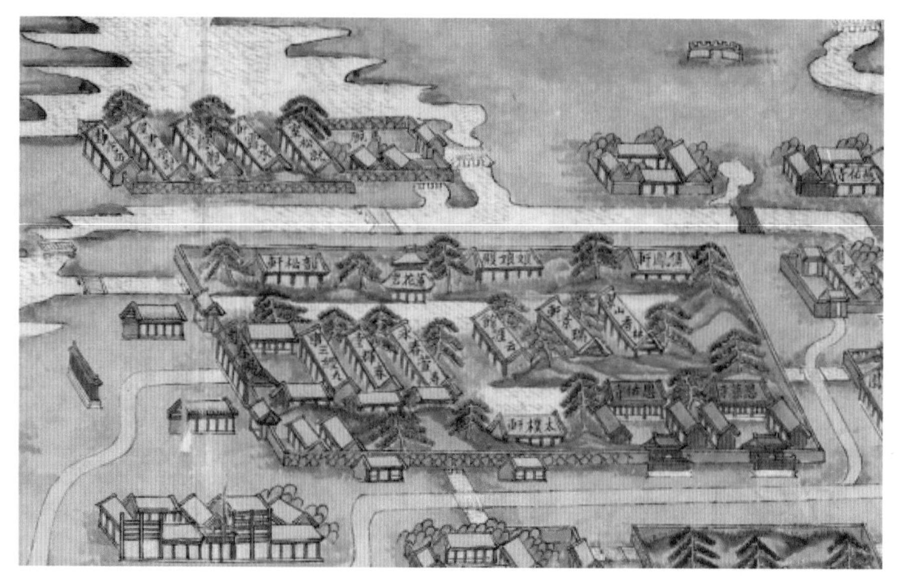

清光绪年间《五园三山及外三营地图》中的畅春园和西花园

之各项俱似超额”。

畅春园面积近 60 公顷（4 平方千米），南北约长 1000 米，东西宽 600 米，万泉河在园内东边流过，园内遍布大小湖泊，还有南北走向的溪流。根据《日下旧闻考》记载，园林的布局是在清华园原有的基础上加以改建和增建的。设园门 5 座：大宫门、大东门、小东门、大西门、西北门。正门在南墙东侧，门内为畅春园的理政和居住区。畅春园园区南部为议政和居住用的宫殿部分，北部是以水景为主的园林部分。大宫门外东西各有 5 间朝房，门正北的大殿叫“九经三事殿”，为大臣上朝、皇帝听政的地方。

畅春园建筑物按南北纵深分三路布置。

中路是全园的主轴，按外朝内寝之制安排。沿中轴线向内依次为大宫门、九经三事殿、二宫门、春晖堂、寿萱春永殿、后罩殿、云涯馆、瑞景轩、延爽楼、鸢飞鱼跃亭。亭北有丁香堤、芝兰堤、桃花堤、前湖和后湖。

东西两路的建筑物因地制宜结合河堤山形地貌，或成群，或散点，而各得其所。

东路南端，有一组建筑澹宁居，是康熙皇帝日常处理朝政、引见与读书之所。后殿为皇家子弟读书的地方。殿后有山，剑石成之，故名剑山。在鸢飞鱼跃亭对岸临水有一点景建筑名渊鉴斋，隔湖遥相呼应的有太仆轩、观澜榭、集风轩、佩文斋等园林建筑，环湖而峙。此湖是畅春园最大的湖泊，在湖的西部水中设蕊珠院。园东北角有一处幽静的园林名清溪书屋，四面环水，是康熙帝居住之处。雍正元年（1723）在此建恩佑寺供奉玄烨神位，乾隆四十二年（1777）又在其旁建恩慕寺，供奉皇太后的神位。

西路园林布局活泼，湖面较为开阔，湖中三岛形态各异，富于变化。韵松轩位于岛上，娘娘庙置于水中，而凝春堂却跨水而建，与渊鉴斋隔水东西呼应。西路最南端有两组建筑，西为无逸斋，东为玩芳斋。玩芳斋是乾隆为太子时曾读书的地方。这一带遍种修竹，环境清幽，附近建有雅玩斋、紫云堂和天馥斋。西路北端主要出水口，设五孔闸，出水口的石桥还保留至今。

畅春园以园林景观为主，建筑朴素，多为小式卷棚瓦顶建筑，不施彩绘。园墙为虎皮石砌筑，堆山则为土阜平冈，不用珍贵湖石。园内有大量明代遗留的古树、古藤，又种植了丁香、玉兰、牡丹、桃、杏、葡萄等花木，林间散布麋鹿、白鹤、孔雀、竹鸡，景色清幽。畅春园这种追求自然朴素的造园风格影响了在其之后落成的避暑山庄和圆明园（乾隆扩建之前）等皇家宫苑。

畅春园既是处理朝政的宫，又是消闲游乐的苑。离宫里的宫殿，比较简朴，常采用灰瓦卷拥顶，布局也比皇宫自由，虽然强调中轴线，但总体上不追求绝对对称。建筑的尺度比较小，与园林的意趣相合。[1]

自康熙二十六年（1687）畅春园落成之后，康熙皇帝每年约有一半的时间居住在畅春园，直至康熙六十一年（1722）病逝于园内清溪书屋。此后雍正、乾隆等皇帝居住于圆明园，畅春园凝春堂一带改为皇太后居所，其中崇庆皇太后（孝圣宪皇后，乾隆帝生母）在园内居住了 42 年。

[1] 何重义、曾昭奋：《北京西郊的三山五园》，《古建园林技术》，1992 年第 1 期。

畅春园的建筑，皆为灰瓦顶的小式建筑，轩楹素雅，不施彩绘，只“架以桥梁，济以舟楫，间以篱落，周以缭垣，如是焉而已矣。”园墙用毛石墙，澹宁居“只三楹，不施丹雘”[1]。康熙帝的寝殿清溪书屋，“既不富丽，也不堂皇……一切陈设都很朴素，按照中国风格布置得极其整洁”[2]。

康熙五十九年（1720），康熙在畅春园接见俄国沙皇彼得一世的特使伊斯玛意洛夫，其随员之一、英籍医生约翰·贝尔（John Bell）所著《旅行记》一书，其中描述了畅春园宫殿的情景：

> 道路均为卵石铺砌，当中一条路的尽端为正殿，殿的后面是皇帝的寝宫。道路的两侧均有美丽的花坛和水沟。所有的内阁大臣和朝廷官员群集正殿前面聊天，盘腿坐在皮褥垫上。我们按指定的地点站立，在这寒冷多雾的早晨一直等到大皇帝升殿。此时，殿内只有两三个宫监，到处都鸦雀无声。正殿前面的石台阶共七级，地面是黑白相间的大理石板按棋盘格状铺成。这座建筑物朝南的一面完全敞开，一排刨得很光滑的木柱支承着屋顶。大约一刻钟以后，大皇帝自后门进入殿内，坐在他的宝座上……。宝座系木制的，雕镂极精致，高出于地面七级踏步，左右和后面设高大的黑漆屏风。

随着清朝国势转衰，逐渐放弃了对畅春园内建筑的增建和修补，至道光年间，畅春园已趋破败，迫使道光帝将恭慈皇太后（孝和睿皇后）接往圆明园绮春园居住。咸丰十年（1860），英法联军攻入北京焚烧圆明园时将其一并烧毁。此后畅春园废址失于保护，园内残存建筑在同治年间被拆用于圆明园复建工程。光绪二十六年（1900）八国联军占领北京时，畅春园再次遭到附近居民及八旗驻军的洗劫，园内树木山石均被私分殆尽。至民国时期，畅春园遗址已成荒野，仅有恩佑寺及恩慕寺两座琉璃山门残存。

---

[1]［清］于敏中等：《日下旧闻考》，北京古籍出版社，1985 年，第 1269 页。

[2]〔法〕张诚：《张诚日记》，商务印书馆，1973 年，第 76 页。

圆明园

圆明园，坐落在北京西郊挂甲屯以北，万寿山以东，是中国古代修建时间最长、花费人力物力最多、景观最为宏伟壮丽的皇家园林。“圆明园”由康熙皇帝命名。雍正皇帝解释“圆明”二字的含义是“圆而入神，君子之时中也；明而普照，达人之睿智也”。

圆明园始建于康熙四十六年（1707），由圆明园、长春园、绮春园三园组成，为西洋兼中式皇家风格园林，建筑面积达16万平方米，是清朝三代帝王在150余年间创建的一座大型皇家宫苑，有“万园之园”之称。圆明园把不同风格的园林建筑融为一体，既有雍容华贵的宫廷建筑，又有委婉多姿的江南园林，还汲取了欧式园林的精华，被法国作家雨果誉为“理想与艺术的典范”。

圆明园最初是康熙皇帝赐给皇四子胤禛（即雍正皇帝）的花园。康熙四十六年（1707）时，圆明园已初具规模。同年十一月，康熙曾亲临圆明园游赏。

雍正继位后，整修扩建圆明园，作为听政、游豫和寝兴的离宫。在廓

《圆明园四十景图》之勤政亲贤

清园内已有的水源山势、亭台楼阁脉络、踵事增华的同时，仿效畅春园规制，于园南建立宫门、正殿，设置朝署，又东拓福海十洲、筑蓬莱三岛。雍正三年（1725），雍正驻跸圆明园后，明谕诸王大臣：住园期间办理政事与宫中无异。同年，雍正在圆明园南面增建正大光明殿和勤政殿以及内阁、六部、军机处诸值房，御以“避喧听政”，占地面积由原来的600余亩（40多万平方米）扩大到3000余亩（200多万平方米）。此后，圆明园不仅是清朝皇帝休憩游览的地方，也是朝会大臣、接见外国使节、处理日常政务的场所。至雍正末年，园林风景群已遍及全园3000余亩（200多万平方米）范围。

乾隆在位60余年，除了对圆明园进行局部增建、改建之外，增添了建筑组群，并在圆明园的东邻和东南邻兴建了长春园和绮春园（同治时改名万春园）。这三座园林，均属于圆明园管理大臣管理，称圆明三园。乾隆时期，圆明园扩建的重点集中在园林的东北部，建造了许多远比之前更为宏伟壮丽的景观。至乾隆三十五年（1770），圆明三园的格局基本形成，鼎盛时期的圆明园，有著名的圆明园四十景，以及紫碧山房、藻园、若帆之阁、文源阁等处。当时悬挂匾额的主要园林建筑约达600座，实为古今中外皇家园林之冠。

嘉庆朝，主要对绮春园进行修缮和拓建，使之成为主要园居场所之一。

道光朝时，国势日衰，财力不足，但仍不放弃圆明三园的改建和装饰。

圆明园中最著名的景观有40处，即著名的圆明园四十景：正大光明、勤政亲贤、九洲清晏、镂月开云、天然图画、碧桐书院、慈云普护、上下天光、杏花春馆、坦坦荡荡、茹古涵今、长春仙馆、万方安和、武陵春色、山高水长、月地云居、鸿慈永祜、汇芳书院、日天琳宇、澹泊宁静、映水兰香、水木明瑟、濂溪乐处、多稼如云、鱼跃鸢飞、北远山村、西峰秀色、四宜书屋、方壶胜境、澡身浴德、平湖秋月、蓬岛瑶台、接秀山房、别有洞天、夹境鸣琴、涵虚朗鉴、廓然大公、坐石临流、曲院风荷、洞天深处。

盛时的圆明园建筑，共有100余处园中园和风景建筑群，集殿堂、楼阁、亭台、轩榭、馆斋、廊庑等各种园林建筑，约16万平方米，集成了中国古建筑的几乎所有类型与形式，并在很多方面有所创新。园内的建筑物，既吸取了历代宫殿式建筑的优点，又在平面配置、外观造形、群体组合诸多方面突破了官式规范的束缚，广征博采，形式多样，创造出许多在当时中国极为罕见的建筑形式，如字轩、眉月轩、田字殿、还有扇面形、弓面形、圆镜形、“工”字形、“山”字形、“十”字形、方胜形、书卷形等。在园林布局上，因景随势，千姿百态；园中各景环环相套，层层进深，丰富多彩，自然和谐。园内建筑类型应有尽有，极富变化，包括殿、堂、亭、台、楼、阁、榭、廊、轩、斋、房、舫、馆、厅、桥、闸、墙、塔等。

宫殿是圆明园的主体建筑，是皇帝上朝听政和接见重臣使节之所，较一般园林中的厅堂更为宏大，但因其在园林中，又比较灵活而富于变化。圆明园殿堂往往设在离大门不远的主要道路上，如圆明园的正大光明殿、勤政亲贤殿、奉三无私殿，长春园的澹怀堂，绮春园的迎晖殿。

正大光明殿，为圆明园正殿，在圆明园内所有殿宇中等级最高，有殿堂 7 间，中殿悬有雍正帝手书的“正大光明”匾额。殿中留有雍正帝亲手书写的巨额匾联：“心天之心而宵衣旰食；乐民之乐以和性怡情。”从乾隆

圆明园正大光明殿复原图

朝起，每年清帝在圆明园必设“上元三宴”，即正月十四日宗亲宴、正月十五日外藩宴、正月十六日廷臣宴。其中外藩宴和廷臣宴都是在正大光明殿举行。

古代的宫殿多建于台之上，古典园林中的台后来演变成厅堂前的露天平台，即月台。圆明园正大光明殿建在一座高约 1.3 米的宽大月台上，鸿慈永祜中的安佑宫 9 间大殿矗立在汉白玉雕砌的月台上，迎晖殿前也设有月台。

法国传教士王致诚说：“圆明园的每一座小的宫殿，都仿佛是按照奇特的模型制成的，像是随意安排的，没有一座与其他一座雷同。一切都如此饶有兴趣，人们不能在一览之下，就领略这幅景色，必须一点一点地仔细研究它。”

万方安和，圆明园中独具特色的宫殿建筑，重要的清帝寝宫之一，初建成于雍正四年至雍正五年（1726—1727）。景区以一片南北纵深 205 米、东西宽约 130 米的湖水为中心，西纳山高水长，南望十三所，东、北两面毗邻杏花春馆与武陵春色，四面沙山起伏环抱，镜湖倒影，景界开阔明净。主体建筑十字亭——“卐”字房大殿撷取文字图形与吉祥符号为平面，南北凌波分立，互成对景。万方安和特立独绝的建筑造型，建筑成为主体，山水退居其次，形成以“卐”字房为重心，十字亭为结点，一字长楼山高水长为回应的山环水聚、万年如意的园林宫殿格局，在历代皇家园林中独一无二。

《圆明园四十景图》之万方安和

乾隆元年（1736），宫廷画师沈源、唐岱遵照乾隆意旨，依据圆明园实景绘制《圆明园四十景图》，沈源画亭台楼榭，唐岱画山水树石。圆明园四十景，是指园内独特格局的40处园林景观，一个景就是一座“园中园”。当时圆明、长春、绮春三园共计有成百处园林风景群，但仅绘制四十风景图，凸显出此四十景华盖群芳。《圆明园四十景图》均为绢本彩绘，每幅图绢心为64厘米×65厘米。每幅图配有乾隆皇帝一首对题诗，由工部尚书大书法家汪由敦代书，字体一律为大臣奏章所用的宫廷馆阁体。全图分为上下两册，奉旨正式安设于圆明园奉三无私殿呈览，人称殿本彩图。1860年，圆明园遭劫时，这套彩绘本被侵略者掠走，献给了法国皇帝拿破仑三世。目前被法国国家图书馆收藏。

圆明园西洋楼，位于长春园北界，是中国首次仿建的一座欧式园林，由谐奇趣、黄花阵、养雀笼、方外观、海晏堂、远瀛观、大水法、观水法、线法山、线法画等10余座西式建筑和庭院组成，建筑材料多用汉白玉石，石面精雕细刻，屋顶覆琉璃瓦，占地约7公顷（0.07平方千米）。

圆明园西洋楼由西方传教士、意大利人郎世宁（1688—1766）和由当时供职宫廷画院如意馆的耶稣会传教士法国人蒋友仁（1715—1774）设计监修，由中国匠师建造。乾隆十二年（1747）开始筹划，乾隆十六年（1751）秋季建成第一座西洋水法（喷泉）工程谐奇趣，乾隆二十一年至乾隆

西洋楼之海晏堂（铜版画，郎世宁作）

二十四年（1756—1759），基本建成东边花园诸景，乾隆四十八年（1783）最终添建成高台大殿远瀛观。西洋楼主要景区有谐奇趣、线法桥、蓄水楼、养雀笼、黄花阵（万花阵）、方外观、五竹亭、海晏堂、线法山、远瀛观、方河及“阿克苏十景”等。松柏林木和绿篱修剪，喷水池、围墙、道路铺饰及铜塑石雕等大多具西洋特色，同时结合我国砖雕、琉璃饰件和叠石技术，体现了欧洲式建筑的民族化。

1856 年，英国和法国以“亚罗号事件”和“马神甫事件”为借口，对中国发动了第二次鸦片战争。1857 年，英法联军攻陷广州，一路北上。1858 年，英法联军打到天津城下，扬言进攻北京，清政府连忙派人议和。1860 年 8 月，英法两国以换约受阻为借口，攻入北京。1860 年 10 月 6 日，英法联军绕经北京城东北郊直扑圆明园，当时僧格林沁、瑞麟残部在城北一带稍事抵抗，即行逃散。法军先行，于当天下午经海淀，10 月 6 日傍晚，侵略军闯入圆明园大宫门。此时，在出入贤良门内，有 20 余名圆明园技勇太监同敌人接仗，“遇难不恐，奋力直前”，但终因寡不敌众，圆明园技勇“八品首领”任亮等人以身殉职。至晚 7 时，法侵略军攻占了圆明园。管园大臣文丰投福海而死，住在园内的常嫔受惊身亡。从第二天开始，军官和士兵就疯狂地进行抢劫和破坏。为了迫使清政府尽快接受议和条件，英法联军洗劫两天后，向城内开进。当 1860 年 10 月 9 日法国军队暂时撤离圆明园时，这处秀丽园林已被毁坏得满目疮痍。1860 年 10 月 18 日，英军指挥官詹姆斯·布鲁斯下令将圆明园付之一炬。在其后的两天时间里，英军士兵们被分派到各个宫殿、宝塔和其他建筑中放火，大火三天三夜不灭，烟云笼罩北京城，久久不散。这座举世无双的园林杰作被付之一炬。

事后据清室官员查奏，偌大的圆明三园内，仅有二三十座殿宇亭阁及庙宇、官门、值房等建筑幸存，但门窗多有不齐，室内陈设、几案尽遭劫掠。

与此同时，万寿山清漪园、香山静宜园和玉泉山静明园的部分建筑也遭到焚毁。

圆明园西洋楼遗址

玉泉山静明园

静明园，位于北京玉泉山。占地 75 公顷（0.75 平方千米），其中水面 13 公顷（0.13 平方千米）。为“三山五园”之一。玉泉山是西山东麓支脉上的一座小山，其东是颐和园万寿山，西边是西山群峰。玉泉山呈南北走向，伸延 1300 米，东西宽约 450 米，主峰海拔约 100 米，泉眼处处，水质清甘，晶莹如玉，美称玉泉。

静明园的范围，包括了整座玉泉山和山脚下的多处湖泊和溪流，面积约 65 公顷。园林及建筑以寺院道观及石洞之众多而闻名。景以水体烘托山景为主，与西郊各处皇家园林相比，具有鲜明的特色。园四周有围墙，开门六，正门位于东南角，依例朝南。主要园林建筑可分为山南、山西、山东三大区。[1]

[1] 何重义、曾昭奋：《北京西郊的三山五园》，《古建园林技术》，1992 年第 1 期。

静明园

金代，金章宗完颜璟在玉泉山一带修建了芙蓉殿，作为他的避暑行宫。明正统年间在玉泉山南坡建上、下华严寺，两寺毁于明嘉靖二十九年（1550）。清顺治二年（1645），在上、下华严寺旧址上，建了澄心园，康熙时加以扩充，于1692年改名为静明园。乾隆时再行扩建增饰，园景由十六景增到三十二景。

玉泉山，金、元以来的“燕京八景”之一，名曰“玉泉垂虹”，清乾隆时改称“玉泉趵突”，并赐为“天下第一泉”。玉泉山最早的建筑为金章宗避暑之所“芙蓉殿”，称玉泉行宫。玉峰塔，位于玉泉山主峰，为八角七级仿木构楼阁式石塔，高47.7米，“玉峰塔影”为十六景之一；华藏塔，为八角七级密檐式汉白玉石塔；澄照关，关上雉堞相连，高逾6米；楞伽洞，洞中大量清代密宗摩崖造像，艺术价值极高。至明代正统年间，明英宗在此建上、下华严寺，以及金山寺、崇真观、望湖亭等建筑。

清康熙十九年（1680）将玉泉山辟为行宫，名“澄心园”。康熙三十一年（1692）改名为“静明园”。

乾隆十五年（1750）大加修葺，增建了玉峰塔等景观。乾隆十八年（1753）再次扩建，置总理大臣兼领清漪、静宜、静明三园事务，并命名“静明园十六景”，即：廓然大公、芙蓉晴照、玉泉趵突、竹炉山房、圣因综绘、绣壁诗态、溪田课耕、清凉禅窟、采香云径、峡雪琴音、玉峰塔影、风篁清听、镜影涵虚、裂帛湖光、云外钟声、翠云嘉荫。

乾隆时期的静明园，南北长1350米，东西宽590米，面积约65公顷（0.65平方千米）。宫墙设园门6座：南面的正门“南宫门”五开间，悬挂乾隆御书的“静明园”匾额，门外东、西朝房各三开间，左右罩门二，其前是三座牌坊所形成的宫前广场。东面的“东宫门”五开间，门外南北朝房各三开间，左右罩门二。西面的“西宫门”三开间，门外南北朝房各三开间，左右罩门二。此外，另设小南门、小东门和西北夹墙门。

静明园含晖堂

进入宫门后，是北临玉泉湖、再北以玉峰塔为背景的建筑群廓然大公，廓然大公是静明园的正殿，皇帝在此避暑时的听政之所。殿七开间，左右配殿各五间，为第一进院落。乾隆曾作《题静明园十六景·其一·廓然大公》：“沼宫时燕豫，召对有明庭。即境爱空阔，因心悟逝停。鉴呈自妍丑，汲取任罍瓶。敷政真堪式，宁惟悦性灵。”

第二进院有涵万泉殿，殿北临玉泉湖，湖上三岛俗曰“一池三岛”，景称芙蓉晴照，取映日莲花意境。湖西岸是玉泉趵突，即玉泉垂虹，立乾隆所书“天下第一泉”碑。湖北岸有码头，码头正对着开锦斋。开锦斋宽三开间，两卷棚，四周有檐廊，后廊南接翌太和殿，北由爬山廊接仿无锡惠山听松庵而建的竹炉山房。开锦斋后有 2 个山洞，为观音洞和光明藏，并有山道可以登山赏景。山上建筑有妙高室及香岩寺（玉泉寺），再上为玉泉山的标志——玉峰塔。[1]

东山景区有影镜湖，楼阁错落，丛生翠竹故名“风篁清听”。湖东岸临水有“延绿厅”水榭，西岸为“影镜涵虚”一景。湖南岸有“分鉴曲”“写琴廊”等景观。

西山景区有一组园内最大的建筑群，坐东朝西，中有东岳庙，院落四进，分别供有东岳大帝、昊天至尊、玉皇大帝等。东岳庙之南有“圣缘寺”，也为四进院落，其中第四进院落有琉璃塔一座，别具姿态。东岳庙之北为“清凉禅窟”，足一座小园林，正殿坐北朝南，中有亭台楼榭曲廊

[1] 何重义、曾昭奋：《北京西郊的三山五园》，《古建园林技术》，1992 年第 1 期。

相接，错落于假山叠石之间。这是一组佛道并立的建筑，是当年佛道合一政策的反映。

香山静宜园

静宜园，是曾经存在于北京西山余脉香山上的皇家园林，历史可以追溯到辽代，在清乾隆年间建造完成并定静宜园名，后在 1860 年英法联军和 1900 年八国联军的浩劫中损毁，1913 年成为辅仁大学发祥地，现在是香山公园。

香山是北京西山的一部分，方圆约 6 平方千米，境内重峦叠峰，清泉潺潺，古树苍茂，花木满山。金、元、明、清历代帝王在香山营建宫室别院，向为皇亲国戚游幸驻跸之所。金世宗大定二十六年（1186），建香山行宫。

静宜园勤政殿图

乾隆十年（1745），乾隆加以扩建，翌年竣工，改名“静宜园”。这座大型园林包括内垣、外垣、别垣三部分，占地约153公顷（1.53平方千米）。园内的大小建筑群共50余处，经乾隆命名题署的“二十八景”：勤政殿、丽瞩楼、绿云舫、虚朗斋、璎珞岩、翠微亭、青未了、驯鹿坡、蟾蜍峰、栖云楼、知乐濠、香山寺、听法松、来青轩、唳霜皋、香岩室、霞标蹬、玉乳泉、绚秋林、雨香馆、晞阳阿、芙蓉坪、香雾窟、栖月崖、重翠崦、玉华岫、森玉笏、隔云钟。

乾隆此次在静宜园东宫门内建造勤政殿，在驻跸时处理政务、接见王公大臣。勤政殿是静宜园宫廷区的正殿，坐西朝东，紧接大宫门后，二者构成一条东西中轴线。勤政殿坐西面东，面阔5间，两厢朝房各5间，殿前的月河源出于碧云寺。乾隆在《勤政殿》诗序中说：“皇祖就西苑耀台之陂为瀛台以避暑，视事之所颜曰‘勤政’。皇考圆明园视事之殿，亦以勤政名之。予既以‘静宜’名是园，复建殿山麓，延见公卿百僚，取其自外来者，近而无登陟之劳也。晨披既勤，昼接靡倦，所行之政即皇祖、皇考之政，因寓意兹名，用自勖焉。”[1]

1860年勤政殿被英法联军焚毁。2003年恢复重建了单檐歇山式勤政殿及南北配殿，门楣上方悬挂仿乾隆御笔题写的满汉金字“勤政殿”匾。

勤政殿之后则是丽瞩楼，也位于宫廷区中轴线上，前为横云馆。这组建筑群布局规整，相当于宫廷区的内廷。园内的中宫，是皇帝短期驻园期间居住的地方，位于丽瞩楼的南面，周围绕以墙垣，四面各设宫门。虚朗斋是中宫的主要建筑，斋前的小溪为曲水流觞形式。静宜园后面的致远斋，是乾隆日常理政较多的一个场所，致远斋东边的小院是军机处办公地。

1860年，静宜园遭到英法联军的焚毁。

静宜园沿山坡而下，是一座完全的山地园林，分为三部分，即内垣、外垣、别垣。

静宜园内垣，在东南部的半山坡的山麓地段，是主要景点和建筑荟萃

[1]［清］于敏中等:《日下旧闻考》，北京古籍出版社，1985年，第1439页。

2003年重建的静宜园勤政殿

之地，包括宫廷区和古刹香山寺、洪光寺两座大型寺庙，其间散布着璎珞岩等自然景观。各种类型的建筑物如宫殿、梵刹、厅堂、轩榭、园林庭院等，都能依山就势，成为天然风景的点缀。静宜园东宫门外设城关二座，关内东西各立牌坊两座，中架石桥，下为月河、渡桥，宫门五开间，左右朝房各三间。入宫门迎面为勤政殿，殿前有月河，殿依山而筑，五开间，南北设配殿。整个建筑群已毁，现只剩下一个小池和依山的一堆叠石及劫余尚存的古树。[1] 宫门区西南不远是虚朗斋，残存山石遗迹，20世纪80年代在那里修建了香山饭店。内垣的西北区黄栌成片，每至深秋，层林尽染，观西山红叶成为静宜园的重要景观。

外垣是香山的高山区，地势开阔而高峻，可对园内外的景色一览无余。面积广阔，散布着15处景点，大多为欣赏自然风光之最佳处和因景而构的小园林建筑。“西山晴雪”，为著名的“燕京八景”之一。

别垣是在静宜园北部的一区，有见心斋和昭庙两处较大的建筑群。园中之园见心斋始建于明嘉靖年间，庭院内以曲廊环抱半圆形水池，池西有

[1] 何重义、曾昭奋:《北京西郊的三山五园》,《古建园林技术》, 1992年第1期。

三开间的轩榭，即见心斋。斋后山石嶙峋，厅堂依山而建，松柏交翠，环境幽雅。乾隆四十五年（1780）为纪念班禅六世来京朝觐而修建的昭庙，是一所大型佛寺，全名“宗镜大昭之庙”，兼有汉族和藏族的建筑风格。庙后矗立着一座造型秀美、色彩华丽的七层琉璃砖塔。

万寿山颐和园（原清漪园）

颐和园，原称清漪园，中国现存规模最大、保存最完整的皇家园林。颐和园利用昆明湖、万寿山为基址，以杭州西湖风景为蓝本，汲取江南园林的某些设计手法和意境而建成的一座大型天然山水园，也是保存得最完整的一座皇家行宫御苑，被誉为皇家园林博物馆。颐和园不仅是著名的古典园林，还是清代皇帝的重要行宫。

清漪园（颐和园），为“三山五园”中最后兴建的一座园林，始建于清乾隆十五年（1750），乾隆二十九年（1764）建成。从动工到完工连续施工十几年，乾隆负责主题规划，样式雷负责具体设计，内务府和工部负责监督施工，通过召集全国的能工巧匠，利用全国的人力、物力、财力，

颐和园

在乾隆皇帝的亲自检查监督之下建成。

乾隆继位以前，清廷在北京西郊一带已建起了 4 座大型皇家园林，从海淀到香山这 4 座园林自成体系，相互间缺乏有机的联系，中间的“瓮山泊”成了一片空旷地带。乾隆十五年（1750），乾隆为孝敬其母孝圣宪皇后，动用 448 万两白银在这里改建清漪园，以此为中心把两边的 4 个园子连成一体，形成了从现清华园到香山长达 20 千米的皇家园林区。原来的瓮山泊位于万寿山的西南面。工人们通过西边回填、东边开挖的方式，让湖面整体向东移动，湖东岸一直挖到瓮山的东麓，最后形成一个桃形的大湖泊，桃形寓意着长寿。瓮山泊里面挖出来的泥土堆放在瓮山东侧，使瓮山东西两边的山体大体对称，构成蝙蝠形状。瓮山泊的东边是西堤，挖成昆明湖后，西堤变成了东堤，后来乾隆在湖中间偏西的地方又修建了一个堤，就是现在昆明湖的西堤。乾隆十五年（1750），将瓮山改名为万寿山，将瓮山泊改名为昆明湖，并将这座万寿山行宫正式命名为清漪园。乾隆十五年（1750）开始建设宫殿，动工修建延寿寺，到乾隆十九年（1754），大宫门前后，万寿山前山和昆明湖一带，宫殿建设基本完工，共建 101 处景点、101 座殿堂。乾隆二十年（1755）起，又先后在后山和西部建设了 24 个大的景点，乾隆二十九年（1764）清漪园全部建成，建筑面积达 7 万多平方米，房屋 3000 多间。

咸丰十年（1860），清漪园在第二次鸦片战争中英法联军火烧圆明园时同遭严重破坏，佛香阁、排云殿、石舫洋楼等建筑被焚毁，长廊被烧得只剩 11 间半，智慧海等耐火建筑内的珍宝佛像也被劫掠一空。光绪十二年（1886）开始重建，光绪十四年（1888）慈禧以海军军费的名义筹集经费修复此园，改名为“颐和园”，取“颐养冲和”之意。关于修复颐和园挪用的海军军费，经专家考证，一共挪用了 7 年，每年 30 万两，占全部修复费用的 1/3 以上。

光绪二十一年（1895）工程结束，颐和园尽管大体上全面恢复了清漪园的景观，但在质量上有所下降。许多高层建筑由于经费的关系被迫减矮，尺度也有所缩小。如文昌阁城楼从三层减为两层，乐寿堂从重檐改为单檐，不过也有加高的建筑，如大戏楼。苏州街被焚毁后再也没有恢复。由于慈禧偏爱苏式彩画，许多房屋亭廊的彩画也由和玺彩画变为苏式彩画，在细节上改变了清漪园的原貌。

1898年，光绪曾在颐和园仁寿殿接见康有为，询问变法事宜。戊戌变法失败后，光绪被长期幽禁在园中的玉澜堂。光绪二十六年（1900），颐和园又遭八国联军洗劫，翌年，慈禧从西安回到北京后，再次动用巨款修复此园。1924年，颐和园辟为对外开放公园。

颐和园景区规模宏大，占地面积2.97平方千米，主要由万寿山和昆明湖两部分组成，其中水面占3/4。园内建筑以佛香阁为中心，园中有大小院落20余处，共有亭、面积约0.07平方千米，古树名木1600余株。台、楼、阁、廊、榭等不同形式的建筑3000多间。其中佛香阁、长廊、石舫、苏州街、十七孔桥、谐趣园、大戏台等已成为家喻户晓的代表性建筑。

园中主要景点大致分为三个区域。以庄重威严的仁寿殿为代表的政治活动区，是清朝末期慈禧与光绪从事内政、外交政治活动的主要场所。仁寿殿乾隆时名勤政殿，但乾隆皇帝在清漪园真正办公的地方是位于勤政殿后面偏南一点的玉澜堂，以及南湖岛上的鉴远堂。以乐寿堂、玉澜堂、宜芸馆等庭院为代表的生活区，是慈禧、光绪及后妃居住的地方。还有以万寿山和昆明湖等组成的风景游览区。

颐和园也可分为万寿前山、昆明湖、后山后湖三部分。以长廊沿线、后山、西区组成的广大区域，是供帝后们休闲娱乐的苑园游览区。

前山以佛香阁为中心，组成巨大的主体建筑群。万寿山南麓的中轴线上，金碧辉煌的佛香阁、排云殿建筑群起自湖岸边的云辉玉宇牌楼，经排云门、二宫门、排云殿、德辉殿、佛香阁，终至山颠的智慧海，重廊复殿，层叠上升，贯穿青琐，气势磅礴。巍峨高耸的佛香阁八面三层，踞山面湖，统领全园。佛香阁，原为一座九层宝塔，1860年毁于火。1892年，改建成高41米的八面三层四重檐的佛香阁。佛香阁以8根铁梨木为支柱，工程建设耗银78万两，为全园之冠。

排云殿

排云殿，位于颐和园万寿山前建筑的中心部位，原是乾隆为其母后60寿辰而建的大报恩延寿寺，慈禧重建的时候更名为排云殿。“排云”二字取自晋代郭璞《游仙诗》“神仙排云出，但见金银台”。排云殿建在一座高台上，重檐歇山，前后由21间房屋组成。殿内有宝座、围屏、鼎炉、宫扇等，平台下对称排列着供防火盛水用的四口大铜缸，俗称“门海”。排云殿四周有游廊和配殿，前院有水池或汉白玉砌成的金水桥。殿角重重叠叠，琉璃五彩缤纷。从远处望去，排云殿与牌楼、排云门、金水桥、二宫门连成了层层升高的一条直线，这组建筑是颐和园最为壮观的建筑群体。

万寿山的前山正中从山底的牌楼开始，经过排云殿、佛香阁一直到山顶的智慧海，是一条中轴线，中轴线西边是画中游和听鹂馆，东边主要有养云斋、无尽意轩等。万寿山的西边有一条买卖街，叫万字河买卖街，它的北边是贝阙，南边是石舫，西边是万字河的长岛叫小西泠。

万寿山后山正中间的中轴线上，从山底松堂起到山顶所有的建筑全是喇嘛庙，喇嘛庙的西边有几个清静优雅的小型园林，如绮望轩、赅春园等。后山中轴线的东边是花承阁。山下三孔桥的东西方向上，在后溪河的两岸，建了一条长 270 米，有 200 间铺面房的苏州街。在万寿山的东面山坡上，建有六角形的昙花阁，山下建设了惠山园和霁清轩。

前山脚下沿湖边地势布建的长廊，东起邀月门，与乐寿堂相连，正中经过排云殿前面，西抵石丈亭，全长 728 米，273 间。长廊地基随地势蜿蜒起伏，在连接点上建有象征春夏秋冬的“留佳”“寄澜”“秋水”“清遥”四个八角重檐凉亭和对鸥坊、鱼藻轩亭。长廊梁房上画有 14000 多幅古典故事和山水风景、花鸟鱼虫的苏式彩绘，1992 年被认定为世界上最长的长廊，列入“吉尼斯世界纪录”。

昆明湖在万寿山南麓，约占全园面积的 3/4。湖上，有涵虚堂、藻鉴堂、治镜阁为主建筑的三座岛屿鼎足而立，其中涵虚堂位于湖心靠东，以万寿山为对景，岛上建有广润灵雨祠、月波楼、鉴远堂、涵虚堂等建筑，掩映在绿树丛中。岛的东岸，有十七孔桥与昆明湖东岸相连。十七孔桥有 17 孔，长 150 多米，桥的石栏干柱上刻有各具形态的近 500 个大小石狮。东岸桥头有一巨大八角亭——廓如亭，亭旁有一铜牛，牛背上刻有铁牛镇压水患故事的铭文。

在昆明湖的西半部，自万寿山西面的柳桥起，至湖南端界湖桥，是长达 5 千米的仿杭州西湖苏堤建造的西堤，堤上建有形态各异的 6 座桥梁，自北而南分别为界湖桥、豳风桥、玉带桥、镜桥、练桥、柳桥。其中，尤以汉白玉雕砌的玉带桥造型优美。自西堤而南，湖面逐渐缩小，在西堤和东堤交汇处，有一座桥面隆起的白石拱桥——绣漪桥。

昆明湖西北、万寿山西麓岸边，有一座船形石坊，长 36 米，名清晏坊。坊身用巨石雕造而成，上下两层舱楼，船底花砖铺地，船窗嵌五色玻璃，设计十分巧妙，是颐和园唯一的带有西洋风格的建筑。

仁寿殿，位于颐和园东宫门内，是宫廷区的主要建筑之一。乾隆清漪园时期，称“勤政殿”，建于乾隆十五年（1750），意为不忘勤理政务。1860 年被英法联军烧毁，光绪十二年（1886）重建，改名仁寿殿，取《论语》中“仁者寿”之意。仁寿殿坐西向东，面阔 7 间，两侧有南北配殿，前有仁寿门，门外有南北九卿房。这里是慈禧太后和光绪皇帝在颐和园居

仁寿殿

住时朝会大臣、接见外国使节的地方，为园内最主要的政治活动场所，也是中国近代史上变法维新运动的策划地之一。1898 年光绪皇帝曾在此殿召见改良派领袖康有为，任命他为总理各国事务衙门章京上行走，准其专折奏事，从而揭开了维新变法的序幕。但好景不长，由于封建保守势力的反对，百日维新终归失败。

仁寿殿内高悬金字大匾“寿协仁符”，殿中放着慈禧、光绪朝会大臣的宝座，宝座由极名贵的紫檀木精雕而成，椅背上雕有九条金龙，宝座四周设有掌扇、鼎炉、鹤灯、角端等。仁寿殿内最吸引人的是一只蹲在石须弥座上的铜制怪兽，龙头、狮尾、鹿角、牛蹄、遍体鳞甲，即为传说中象征富贵吉祥的麒麟。仁寿殿在室内装饰上突出一个“寿”字，在南北暖阁山墙上，分别挂有一个巨大的条幅，幅上是百只蝙蝠捧着一个“寿”字，寓意百福捧寿。在殿中宝座后边的屏风上，一共雕有 200 多个“寿”字，用不同写法精雕而成。四周房檐的滴水瓦上也刻上了“寿”字图案，两侧各 78 个，前后各 128 个，共计 412 个“寿”字。

乐寿堂，面临昆明湖，背依万寿山，东达仁寿殿，西接长廊，是一

乐寿堂

组前后两进、左右各带跨院的四合院式建筑群。乐寿堂为清漪园建筑，乾隆十五年（1750）时乾隆为母亲孝圣宪皇后六十岁生日修建，嘉庆七年（1802）修葺，咸丰十年（1860）被毁，光绪十七年（1891）重修，是颐和园居住生活区中的主建筑，慈禧的寝宫。乐寿堂五开间，中间为起居室，殿内设宝座、御案、掌扇及玻璃屏风，西套间为卧室，东套间为更衣室。

玉澜堂，在颐和园昆明湖畔，晋代陆机诗云“芳兰振蕙叶。玉泉涌微澜”，故名。乾隆十五年（1750）建。嘉庆时期，嘉庆皇帝在这里办公、用膳以及召见大臣。咸丰十年（1860）被英法联军烧毁，光绪十二年（1886）才得以重建，成为光绪皇帝在园内的寝宫。光绪二十四年（1898）戊戌变法失败后，慈禧曾幽禁光绪于此。

玉澜堂是一座三合院式的建筑，正殿玉澜堂坐北朝南，东配殿霞芬室，西配殿藕香榭。3 个殿堂原先均有后门，东殿可到仁寿殿，西殿可到湖畔码头，正殿后门直对宜芸馆。玉澜堂前院内正北面的主殿，包括主体建筑 5 间、前抱厦 3 间、后抱厦 3 间、东西耳房 2 间。

玉澜堂

样式雷

17 世纪末，南方匠人雷发达来北京参加营造宫殿的工作。因为技术高超，很快就被提升担任设计工作。从他起，在清朝的 200 多年间，主要的皇室建筑如宫殿、皇陵、圆明园、颐和园等，都是由雷氏家族负责建造的。这个一共八代的建筑师家族，被称为样式雷。梁思成先生在《中国建筑与中国建筑师》中言："在清朝……北京皇室的建筑师成了世袭的职位……这个世袭的建筑师家族被称为'样式雷'。"

清代都城、宫殿、坛庙、陵寝、苑囿、府邸、衙署等国家建筑工程，按成例需由管理各工程事务的内务府、工部或钦派工程处等衙门统领其所属的设计机构——"样式房"的专职匠人，制作"画样"和"烫样"并制定"工程做法"，经钦准后支取工料银两，招商承修。这些专职匠人通常被称为"样子匠"，其中以雷氏家族"终清之世，最有声于匠家"。

样式雷家族供役于皇家建筑工程，始自清康熙年间。原籍江西省南康府建昌县（今永修县）的雷发达（1619—1693），明末清初避战乱暂居金陵。1683 年冬，他与堂弟雷发宣一同“以艺应募赴北京”，参加清廷宫禁营建。嗣后，雷发达长子雷金玉投充内务府包衣旗，供任圆明园楠木作样式房掌案一职，成为雷氏家族世代因袭样式房一业的始祖。自此，雷氏一族先后共八代人操持此业，技术水平和艺术造诣极高。样式雷之声名，至雷思起、雷廷昌父子两代即同治、光绪时期达到最高峰。

样式雷参加或主持过三山五园、南苑、避暑山庄等皇家园林，慕陵、昌陵、惠陵等皇家陵寝以及各地行宫的修造，还承办宫中年例灯彩以及西厂焰火、乾隆八旬万寿节典景楼台等庆典工程。总之，清康熙朝以降，200 余年间的皇家建筑工程，无不留下样式雷的深刻印记。

样式雷家族传承相因，完成了大量建筑修缮设计。目前我国被列入世界文化遗产的古建筑遗存，样式雷一家所设计者，即占其总数的 1/5。雷氏匠人制作的大量画样、烫样及工程做法等图籍，是中国古代建筑文化极为丰硕和珍贵的遗产，在文物价值之外，更具有极大的研究和利用价值。自清末辗转至今，传世的样式雷图档总数约有 2 万件以上，在国内，主要为故宫博物院、中国第一历史档案馆和国家图书馆等单位所珍藏。

样式雷家族来自江西。明末清初动乱的时候，他们家族在南京，后来三藩基本平定以后，就有人到北京。其中包括雷发达和雷发宣，他们带着自己的子女住在海淀。在南方的时候，他们就用楠木盖楼、装修、做家具，来到北京后就通过自己的手艺干活儿。康熙二十二年（1683），雷发达来到了北京，参加了清廷宫禁营建，于康熙三十二年（1693）去世。继他之后，包括雷金玉、雷家玺、雷景修、雷廷昌等雷氏子孙继续着祖辈的事业，长期主管着样式房的工作。

雷发达被认为是样式雷的鼻祖，雷发达，字明所，祖籍江西永修。其曾祖在明末迁居江苏金陵（今南京），康熙二十二年（1683）雷发达和堂弟雷发宣应募来到北京，参加皇宫的修建工程，以其精湛卓越的技术才能，得到康熙帝的赏赐，并获得了官职。70 岁退休，死后葬于江宁。

在样式雷家族中，声誉最好、名气最大也最受朝廷赏识的应是第二代的雷金玉。雷金玉（1659—1729），字良生。他以监生考授州同，继承

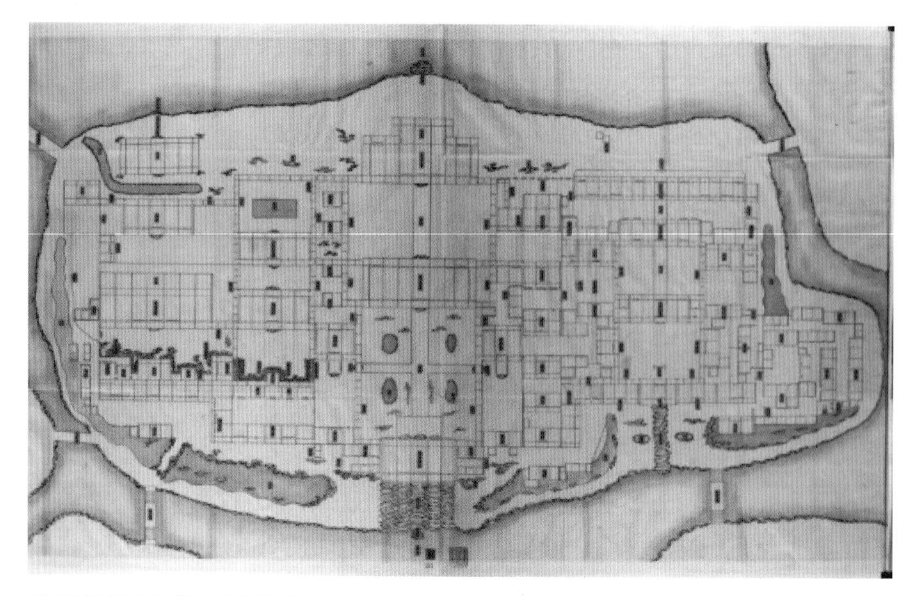

样式雷的颐和园排云殿和佛香阁平面图

父业在工部营造所任长班之职，投充内务府包衣旗。康熙年时逢营造畅春园，金玉供役圆明园楠木作样式房掌案。严格地说，雷家有声誉于外者，自雷金玉始。雷金玉 70 岁时，蒙太子（即弘历）赐书“古稀”匾额，此匾运回故乡，供奉于原籍祖居大堂。雷金玉 71 岁去世，又得到皇帝恩“赏盘费一百余金，奉旨驰驿”，归葬原籍江苏江宁府江宁县安德门外。从时间上看，雍正帝于雍正三年（1725）大规模扩建圆明园，雷金玉作为圆明园楠木作样式房掌案，在圆明园工程的设计图纸、烫样到营造中，其功不可没。他是雷氏家族第一位执掌这一职位的人。

第三代样式雷——雷声澂（1729—1792），字藻亭。他是雷金玉幼子，为金玉第六位夫人张氏所生。雷声澂出生才三个月，父亲雷金玉便去世。张宝章先生《雷动星流》中言：“雷声澂成年后，生活于乾隆盛世，正是京城西郊的皇家园林‘三山五园’大兴土木之时，他当有所贡献。但雷氏家谱确难见记载。”

第四代样式雷——雷家玺（1764—1825），字国宝。他是雷声澂次子，与长兄雷家玮（1758—1845）、三弟雷家瑞（1770—1830）三兄弟供职工部样式房，雷家玺是三兄弟中的翘楚，先后承办乾隆、嘉庆两朝的营造业，操办宁寿宫花园工程、设计嘉庆陵寝工程、乾隆八十大寿庆典由圆明园至皇宫沿路点景楼台的设计与营造工程以及宫中年例彩灯、西厂焰火等设计与实施，嘉庆年间又承建了圆明园绮春园建设工程以及同乐园戏楼的改建、含经堂戏楼的添建、长春园如园的改建工程。此时形成第四代样式雷最为强大阵容。雷家玺去世后，安葬于海淀巨山祖茔。

第五代样式雷——雷景修（1803—1866），字先文，号白璧，雷家玺第三子。雷景修16岁便开始随雷家玺在圆明园样式房学习传世技艺，正当他勤奋学习营造业技之时，父亲猝然去世。雷家玺担心景修难承重任，留下遗言，将掌案名目移交郭九承办。雷景修知道父亲心意，兢兢业业尽心竭力，深通营造技艺，终于在道光二十九年（1849），凭借丰富的建筑经验和卓越的才能，争回了祖传样式房掌案之职。咸丰十年（1860），英法联军焚毁西郊的三山五园，样式房工作停止，此后雷景修主要参与清西陵、慕东陵、圆明园工程。雷景修除了克勤职守以外，聚集了样式雷图档装满了三间房屋，样式雷图档之所以流传至今日，他功不可没。

雷景修画像

第六代样式雷——雷思起（1826—1876），号禹门，雷景修三子。雷思起继承祖业，执掌样式房，承担起设计营造咸丰清东陵定陵的任务，因建陵有功，以监生钦赏盐场大使，为五品职衔。同治十三年（1874）重修圆明园，雷思起与其子雷廷昌因进呈所设计的园庭工程图样，得蒙皇帝召见5次。雷思起与子雷廷昌还参与惠陵、盛京永陵、三海工程。

第七代样式雷——雷廷昌（1845—1907），字辅臣，又字恩绶，雷思起长子。雷廷昌随父参加定陵、重修圆明园等工程，独立承担设计营造同治惠陵、慈安和慈禧太后的定东陵、光绪帝的崇陵等项大型陵寝工程以及颐和园、西苑、慈禧太后六旬万寿盛典工程。同治十二年（1873）被赏布政司职衔。与此同时，普祥、普陀两大工程方起，其后的三海、万寿山庆典工程接踵而至，样式房此时生意兴盛，样式雷也于雷思起雷廷昌父子两代闻名遐迩，地位更加显赫。

第八代样式雷——雷献彩（1877—不详），字霞峰。雷献光、雷献瑞、雷献春、雷献华兄弟，参与圆明园、普陀峪定东陵重建、颐和园、西苑、崇陵、摄政王府、北京正阳门的工程等。

样式雷建筑世家经过八代人的经营，留下了众多伟大的古代建筑作品，为中国乃至世界留下了一笔宝贵的财富。样式雷的作品非常多，包括故宫、北海、中海、南海、圆明园、万春园、畅春园、颐和园、景山、天坛、清东陵、清西陵等。这其中有宫殿、园林、坛庙、陵寝，也有京城大量的衙署、王府、私宅以及御道、河堤，还有彩画、瓷砖、珐琅、景泰蓝等。此外，还有承德避暑山庄、杭州的行宫等著名皇家建筑。总之，中国约 1/5 的世界文化遗产的建筑设计，都出自样式雷家族。

中国古代的建筑工程，最迟在汉代就有了图样，到隋朝时发展出以线条和结构相结合，在三维空间内研究建筑设计的模型，样式雷的贡献是将这一设计程序标准化、规范化，并命名为“烫样”。

所谓烫样，就是指按照实物比例缩小、用草纸板、秫秸、油蜡和木料等材料加工制作的模型，因制作工艺中有一道熨烫工序，故称烫样。作为清代皇家建筑设计御用班底的样式雷家族，当仁不让地成了宫廷各项建筑工程烫样的制作者。在他们的妙手之中，平面的设计图样通过纸、秸秆和木头等材料的组合变成了立体的微缩景观。

遗留至今的样式雷烫样，从内容上看，主要有圆明园、万春园、颐和园、北海、中南海、紫禁城、景山、天坛、清东陵等处，其中以同治年间重修圆明园时所做的烫样为数最多，其中有圆明园中的“勤政殿”“万方安和”“廓然大公”等。这些烫样都按比例制作，尺寸基本上是两种。一种是分样，一种是寸样。如五分样、寸样、二寸样、四寸样至五寸样等，即与建筑尺寸比例分别属1∶200、1∶100、1∶50、1∶25至1∶20等。比例根据需要选择，细致到房瓦、廊柱、门窗甚至室内陈设的桌椅屏风等，以便皇帝审样时一看就明白，也方便建筑时按比例原样放大。烫样的神奇也在于其层叠性和灵活性，结构之间互不影响，各个建筑细部有所联系又不失独立。圆明园施工过程中，欣逢雷金玉七旬正寿，雍正帝给予特殊的褒奖：命皇子弘历（即后来的乾隆皇帝）亲笔书写“古稀”二字匾额，赐予雷金玉。雷金玉将此匾运回故乡南京，悬挂于祖居大堂。

样式雷的每个建筑设计方案，都按1∶100或1∶200的比例先制作模型小样进呈内廷，以供审定。模型用草纸板热压制成，故名烫样。其台基、瓦顶、柱枋、门窗、以及床榻桌椅、屏风纱窗等均按比例制成。作为圆明园建筑设计师的样式雷，在具体施工前首先要进行平面设计，画出建筑草图——地盘样，地盘样上有亭台楼阁、庭院山石等建筑图例，也有桥梁、水流的布局走向。草图经皇帝认可后，他们便要将图上的建筑景致用具体的模型表现出来。

样式雷的建筑作品非常讲究选址，并在建筑设计上保证房屋冬暖夏凉，很多建筑工艺就算拿到今天都很先进。同时，样式雷的作品轴线感特别强，他们设计建造的东陵，景物和建筑相互对应，建筑和环境紧密结合在一起。

样式雷世家的贡献，不仅表现在其设计成果的最后现实化，而更主要地体现在其设计过程本身——图样的绘制、模型的制作方面。大规模的群体建筑，必然需要一种多人能够识别遵循的整体设计图甚至构造模型，以表达用语言文字难以表述的情况。在中国这一过程虽出现很久了，就目前所知，战国时就有了建筑总平面图，隋代已出现了模型设计，并逐渐形成了一种专门技术。但到建筑设计高手样式雷手中，又有了更大的改进。通过样式雷遗留下来的实物，看到建筑制图技术在清代的发展。这批道光、咸丰、同治几朝的遗物图样，大多藏于北京图书馆善本部，烫样主要在故宫博物院，少量散见于清华大学等处。

样式雷世家在清代皇家园林建设活动中倾注了大量心血。现存于中国国家图书馆、故宫博物院和第一历史档案馆等国内外有关机构的约 2 万件样式雷图档，其中近一半涉及清代特别是清末皇家园林的建设工程，翔实直观地再现了样式雷世家从事园林创作活动的种种详情细节。目前已知的样式雷圆明园图档就逾 3000 件，包括各项建筑工程前期现场勘察测绘的草图，也有方案设计阶段的草稿，还有进呈御览的正式图的副本。依据收藏的样式雷家藏图档，样式雷参与了三山五园、南苑、西苑、避暑山庄以及北京西北郊众多皇家赐园的建设，留下了大量的图档。此外还有满足皇帝出巡时沿途短暂驻跸之用的行宫，如静寄山庄、万寿寺行宫、五台山行宫等。样式雷世家从康熙朝直至清末，曾经主持或参与了清代几乎所有皇家园林的建设，或是规划设计，或是添建改建，或是重修工程，或是内檐装修。样式雷家族参与了清漪园的建设、日常维修。光绪十二年（1886），颐和园重修工程启动，样式房掌案雷廷昌成为颐和园重修工程总设计师。

辛亥革命后，为皇家建筑设计的样式房差务也就随之消失。雷献彩没有留下子嗣，样式雷在第八代传人雷献彩之后，就开始没落了。清朝败亡，各地战乱频繁，雷氏家道随之迅速败落，几乎没有人再从事建筑行业。家族后人为生计所迫，开始变卖家中的图档收藏。由于样式雷声名显赫，这些图档在市面上十分抢手，并开始流往海外。所幸，一些有识之

圆明园勤政殿烫样

士注意到这个问题，尤其是以朱启钤先生为首的营造学社，发动个人及相关机构将大量图纸和烫样收购回来。

1930 年，样式雷后人将大部分图档卖给了当时的北平图书馆，卖了 4500 块银圆，据说当时的图纸和烫样足足装满了 10 卡车，这使得大部分图档又被保护、收藏。然而，当时仍有部分图档分散在雷氏后人手里。1964 年年底，两位雷氏后人来到北京市文物局，带来了一平板三轮的样式雷画样。后来，样式雷逐渐淡出了历史的视线。

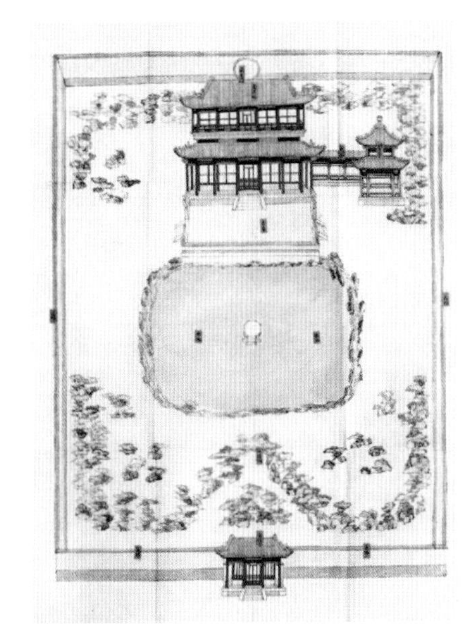

样式雷圆明园内文渊阁图样

随着样式雷家族的败落，中国古代宫殿建设也画上了句号。《宫殿简史》所反映的 5000 年中国宫殿发展史实，也到此为止。收笔之余，援依近年惯例，填词一阕，抄附于此，作为全书的收尾。

水龙吟

中国宫殿

堂皇大殿宏宫，古来璀璨繁星斗。前朝后寝，重檐斗拱，朱门轩牖。阿房铜雀大明，而今安在？不堪回首。更华清缥缈，圆明焚圮，中轴线，偏移否？

叠院层台辐辏，只依凭鲁班妙手。雕梁画栋，琉璃黄碧，凤翔龙走。华堂盛事，冠盖轩冕，管弦宴酒。叹风霜雨雪，楼空人去，铜壶滴漏。

参考文献

一、专著

（按出版年份顺序排列）
《凤阳新书》，明天启刻本。
《高皇帝御制文集》，嘉靖十四年刊本。
[明]萧洵编:《元故宫遗录》，商务印书馆，1936年。
[宋]李诫:《营造法式》，商务印书馆，1954年。
[宋]司马光:《资治通鉴》，中华书局，1956年。
石璋如:《殷墟建筑遗存》，“中央研究院”历史语言研究所，1959年。
[汉]司马迁:《史记》，中华书局，1959年。
[汉]班固:《汉书》，中华书局，1962年。
[法]张诚:《张诚日记》，商务印书馆，1973年。
[梁]萧统:《昭明文选》，中华书局，1974年。
[清]张廷玉等:《明史》，中华书局，1974年。
[后晋]刘昫等:《旧唐书》，中华书局，1975年。
[宋]欧阳修、宋祁:《新唐书》，中华书局，1975年。
[元]脱脱等:《金史》，中华书局，1975年。
[元]脱脱等:《宋史》，中华书局，1977年。
赵尔巽等:《清史稿》，中华书局，1977年。
[北宋]宋敏求:《长安志》，上海古籍出版社，1978年。
[明]佚名:《北平考、故宫遗录》，古籍出版社，1980年。
《大清一统志》，上海古籍出版社，1980年。
《老子》，中华书局，1981年。
[清]董诰等:《全唐文》，中华书局，1983年。
[晋]陈寿:《三国志》，中华书局，1982年。

[唐]李吉甫:《元和郡县图志》,中华书局,1983年。
[清]顾炎武:《历代宅京记》,中华书局,1984年。
中国社会科学院考古研究所:《新中国的考古发现与研究》,文物出版社,1984年。
[清]于敏中等:《日下旧闻考》,北京古籍出版社,1985年。
[宋]宇文懋昭:《大金国志校证》,中华书局,1986年。
[宋]徐梦莘:《三朝北盟会编》,上海古籍出版社,1987年。
《清仁宗实录》,中华书局,1987年。
顾颉刚:《苏州史志笔记》,江苏古籍出版社,1987年。
[南朝宋]刘义庆:《世说新语》,中华书局,1991年。
[宋]王溥:《唐会要》,上海古籍出版社,1991年。
[唐]李林甫等:《唐六典》,中华书局,1992年。
中国社会科学院考古研究所:《殷墟的发现与研究》,科学出版社,1994年。
钱伯城等:《全明文》,上海古籍出版社,1994年。
秦文玉:《布达拉宫之晨》,中国对外翻译出版公司,1996年。
[梁]萧统:《文选》,中华书局,1997年。
[唐]魏征:《隋书》,中华书局,1997年。
[元]陶宗仪:《南村辍耕录》,文化艺术出版社,1998年。
骆希哲:《唐华清宫》,文物出版社,1998年。
傅熹年:《傅熹年建筑史论文集》,文物出版社,1998年。
[北齐]魏收:《魏书》,中华书局,1999年。
[梁]萧子显:《南齐书》,中华书局,1999年。
王学理:《咸阳帝都记》,三秦出版社,1999年。
李济:《安阳》,河北教育出版社,2000年。
徐卫民:《秦都城研究》,陕西人民教育出版社,2000年。
[北魏]郦道元原注,陈桥驿注释:《水经注》,浙江古籍出版社,2001年。
[宋]程大昌:《雍录》,中华书局,2002年。
杜金鹏:《偃师商城与"夏商周断代工程"·偃师商城初探》,中国社会科学出版社,2003年。
廓诺·迅鲁伯著,郭和卿译:《青史》,西藏人民出版社,2003年。
[明]宋濂:《元史》,中华书局,2005年。
何清谷:《三辅黄图校释》,中华书局,2005年。
王剑英:《明中都研究》,中国青年出版社,2005年。
《唐两京城坊考》(卷五),三秦出版社,2006年。
[汉]赵岐等撰,[清]张澍辑、陈晓捷注:《三辅决录·三辅故事·三辅

旧事》，三秦出版社，2006 年。

朱偰:《元大都宫殿图考》,《中国营造学社汇刊》(总第三期)，知识产权出版社，2006 年。

梁思成:《中国建筑史》，百花文艺出版社，2007 年。

《左传》，中华书局，2007 年。

《墨子》，中华书局，2007 年。

杜金鹏编:《汉魏洛阳城址研究》，科学出版社，2007 年。

《晋祠铭 · 温泉铭》，吉林文史出版社，2007 年。

[唐] 吴兢:《贞观政要》，上海古籍出版社，2008 年。

闻人军译注:《考工记译注》，上海古籍出版社，2008 年。

雷从云、陈绍棣、林秀贞:《中国宫殿史》(修订本)，百花文艺出版社，2008 年。

临潼文化旅游区管理委员会:《骊山华清宫文史宝典》，陕西旅游出版社，2008 年。

[唐] 许嵩:《建康实录》，中华书局，2009 年。

杨鸿勋:《宫殿考古通论》，紫禁城出版社，2009 年。

陈侃编:《子虚赋上林赋》，西泠印社出版社，2009 年。

孟凡人:《明代宫廷建筑史》，紫禁城出版社，2010 年。

蔡燕歆:《中国建筑史话》，五洲传播出版社，2010 年。

杜金鹏:《殷墟宫殿区建筑基址研究》，科学出版社，2010 年。

李采芹:《中国历朝火灾考略》，上海科学技术出版社，2010 年。

[元] 陶宗仪:《南村辍耕录》，上海古籍出版社，2012 年。

[明] 顾炎武:《天下郡国利病书》，上海古籍出版社，2012 年。

杨鸿勋:《宫殿建筑史话》，社会科学文献出版社，2012 年。

柳肃:《营建的文明——中国传统文化与传统建筑》，清华大学出版社，2014 年。

于倬云主编:《紫禁城宫殿》，人民美术出版社，2014 年。

《明实录》，上海书店出版社，2015 年。

《明实录》，中华书局，2016 年。

刘庆柱:《地下长安》，中华书局，2016 年。

〔日〕伊东忠太:《中国建筑史》，廖伊庄译，中国画报出版社，2017 年。

单士元:《从紫禁城到故宫：营建、艺术、史事》，北京出版社，2017 年。

张建林:《秘境之国 · 寻找消失的古格文明》，西北大学出版社，2019 年。

傅伯星:《大宋楼台：图说宋人建筑》，上海古籍出版社，2020 年。

刘阳:《朕的圆明园》，清华大学出版社，2020 年。

二、论文、报道

（按发表年份顺序排列）

梁思成、林徽因、莫宗江：《中国建筑发展的历史阶段》，《建筑学报》，1954 年第 2 期。

马得志：《唐大明宫发掘简报》，《考古》，1959 年第 6 期。

于倬云：《故宫三大殿》，《故宫博物院院刊》，1960 年。

秦都咸阳考古工作站（刘庆柱、陈国英执笔）：《秦都咸阳第一号宫殿建筑遗址简报》，《文物》，1976 年第 11 期。

陕西周原考古队：《扶风召陈西周建筑群基址发掘简报》，《文物》，1981 年第 3 期。

陕西省文管会：《统万城城址勘测记》，《考古》，1981 年第 3 期。

程万里：《北京宫殿谁建造》，《建筑工人》，1981 年第 6 期。

陕西省雍城考古队：《秦都雍城钻探试掘简报》，《考古与文物》，1985 年第 2 期。

韩伟：《秦公朝寝钻探图考释》，《考古与文物》，1985 年第 2 期。

中国社会科学院考古研究所河南第二工作队：《1984 年春偃师尸乡沟商城宫殿遗址发掘简报》，《考古》，1985 年第 4 期。

丘刚：《北宋东京皇宫沿革考略》，《史学月刊》，1989 年第 4 期。

徐卫民：《西汉上林苑宫殿台观考》，《文博》，1991 年第 4 期。

何重义、曾昭奋：《北京西郊的三山五园》，《古建园林技术》，1992 年第 1 期。

李锋：《中国古代宫城概说》，《中原文物》，1994 年第 2 期。

中国社会科学院考古研究所西安唐城工作队：《隋仁寿宫唐九成宫 37 号殿址的发掘》，《考古》，1995 年第 12 期。

潘谷西、陈薇：《明代南京宫殿与北京宫殿的形制关系》，《中国紫禁城学会论文集》（第一辑），1996 年。

吴梦麟、刘精义：《房山大石窝与北京明代宫殿陵寝采石——兼谈北京历朝营建用石》，《中国紫禁城学会论文集》（第一辑），1996 年。

华玉冰：《试论秦始皇东巡的“碣石”与“碣石宫”》，《考古》，1997 年第 10 期。

杨从彪：《布达拉宫的古老建筑》，《中华魂》，1998 年第 12 期。

刘庆柱：《关于中国古代宫殿遗址考古的思考》，《考古与文物》，1999 年第 6 期。

田淑华：《清代塞外行宫调查考述》（上、下），《文物春秋》，2001 年第 6 期。

赵晔：《余杭良渚遗址群聚落形态的初步考察》，《东南文化》，2002 年第 3 期。

方酉生:《试论湖北潜江龙湾发现的东周楚国大型宫殿遗址》,《孝感学院学报》, 2003 年第 1 期。

孟凡人:《明北京皇城和紫禁城的形制布局》,《明史研究》, 2003 年。

张劲:《两宋开封临安皇城宫苑研究》, 暨南大学博士学位论文, 2004 年。

郑艳:《"三山五园"称谓辨析》,《北京档案》, 2005 年第 1 期。

刘庆柱:《中国古代都城遗址布局形制的考古发现所反映的社会形态变化研究》,《考古学报》, 2006 年第 3 期。

王学荣、谷飞:《偃师商城宫城布局与变迁研究》,《中国历史文物》, 2006 年第 6 期。

王志高:《六朝建康城遗址考古发掘的回顾与展望》,《南京晓庄学院学报》, 2008 年第 1 期。

刘庆柱:《秦阿房宫遗址的考古发现与研究——兼谈历史资料的科学性与真实性》,《徐州师范大学学报》(哲学社会科学版), 2008 年第 2 期。

中国社会科学院考古研究所山西队、山西省考古研究所、临汾市文物局:《山西襄汾县陶寺城址发现陶寺文化中期大型夯土建筑基址》,《考古》, 2008 年第 3 期。

刘庆柱:《关于赵王城在中国古代宫城发展史上的地位》,《邯郸学院学报》, 2009 年第 1 期。

项福库:《秦代两度修建阿房宫未成原因新探》,《贵州文史丛刊》, 2009 年第 3 期。

李纯:《中国宫殿建筑营造中的美学原则探析》,《船山学刊》, 2010 年第 4 期。

吴奈夫:《吴国姑苏台考》,《苏州大学》(哲学社会科学版), 2010 年第 5 期。

高塽:《元大内宫殿考证》,《首都师范大学学报》(社会科学版), 2010 年增刊。

姜鹏:《乾隆朝"岁朝行乐图""万国来朝图"与室内空间的关系及其意涵》, 中央美术学院硕士学位论文, 2010 年。

刘剑、胡立辉、李树华:《北京"三山五园"地区景观历史性变迁分析》,《中国园林》, 2011 年第 2 期。

李宗昱:《唐华清宫的营建与布局研究》, 陕西师范大学硕士学位论文, 2011 年。

郝志强、特克寒:《清代塞外第一座行宫——喀喇河屯行宫》,《满族研究》, 2011 年第 3 期。

辜琳:《秦都雍城布局复原研究》, 陕西师范大学硕士学位论文, 2012 年。

孙祥宽:《刘基谏止营建中都的前前后后》,《明史研究》, 中国大百科全书出版社, 2012 年。

王清华:《布达拉宫的历史变迁研究》, 西藏大学硕士学位论文, 2012 年。

沈长云:《石峁古城是黄帝部族居邑》,《光明日报》,2013 年 3 月 25 日第 15 版。

朱鸿:《石峁遗址的城与玉——中华文明探源视野中的文化思考》,《光明日报》,2013 年 8 月 14 日第 5 版。

王毓蔺:《明北京三殿营建采石的重要史料》,《故宫博物院院刊》,2014 年第 1 期。

刘斌、王宁远:《2006—2013 年良渚古城考古的主要收获》,《东南文化》,2014 年第 2 期。

任中:《秦宫殿建筑地盘与院落布局研究》,北京建筑大学硕士学位论文,2014 年。

王红旗:《神木石峁古城遗址当即黄帝都城昆仑》,《百色学院学报》,2014 年第 5 期。

陈建军、周华:《北魏皇室建筑师蒋少游生平事略》,《黄河科技大学学报》,2014 年第 6 期。

中国社会科学院考古研究所洛阳汉魏故城队:《河南洛阳市汉魏故城发现北魏宫城四号建筑遗址》,《考古》,2014 年第 8 期。

胡义成、曾文芳、赵东:《陕北神木石峁遗址即“不周山”——对石峁遗址的若干考古文化学探想》,《西安财经学院学报》,2015 年第 4 期。

孙周勇、邵晶:《石峁是座什么城?》,《光明日报》,2015 年 10 月 12 日第 16 版。

李伯谦:《略论陶寺遗址在中国古代文明演进中的地位》,《华夏考古》,2015 年第 4 期。

许宏:《二里头:中国早期国家形成中的一个关键点》,《中原文化研究》,2015 年第 4 期。

中国社会科学院考古研究所洛阳汉魏故城队:《河南洛阳市汉魏故城发现北魏宫城太极东堂遗址》,《考古》,2015 年第 10 期。

陕西省考古研究院、榆林市文物考古勘探工作队、神木县石峁遗址管理处:《陕西神木县石峁城址皇城台地点》,《考古》,2017 年第 7 期。

黄思达、林源:《西汉南越王宫苑囿池渠周边宫室建筑复原研究与探讨》,《建筑史》,2018 年第 1 期。

罗秋菊:《论李诫的〈营造法式〉对宋朝建筑的贡献》,《九江学院学报》(社会科学版),2018 年第 2 期。

毛祎月:《康熙朝避暑山庄景点研究》,北京林业大学博士学位论文,2018 年。

赵海涛、许宏:《二里头的王朝气象》,《光明日报》,2018 年 11 月 24 日。

朱叶菲:《良渚古城:实证中华 5000 年文明的圣地》,《中国自然资源报》,2019 年 7 月 11 日。

后记　追寻千古宫殿的风采

在中国古代建筑中，宫殿是具有代表性的建筑形式。宫殿积淀中华民族几千年的文化和智慧，是中国传统文化、艺术和营造技术的固化存在。中国宫殿的历史与形象，几乎与中华文明史一样漫长久远、纷繁壮丽。可惜的是，现在我们只能看到清代以来的地面宫殿。我写这本《宫殿简史》，试图以文字和图片资料的形式，追寻中国千古宫殿的风采，采撷中华建筑学家、能工巧匠的侧影。

我很晚才接触中国宫殿。我出生时，家住在北京城里一个离故宫不远的胡同。在我上幼儿园的时候，就搬家到离故宫很远（在儿时的地理概念里）的西郊部队大院。我上了小学后才模模糊糊地知道，故宫是皇上住的地方，这时“文革”已经开始，故宫闭园了。再开放，已是 10 年之后。我是披着改革开放的春风第一次走进故宫。大约从 1984 年开始，有七八年时间，我是跑建筑行业的记者，也接触过一些古建筑的专家。还曾经参加一些活动，比如参加避暑山庄院落里的新建帐篷式宾馆的建成仪式。说起来，对中国古代宫殿，我的了解、认知，还是比较肤浅的。

早在五千年前，中国大地上就留下宫殿的痕迹。那么，中国最早的宫殿产生于何时，中国历史上主要建设了哪些宫殿，中国宫殿经历了怎样的发展阶段，中国宫殿具有什么鲜明特点。一直以来，这些都是我感兴趣的。兴之所至，就去学习；学而知不足，进而探索、研究。

从时间的视角纵向看，中国古代宫殿历史悠久。在这条竖轴上，标有宫殿的起源、兴盛、高潮，还有历代王朝的典型作品以及对发展阶段的划分等。梁思成、林徽因、莫宗江先生将中国古代建筑划分为 7 个发展阶段，其中也包含了古代宫殿的发展阶段。这 7 个阶段是：从远古到殷，西周到春秋战国，秦、汉、三国，晋、南北朝、隋，唐、五代、辽，两宋到金、元，明、清。[1] 罗哲文、王振复先生在《中国建筑文化大观》一书中认为，夏、商为中国古代宫殿的草创阶段，春秋、战国时宫殿建筑文化跃上了新的历史台阶，秦汉由于全国统一而在宫殿建筑史上经历了第一个真正辉煌的历史时期，隋唐开始了中国宫殿建筑文化的第二次高潮，明清时代是中国建筑文化史上第三次宫殿建设的高潮。中国古代宫殿的兴衰起落，又与古代社会的统一—分裂、繁荣—衰落的规律性周期紧密相关。春秋战国之后，凡是在国家统一、国力强大的时期，宫殿建设就兴旺发达。反之，在国家分裂、战乱频仍的时期，宫殿建设也萎缩不振。

从空间的视角横向看，中国古代宫殿独树一帜。在这条横轴上，标有作为空间建筑形式的宫殿规划、格局、类型、结构、形体、体量、形制、材料等。宫殿最初集首领居住、聚会、祭祀等多种功能于一体，之后才与祭祀功能分化，发展为只用于朝会和君王后妃居住的独立建筑类型。朝会和居住功能又进一步分化，形成为“前朝后寝”的规划格局。春秋至秦、汉期间，开始尝试将宫殿与园囿结合。魏晋以后，在宫内朝堂、寝宫的后面（北面）布置御花园，这一做法一直延续到明清时期。[2] 在明清时期，沿纵轴线布置序列空间的手法业已炉火纯青。大屋顶、雕梁画栋、木梁结构等建筑形式一脉相承，几千年并无太大变化。

1954 年，梁思成、林徽因、莫宗江先生在一篇文章中写道：“回顾我国几千年来建筑的发展，我们看到了每一个大阶段在不同的政治、经济条件下，在新的技术、材料的进步和发明的条件下，古代的匠师都不断地有所发明，有所创造。肯定的是：各代的匠师都能运用自己的传统，加以革

[1] 梁思成、林徽因、莫宗江：《中国建筑发展的历史阶段》，《建筑学报》，1954 年第 2 期。
[2] 李纯：《中国宫殿建筑营造中的美学原则探析》，《船山学刊》，2010 年第 4 期。

新，创造新的类型，来解决生活和思想意识中所提出的不相同的新问题。由于这种新的创造，每代都推动着中国的建筑不断地向前发展，取得光辉的成就。”[1]从台榭建筑的高大壮美，到庭院式建筑空间的深远和秩序感，从建筑思想、设计的逐渐成熟，到宫殿营建管理与施工规则、建筑材料的选用，中国古代宫殿形成了一整套具有中国特色的规范。

中国历史上，每逢改朝换代，前朝的宫殿几乎都要被战火烧掉，以至于历史上著名的皇朝宫殿，如汉之未央宫、长乐宫，唐之长安城、太极宫、大明宫等，我们只能在史书和废墟上想象它们的模样。严格意义上完整保存至今的古代宫殿，只有北京紫禁城以及承德避暑山庄、北京颐和园、拉萨布达拉宫等不多的几处。所以，研究、介绍中国古代宫殿，除了实物观摩、实地考察，还要在文献记载和遗存废墟、考古遗址中寻查勾稽。可喜的是，近年来我国古代宫殿考古成绩斐然，时有重要发现。本书特别注意汲取了众多考古专家在这方面的成果，结合古代文献记载，勾勒中国古代宫殿的发展轨迹。

虽然我是古代建筑的外行，多年来，那些飞檐画栋、东方造型的古老宫殿遗存，还是深深吸引着我。2018 年 5 月，我到龄退休。这一年 10 月，开始撰写《宫殿简史》。2019 年 5 月 30 日，为了增加写作的实地感受，儿子陪我专门游览北京故宫，我还写了一首《游故宫》:“十载再来游，紫禁仍巍峨。红墙划累院，黄瓦耀菡阁。中轴牵威严，东西藏落寞。飞檐倚斗拱，后苑观花落。不喜御膳酒，还望青山郭。”在与国人共同经历百年未有的新冠肺炎疫情的过程中，我断断续续地写下若干章节。在 2020 年国内疫情基本控制的天高气爽的秋日，终于完成这部书稿，耗时近两年。

每一本书的创作过程，于我而言，都是一次学习、探索、认知的过程，我做了大半生新闻传播工作，从事通识性、普及性一类读物的写作，还是有一些优势。此外，掌握合适的搜集材料与写作的方法，也十分重要。在秉持实事求是原则的前提下，我主张并躬行的方法是：问题引导，

[1] 梁思成、林徽因、莫宗江:《中国建筑发展的历史阶段》,《建筑学报》, 1954 年第 2 期。

学以致用；集中力量，深入发掘；立竿见影，触类旁通。在这里，我要郑重地感谢商务印书馆。这几年，我陆续写作了《珠峰简史》《地图简史》《长城简史》，以及这本《宫殿简史》，形成了“简史”系列。没有商务印书馆的领导、老师们的支持鼓励，没有商务印书馆编辑们的辛勤付出，我能够连续写作、顺利出版“简史”系列，几乎是不可想象的。写作《宫殿简史》也是这样，衷心感谢商务印书馆太原分馆总编辑张艳丽老师一以贯之的热情支持、精心指导，感谢责任编辑张鹏女士认真细致的编辑工作。

在中国古代宫殿建筑研究与考古方面，我只是一个业余爱好者，专业知识不足，见识有限，希望这本《宫殿简史》能够得到方家、读者的不吝指教。

徐永清

2020 年 10 月 5 日写，2021 年 5 月 26 日改

图书在版编目（CIP）数据

宫殿简史 / 徐永清著. —北京：商务印书馆，2022
ISBN 978-7-100-20623-5

Ⅰ. ①宫…　Ⅱ. ①徐…　Ⅲ. ①宫殿—古建筑—建筑史—中国　Ⅳ. ① TU-098.2

中国版本图书馆 CIP 数据核字（2022）第 018206 号

宫殿简史

徐永清　著

商　务　印　书　馆　出　版
（北京王府井大街 36 号　邮政编码 100710）
商　务　印　书　馆　发　行
北京顶佳世纪印刷有限公司印刷
ISBN 978-7-100-20623-5

2022 年 4 月第 1 版　　开本 710×1000　1/16
2022 年 4 月北京第 1 次印刷　　印张 28

定价：138.00 元